适用于化学、生物学、地理学、心理学、环境工程、材料工程、土木工程、交通工程等专业

Advanced Mathematics

高等数学 （第3版）

华东师范大学数学科学学院◎编

上册

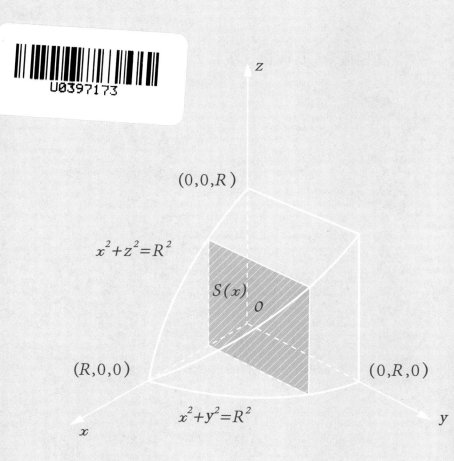

华东师范大学出版社

图书在版编目(CIP)数据

高等数学.上,化学、生物学、地理学、心理学等专业/华东师范大学数学科学学院编.—3版.—上海:华东师范大学出版社,2020

ISBN 978-7-5760-0110-5

Ⅰ.①高… Ⅱ.①华… Ⅲ.①高等数学—高等学校—教材 Ⅳ.①O13

中国版本图书馆 CIP 数据核字(2020)第 048172 号

高等数学(上)(第3版)

编　　者	华东师范大学数学科学学院
责任编辑	胡结梅
责任校对	时东明
装帧设计	俞　越

出版发行　华东师范大学出版社
社　　址　上海市中山北路 3663 号　邮编 200062
网　　址　www.ecnupress.com.cn
电　　话　021-60821666　行政传真 021-62572105
客服电话　021-62865537　门市(邮购)电话 021-62869887
地　　址　上海市中山北路 3663 号华东师范大学校内先锋路口
网　　店　http://hdsdcbs.tmall.com

印 刷 者　上海龙腾印务有限公司
开　　本　787 毫米×1092 毫米　1/16
印　　张　21.75
字　　数　489 千字
版　　次　2020 年 8 月第 3 版
印　　次　2024 年 8 月第 4 次
书　　号　ISBN 978-7-5760-0110-5
定　　价　49.80 元

出 版 人　王　焰

第 3 版前言

本书第 2 版出版已逾十年,尽管教材的基本内容已经很成熟,但本着保持特色、打造精品的原则,对第 2 版教材进行了修订.

本次修订的主要工作有:

1. 对教材内容进行了梳理,调整了部分内容和例题,使得内容的衔接逻辑更严密;

2. 对书中的文字表达做了修正,力求用词规范,表达准确;

3. 考虑到信息技术的发展、数学软件的普及,删去了定积分近似计算这部分内容;

4. 为适应教学改革要求和教学课时减少的现状,将部分难学但又不是重点的内容加了"＊"号,作为选讲内容,教师可根据教学课时进行取舍.

本次修订工作由柴俊完成. 同时本次修订得到了华东师范大学数学科学学院的大力支持,华东师范大学出版社和编辑们也付出了辛勤的努力,在此一并表示衷心的感谢!

对于新版教材中的疏漏之处,欢迎读者批评指正.

编　者

2020 年 1 月于华东师范大学

第 2 版前言

本书第 1 版自 1998 年出版以来,受到广大读者的普遍欢迎. 近 10 年来,大学数学教育发展迅速. 为了能适应形势的发展,我们在出版社的支持下,根据教师的多年使用意见,对本教材进行了一次修订.

本次修订保持了第 1 版的风格,主要涉及以下几方面:

1. 根据这几年中学数学内容的变化,简化了某些概念的论述,如向量;

2. 随着计算机技术的发展,数值计算已经成为数学教育的重要内容,为此增加了"差分方程"作为选讲内容;

3. 删去了第 5 章第 5 节"积分表的使用";

4. 第 4 章"微分中值定理与导数的应用"增加了第 5 节"曲率",第 7 章"无穷级数"增加了第 6 节"傅立叶级数";

5. 数列极限的内容有所加强,便于与函数极限比较,又根据教师意见,增加了微分中值定理的证明;

6. 下册增加了附录"常用曲线".

本次修订工作由柴俊主持. 第 1~4 章由柴俊完成,第 5~7 章由廖蔡生完成,第 8~9 章由李汝垣完成,第 10~11 章由黄荣培完成,第 12 章由汪元培完成,最后由柴俊修改定稿.

疏漏之处在所难免,恳请读者指正.

编　者
2007 年 8 月

第 1 版前言

高等数学是高等院校理工科及部分文科专业的重要基础课,是深入学习专业课程必备的基础. 本书是为对高等数学有中等程度要求的专业(如化学、生物学、地理学、心理学、教育学、经济学等专业)而编写的,也可作为其他相近专业的教材和参考用书.

本书分上、下两册,上册包括一元函数微积分和无穷级数,下册包括空间解析几何、多元函数微积分和微分方程. 内容根据部颁大纲所规定的范围略有修改. 在本书的正文和习题中有部分内容标上"*"号,供不同专业根据专业要求灵活取舍.

本书稿是华东师范大学数学系教师多年教学实践的结晶,在我校有关系科多次试用,并经反复讨论、仔细修改后定稿. 本书在编写中既注意数学概念的实际背景,又充分重视表达的确切性,对定理的论证和概念的叙述既严谨、科学,又详略得当. 本书在每一节后都有小结,指出本节的重点、难点、应注意的问题以及前后章节之间的联系,期望对读者有所启迪.

本书由黄丽萍、林克伦、刘宗海等执笔编写,由黄丽萍负责编写组织和全书的修改、整理和定稿. 在编写过程中,我系林磊、万福永、束金龙以及杨曜锟、麻希南等老师为初稿的编写和修改提出了宝贵的意见和建议,在此表示深切的谢意. 衷心期望读者对本书不足之处给予批评指正.

编 者
1998 年 5 月

目　　录

第 1 章 函 数

本章将对集合、实数和函数等一些基本概念进行回顾,并介绍一些常用的逻辑符号.

1.1 实数与实数集

1.1.1 集合

集合是数学的一个基本概念,是学习现代数学的基础.

集合是具有某种特征的事物或对象的全体,构成集合的事物或对象称为集合的**元素**.

世界上的事物各种各样,在数学中,并不需要知道这些事物的具体内容,只要抽象出其特征加以研究,这就是产生集合这一概念的缘由.

例如,可以将一个班的全体学生看成是一个集合,班中每位学生就是这个集合的一个元素;全体自然数构成一个集合,称为**自然数集**,常记成 **N**.

通常用大写字母 A、B、C 等表示集合,用小写字母 a、b、c 等表示集合的元素. 给定一个集合,集合中的元素就确定了. 任何一个事物或者是集合中元素,或者不是集合中元素,只有这两种情况.

如果 a 是集合 A 的元素,称 a 属于 A,记为 $a \in A$;否则就称 a 不属于 A,记为 $a \notin A$. 对于自然数集 **N**,1 是 **N** 的元素,所以 $1 \in \mathbf{N}$,而 -1 不是 **N** 的元素,所以 $-1 \notin \mathbf{N}$.

集合常用列举法和描述法来表示. 列举法是将集合的元素一一列出,例如,自然数集就可以表示为

$$\mathbf{N} = \{0, 1, 2, 3, \cdots\}.$$

描述法是通过描述集合中元素所具有的性质来表示集合,一般表示为

$$A = \{a \mid a \text{ 具有性质 } P\},$$

例如,大于根号 2 的实数可以表示为

$$A = \{x \mid x > \sqrt{2}\}.$$

有时一个集合可以用不同的方法表示,不管用什么方法表示集合,只要集合中的元素是一样的,就表示同一个集合. 例如,集合 $\{x \mid x^2 - 1 = 0\}$ 与集合 $\{-1, 1\}$ 是同一个集合.

只有有限个元素的集合称为**有限集**;不含任何元素的集合称为**空集**,记为 $\varnothing$;既不是有限集,又不是空集的集合称为**无限集**.

如果集合 A 的元素都是集合 B 的元素,就称集合 A 是集合 B 的一个**子集**,记为 $A \subseteq B$. 当 A 是 B 的子集,而 B 又是 A 的子集时,称集合 A 与 B **相等**,记为 $A = B$. 例如,一个班级中的女生全体是这个班级全体学生组成的集合的子集.

1.1.2　集合的运算

设有集合 A 与 B,A 与 B 的并集记为 $A \cup B$,A 与 B 的并集中的元素是集合 A 和集合 B 的元素放在一起所成的集合,即

$$A \cup B = \{x \mid x \in A \text{ 或 } x \in B\};$$

集合 A 与 B 的交集记为 $A \cap B$,

$$A \cap B = \{x \mid x \in A \text{ 且 } x \in B\};$$

集合 A 与 B 的差集记为 $A \backslash B$,

$$A \backslash B = \{x \mid x \in A \text{ 且 } x \notin B\}.$$

显然有

$$A \backslash B \subseteq A \subseteq A \cup B, \ A \cap B \subseteq A, \ A \cap B \subseteq B.$$

集合的运算有下面的规律:

1. $A \cup B = B \cup A, \ A \cap B = B \cap A$;

2. $(A \cup B) \cup C = A \cup (B \cup C), \ (A \cap B) \cap C = A \cap (B \cap C)$;

3. $A \cap (B \cup C) = (A \cap B) \cup (A \cap C), \ A \cup (B \cap C) = (A \cup B) \cap (A \cup C)$;

4. $A \cup A = A, \ A \cap A = A, \ A \cup \varnothing = A, \ A \cap \varnothing = \varnothing$.

1.1.3　区间和邻域

区间是微积分中最常见的数集. 设 a、$b \in \mathbf{R}$,且 $a < b$. 各类区间定义如下:

闭区间 $[a, b] = \{x \mid a \leqslant x \leqslant b\}$,如图 1-1(a);开区间 $(a, b) = \{x \mid a < x < b\}$,如图 1-1(b);左开右闭区间 $(a, b] = \{x \mid a < x \leqslant b\}$,如图 1-1(c);左闭右开区间 $[a, b) = \{x \mid a \leqslant x < b\}$,如图 1-1(d).

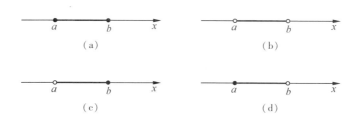

图 1-1

上面这些区间统称为**有限区间**,其中 a、b 称为这些区间的端点,$b-a$ 是这几种区间的长度. 除了有限区间,还有无限区间,下面是**无限区间**的定义.

$[a, +\infty) = \{x \mid a \leqslant x < +\infty\}$,如图 1-2(a);$(a, +\infty) = \{x \mid a < x < +\infty\}$,如图 1-2(b);$(-\infty, a] = \{x \mid -\infty < x \leqslant a\}$,如图 1-2(c);$(-\infty, a) = \{x \mid -\infty < x < a\}$,如图 1-2(d).

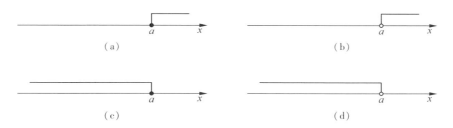

图 1-2

$(-\infty, +\infty) = \{x \mid -\infty < x < +\infty\} = \mathbf{R}$.

邻域是一种特殊的区间. 设 a、$\delta \in \mathbf{R}$,$\delta > 0$,称数集

$$\{x \mid |x-a| < \delta\}$$

为**点 a 的 δ 邻域**,记作 $U(a; \delta)$,如图 1-3(a). a 是这个邻域的中心,δ 是邻域的半径. 不难得到

$$U(a; \delta) = (a-\delta, a+\delta).$$

称 $\{x \mid 0 < |x-a| < \delta\}$ 为点 a 的 δ **去心邻域**,记作 $\overset{\circ}{U}(a; \delta)$,如图 1-3(b).

$$\overset{\circ}{U}(a; \delta) = (a-\delta, a) \cup (a, a+\delta).$$

(a) 点 a 的 δ 邻域　　　　　　　　　(b) 点 a 的 δ 去心邻域

图 1-3

习题 1-1

1. 给出集合的表达式：

（1）方程 $x^2 - x - 6 = 0$ 的根；

（2）圆 $x^2 + y^2 = 2$ 内部所有的点.

2. 用区间表示下列数集：

（1）$\{x \mid x^2 > 3\}$；

（2）$\{x \mid 0 < \mid x - 3 \mid \leqslant 2\}$.

3. 用邻域表示下列区间或数集：

（1）$(1, 4)$；

（2）$(a, b)(a < b)$；

（3）$\left| x - \dfrac{3}{2} \right| < \dfrac{1}{2}$；

（4）$0 < \mid x - 9 \mid < 2$.

1.2　函数及其表示法

1.2.1　函数的概念

函数刻画了变量之间的关系. 在自然界中有很多量, 有些量是随着时间或其他过程的变化而变化的, 称为**变量**, 变量通常用字母 x、y、z 表示; 有些量是不发生变化的, 称为**常量**, 常量通常用字母 a、b、c 表示. 各种变量之间会相互影响, 如果两个变量之间有着确定性的依赖关系, 即某个量的值可以确定另一个量的值, 就是我们要研究的函数关系.

定义 1.2.1　设有两个变量 x 与 y, 其中变量 x 在数集 D 中取值, 如果对于每个数 $x \in D$, 按照某个确定的对应法则 f, 变量 y 总有唯一的值与它对应, 则称对应法则 f 是定义在数集 D 上的函数, 记作

$$f : D \to (-\infty, +\infty);$$

或

$$f : x \mapsto y, \ x \in D;$$

或

$$y = f(x), \ x \in D.$$

其中 x 称为函数 f 的**自变量**, y 称为函数 f 的**因变量**, D 称为函数 f 的**定义域**. 与 $x_0 \in D$ 对应的值 $y_0 = f(x_0)$ 称为函数 f 在点 x_0 处的**函数值**, 函数值全体是集合

$$W = \{y \mid y = f(x), \ x \in D\}.$$

集合 W 称为函数 f 的**值域**. W 也可用 $f(D)$ 表示.

在不需要指出定义域时,函数可以简写为 $y = f(x)$,并且约定,若不特别指出函数 $y = f(x)$ 的定义域,则这个函数的定义域就是使函数 $f(x)$ 有意义的一切 x 的集合. 例如,$y = \sqrt{x}$ 的定义域就是 $\{x \mid x \geq 0\}$.

注1　在定义中,我们要求对定义域中每一个 x,只有唯一的值 y 与之对应,这样定义的函数称为**单值函数**. 如果有不止一个 y 值与 x 对应,就是**多值函数**. 除非有特殊说明,我们在本书中涉及的都是单值函数.

注2　如果对于定义域中不同的 x,其对应的 y 值也不同,即当 x_1、$x_2 \in D$,$x_1 \neq x_2$ 时,$f(x_1) \neq f(x_2)$,我们称这类函数为**一一对应函数**,简称**一一对应**.

对于定义域,除了考虑数学表达式本身的意义外,还应考虑函数的实际意义. 例如,圆的面积 S 是圆的半径 r 的函数:$S = \pi r^2$. 由于圆的半径应该大于 0,所以定义域是 $(0, +\infty)$;一天中的气温 T 是时间 t 的函数:$T = T(t)$,一天有 24 小时,所以定义域是 $[0, 24)$.

函数涉及很多概念,其中定义域和对应法则是最重要的,是函数的**两个要素**. 因为只要函数的定义域和对应法则确定了,函数就被确定了.

对于两个函数来说,只有当它们的定义域和对应法则都相同时,它们才是相同的. 例如,函数 $f(x) = \dfrac{4x^2 - 1}{2x - 1}$ 和函数 $g(x) = 2x + 1$,当 $x \neq \dfrac{1}{2}$ 时,$f(x)$ 和 $g(x)$ 有相同的函数值;但是,$f(x)$ 的定义域是 $\left(-\infty, \dfrac{1}{2}\right) \cup \left(\dfrac{1}{2}, +\infty\right)$,而 $g(x)$ 的定义域却是 $(-\infty, +\infty)$,因而它们是不同的函数. 对应法则是函数的核心,当无法确定对应法则是否一致时,可以用取值来判定,如函数 $f(x) = 1$ 与 $g(x) = \sin^2 x + \cos^2 x$,虽然它们的表达形式不同,却是两个相同的函数.

有一种特殊的函数,就是无论自变量如何变化,其函数值始终取同一个常数,这类函数称为**常量函数**:

$$y = C, \quad x \in D.$$

例1-2-1　试确定下列函数的定义域:

$(1)\ f(x) = \ln(1 + x) + \dfrac{1}{\sqrt{x^2 - 4}}$;　　　　$(2)\ f(x) = \lg(x^2 - 3x - 4)$.

解　(1) 要使 $f(x) = \ln(1 + x) + \dfrac{1}{\sqrt{x^2 - 4}}$ 有意义,必须满足

$$\begin{cases} 1 + x > 0, \\ x^2 - 4 > 0, \end{cases}$$

由 $1 + x > 0$，得 $x > -1$；而由 $x^2 - 4 > 0$，得 $x > 2$ 或 $x < -2$. 所以其定义域是 $x > 2$，即 $(2，+\infty)$.

（2）只有当 $x^2 - 3x - 4 > 0$ 时，$\lg(x^2 - 3x - 4)$ 才有意义. 解不等式 $x^2 - 3x - 4 > 0$，求得函数 $f(x) = \lg(x^2 - 3x - 4)$ 的定义域为 $(-\infty，-1) \cup (4，+\infty)$.

1.2.2　函数的表示法

函数有三种常用的表示法：数值法、图示法、公式法. 这三种表达式有各自的特点，都很重要.

数值法（或称**列表法**）是将两个变量之间的对应关系通过数值对应的形式一一列出，如我们熟知的对数表、三角函数表就是通过列表用数值对应的形式表示对数和三角函数的自变量与函数值的关系. 数值法的特点是自变量与函数值对应关系非常清楚，便于查找. 在科学实验中，两个变量之间的函数关系，通常只能通过数值方法来表示.

如气象站每隔一小时测量一次气温，如表 1-1 所示. 从这个表格就很容易看出气温与时间的函数关系.

表 1-1

时间	8:00	9:00	10:00	11:00	12:00	13:00	14:00	15:00	16:00	17:00
气温(℃)	19.5	21.2	23.8	25.2	26.0	27.5	27.8	26.6	25.3	22.4

图示法是通过图形来描述函数. 在一个直角坐标系中的一条曲线，当任何垂直于 x 轴的直线与该曲线最多只有一个交点时，这条曲线就表示一个函数. 这个函数的定义域 D 是曲线在 x 轴上的投影；对应法则是这样的，在定义域 D 中任取一点 $x \in D$，过点 x 与 x 轴的垂直的直线与曲线交于唯一的一点 M，过 M 作垂直于 y 轴的直线，与 y 轴的交点的坐标就是点 x 的对应值（如图 1-4）. 通过这种方式就可以用图形来表达一个函数.

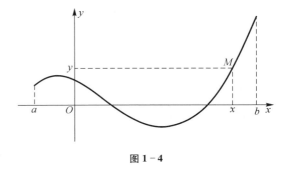

图 1-4

图示法虽然难以得到自变量对应点（函数值）的精确值，但是能直观反映变量之间的关系，以及函数值随自变量变化的变化趋势. 这是图示法的优点.

公式法（或称**解析法**）是用数学公式表达函数关系的一种方法，这是数学学习中用得最多的一种表示函数的方法，它通过公式将变量联系起来，对应关系明确，在数学推导中非常有用. 例如，$s = \dfrac{1}{2}gt^2$、$x = \sin t$ 等等.

应该指出,以上三种函数表示方法都非常有用,尤其是数值法,随着计算机技术的发展,数值计算越来越受到重视,因而用数值表示函数会越来越普遍.

思考 请指出三种函数表达式的优缺点.

在自变量不同的取值范围用不同的公式来表示同一个函数,称为**分段函数**.

例 1-2-2 (1) $y = \begin{cases} -1, & x < 0, \\ 0, & x = 0, \\ 1, & x > 0 \end{cases}$

是分段函数,通常将其称为**符号函数**,用 $y = \text{sgn}\, x$ 表示,如图 1-5(a).

(2) $y = \begin{cases} -x, & x < 0, \\ x, & x \geqslant 0 \end{cases}$

是分段函数,它也可用 $y = |x|$ 表示,如图 1-5(b).

(3) $y = D(x) = \begin{cases} 1, & x \text{ 是有理数}, \\ 0, & x \text{ 是无理数} \end{cases}$

是分段函数,称为**狄利克雷**(Dirichlet)**函数**(我们不能精确给出狄利克雷函数的图形,图 1-5(c)只是该函数的一个示意图).

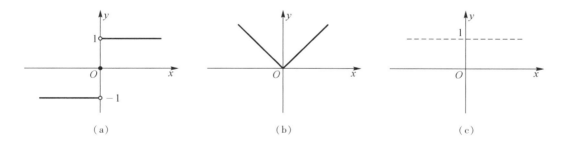

(a) (b) (c)

图 1-5

除了以上三种表示法,还可以用**文字来描述函数**关系. 如,"y 是不超过 x 的最大整数"就表示了"**取整函数**",这个函数用 $y = [x]$ 表示,它的定义域是 $(-\infty, +\infty)$,当 $x \in [z, z+1)$ 时 ($z \in \mathbf{Z}$),$y = z$,其图形如图 1-6 所示. 除了要掌握用公式描述函数关系,也应该学会用数值、图形和文字描述函数关系,这四种方法各有优点.

还有一个特殊的函数,就是**取最值函数**. 设函数

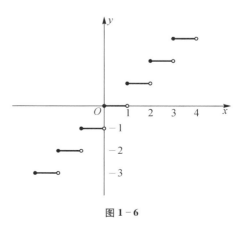

图 1-6

$f(x)$ 和 $g(x)$ 在 D 上有定义,

$$y = \max_{x \in D}\{f(x), g(x)\}、y = \min_{x \in D}\{f(x), g(x)\}^{1)}$$

分别称为**取最大值函数**和**取最小值函数**.

1.2.3　建立函数关系举例

下面举几个从实际问题中建立函数关系的例子.

例 1-2-3　设计一个体积为 V 的无盖圆柱形容器(如图 1-7),求其表面积 A 和底面半径 R 之间的函数关系.

解　设无盖圆柱形容器的高为 H,则其表面积为

$$A = \pi R^2 + 2\pi RH.$$

图 1-7

又因为圆柱的体积为 V,由圆柱体积公式 $V = \pi R^2 H$ 可得 $H = \dfrac{V}{\pi R^2}$,代入上式得

$$A = \pi R^2 + 2\pi R \cdot \frac{V}{\pi R^2} = \pi R^2 + \frac{2V}{R}.$$

因为圆柱的底面半径 R 是正数,所以这个函数的定义域为 $R > 0$.

例 1-2-4　有一个高为 H,上口半径为 R 的圆锥形容器(如图 1-8),向容器内注入液体,求容器中的液体体积 V 与液面高度 h 之间的函数关系.

解　设液面半径为 r,由圆锥体积公式可知液体的体积 V 与 r、h 之间的关系为

$$V = \frac{1}{3}\pi r^2 h.$$

由于 $\dfrac{r}{R} = \dfrac{h}{H}$,即 $r = \dfrac{h}{H}R$,代入上式得

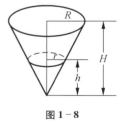

图 1-8

$$V = \frac{1}{3}\pi\left(\frac{h}{H}R\right)^2 \cdot h = \frac{\pi R^2 h^3}{3H^2}.$$

因为容器的高度为 H,所以这个函数的定义域为 $0 \leqslant h \leqslant H$.

---

1)　"max"是 maximum(最大值)一词的简写,记号 $\max\{x\}$ 表示数值 $\{x\}$ 中的最大数,例如 $\max\{2, 4, 7\} = 7$. 类似地,"min"是 minimum(最小值)一词的简写,记号 $\min\{x\}$ 表示数集 $\{x\}$ 中的最小数,例如 $\min\{2, 4, 7\} = 2$.

例 1-2-5 将 1 克温度为 -10℃ 的冰加热变成 12℃ 的水,求所吸收的热量 Q 与温度 t 之间的函数关系.

解 由物理知识知,冰的比热为 2.09 J/(g·℃),即 1 克冰升高 1℃ 所吸收的热量为 2.09 J,水的比热为 4.18 J/(g·℃),冰的熔解热为 334.4 J/g,即 1 克 0℃ 的冰完全熔解为 0℃ 的水所需要的热量为 334.4 J. 因此所吸收的热量 Q 和温度 t 的关系如下:当 $t \in [-10, 0)$ 时,

$$Q = 2.09[t - (-10)] = 2.09t + 20.9;$$

当 $t = 0$ 时,Q 从 $2.09 \times 0 + 20.9 = 20.9$ 逐渐增加到 $20.9 + 334.4 = 355.3$,即 $t = 0$ 时没有唯一确定的 Q 值与之对应;当 $t \in (0, 12]$ 时,

$$Q = 355.3 + 4.18(t - 0) = 4.18t + 355.3.$$

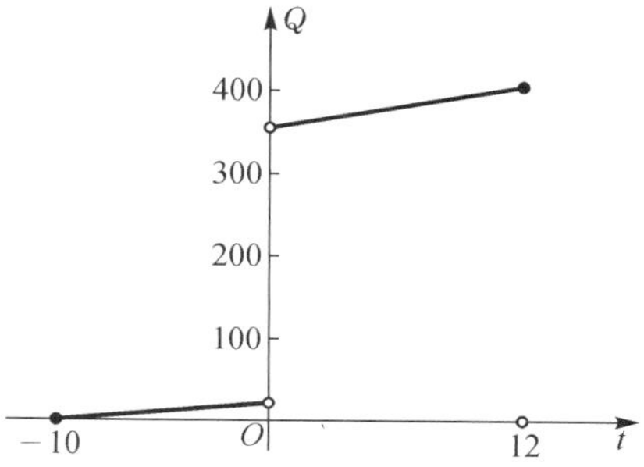

所以

$$Q = \begin{cases} 2.09t + 20.9, & t \in [-10, 0), \\ 4.18t + 355.3, & t \in (0, 12], \end{cases}$$

图 1-9

它的图形如图 1-9 所示. 该函数的定义域是 $[-10, 0) \cup (0, 12]$.

由实际问题所确定的函数,其定义域是根据这个问题的实际意义决定的. 例如,物体从离地面 H 米处由静止状态自由下落,所经历的路程 s 与时间 t 之间满足关系式 $s = \dfrac{1}{2}gt^2$,若其落地时间为 T,则由 $H = \dfrac{1}{2}gT^2$ 可得 $T = \sqrt{\dfrac{2H}{g}}$. 因此,自变量 t 必须在 0 到 $\sqrt{\dfrac{2H}{g}}$ 之间取值,也就是说,物体自由下落所确定的函数 $s = \dfrac{1}{2}gt^2$ 的定义域为 $\left[0, \sqrt{\dfrac{2H}{g}}\right]$.

由数学表达式表示的函数,如果没有明确指明它的定义域,其定义域就是指使表达式有意义的自变量值的全体. 例如,函数 $y = \sqrt{x}$,当 $x < 0$ 时表达式没有意义,当 $x \geq 0$ 时表达式有意义,所以此函数的定义域就是 $[0, +\infty)$. 又如,函数 $y = \dfrac{1}{\sqrt{x-1}}$,只有当 $x - 1 \geq 0$ 且 $\sqrt{x-1} \neq 0$ 时,表达式 $\dfrac{1}{\sqrt{x-1}}$ 才有意义,所以函数 $y = \dfrac{1}{\sqrt{x-1}}$ 的定义域为 $x - 1 > 0$,即 $(1, +\infty)$.

1.2.4 函数的一些特性

1. 有界性

函数 $y = f(x)$ 在数集 D 上有定义,如果函数的值域 $\{y \mid y = f(x), x \in D\}$ 是一个有界集(即存

在正数 M,使对一切 $x \in D$,有 $|f(x)| \leq M$),则称函数 $f(x)$ 是数集 D 上的**有界函数**,或称 $f(x)$ 在 D 上有界. 否则称 $f(x)$ 在 D 上无界.

函数 $f(x)$ 在 D 上无界就是对任何的正数 M,存在 $x_M \in D$,使得

$$|f(x_M)| > M,$$

也就是任何有限区间都不能将函数 $f(x)$ 的值域包含在内.

函数 $f(x)$ 在一个区间上有界的几何解释是:函数 $y = f(x)$ 在该区间上的图形位于两条直线 $y = -M$ 与 $y = M$ 之间(如图 1-10).

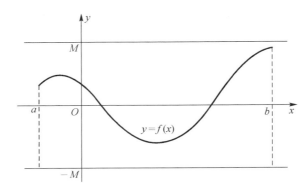

图 1-10

特别注意,函数的有界性与该函数自变量的取值范围有关,如 $y = x^3$ 在 $[-1, 3]$ 上是有界的,因为当 $x \in [-1, 3]$ 时,$|x^3| \leq 27$. 而在 $(-\infty, +\infty)$ 上显然无界,因为对任何正数 $M(>1)$,只要取 $x_M = M \in (-\infty, +\infty)$,就有 $|x_M^3| = M^3 > M$. 在我们熟悉的函数中,$y = \sin x$,$y = \cos x$ 在其定义域 $(-\infty, +\infty)$ 上有界,而幂函数 $y = x^n (n > 0)$ 在任何有限区间 $I \subset (0, +\infty)$ 上有界,在其定义域上无界.

2. 单调性

设函数 $f(x)$ 在数集 D 上有定义. 若对于 D 中任意两个数 x_1、x_2,当 $x_1 < x_2$ 时,总有

$$f(x_1) \leq f(x_2) \quad (或 f(x_1) \geq f(x_2)),$$

则称函数 $f(x)$ 在 D 上**递增**(或**递减**),并称 $f(x)$ 是 D 上的**递增函数**(或**递减函数**). 若上述不等式改为

$$f(x_1) < f(x_2) \quad (或 (f(x_1) > f(x_2)),$$

则称 $f(x)$ 在 D 上**严格递增**(或**严格递减**),并称 $f(x)$ 是 D 上的**严格递增函数**(或**严格递减函数**).

数集 D 上的递增函数和递减函数(或严格递增函数和严格递减函数)统称为 D 上的**单调函数**(或**严格单调函数**). 若 D 是一区间,则称此区间为函数 $f(x)$ 的**单调区间**.

区间 I 上的严格递增(或严格递减)函数,其图形在区间 I 上是自左至右上升(或下降)的曲线,而递增(或递减)函数的图形是自左至右不降(或不升)的曲线.

例如,函数 $y = x^3$ 为 $(-\infty, +\infty)$ 上的严格递增函数,而函数 $y =$ sgn x 和 $y = [x]$ 是 $(-\infty, +\infty)$ 上的递增函数.

又如,函数 $y = x^2$ 在 $(-\infty, 0)$ 上严格递减,在 $(0, +\infty)$ 上严格递增.它在整个定义域 $(-\infty, +\infty)$ 上不是单调函数(如图 1-11).

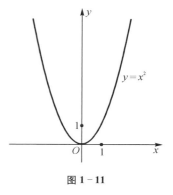

图 1-11

3. 奇偶性

设函数 $f(x)$ 在对称于原点的数集 D 上有定义,如果对任意 $x \in D$,有

$$f(-x) = -f(x) \quad (\text{或} f(-x) = f(x)),$$

则称函数 $f(x)$ 在数集 D 上是**奇函数**(或**偶函数**).

如 $y = \dfrac{1}{x}$ 在 $(-\infty, 0) \cup (0, +\infty)$ 上是奇函数;$y = x^2$ 在 $(-\infty, +\infty)$ 上是偶函数.符号函数 $y =$ sgn x 在 $(-\infty, +\infty)$ 上是奇函数,而狄利克雷函数 $y = D(x)$ 在 $(-\infty, +\infty)$ 上则是偶函数.

当不指出函数取值范围时,是指在函数的定义域上讨论其奇偶性.

例 1-2-6　设函数 $f(x)$ 在对称区间 $(-l, l)$ $(l>0)$ 上有定义,证明:

$$\varphi(x) = f(x) - f(-x)$$

是 $(-l, l)$ 上的奇函数,而

$$\psi(x) = f(x) + f(-x)$$

是 $(-l, l)$ 上的偶函数.

证　因为 $\varphi(-x) = f(-x) - f(x) = -[f(x) - f(-x)] = -\varphi(x)$,所以 $\varphi(x) = f(x) - f(-x)$ 是奇函数.

第二式留作练习.

4. 周期性

设函数 $f(x)$ 的定义域是 D,如果存在常数 $k > 0$,使对任意 $x \in D$,有 $x \pm k \in D$,且

$$f(x + k) = f(x),$$

则称函数 $f(x)$ 为**周期函数**,k 称为该函数的一个**周期**.显然,如果 k 是 $f(x)$ 的一个周期,则 $2k$,$3k$,$\cdots$ 也是 $f(x)$ 的周期.如果在周期函数 $f(x)$ 的所有周期中存在一个最小的周期,则称这个周期为 $f(x)$ 的**基本周期**.

三角函数是常见的周期函数,$y = \sin x$,$y = \cos x$ 的基本周期都是 2π,而 $y = \tan x$ 的基本周期是 π. 通常所说函数的周期都是指基本周期.

周期函数图形的特点是呈周期变化,周而复始,当自变量增加一个周期 k 后,函数值将重复出现.

常量函数 $y = C$ 是没有基本周期的周期函数.

本节的重点是函数的概念和函数的特性. 必须注意如下几点:

(1) 分段函数是一个函数,不能把它看成两个或多个函数,它只有一个定义域和一个对应法则,仅仅是它的对应法则在其定义域的各部分用不同的数学式子表示而已.

(2) 有界函数和单调函数都是相对于数集 D 而言的. 如前所述,函数 $y = x^3$ 是 $(-\infty, +\infty)$ 上的无界函数,但它是有限区间上的有界函数;函数 $y = x^2$ 的单调性也随着区间 D 的改变而不同. 所以我们不能笼统地讲"$f(x)$ 是有界函数"或"$f(x)$ 是单调函数",而必须讲明是何种数集 D 上的有界函数或单调函数(若不指明 D 是何种数集,一般认为是指该函数的定义域).

(3) 在讨论函数的奇偶性时,必须注意函数的定义域 D 关于原点对称的要求;而在讨论函数的周期性时,必须注意对函数定义域 D 中的任何 x,要求 $x \pm k$ 也必须属于 D.

习题 1-2

1. 求下列函数的定义域:

(1) $y = \dfrac{1}{1-x^2} + \sqrt{x+2}$;

(2) $y = \sqrt{3-x} + \arctan\dfrac{1}{x}$;

(3) $y = \dfrac{1}{\ln(1-x)}$;

(4) $y = \sqrt{\sin x} + \sqrt{16 - x^2}$.

2. 设函数 $f(x)$ 的定义域是 $[0, 2]$,求下列函数的定义域:

(1) $f(x^2)$;　　　　(2) $f(\sqrt{x})$;　　　　(3) $f(x+a) + f(x-a)$.

3. 已知 $f(x) = x^2 - 3x + 7$,求 $f(2+h)$、$\dfrac{f(2+h) - f(2)}{h}$.

4. 试作出下列函数的图形:

(1) $f(x) = \begin{cases} 2x, & |x| > 1, \\ x^2, & |x| < 1, \\ 2, & |x| = 1; \end{cases}$

(2) $f(x) = x + |1-x|$.

5. 下列各题中,函数 $f(x)$ 与 $g(x)$ 是否相同? 为什么?

(1) $f(x) = \lg x^2$,$g(x) = 2\lg x$;

（2）$f(x) = \dfrac{\sqrt{\sin^2 x}}{\cos x}$，$g(x) = \tan x$；

（3）$f(x) = \dfrac{\sqrt{x-1}}{\sqrt{x-2}}$，$g(x) = \sqrt{\dfrac{x-1}{x-2}}$；

（4）$f(x) = \lg(x^2 - 4)$，$g(x) = \lg(x-2) + \lg(x+2)$；

（5）$f(x) = \dfrac{x^4 - 1}{x^2 + 1}$，$g(x) = x^2 - 1$；

（6）$f(x) = \sqrt{x^2}$，$g(x) = |x|$.

6. 写出如图所示函数的解析表达式.

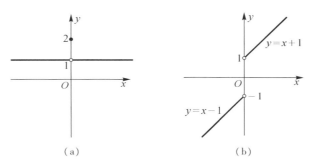

（a）　　　　　　　　（b）

第 6 题图

7. 证明下列函数是其定义域上的有界函数：

（1）$y = 1 - \sin x + 7\cos 3x$；

（2）$y = \dfrac{\arctan x}{1 + x^2}$；

（3）$y = \dfrac{x}{1 + x^2}$；

（4）$y = f(x) = \begin{cases} 2^x, & -\infty < x \leqslant 0, \\ 2^{-x}, & 0 < x < +\infty. \end{cases}$

8. 证明下列函数是指定区间上的严格递增函数：

（1）$y = 3x - 1$，$(-\infty, +\infty)$；

（2）$y = \lg x + x$，$(0, +\infty)$；

（3）$y = \left(\dfrac{1}{2}\right)^{1-x}$，$(-\infty, +\infty)$；

（4）$y = \dfrac{3^x - 3^{-x}}{2}$，$(-\infty, +\infty)$.

9. 判断下列函数在其定义域上的奇偶性：

（1）$y = x + \sin x$；

（2）$y = x^2 a^{-x^2}$（$a > 0$）；

（3）$y = \arctan(\sin x)$；

（4）$y = \lg(x + \sqrt{1 + x^2})$；

（5）$y = \dfrac{3^x - 3^{-x}}{2}$；

（6）$y = \dfrac{3^x - 3^{-x}}{3^x + 3^{-x}}$；

$(7)\ f(x) = \begin{cases} 2^x, & x \in [-1, 0), \\ 2^{-x}, & x \in [0, 1]. \end{cases}$

10. 求下列周期函数的基本周期:

$(1)\ y = \cos \dfrac{\pi}{4}x$;

$(2)\ y = 2\tan 3x$;

$(3)\ y = \sin x + \dfrac{1}{4}\sin 2x$;

$(4)\ y = \cos^2 x$.

11. 证明:若 $f(x)$ 与 $g(x)$ 是数集 D 上的有界函数,则 $f(x) \pm g(x)$ 和 $f(x)g(x)$ 也是数集 D 上的有界函数.

12. 设函数 $f(x)$ 与 $g(x)$ 有相同的定义域,证明:

(1) 若函数 $f(x)$ 与 $g(x)$ 都是偶函数,则 $f(x) \pm g(x)$ 与 $f(x)g(x)$ 也都是偶函数;

(2) 若函数 $f(x)$ 与 $g(x)$ 都是奇函数,则 $f(x) \pm g(x)$ 是奇函数,而 $f(x)g(x)$ 是偶函数;

(3) 若函数 $f(x)$ 与 $g(x)$ 中有一个是偶函数,另一个是奇函数,则 $f(x)g(x)$ 是奇函数.

13. 如图,有一深为 H 米的矿井. 如用半径为 R 的卷扬机以每秒 ω 弧度的角速度从矿井底起吊重物,求重物底部离地面的距离 s 和该重物上升的时间 t 的函数关系.

14. 如图,把一圆形铁片自中心剪去圆心角为 α 弧度的扇形后,剩下的部分围成一圆锥. 试求圆锥的容积 V 与 α 之间的函数关系.

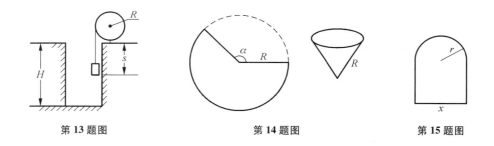

第 13 题图   第 14 题图   第 15 题图

15. 如图,一窗户下部为矩形,上部为半圆形,已知其周长为 P. 求窗户面积 A 与矩形底边 x 的函数关系.

1.3 反函数与复合函数

1.3.1 反函数

自变量与因变量的关系往往是相对的,例如,由静止状态自由下落的物体,其运动由函数

$$s = \frac{1}{2}gt^2, \quad t \in [0, T] \qquad ①$$

表示,其中 T 为物体接触地面的时刻. 已知时间 t,就能由①式得出距离 s. 但是,如果问题是要从物体下落的距离来求所需时间 t,那就要由①式解出 t,把它表示为 s 的函数

$$t = \sqrt{\frac{2s}{g}}, \quad s \in [0, H], \qquad ②$$

其中 H 是物体在开始下落时离地面的距离. 函数②是与函数①有关的一个新函数,这时 s 是自变量,t 是因变量. 我们称函数②为函数①的反函数. 反函数的一般定义如下:

定义 1.3.1 设函数 $y = f(x)$ 在数集 D 上有定义,值域是 $W = f(D)$. 如果对任何 $y \in W$,在 D 中有唯一的数 x 使 $f(x) = y$,则这个对应法则定义了在数集 W 上的一个函数,这个函数称为 $y = f(x)$ 在 D 上的**反函数**,记作

$$x = f^{-1}(y), \quad y \in W.$$

为了与反函数相对应,将原来的函数称为**直接函数**. 习惯上我们用 x 表示自变量,y 表示因变量,因此,将反函数中两个变量位置互换一下,得到 $y = f^{-1}(x)$. 除非有特别的说明,以后说函数 $y = f(x)$ 的反函数就是指 $y = f^{-1}(x)$. 反函数的定义域是 W,值域是 D.

反函数的图形与直接函数的图形是关于直线 $y = x$ 对称的(如图 $1-12$).

理由:设点 $P(a, f(a))$ 在曲线 $y = f(x)$ 上,则 $Q(f(a), a)$ 在曲线 $y = f^{-1}(x)$ 上,反之亦然. 所以,曲线 $y = f(x)$ 与 $y = f^{-1}(x)$ 是关于直线 $y = x$ 对称的.

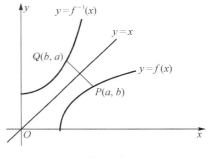

图 $1-12$

例 1-3-1 求函数 $y = -\sqrt{x-1}$ 的反函数.

解 函数 $y = -\sqrt{x-1}$ 的定义域为 $x \in [1, +\infty)$,值域为 $(-\infty, 0]$. 由 $y = -\sqrt{x-1}$ 解出它的反函数为

$$x = y^2 + 1, \quad y \in (-\infty, 0],$$

按习惯又写作

$$y = x^2 + 1, \quad x \in (-\infty, 0].$$

不是每个函数都有反函数. 我们讨论的是单值函数,因此只有当函数 $y = f(x)$ 是一一对应时,

才有反函数. 例如二次函数 $y = x^2$ 在其定义域$(-\infty, +\infty)$中没有反函数, 因为对于任何 $y \in [0, +\infty)$, 有两个值 $x_1 = \sqrt{y}$, $x_2 = -\sqrt{y}$ 与之对应. 但是在$[0, +\infty)$上, 是一一对应的, 有反函数 $y = \sqrt{x}$. 由于严格单调函数是一一对应的, 所以我们可以得到下面的定理.

反函数存在定理 *严格单调函数的反函数存在.*

例如, 函数 $y = x^3$ 在$(-\infty, +\infty)$上为严格递增函数, 其值域为$(-\infty, +\infty)$, 它的反函数为 $y = \sqrt[3]{x}$, 其定义域与值域都是$(-\infty, +\infty)$(如图 1-13); 又如, 函数 $y = \sin x$ 在 $\left[-\dfrac{\pi}{2}, \dfrac{\pi}{2}\right]$ 上为 严格递增函数, 其值域为$[-1, 1]$, 它的反函数为 $y = \arcsin x$, 其定义域为$[-1, 1]$, 值域为 $\left[-\dfrac{\pi}{2}, \dfrac{\pi}{2}\right]$(如图 1-14).

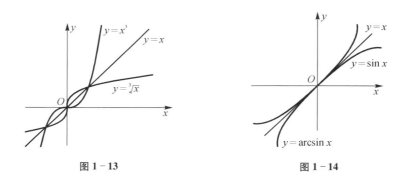

图 1-13   图 1-14

函数 $y = x^2$ 在区间$(-\infty, +\infty)$上就没有反函数. 但函数 $y = x^2$ 在$[0, +\infty)$严格递增, 它的反函数为 $y = \sqrt{x}$ (如图 1-15), 而在$(-\infty, 0]$上严格递减, 它的反函数为 $y = -\sqrt{x}$ (如图 1-16).

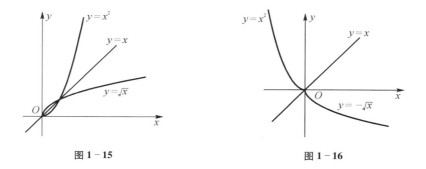

图 1-15   图 1-16

1.3.2 复合函数

在很多情况下, 变量之间的联系不是那么直接, 一个变量与另一个变量的联系要通过第三个变量(中间变量). 如在物体的自由落体中,动能 E 与时间 t 之间的关系就是要通过速度 v 获得:设物体的质量是 m,动能与速度的函数关系是 $E = \dfrac{1}{2} m v^2$,速度又是时间的函数 $v = gt$,所以动能 E 就成了时间 t 的函数 $E = \dfrac{1}{2} m v^2 = \dfrac{1}{2} m g^2 t^2$. 这个过程,我们称为函数的复合,复合函数的数学表述如下:

定义 1.3.2　设有两个函数 $y = f(u)$,$u \in D$ 及 $u = g(x)$,$x \in D'$,且 $u = g(x)$ 的值域是 W. 如果 $D \cap W \neq \varnothing$,则对任何 $x \in \Omega = \{x \mid x \in D',\ u = g(x) \in D\}$,通过函数 $u = g(x)$ 有唯一的值 u 与之对应,再通过函数 $y = f(u)$ 又有唯一的值 y 与之对应. 因此对于每一个 $x \in \Omega$,都有唯一的值 y 与之对应,这样就得到了定义在 Ω 上的一个函数,记作

$$y = f[g(x)],\ x \in \Omega.$$

这个函数称为定义在 Ω 上的由 $y = f(u)$ 与 $u = g(x)$ 复合而成的**复合函数**. 其中 u 称为**中间变量**,$y = f(u)$ 称为**外函数**,$u = g(x)$ 称为**内函数**.

例如,函数 $y = \sqrt{u}$,$u \in [0, +\infty)$ 与 $u = 1 - x^2$,$x \in (-\infty, +\infty)$ 的复合函数是

$$y = \sqrt{1 - x^2},\ x \in [-1, 1].$$

它的定义域 $[-1, 1]$ 是内函数定义域 $(-\infty, +\infty)$ 的一部分.

又如,函数 $y = \lg u$,$u \in (0, +\infty)$ 与 $u = \cos x$,$x \in (-\infty, +\infty)$ 的复合函数是

$$y = \lg \cos x,$$

$$x \in \left((4n - 1) \frac{\pi}{2},\ (4n + 1) \frac{\pi}{2} \right),\ n = 0,\ \pm 1,\ \pm 2,\ \cdots.$$

注意　$D \cap W \neq \varnothing$(内函数的值域与外函数的定义域的交集不是空集)很重要,这能保证 $\Omega = \{x \mid x \in D',\ u = g(x) \in D\} \neq \varnothing$,使得复合运算能够进行. 例如,$y = \ln u$,$u = -\sqrt{x - 1}$ 就不能复合. 因为 $u = -\sqrt{x - 1}$ 的值域是 $(-\infty, 0]$,而 $y = \ln u$ 的定义域则是 $(0, +\infty)$,两者的交集是空集.

复合运算可以进行多次,这时可以引入多个中间变量. 如 $y = e^{\sin \frac{1}{x}}$ 就是由 $y = e^u$,$u = \sin v$,$v = \dfrac{1}{x}$ 复合而成.

反函数与复合函数是重要的概念,读者在学习时请注意以下几点:

(1) 本节定义的反函数实质上是单值反函数. 函数 $y = f(x)$,$x \in D$ 是否存在反函数,与

数集 D 有关. 正如前面所举的例子 $y = x^2$ 那样, 在某个数集上有反函数 (例如在 $[0, +\infty)$ 或 $(-\infty, 0]$ 上), 而在另一个数集上则可能不存在反函数 (例如在 $(-\infty, +\infty)$ 上).

(2) 函数在数集 D 上的严格单调性是它有反函数的**充分条件**. 这个条件不是必要的. 例如, 函数

$$y = f(x) = \begin{cases} x + 1, & x \in [-1, 0], \\ -x, & x \in (0, 1] \end{cases}$$

在 $[-1, 1]$ 上存在反函数

$$y = f^{-1}(x) = \begin{cases} -x, & x \in [-1, 0), \\ x - 1, & x \in [0, 1]. \end{cases}$$

但函数 $y = f(x)$ 却不是 $[-1, 1]$ 上的单调函数.

(3) 如果由给定的两个函数 $y = f(x)$ 与 $y = g(x)$, 可以得到两个复合函数 $y = f[g(x)]$ 或 $y = g[f(x)]$, 一般而言, 这两个复合函数是不同的, 它们具有不同的内函数与外函数, 定义域也不尽相同.

(4) 复合函数可以由多个函数进行有限次复合而成, 一个较为复杂的函数也可以通过引进中间变量看成几个简单函数的复合函数.

习题 1-3

1. 求下列函数在指定区间上的反函数:

(1) $y = -\sqrt{1 - x^2}$, $x \in [-1, 0]$; 　　(2) $y = 3\sin 2x$, $x \in \left[-\dfrac{\pi}{4}, \dfrac{\pi}{4}\right]$;

(3) $y = 1 + \lg(x + 3)$, $x \in (-3, +\infty)$; 　　(4) $y = 3^{4x+5}$, $x \in (-\infty, +\infty)$;

(5) $y = \dfrac{3^x - 3^{-x}}{2}$, $x \in (-\infty, +\infty)$.

2. 证明: 函数 $y = \dfrac{1 - x}{1 + x}$ 的反函数就是它本身.

3. 求下列复合函数 $f[g(x)]$:

(1) $f(u) = \sqrt{u + 1}$, $g(x) = x^4$; 　　(2) $f(u) = \sqrt{u^2 + 1}$, $g(x) = \tan x$;

(3) $f(u) = \lg(1 - u)$, $g(x) = \sqrt{x - 1}$; 　　(4) $f(u) = \dfrac{|u|}{u}$, $g(x) = x^2$.

*4. 求下列复合函数 $f[g(x)]$ 和 $g[f(x)]$, 并确定其定义域:

(1) $f(x) = \begin{cases} 2, & x \leqslant 0, \\ x^2, & x > 0, \end{cases}$ 　 $g(x) = \begin{cases} -x^2, & x \leqslant 0, \\ x^3, & x > 0; \end{cases}$

（2）$f(x) = |x|$，$g(x) = -x$；

（3）$f(x) = \begin{cases} x^2, & x > 0, \\ x^3, & x \leqslant 0, \end{cases}$　　$g(x) = \begin{cases} \sqrt{x}, & x > 0, \\ \sqrt{-x}, & x \leqslant 0; \end{cases}$

（4）$f(x) = \begin{cases} 1, & |x| < 1, \\ 0, & |x| = 1, \\ -1, & |x| > 1, \end{cases}$　　$g(x) = e^x$。

1.4　初　等　函　数

1.4.1　基本初等函数

基本初等函数是指常量函数、幂函数、指数函数、对数函数、三角函数和反三角函数这六类函数。这些函数的基本图形和简单性质列表于后，不再多叙。

表 1－2

名称	表达式		图　形	简　单　性　质	
常量函数	$y = C$ （C 为固定的常数）			1. 定义域为 $(-\infty, +\infty)$。 2. 偶函数。	
幂函数	$y = x^\alpha$ （$\alpha \neq 0$）	$\alpha = \dfrac{p}{q}$ p、q 都是奇数		1. 当 $\alpha > 0$ 时，定义域为 $(-\infty, +\infty)$； 当 $\alpha < 0$ 时，定义域为 $x \neq 0$。 2. 奇函数。	1. 当 $\alpha > 0$ 时，函数在 $(0, +\infty)$ 严格递增；当 $\alpha < 0$ 时，函数在 $(0, +\infty)$ 严格递减。 2. $y = x^\alpha (x > 0)$ 与 $y = x^{\frac{1}{\alpha}} (x > 0)$ 互为反函数。
		$\alpha = \dfrac{p}{q}$ p 是偶数 q 是奇数		1. 当 $\alpha > 0$ 时，定义域为 $(-\infty, +\infty)$； 当 $\alpha < 0$ 时，定义域为 $x \neq 0$。 2. 偶函数。	
		α 为其他实数		1. 当 $\alpha > 0$ 时，定义域为 $[0, +\infty)$； 当 $\alpha < 0$ 时，定义域为 $(0, +\infty)$。	

名称	表　达　式	图　形	简　单　性　质
指数函数	$y = a^x$ $(a > 0, a \neq 1)$		1. 定义域为 $(-\infty, +\infty)$. 2. 当 $a>1$ 时, 函数严格递增; 当 $0<a<1$ 时, 函数严格递减. 3. $y = a^x$ 与 $y = \left(\dfrac{1}{a}\right)^x$ 的图形关于 y 轴对称.
对数函数	$y = \log_a x$ $(a > 0, a \neq 1)$		1. 定义域为 $(0, +\infty)$. 2. 当 $a>1$ 时, 函数严格递增; 当 $a<1$ 时, 函数严格递减. 3. $y = \log_a x$ 与 $y = \log_{\frac{1}{a}} x$ 的图形关于 x 轴对称. 4. $y = \log_a x\ (x > 0)$ 与 $y = a^x\ (-\infty < x < +\infty)$ 互为反函数.
三角函数	$y = \sin x$		1. 定义域为 $(-\infty, +\infty)$. 2. 奇函数. 3. 有界函数. 4. 周期为 2π. 5. 函数在 $\left[2k\pi-\dfrac{\pi}{2}, 2k\pi+\dfrac{\pi}{2}\right]$ ($k = 0, \pm 1, \pm 2, \cdots$) 上严格递增; 在 $\left[2k\pi+\dfrac{\pi}{2}, 2k\pi+\dfrac{3\pi}{2}\right]$ ($k = 0, \pm 1, \pm 2, \cdots$) 上严格递减.
	$y = \cos x$		1. 定义域为 $(-\infty, +\infty)$. 2. 偶函数. 3. 有界函数. 4. 周期为 2π. 5. 函数在 $[(2k-1)\pi, 2k\pi]$ ($k = 0, \pm 1, \pm 2, \cdots$) 上严格递增; 在 $[2k\pi, (2k+1)\pi]$ ($k=0, \pm 1, \pm 2, \cdots$) 上严格递减.
	$y = \tan x$		1. 定义域为 $x \neq k\pi + \dfrac{\pi}{2}$ ($k = 0, \pm 1, \pm 2, \cdots$). 2. 奇函数. 3. 周期为 π. 4. 函数在 $\left(k\pi - \dfrac{\pi}{2}, k\pi + \dfrac{\pi}{2}\right)$ ($k = 0, \pm 1, \pm 2, \cdots$) 内严格递增.

名称	表　达　式	图　形	简　单　性　质
三角函数	$y = \cot x$		1. 定义域为 $x \neq k\pi$（$k = 0$，± 1，± 2，$\cdots$）. 2. 奇函数. 3. 周期为 π. 4. 函数在 $(k\pi,\ (k+1)\pi)$（$k = 0$，± 1，± 2，$\cdots$）内严格递减.
反三角函数	$y = \arcsin x$		1. 定义域为 $[-1, 1]$. 2. 奇函数. 3. 有界函数. 4. 在 $[-1, 1]$ 上严格递增. 5. 与 $y = \sin x\left(-\dfrac{\pi}{2} \leqslant x \leqslant \dfrac{\pi}{2}\right)$ 互为反函数.
	$y = \arccos x$		1. 定义域为 $[-1, 1]$. 2. 有界函数. 3. 在 $[-1, 1]$ 上严格递减. 4. 与 $y = \cos x\ (0 \leqslant x \leqslant \pi)$ 互为反函数.
	$y = \arctan x$		1. 定义域为 $(-\infty,\ +\infty)$. 2. 奇函数. 3. 有界函数. 4. 在 $(-\infty,\ +\infty)$ 上严格递增. 5. 与 $y = \tan x\left(-\dfrac{\pi}{2} < x < \dfrac{\pi}{2}\right)$ 互为反函数.
	$y = \text{arccot}\, x$		1. 定义域为 $(-\infty,\ +\infty)$. 2. 有界函数. 3. 在 $(-\infty,\ +\infty)$ 上严格递减. 4. 与 $y = \cot x\ (0 < x < \pi)$ 互为反函数.

1.4.2　初等函数

由基本初等函数经过有限次加减乘除四则运算和有限次复合运算所得到的并能用一个解析式表示的函数,称为**初等函数**.

例如,$y = \sqrt{1 + \sin x^2}$,$y = \ln(\sin e^{x^3+1})$ 都是初等函数.

多项式 $P(x) = a_0 x^n + a_1 x^{n-1} + \cdots + a_n (a_0, a_1, \cdots, a_n$ 是常数）是初等函数，称为**有理整函数**.

有理分式函数

$$y = \frac{P(x)}{Q(x)} = \frac{a_0 x^n + a_1 x^{n-1} + \cdots + a_n}{b_0 x^m + b_1 x^{m-1} + \cdots + b_m},$$

$(a_0, a_1, \cdots, a_n; b_0, b_1, \cdots, b_m$ 是常数，$b_0 \neq 0$；n, m 是非负整数）

也是初等函数.

函数的四则运算与复合运算是产生新函数的途径，大量的新函数来自函数的运算.

例 1-4-1   分解下列复合函数为简单函数（简单函数是指基本初等函数及基本初等函数的加减乘除形式）：

(1) $y = \sqrt{1 + \sin x^2}$；   (2) $y = \ln(\sin e^{x^3+1})$.

解   (1) 如果将 $1 + \sin x^2$ 看成 u，x^2 看成 v，则 $y = \sqrt{1 + \sin x^2}$ 是由 $y = \sqrt{u}$，$u = 1 + \sin v$，$v = x^2$ 复合而成；

(2) $y = \ln(\sin e^{x^3+1})$ 由 $y = \ln u$，$u = \sin v$，$v = e^w$，$w = x^3 + 1$ 复合而成.

例 1-4-2   已知 $f\left(x + \dfrac{1}{x}\right) = x^2 + \dfrac{1}{x^2}$，求 $f(x)$.

解   将 $x + \dfrac{1}{x}$ 看成是变量 u，希望能将右端 $x^2 + \dfrac{1}{x^2}$ 化为 u 的函数. 因为

$$x^2 + \frac{1}{x^2} + 2 - 2 = \left(x + \frac{1}{x}\right)^2 - 2 = u^2 - 2,$$

所以

$$f(x) = x^2 - 2.$$

习题 1-4

1. 指出下列复合函数是由哪些简单函数复合而成的：

(1) $y = \sqrt[3]{\arcsin e^x}$；   (2) $y = e^{\cos(x^2+1)}$；

(3) $y = \arcsin \sqrt{\ln(x^2 - 1)}$；   (4) $y = \ln[\ln^2(\ln^3 x)]$；

(5) $y = \log_a \sin e^{x+1}$.

2. 已知 $f\left(1 + \dfrac{1}{x}\right) = \dfrac{2x + 1 - x^2}{x^2}$，求 $f(x)$.

第 2 章　极 限 与 连 续

极限是研究变量变化趋势的数学工具,是微积分学的理论基础.本章将介绍极限的概念和性质,并用极限的概念建立函数的连续性理论,熟练掌握这些内容是学好微积分的基础.

2.1　数列及其极限

2.1.1　数列

当函数 $f(x)$ 的定义域为全体正整数时,称此函数为**数列**,记作

$$f(n), \quad n = 1, 2, 3, \cdots.$$

$f(n)$ 又可记作 a_n 或 x_n 等,数列的值域

$$\{a_n \mid n \text{ 为正整数}\}$$

中的数也可依顺序排列成

$$a_1, a_2, a_3, \cdots, a_n, \cdots,$$

或简记成 $\{a_n\}$,其中第 n 项 a_n 称为该数列的**通项**.先看几个具体数列:

① $1, \dfrac{1}{2}, \dfrac{1}{3}, \cdots, \dfrac{1}{n}, \cdots$,其通项为 $\dfrac{1}{n}$,记作 $\left\{\dfrac{1}{n}\right\}$;

② $-1, 1, -1, 1, \cdots, (-1)^n, \cdots$,其通项为 $(-1)^n$,记作 $\left\{(-1)^n\right\}$;

③ $0, 2, 0, 4, 0, 6, \cdots, \dfrac{1+(-1)^n}{2}n, \cdots$,其通项为 $a_n = \dfrac{1+(-1)^n}{2}n$;

④ $3-1, 3+\dfrac{1}{2}, 3-\dfrac{1}{3}, \cdots, 3+\dfrac{(-1)^n}{n}, \cdots$,其通项为 $a_n = 3 + \dfrac{(-1)^n}{n}$.

在几何上,数列(即函数 $f(n)$, $n = 1, 2, 3, \cdots$)的图形可以用平面上的一列点来表示.例如数列 $\left\{\dfrac{1}{n}\right\}$ 的图形如图 2-1 所示.为方便起见,我们也常用数轴上的一列点来表示数列.例如数列 $\left\{\dfrac{1}{2^n}\right\}$ 在数轴上的表示如图 2-2 所示.

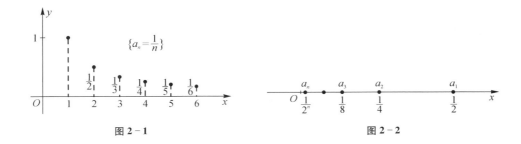

图 2-1　　　　　　　　　　　　　　图 2-2

对于无穷数列,我们关心的是:当 n 无限增大时,其变化趋势是什么,是否会无限接近于一个确定的常数? 如果会的话,怎么求出这个常数.

2.1.2　数列极限

《庄子·天下篇》中有这样一句话:"一尺之棰,日取其半,万世不竭"这个"棰"的剩下部分的长度用数学符号表示,就是以下数列

$$\frac{1}{2},\ \frac{1}{2^2},\ \cdots,\ \frac{1}{2^n},\ \cdots$$

当时间(日数)不断增加并趋向于无穷大时,它剩下部分的长度 $\frac{1}{2^n}$ 会无限地接近 0,最后的归宿(极限)就是 0. 它非常形象地描述了一个无限变化的过程.

现在来考察当 n 无限增大时数列

$$\left\{\frac{1}{n}\right\} 与 \left\{3 + \frac{(-1)^n}{n}\right\}$$

的变化趋势. 如图 2-3 所示,当 n 无限增大时,数列 $\left\{\frac{1}{n}\right\}$ 中的通项 $\frac{1}{n}$ 都无限地接近于 0,数列 $\left\{3 + \frac{(-1)^n}{n}\right\}$ 中的通项 $3 + \frac{(-1)^n}{n}$ 无限地接近于 3. 这两个数列及"一尺之棰"中的数列 $\left\{\frac{1}{2^n}\right\}$,都有一个共同的特点,即数列中的通项 a_n 随着 n 的无限增大而无限地接近于某个常数 a,这种数列 $\{a_n\}$ 称为收敛数列,a 称为数列 $\{a_n\}$ 的极限. 而数列 $\{(-1)^n\}$ 与 $\left\{\frac{1 + (-1)^n}{2}n\right\}$ 当 n 无限增大时,其通项都不能无限地接近某一个固定的常数. 这两个数列都不是收敛数列.

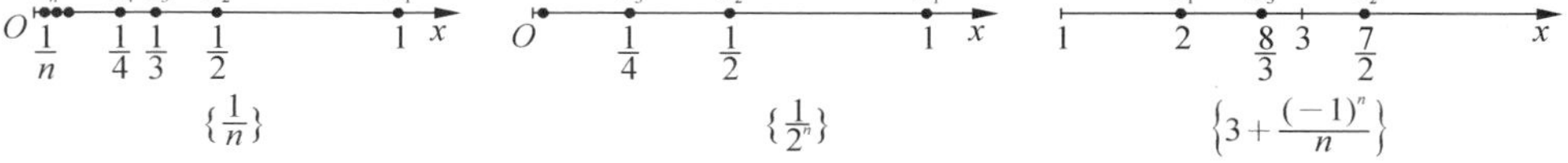

图 2-3

为了进一步理解"无限接近"的意义,我们先来考察数列 $\left\{ 3 + \dfrac{(-1)^n}{n} \right\}$. 这个数列的通项 $a_n = 3 + \dfrac{(-1)^n}{n}$ 随着 n 的无限增大而无限地接近于 3, 这就是说, 只要 n 充分大时, 对应的 a_n 与 3 之差的绝对值

$$|a_n - 3| = \left| \frac{(-1)^n}{n} \right| = \frac{1}{n}$$

可以小于预先给定的任意小的正数.

例如, 若要 $|a_n - 3| = \dfrac{1}{n}$ 小于 $\dfrac{1}{10}$, 只要 $n > 10$ 就行, 即从第 11 项起的一切项 a_n 与 3 之差的绝对值都小于 $\dfrac{1}{10}$; 又若要 $|a_n - 3| < \dfrac{1}{100}$, 只要 $n > 100$ 就行. 一般说来, 若要 $|a_n - 3| < \varepsilon$, 只要 $n > \dfrac{1}{\varepsilon}$ 就可以了.

由此可见, "数列 $\{a_n\}$ 无限接近于 a" 的精确含义是: 当 n 充分大以后, $|a_n - a|$ 可以小于预先给定的任意小的正数 ε. 这样, 就可以给出数列极限的如下定义.

定义 2.1.1 (数列极限的 ε-N 定义) 设 $\{a_n\}$ 是一个数列, a 是一个定数. 若对于任意给定的正数 ε, 总存在某个正整数 N, 使得当 $n > N$ 时, 都有

$$|a_n - a| < \varepsilon,$$

则称**数列 $\{a_n\}$ 当 $n \to \infty$** [1](读作"n 趋于无穷大")**时的极限为** a, 也可简单地称数列 $\{a_n\}$ 的极限为 a; 又称数列 $\{a_n\}$ 为**收敛数列**(收敛于 a), 记作

$$\lim_{n \to \infty}{}^{[2]} a_n = a \quad \text{或} \quad a_n \to a \, (n \to \infty).$$

(分别读作"当 n 趋于无穷大时, a_n 的极限等于 a"或"当 n 趋于无穷大时, a_n 趋于 a"). 若数列 $\{a_n\}$ 不收敛于任何实数(即没有极限), 则称数列 $\{a_n\}$ 为**发散数列**.

由不等式 $|a_n - a| < \varepsilon$ 与 $a - \varepsilon < a_n < a + \varepsilon$ 的等价性可知数列 $\{a_n\}$ 以 a 为极限的几何意义是: 对于任意给定的 $\varepsilon > 0$, 总存在某个正整数 N, 使得下标大于 N 的一切项 a_{N+1}, a_{N+2}, $\cdots$(无穷多项)都落在 a 的 ε 邻域 $(a - \varepsilon, a + \varepsilon)$ 内, 而至多只有前面 N 项 a_1, a_2, $\cdots$, a_N(有限项)落在这个邻域之外(图 2-4).

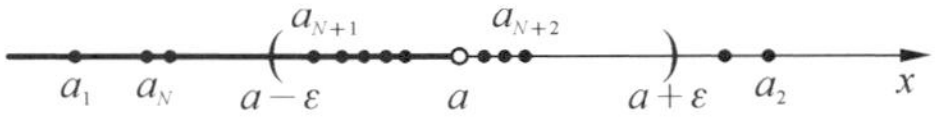

图 2-4

例如, 数列 $\{(-1)^n\}$, 它的奇数项均为 -1, 偶数项

---

1) 由于 n 为正整数, 因此 $n \to \infty$ 即为 $n \to +\infty$. 为简单起见, 在数列极限问题中都把 $n \to +\infty$ 写成 $n \to \infty$.

2) 记号 $\lim$ 是拉丁文 limit(极限)一词的前三个字母.

均为1,不论 n 取多大,它的项不可能都聚集在某个实数附近,即它不收敛于任何实数,因此 $\{(-1)^n\}$ 是发散数列.

又如,数列 $\{2n\}$、$\{-n^2\}$ 与 $\{(-1)^n n^2\}$,它们通项的绝对值随着 n 的增大而无限增大,所以也不能聚集在某个实数附近,因此这些数列都是发散数列.

如前所述,对于任意给定的 $\varepsilon > 0$,只要取 $N = \left[\dfrac{1}{\varepsilon}\right]$,则当 $n > N$ 时,都有

$$\left| \left[3 + \frac{(-1)^n}{n} \right] - 3 \right| < \varepsilon,$$

因此,由数列极限的 $\varepsilon - N$ 定义可知

$$\lim_{n \to \infty} \left[3 + \frac{(-1)^n}{n} \right] = 3.$$

下面我们根据定义来验证一些数列的极限.

例 2-1-1 证明:$\lim\limits_{n \to \infty} \dfrac{1}{n^2} = 0$.

证 对于任意给定的正数 ε(不妨设 $\varepsilon < 1$,请说明理由),为使

$$\left| \frac{1}{n^2} - 0 \right| = \frac{1}{n^2} < \varepsilon,$$

只要 $n^2 > \dfrac{1}{\varepsilon}$,即 $n > \sqrt{\dfrac{1}{\varepsilon}}$ 就行了. 若令 $N = \left[\sqrt{\dfrac{1}{\varepsilon}} \right]$,则当 $n > N$ 时,就有

$$\left| \frac{1}{n^2} - 0 \right| = \frac{1}{n^2} < \varepsilon,$$

由数列极限的 $\varepsilon - N$ 定义即知

$$\lim_{n \to \infty} \frac{1}{n^2} = 0.$$

类似地,可以证明:若 $\alpha > 0$,则

$$\lim_{n \to \infty} \frac{1}{n^\alpha} = 0.$$

例 2-1-2 证明:$\lim\limits_{n \to \infty} \dfrac{1}{2^n} = 0$.

证 对于任意给定的正数 $\varepsilon \left(\text{不妨设 } \varepsilon < \dfrac{1}{2} \right)$,为使

$$\left| \frac{1}{2^n} - 0 \right| = \frac{1}{2^n} < \varepsilon,$$

解此不等式,得

$$n > \frac{\lg \dfrac{1}{\varepsilon}}{\lg 2} = - \frac{\lg \varepsilon}{\lg 2},$$

因此,若取 $N = \left[- \dfrac{\lg \varepsilon}{\lg 2} \right]$,则当 $n > N$ 时,就有

$$\left| \frac{1}{2^n} - 0 \right| = \frac{1}{2^n} < \varepsilon,$$

由数列极限的 $\varepsilon - N$ 定义即知

$$\lim_{n \to \infty} \frac{1}{2^n} = 0.$$

类似地,可以证明:若 $0 < |q| < 1$,则

$$\lim_{n \to \infty} q^n = 0.$$

对常数数列 $\{C\}$,因为 $|C - C| = 0$ 可以小于任意给定的正数 ε,所以

$$\lim_{n \to \infty} C = C.$$

例 2 - 1 - 3 证明:$\lim\limits_{n \to \infty} \dfrac{n}{(n+1)^2} = 0.$

证 任意给定 $\varepsilon > 0$,因为

$$\left| \frac{n}{(n+1)^2} - 0 \right| = \frac{n}{(n+1)^2} < \frac{1}{n},$$

所以只要 $\dfrac{1}{n} < \varepsilon$,就有 $\left| \dfrac{n}{(n+1)^2} - 0 \right| < \varepsilon$,因此只要取 $N = \left[\dfrac{1}{\varepsilon} \right]$,当 $n > N$ 时,就有

$$\left| \frac{n}{(n+1)^2} - 0 \right| < \frac{1}{n} < \varepsilon,$$

由数列极限的 $\varepsilon - N$ 定义即知

$$\lim_{n \to \infty} \frac{n}{(n+1)^2} = 0.$$

注意 从例 $2-1-3$ 看出,在用 $\varepsilon - N$ 定义证明极限时,只需要指出 N 存在即可,**并不需要找出最小的** N,要找出最小的 N 很困难. 通常可以适当放大 $|x_n - a|$,使之既能小于任意正数 ε (分母要有 n 的因子),还能够容易解出 N.

可以看出,有些发散数列,如 $\{2n\}$, $\{-n^2\}$, $\{(-1)^n 2^n\}$ 都有明显的变化趋势,即其通项的绝对值随着 n 的增大而无限增大. 一般说来,对于给定的数列 $\{a_n\}$,若当 n 无限增大时,$|a_n|$ 也无限增大(也就是说,当 n 充分大以后,$|a_n|$ 可以大于预先给定的任意大的正数 G),则称 $\{a_n\}$ 为无穷大数列. 下面给出无穷大数列的严格定义.

定义 2.1.2 (**无穷大数列的 $G-N$ 定义**) 设 $\{a_n\}$ 是一个数列,若对于任意给定的正数 G,总存在某个正整数 N,使得当 $n > N$ 时,都有

$$|a_n| > G,$$

则称数列 $\{a_n\}$ 是**无穷大数列**,并称 $\{a_n\}$ 为**无穷大量**,记作

$$\lim_{n \to \infty} a_n = \infty \text{ 或 } a_n \to \infty \, (n \to \infty).$$

必须注意,按通常的极限定义来说,无穷大数列是没有极限的. 但为方便起见,也常说这种数列的极限为无穷大,并使用上述记号.

此外,在定义 2.1.2 中,若当 $n > N$ 时都有

$$a_n > G \quad (\text{或 } a_n < -G),$$

则称 $\{a_n\}$ 为**正无穷大数列**(或**负无穷大数列**),并称之为**正无穷大量**(或**负无穷大量**),记作

$$\lim_{n \to \infty} a_n = +\infty \quad (\text{或 } -\infty),$$

或者

$$a_n \to +\infty \, (n \to \infty) \quad (\text{或 } a_n \to -\infty \, (n \to \infty)).$$

不难证明,$\{2n\}$ 是正无穷大量,$\{-n^2\}$ 是负无穷大量,而 $\{(-1)^n 2^n\}$ 只是一个无穷大量. 也就是说

$$\lim_{n \to \infty}(2n) = +\infty, \ \lim_{n \to \infty}(-n^2) = -\infty, \ \lim_{n \to \infty}[(-1)^n 2^n] = \infty.$$

无穷大量与有限极限一样是一个变化的过程,是 a_n 随着 n 的增大而不断无限增大的过程,不能与一个很大的数混为一谈. 请读者一定要体会**"变化过程"**这个思想,这在初等数学中是没有的.

2.1.3 收敛数列的性质与运算法则

一个数列 $\{a_n\}$ 有无穷多项,但只要它收敛于 a,则从数列收敛的 $\varepsilon - N$ 定义及其几何意义可

知:对于 a 的无论多么小的邻域 $(a - \varepsilon, a + \varepsilon)$,在这个邻域外至多只有这个数列的前面有限项 $(N$ 项$)$,而后面的所有项都聚集在 a 的 ε 邻域内. 利用数列极限的这个本质特性,可以通过数列的极限值 a 来研究收敛数列 $\{a_n\}$ 本身的性质.

定理 2.1.1(唯一性) 若数列 $\{a_n\}$ 收敛,则其极限是唯一的.

证 用反证法,设数列 $\{a_n\}$ 收敛于两个不同的极限 a 和 b,不妨设 $a > b$,取 $\varepsilon = \dfrac{a - b}{2} > 0$,根据 $\lim\limits_{n \to \infty} a_n = a$,存在正整数 N_1,当 $n > N_1$ 时,有

$$| a_n - a | < \varepsilon = \frac{a - b}{2},$$

即

$$a_n > \frac{a + b}{2}. \qquad ①$$

又根据 $\lim\limits_{n \to \infty} a_n = b$,存在正整数 N_2,当 $n > N_2$ 时,有

$$| a_n - b | < \varepsilon = \frac{a - b}{2},$$

即

$$a_n < \frac{a + b}{2}. \qquad ②$$

令 $N = \max\{N_1, N_2\}$,当 $n > N$ 时,①②式同时成立,而①②式是矛盾的,所以收敛数列的极限是唯一的.

几何上,当 $\{a_n\}$ 收敛于 a 时,在 a 的任一邻域 $U(a; \varepsilon)$ 中聚集着 $\{a_n\}$ 无限多个点,而 $U(a; \varepsilon)$ 外只有有限多个点,极限的唯一性与这个解释是一致的.

数列 $\{a_n\}$ 有界是指存在实数 $M > 0$,使得对所有的 a_n,有 $| a_n | \leqslant M$.

定理 2.1.2(有界性) 若数列 $\{a_n\}$ 收敛,则 $\{a_n\}$ 必有界.

证 设 $\lim\limits_{n \to \infty} a_n = a$,取 $\varepsilon = 1$,由数列收敛的 $\varepsilon - N$ 定义可知:必存在正整数 N,使数列 $\{a_n\}$ 中第 $N + 1$ 项开始的所有项 $a_{N+1}, a_{N+2}, \cdots$ 都落在 $(a - 1, a + 1)$ 内(图 2 - 5). 因此,若取

$$M = \max\{| a_1 |, | a_2 |, \cdots, | a_N |, | a - 1 |, | a + 1 |\},$$

则对一切 n 都有 $| a_n | \leqslant M$,从而 $\{a_n\}$ 有界.

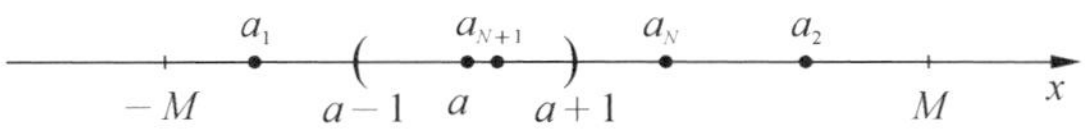

图 2 - 5

由定理 2.1.2 可知:若数列 $\{a_n\}$ 无界,则它一定发散. 但必须注意:数列的有界性只是数列收敛的必要条件,而不是充分条件,即有界数列不一定收敛. 例如,数列 $\{(-1)^n\}$ 有界,但不收敛.

定理 2.1.3 设 $\lim\limits_{n\to\infty} a_n = a$, $\lim\limits_{n\to\infty} b_n = b$, 且 $a > b$, 则存在正整数 N, 当 $n > N$ 时, 有 $a_n > b_n$.

证 当 n 充分大以后, 除有限多项外, 数列 $\{a_n\}$ 的无穷多项聚集在 a 的附近, 而 $\{b_n\}$ 的无穷多项聚集在 b 附近, 为使 a_n 与 b_n 能够分开, 取 $\varepsilon_0 = \dfrac{a-b}{2}$ (图 2-6).

图 2-6

因为 $\lim\limits_{n\to\infty} a_n = a$, 所以存在正整数 N_1, 当 $n > N_1$ 时, 有

$$|a_n - a| < \varepsilon_0 = \frac{a-b}{2},$$

即

$$a_n > \frac{a+b}{2}.$$

又因为 $\lim\limits_{n\to\infty} b_n = b$, 所以存在正整数 N_2, 当 $n > N_2$ 时, 有

$$|b_n - b| < \varepsilon_0 = \frac{a-b}{2},$$

即

$$b_n < \frac{a+b}{2}.$$

取 $N = \max\{N_1, N_2\}$, 则当 $n > N$ 时, 自然有

$$b_n < \frac{a+b}{2} < a_n.$$

推论 1(保号性) 设 $\lim\limits_{n\to\infty} a_n = a$, $a > 0$, 则存在正整数 N, 当 $n > N$ 时, 有 $a_n > 0$.

推论 2 设 $\lim\limits_{n\to\infty} a_n = a$, $\lim\limits_{n\to\infty} b_n = b$, 且存在正整数 N, 当 $n > N$ 时, 有 $a_n \geqslant b_n$, 则 $a \geqslant b$.

定理 2.1.4(迫敛性) 设数列 $\{a_n\}$ 和 $\{b_n\}$ 极限都是 a, 若数列 $\{c_n\}$ 满足:存在正整数 N, 当 $n > N$ 时, 有 $a_n \leqslant c_n \leqslant b_n$, 则 $\lim\limits_{n\to\infty} c_n = a$.

定理的证明留作习题. 定理的结论很容易理解, 由于 a_n、b_n 随着 n 的增加而无限接近于 a, 被夹在中间的 c_n 还能不无限接近于 a?

例 2-1-4 求 $\lim\limits_{n\to\infty}\sqrt[n]{n}$.

解 设 $\sqrt[n]{n} = 1 + h_n > 1\,(n > 1)$, 有

$$n = (1 + h_n)^n > \frac{n(n-1)}{2}h_n^2,$$

从而有

$$0 < h_n < \sqrt{\frac{2}{n-1}}, \text{或} 1 < 1 + h_n < 1 + \sqrt{\frac{2}{n-1}}.$$

显然

$$\lim_{n\to\infty}\left(1 + \sqrt{\frac{2}{n-1}}\right) = 1,$$

所以根据定理 2.1.4, 得

$$\lim_{n\to\infty}\sqrt[n]{n} = 1.$$

对于常数 $C > 0$, 显然也有 $\lim\limits_{n\to\infty}\sqrt[n]{C} = 1$. 请读者自证.

下面给出有界数列收敛的一个充分条件.

定理 2.1.5(单调有界准则) 单调有界数列必有极限.

数列 $\{a_n\}$ 单调, 是**单调增加**和**单调减少**的总称. 单调增加(或减少)是指: 数列的后一项不小于(或不大于)前一项, 即对一切的正整数 n, 有 $x_n \leq x_{n+1}$(或 $x_n \geq x_{n+1}$).

这个准则也可叙述为: **递增且上有界**(或**递减且下有界**)**的数列必有极限**. 在微积分理论中常把它不加证明地当作公理使用, 其正确性容易从几何直观上加以理解. 以递增且上有界的数列 $\{a_n\}$ 为例, 它在实数轴上对应的点 a_n 随着 n 的增大而向右移动, 但又不能超过 $\{a_n\}$ 的上界所对应的定点 M(图 2-7). 于是, 点集 $\{a_n\}$ 只能越来越密集地聚集在某个定点 $a(\leq M)$ 的左侧, 即存在极限 $\lim\limits_{n\to\infty}a_n = a$.

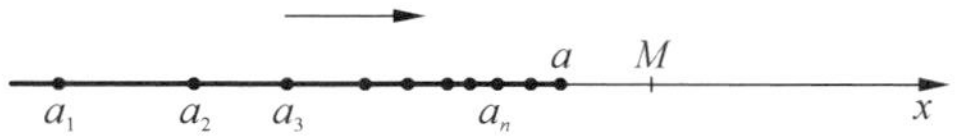

图 2-7

利用这个准则可以证明重要极限 $\lim\limits_{n\to\infty}\left(1 + \dfrac{1}{n}\right)^n$ 的存在性.

* **证** 设 $a_n = \left(1 + \dfrac{1}{n}\right)^n$, 先证明数列 $\{a_n\}$ 是递增数列.

事实上, 应用二项式公式, 有

$$a_n = 1 + n \cdot \frac{1}{n} + \frac{n(n-1)}{2!} \cdot \frac{1}{n^2} + \frac{n(n-1)(n-2)}{3!} \cdot \frac{1}{n^3} + \cdots +$$

$$\frac{n \cdot (n-1) \cdot \cdots \cdot 3 \cdot 2 \cdot 1}{n!} \cdot \frac{1}{n^n}$$

$$= 1 + 1 + \frac{1}{2!}\left(1 - \frac{1}{n}\right) + \frac{1}{3!}\left(1 - \frac{1}{n}\right)\left(1 - \frac{2}{n}\right) + \cdots +$$

$$\frac{1}{n!}\left(1 - \frac{1}{n}\right)\left(1 - \frac{2}{n}\right)\cdots\left(1 - \frac{n-1}{n}\right),$$

$$a_{n+1} = 1 + 1 + \frac{1}{2!}\left(1 - \frac{1}{n+1}\right) + \frac{1}{3!}\left(1 - \frac{1}{n+1}\right)\left(1 - \frac{2}{n+1}\right) + \cdots +$$

$$\frac{1}{n!}\left(1 - \frac{1}{n+1}\right)\left(1 - \frac{2}{n+1}\right)\cdots\left(1 - \frac{n-1}{n+1}\right) +$$

$$\frac{1}{(n+1)!}\left(1 - \frac{1}{n+1}\right)\left(1 - \frac{2}{n+1}\right)\cdots\left(1 - \frac{n}{n+1}\right).$$

比较上述两个展开式可知,前者从第三项起每项都小于后者的对应项,并且后者还多了最后一个正项,因此 $a_n < a_{n+1}$,即 $\{a_n\}$ 是递增数列.

其次,证明数列 $\{a_n\}$ 上有界. 由 a_n 的上述展开式可知

$$a_n < 1 + 1 + \frac{1}{2!} + \cdots + \frac{1}{n!} < 1 + 1 + \frac{1}{2} + \cdots + \frac{1}{2^{n-1}}$$

$$= 1 + \frac{1 - \frac{1}{2^n}}{1 - \frac{1}{2}} = 3 - \frac{1}{2^{n-1}} < 3,$$

即数列 $\{a_n\}$ 有上界 3. 因而由单调有界准则,数列 $\{a_n\}$ 的极限存在.

上述极限常记为 e,即

$$\lim_{n \to \infty}\left(1 + \frac{1}{n}\right)^n = e.$$

可以证明 e 是一个无理数. 由上述证明可以看出 e 的值介于 2 和 3 之间,将它写成十进制小数时,其前十三位数字是

$$e \approx 2.718\ 281\ 828\ 459.$$

以 e 为底的对数称为**自然对数**. x 的自然对数 $\log_e x$ 通常简记为 $\ln x$.

由数列收敛的 $\varepsilon - N$ 定义可以证明如下关于数列极限四则运算的定理,其证明从略.

定理 2.1.6(数列极限的四则运算法则) 若 $\lim\limits_{n \to \infty} a_n = a$ 和 $\lim\limits_{n \to \infty} b_n = b$ 都存在,则

(1) 加减法则 $\lim\limits_{n \to \infty}(a_n \pm b_n) = a \pm b = \lim\limits_{n \to \infty} a_n \pm \lim\limits_{n \to \infty} b_n$;

(2) 乘法法则 $\lim\limits_{n \to \infty}(a_n b_n) = ab = \lim\limits_{n \to \infty} a_n \cdot \lim\limits_{n \to \infty} b_n$;

(3) 除法法则 当 $b \neq 0$ 时,$\lim\limits_{n \to \infty} \dfrac{a_n}{b_n} = \dfrac{a}{b} = \dfrac{\lim\limits_{n \to \infty} a_n}{\lim\limits_{n \to \infty} b_n}$.

从乘法法则还可以得到:

(4) 如果 k 是常数,则 $\lim\limits_{n \to \infty} k a_n = k \lim\limits_{n \to \infty} a_n$;

(5) 如果 l 是正整数,则 $\lim\limits_{n \to \infty}(a_n)^l = \left[\lim\limits_{n \to \infty}(a_n)\right]^l = a^l$.

例 2-1-5 求 $\lim\limits_{n \to \infty}\left(\dfrac{1}{n^2} + \dfrac{2}{n}\right)$.

解 因为

$$\lim_{n \to \infty} \frac{1}{n^2} = 0, \ \lim_{n \to \infty} \frac{2}{n} = 0,$$

所以

$$\lim_{n \to \infty}\left(\frac{1}{n^2} + \frac{2}{n}\right) = \lim_{n \to \infty} \frac{1}{n^2} + \lim_{n \to \infty} \frac{2}{n}$$

$$= 0 + 0 = 0.$$

例 2-1-6 求 $\lim\limits_{n \to \infty} \dfrac{n^2 + 9n - 1}{3n^2 + 4}$.

解 用 n^2 同除分子与分母后,再应用极限四则运算法则得

$$\lim_{n \to \infty} \frac{n^2 + 9n - 1}{3n^2 + 4} = \lim_{n \to \infty} \frac{1 + \dfrac{9}{n} - \dfrac{1}{n^2}}{3 + \dfrac{4}{n^2}} = \frac{\lim\limits_{n \to \infty}\left(1 + \dfrac{9}{n} - \dfrac{1}{n^2}\right)}{\lim\limits_{n \to \infty}\left(3 + \dfrac{4}{n^2}\right)} = \frac{1}{3}.$$

一般地,求两个 n 的多项式的商的极限常可以先用表达式中出现的 n 的最高次幂同除分子、分母后再进行计算.

例 2-1-7 求 $\lim\limits_{n \to \infty}\left(\dfrac{3n + 1}{n} \cdot \dfrac{n + 2}{n}\right)$.

解 本题可模仿上题计算,亦可按如下步骤计算:

$$\lim_{n \to \infty}\left(\frac{3n+1}{n} \cdot \frac{n+2}{n}\right) = \lim_{n \to \infty}\left[\left(3 + \frac{1}{n}\right) \cdot \left(1 + \frac{2}{n}\right)\right]$$

$$= \lim_{n \to \infty}\left(3 + \frac{1}{n}\right) \cdot \lim_{n \to \infty}\left(1 + \frac{2}{n}\right)$$

$$= 3 \times 1 = 3.$$

例 2-1-8　求 $\lim\limits_{n \to \infty} \dfrac{2^n + 3^n}{2^{n+1} + 3^{n+1}}$.

解　由 $0 < \dfrac{2}{3} < 1$ 可知 $\lim\limits_{n \to \infty}\left(\dfrac{2}{3}\right)^n = 0$, 于是

$$\lim_{n \to \infty} \frac{2^n + 3^n}{2^{n+1} + 3^{n+1}} = \lim_{n \to \infty} \frac{3^n\left[\left(\dfrac{2}{3}\right)^n + 1\right]}{3^{n+1}\left[\left(\dfrac{2}{3}\right)^{n+1} + 1\right]} = \frac{1}{3} \cdot \frac{\lim\limits_{n \to \infty}\left[\left(\dfrac{2}{3}\right)^n + 1\right]}{\lim\limits_{n \to \infty}\left[\left(\dfrac{2}{3}\right)^{n+1} + 1\right]} = \frac{1}{3}.$$

例 2-1-9　求 $\lim\limits_{n \to \infty}\left(\dfrac{n+2}{n+1}\right)^n$.

解

$$\lim_{n \to \infty}\left(\frac{n+2}{n+1}\right)^n = \lim_{n \to \infty}\left[\left(1 + \frac{1}{n+1}\right)^{n+1} \cdot \left(1 + \frac{1}{n+1}\right)^{-1}\right]$$

$$= \lim_{n \to \infty}\left(1 + \frac{1}{n+1}\right)^{n+1} \cdot \lim_{n \to \infty}\left(1 + \frac{1}{n+1}\right)^{-1}$$

$$= e.$$

例 2-1-10　求 $\lim\limits_{n \to \infty}\left(\dfrac{1}{\sqrt{n^2+1}} + \dfrac{1}{\sqrt{n^2+2}} + \cdots + \dfrac{1}{\sqrt{n^2+n}}\right)$.

解　设 $c_n = \dfrac{1}{\sqrt{n^2+1}} + \dfrac{1}{\sqrt{n^2+2}} + \cdots + \dfrac{1}{\sqrt{n^2+n}}$, 则有

$$a_n = \frac{n}{\sqrt{n^2+n}} = \frac{1}{\sqrt{n^2+n}} + \frac{1}{\sqrt{n^2+n}} + \cdots + \frac{1}{\sqrt{n^2+n}} \leqslant c_n$$

$$\leqslant \frac{1}{\sqrt{n^2+1}} + \frac{1}{\sqrt{n^2+1}} + \cdots + \frac{1}{\sqrt{n^2+1}} = \frac{n}{\sqrt{n^2+1}} = b_n.$$

容易看到 $\lim\limits_{n \to \infty} a_n = \lim\limits_{n \to \infty} b_n = 1$, 根据定理 2.1.4, 得

$$\lim_{n \to \infty}\left(\frac{1}{\sqrt{n^2+1}} + \frac{1}{\sqrt{n^2+2}} + \cdots + \frac{1}{\sqrt{n^2+n}}\right) = 1.$$

例 2-1-11 证明数列 $\sqrt{2}$ ，$\sqrt{2+\sqrt{2}}$ ，$\cdots$ ，$\underbrace{\sqrt{2+\sqrt{2+\cdots+\sqrt{2}}}}_{n\text{个根号}}$ ，$\cdots$ 收敛，并求其极限.

证 记 $a_n=\underbrace{\sqrt{2+\sqrt{2+\cdots+\sqrt{2}}}}_{n\text{个根号}}$ ，则

$$a_{n+1}=\underbrace{\sqrt{2+\sqrt{2+\cdots+\sqrt{2+\sqrt{2}}}}}_{n+1\text{个根号}}>\underbrace{\sqrt{2+\sqrt{2+\cdots+\sqrt{2}}}}_{n\text{个根号}}=a_n,$$

故数列 $\{a_n\}$ 是单调增加的. 由于 $a_1=\sqrt{2}<2$，设 $a_n<2$，则 $a_{n+1}=\sqrt{2+a_n}<\sqrt{2+2}=2$，依数学归纳法，对于一切正整数 n，有 $a_n<2$，即数列 $\{a_n\}$ 是有界的.

根据定理 2.1.5，数列 $\{a_n\}$ 收敛，设其极限为 a，从 $a_{n+1}=\sqrt{2+a_n}$ 得

$$a_{n+1}^2=2+a_n,$$

对上式两边取极限，得到

$$a^2=2+a,$$

解得 $a=2$ 或者 $a=-1$，由于 $a_n>0$，故其极限 $a\geqslant 0$，所以 $\lim\limits_{n\to\infty}a_n=2$.

　　本节的重点是数列极限的定义、性质、运算和收敛判别准则——单调有界准则. 以下几点应予以注意：

　　（1）在利用极限四则运算法则计算数列极限时，一定要注意：只有在极限 $\lim\limits_{n\to\infty}a_n$ 和 $\lim\limits_{n\to\infty}b_n$ 同时存在的条件下才能进行极限的四则运算. 在进行商的极限运算时，还要求分母的极限不等于 0，否则会导致错误或无法进行计算.

　　（2）单调有界是数列收敛的充分条件. 其中"有界"是数列收敛的必要条件，而"单调"则不是必要条件. 例如，数列 $\left\{\dfrac{(-1)^n}{n}\right\}$ 收敛，但不是单调数列.

　　（3）发散的单调数列必定是无穷大数列，而一般的发散数列甚至可以是有界的，例如 $\{(-1)^n\}$、$\{\sin n\}$ 是发散的有界数列.

习题 2-1

1. 写出下列数列 $\{a_n\}$ 的前五项，并讨论它们的有界性与单调性：

（1）$a_n=\dfrac{1}{2^n}$；

（2）$a_n=\left(-\dfrac{1}{3}\right)^n$；

（3）$a_n=\dfrac{n+1}{n}$；

（4）$a_n=1-(0.1)^n$；

（5）$a_n = n\cos\dfrac{n\pi}{2}$；

（6）$a_n = \dfrac{n!}{2^n}$；

（7）$a_n = 1 - n$；

（8）$a_n = \begin{cases} \dfrac{1}{n}, & n = 2k - 1, \\[2mm] n, & n = 2k \end{cases}$ $(k = 1, 2, \cdots)$.

2. 利用数列极限定义证明：

（1）$\lim\limits_{n\to\infty} 0.\underbrace{99\cdots9}_{n\uparrow} = 1$；

（2）$\lim\limits_{n\to\infty}(\sqrt{n+1} - \sqrt{n}) = 0$；

（3）$\lim\limits_{n\to\infty}\dfrac{3n+1}{2n-1} = \dfrac{3}{2}$；

（4）$\lim\limits_{n\to\infty}\dfrac{\sqrt{n^2+n}}{n} = 1$.

3. 写出 $\lim\limits_{n\to\infty} a_n = +\infty$ 与 $\lim\limits_{n\to\infty} a_n = -\infty$ 的 $G-N$ 定义.

4. 以下说法是否正确？为什么？

（1）对于任意给定的正数 ε，数列 $\{a_n\}$ 中有无穷多项 a_n 满足不等式 $|a_n - a| < \varepsilon$，则 $\lim\limits_{n\to\infty} a_n = a$；

（2）设 $a < b$，并且对于任意给定的正数 $\varepsilon\left(<\dfrac{b-a}{2}\right)$，在邻域 $U(a; \varepsilon)$ 和 $U(b; \varepsilon)$ 中各含数列 $\{a_n\}$ 中的无限多项，则 $\{a_n\}$ 是发散数列；

（3）收敛数列必有界，发散数列必无界；

（4）无界数列一定是无穷大数列；

（5）有界的发散数列一定不是单调数列；

（6）若数列 $\{a_n b_n\}$ 收敛，则 $\{a_n\}$ 和 $\{b_n\}$ 或者同时收敛，或者同时发散.

5. 求下列极限：

（1）$\lim\limits_{n\to\infty}\left(2 + \dfrac{1}{n}\right)$；

（2）$\lim\limits_{n\to\infty}\left[1 + \dfrac{(-1)^n}{n^2}\right]$；

（3）$\lim\limits_{n\to\infty}\dfrac{n^2-1}{n^3+1}$；

（4）$\lim\limits_{n\to\infty}\dfrac{5n^2+3n+2}{3n^2+5n+1}$；

（5）$\lim\limits_{n\to\infty}\left(1 + \dfrac{1}{n} + \sqrt[n]{\dfrac{1}{n}}\right)$；

（6）$\lim\limits_{n\to\infty}\left(\sqrt[n]{5} + \dfrac{1}{\sqrt[5]{n}}\right)$；

（7）$\lim\limits_{n\to\infty}\dfrac{1+2+3+\cdots+n}{n^2}$；

（8）$\lim\limits_{n\to\infty}\dfrac{1 + \dfrac{1}{2} + \dfrac{1}{2^2} + \cdots + \dfrac{1}{2^n}}{1 + \dfrac{1}{3} + \dfrac{1}{3^2} + \cdots + \dfrac{1}{3^n}}$；

（9）$\lim\limits_{n\to\infty}\left[\dfrac{1}{1\cdot2} + \dfrac{1}{2\cdot3} + \cdots + \dfrac{1}{n(n+1)}\right]$；

(10) $\lim\limits_{n\to\infty}\left[\dfrac{1}{1\cdot 3}+\dfrac{1}{3\cdot 5}+\cdots+\dfrac{1}{(2n-1)(2n+1)}\right]$;

(11) $\lim\limits_{n\to\infty}\sqrt[n]{a^n+b^n}$,其中 $a>0$、$b>0$;

(12) $\lim\limits_{n\to\infty}\left(\dfrac{1}{n^2+n+1}+\dfrac{2}{n^2+n+2}+\cdots+\dfrac{n}{n^2+n+n}\right)$.

*6. 利用单调有界准则证明下列数列收敛:

(1) $a_n=\dfrac{1}{n^2}+\dfrac{2}{n^2}+\cdots+\dfrac{n}{n^2}$;

(2) $a_n=\dfrac{1}{3+1}+\dfrac{1}{3^2+1}+\cdots+\dfrac{1}{3^n+1}$.

7. 求下列极限:

(1) $\lim\limits_{n\to\infty}\left(1+\dfrac{1}{n}\right)^{2n}$; (2) $\lim\limits_{n\to\infty}\left(1+\dfrac{1}{n-1}\right)^{n}$.

8. 设 $x_1=2$,$x_{n+1}=\dfrac{1}{2}\left(x_n+\dfrac{1}{x_n}\right)$,其中 $n=1,2,\cdots$,证明数列 $\{x_n\}$ 收敛,并求其极限.

2.2 函 数 极 限

2.2.1 自变量趋于无穷大时的函数极限

下面讨论当自变量 x 无限增大时函数 $f(x)$ 的变化趋势. 先考察函

数 $f(x)=\dfrac{1}{x}$ 的情形. 如图 2-8 所示,当 x 无限增大时,函数值 $\dfrac{1}{x}$ 无限接

近于常数 0,这就是说,当 x 充分大时

$$|f(x)-0|=\dfrac{1}{x}$$

图 2-8

可以小于预先给定的任意小的正数 ε,即只要 $x>M=\dfrac{1}{\varepsilon}$,就能保证

$|f(x)-0|<\varepsilon$. 这里 $M=\dfrac{1}{\varepsilon}$ 标志了 x 无限增大的程度,它依赖于所给的正数 ε. 仿照数列极限的

定义,可给出当自变量趋于正无穷大时函数极限的 $\varepsilon-M$ 定义.

定义 2.2.1(函数极限的 $\varepsilon-M$ 定义) 设函数 $f(x)$ 在 $(a,+\infty)$ 上有定义,A 是一个定

数. 若对于任意给定的正数 ε,总存在某个正数 $M(\geqslant a)$,使得当 $x>M$ 时,都有

$$|f(x) - A| < \varepsilon,$$

则称函数 $f(x)$ **当 $x \to +\infty$(读作 x 趋于正无穷大)时存在极限 A**,记作

$$\lim_{x \to +\infty} f(x) = A \ \text{或} \ f(x) \to A(x \to +\infty).$$

类似地,在定义 2.2.1 中设 $f(x)$ 在 $(-\infty, a)$(或 $(-\infty, -a) \cup (a, +\infty)$,$a>0$)上有定义,若对于任意给定的正数 ε,总存在某个正数 M,使得当 $x < -M$(或 $|x| > M$)时,都有

$$|f(x) - A| < \varepsilon,$$

则称函数 $f(x)$ **当 $x \to -\infty$(或 $x \to \infty$)时存在极限 A**,记作

$$\lim_{x \to -\infty} f(x) = A \quad \text{或} \lim_{x \to \infty} f(x) = A;$$

$$f(x) \to A(x \to -\infty) \quad \text{或} f(x) \to A(x \to \infty).$$

记号 $x \to -\infty$ 与 $x \to \infty$ 分别读作"x 趋于负无穷大"与"x 趋于无穷大".

当 $x \to \infty$ 时,函数 $f(x)$ 以 A 为极限的几何意义是:对于任意给定的正数 ε,总能相应地确定某个正数 M,使得函数 $y = f(x)$ 在区间 $(-\infty, -M)$ 和 $(M, +\infty)$ 上的图形位于直线 $y = A - \varepsilon$ 与 $y = A + \varepsilon$ 之间(如图 2-9 所示).

读者可以类似地说明当 $x \to +\infty$(或 $-\infty$)时函数以 A 为极限的几何意义.

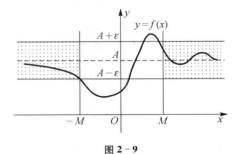

图 2-9

例 2-2-1 证明: $\lim\limits_{x \to +\infty} \arctan x = \dfrac{\pi}{2}$.

证 由于

$$\left| \arctan x - \frac{\pi}{2} \right| = \frac{\pi}{2} - \arctan x,$$

对于任意给定的 $\varepsilon > 0 \left(\text{不妨设 } \varepsilon < \dfrac{\pi}{2}\right)$,解不等式

$$\frac{\pi}{2} - \arctan x < \varepsilon,$$

即

$$\arctan x > \frac{\pi}{2} - \varepsilon,$$

得 $x > \tan\left(\dfrac{\pi}{2} - \varepsilon\right)$. 因此,若取 $M = \tan\left(\dfrac{\pi}{2} - \varepsilon\right)$,则当 $x > M$ 时,都有

$$\left| \arctan x - \frac{\pi}{2} \right| < \varepsilon.$$

由定义 2.2.1 可知

$$\lim_{x \to +\infty} \arctan x = \frac{\pi}{2}.$$

类似地,对于任意给定的 $\varepsilon > 0 \left(\text{不妨设 } \varepsilon < \dfrac{\pi}{2}\right)$,若取 $M = \tan\left(\dfrac{\pi}{2} - \varepsilon\right)$,则当 $x < -M$ 时,都有

$$\left| \arctan x - \left(-\frac{\pi}{2}\right) \right| < \varepsilon.$$

于是可知

$$\lim_{x \to -\infty} \arctan x = -\frac{\pi}{2}.$$

例 2-2-2 证明: $\lim\limits_{x \to \infty} \dfrac{1}{x^n} = 0$($n$ 为正整数).

证 对任意给定的正数 ε,为使不等式

$$\left| \frac{1}{x^n} - 0 \right| = \frac{1}{|x|^n} < \varepsilon$$

成立,只要不等式 $|x| > \dfrac{1}{\sqrt[n]{\varepsilon}}$ 成立即可. 若令 $M = \dfrac{1}{\sqrt[n]{\varepsilon}}$,则当 $|x| > M$ 时,总有

$$\left| \frac{1}{x^n} - 0 \right| < \varepsilon.$$

于是证得 $\lim\limits_{x \to \infty} \dfrac{1}{x^n} = 0$.

由于不等式 $|x| > M$ 等价于不等式 $x > M$ 或 $x < -M$ 成立,因此有如下的结论.

定理 2.2.1 设函数 $f(x)$ 在 $(-\infty, -a) \cup (a, +\infty)$ $(a > 0)$ 上有定义,则 $\lim\limits_{x \to \infty} f(x) = A$ 的充分必要条件是 $\lim\limits_{x \to +\infty} f(x)$ 和 $\lim\limits_{x \to -\infty} f(x)$ 都存在且都等于 A.

由于

$$\lim_{x \to +\infty} \arctan x = \frac{\pi}{2}, \quad \lim_{x \to -\infty} \arctan x = -\frac{\pi}{2},$$

根据定理 2.2.1 可知 $\lim\limits_{x \to \infty} \arctan x$ 不存在.

仿照数列的情形,也可以给出函数 $f(x)$ 当 $x \to +\infty$ 时为无穷大量的定义.

定义 2.2.2(无穷大量的 G-M 定义)   设函数 $f(x)$ 定义在 $(a, +\infty)$ 上,若对于任意给定的正数 G,总存在某个正数 $M(M \geqslant a)$,使得当 $x > M$ 时,都有

$$|f(x)| > G,$$

则称函数 $f(x)$ 是**当 $x \to +\infty$ 时的无穷大量**,记作

$$\lim_{x \to +\infty} f(x) = \infty \quad 或 \quad f(x) \to \infty \ (x \to +\infty).$$

定义 2.2.2 的几何意义如图 2-10 所示. 即对于任意给定的正数 G,总能相应地确定某个正数 M,使得函数 $y = f(x)$ 在直线 $x = M$ 右方的图形位于直线 $y = G$ 的上方或直线 $y = -G$ 的下方.

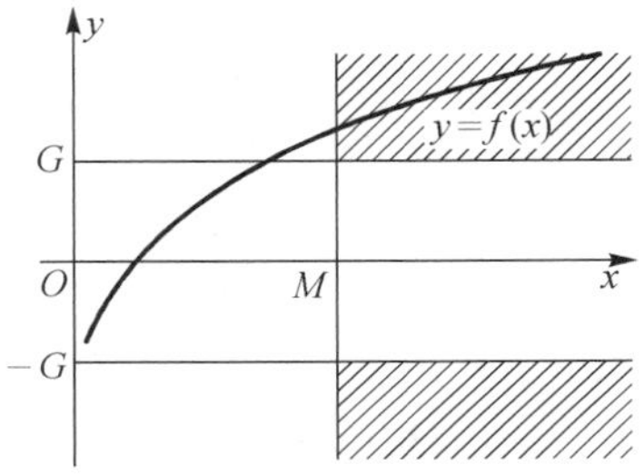

也可以仿此给出函数 $f(x)$ 分别是当 $x \to -\infty$(或 $x \to \infty$)时的无穷大量的 G-M 定义,还可以给出函数 $f(x)$ 分别是当 $x \to +\infty$(或 $x \to -\infty$,或 $x \to \infty$)时的正无穷大量或负无穷大量的各种 G-M 定义.

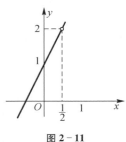

图 2-10

例如,从定义可以证明:$\lim\limits_{x \to \infty} x^2 = +\infty$,$\lim\limits_{x \to -\infty} x^3 = -\infty$.

例 2-2-3   证明:$\lim\limits_{x \to +\infty} e^x = +\infty$.

证   对于任意给定的正数 G(不妨设 $G > 1$),要使不等式 $e^x > G$ 成立,只要不等式 $x > \ln G$ 成立即可. 若令 $M = \ln G$,则当 $x > M$ 时,都有 $e^x > G$,所以 $\lim\limits_{x \to +\infty} e^x = +\infty$.

2.2.2   自变量趋于有限值时的函数极限

现在讨论当自变量 x 无限接近某一有限值 x_0 时,函数 $f(x)$ 的对应函数值的变化趋势. 考察函数 $f(x) = \dfrac{4x^2 - 1}{2x - 1}$,当 $x \neq \dfrac{1}{2}$ 时,$f(x) = 2x + 1$,由图 2-11 可见,当 x 无限地接近 $\dfrac{1}{2}$(但不等于 $\dfrac{1}{2}$)时,对应的函数值无限地接近于常数 2. 这就是说,当 x 与 $\dfrac{1}{2}$ 的距离 $\left| x - \dfrac{1}{2} \right|$ 充分小时,$f(x)$ 与 2 的距离 $|f(x) - 2|$ 可以小于预先给定的任意小的正数 ε.

图 2-11

例如,给定 $\varepsilon = \dfrac{1}{10}$,为使不等式

$$| f(x) - 2 | = 2 \left| x - \frac{1}{2} \right| < \frac{1}{10}$$

成立,只要 x 满足不等式

$$0 < \left| x - \frac{1}{2} \right| < \frac{1}{20};$$

又如,对 $\varepsilon = \dfrac{1}{10\,000}$,为使不等式

$$| f(x) - 2 | = 2 \left| x - \frac{1}{2} \right| < \frac{1}{10\,000}$$

成立,只要 x 满足不等式

$$0 < \left| x - \frac{1}{2} \right| < \frac{1}{20\,000}.$$

一般地,对于任意给定的正数 ε,为使不等式

$$| f(x) - 2 | = 2 \left| x - \frac{1}{2} \right| < \varepsilon$$

成立,只要 x 满足不等式

$$0 < \left| x - \frac{1}{2} \right| < \frac{\varepsilon}{2}.$$

这里的 $\dfrac{\varepsilon}{2}$(记为 δ)标志了自变量 x 与 $\dfrac{1}{2}$ 接近的程度,它依赖于所给的正数 ε. 由此可见,函数 $f(x) = \dfrac{4x^2 - 1}{2x - 1}$ 当 x 趋于 $\dfrac{1}{2}$ 时的极限为 2 是指:对于任意给定的正数 ε,总存在某个正数 $\delta = \dfrac{\varepsilon}{2}$,当 x 满足不等式 $0 < \left| x - \dfrac{1}{2} \right| < \delta$ 时,都有

$$| f(x) - 2 | < \varepsilon.$$

受此启发可以给出当自变量 x 趋于 x_0 时函数极限的一般定义.

定义 2.2.3(函数极限的 ε-δ 定义) 设函数 $f(x)$ 在点 x_0 的某个去心邻域 $\overset{\circ}{U}(x_0 ; h)$ 内有定义,A 是一个确定的数,若对于任意给定的正数 ε,总存在某个正数 $\delta(\delta < h)$,使得当 $0 < | x - x_0 | < \delta$ 时,都有

$$| f(x) - A | < \varepsilon,$$

则称函数 $f(x)$ 当 $x \to x_0$ (读作 x 趋于 x_0) **时存在极限 A**,并称 A 为函数 $f(x)$ **在点 x_0 处的极限**,记作

$$\lim_{x \to x_0} f(x) = A \text{ 或 } f(x) \to A (x \to x_0).$$

必须指出,定义中的条件 $|x - x_0| > 0$ 即 $x \neq x_0$,它意味着极限研究的是,当 $x \to x_0$ 时函数值 $f(x)$ 的变化趋势,与函数 $f(x)$ 在点 x_0 是否有定义以及 $f(x_0)$ 等于什么值都没有关系,也就是说,只要求对去心邻域 $\overset{\circ}{U}(x_0; \delta)$ 中的一切 x,不等式 $|f(x) - A| < \varepsilon$ 成立. 例如,上面讨论的函数 $f(x) = \dfrac{4x^2 - 1}{2x - 1}$ 在 $x = \dfrac{1}{2}$ 处没有定义,但由定义 2.2.3 可知它在 $x \to \dfrac{1}{2}$ 时的极限存在,且

$$\lim_{x \to \frac{1}{2}} \frac{4x^2 - 1}{2x - 1} = 2.$$

由函数极限的 ε-δ 定义,读者不难证明

$$\lim_{x \to x_0} C = C (C \text{ 为常数}), \quad \lim_{x \to x_0} x = x_0.$$

如图 2-12 所示,若函数 $f(x)$ 当 $x \to x_0$ 时的极限为 A,则对于任意给定的正数 ε,总能相应地确定正数 δ,使函数 $y = f(x)$ 在点 x_0 的去心邻域 $\overset{\circ}{U}(x_0; \delta)$ 内的图形都位于直线 $y = A - \varepsilon$ 与 $y = A + \varepsilon$ 之间.

但是,并非所有函数当自变量趋于某个常数时都有极限. 例如,当 x 趋于 0 时,函数 $y = \dfrac{1}{x^2}$ 所对应的函数值随之无限增大,而不是无限接近于某一实数. 又如,当 x 趋于 0 时,函数 $y = \sin\dfrac{1}{x}$ 所对应的函数值在 -1 与 1 之间越来越密地来回振动(图 2-13),因而也不存在极限.

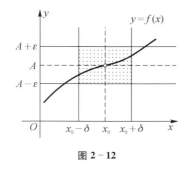

图 2-12

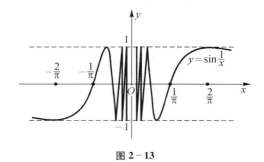

图 2-13

例 2-2-4 证明:$\lim\limits_{x \to x_0} \sqrt{x} = \sqrt{x_0}$ $(x_0 > 0)$.

证 为使所讨论的 x 在函数 $\sqrt{x}$ 的定义域 $x \geqslant 0$ 之内,不妨设 $|x - x_0| < x_0$(请找出理由). 由于

$$\left| \sqrt{x} - \sqrt{x_0} \right| = \left| \frac{x - x_0}{\sqrt{x} + \sqrt{x_0}} \right| < \frac{|x - x_0|}{\sqrt{x_0}},$$

因此,对于任意给定的正数 ε,为使不等式 $\left| \sqrt{x} - \sqrt{x_0} \right| < \varepsilon$ 成立,只要不等式

$$|x - x_0| < \varepsilon \sqrt{x_0}$$

成立即可. 若令 $\delta = \min\{\varepsilon \sqrt{x_0}, x_0\}$,则当 $0 < |x - x_0| < \delta$ 时,就有

$$\left| \sqrt{x} - \sqrt{x_0} \right| < \varepsilon.$$

于是证得 $\lim\limits_{x \to x_0} \sqrt{x} = \sqrt{x_0}$.

在继续举例以前,先证明两个有用的不等式:

（1）对任意实数 x,都有

$$|\sin x| \leqslant |x|; \tag{①}$$

（2）当 $-\dfrac{\pi}{2} < x < \dfrac{\pi}{2}$ 时,有

$$|x| \leqslant |\tan x|. \tag{②}$$

注意,①与②式中 x 的单位必须是弧度.

*证　以 O 为圆心作单位圆. 先设 $0 < x < \dfrac{\pi}{2}$,由图 2 - 14 可得

$\triangle OAD$ 的面积 $<$ 扇形 OAD 的面积 $< \triangle OAB$ 的面积.

因为

$$\triangle OAD \text{ 的面积} = \frac{1}{2} OA \cdot CD = \frac{1}{2}\sin x,$$

$$\text{扇形 } OAD \text{ 的面积} = \frac{1}{2} x \cdot OA^2 = \frac{1}{2}x,$$

$$\triangle OAB \text{ 的面积} = \frac{1}{2} AB \cdot OA = \frac{1}{2}\tan x.$$

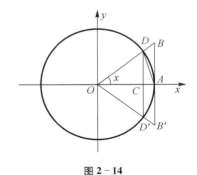

图 2 - 14

所以,当 $0 < x < \dfrac{\pi}{2}$ 时,有

$$\sin x < x < \tan x. \tag{③}$$

又当 $-\dfrac{\pi}{2} < x < 0$ 时,有 $0 < -x < \dfrac{\pi}{2}$,则

$$\sin(-x) < -x < \tan(-x) \text{ 或 } -\sin x < -x < -\tan x. \tag{④}$$

由③和④式知,当 $0 < |x| < \dfrac{\pi}{2}$ 时,恒有

$$|\sin x| < |x| < |\tan x|.$$

而当 $|x| \geqslant \dfrac{\pi}{2}$ 时,显然有

$$|\sin x| \leqslant |x|;$$

当 $x = 0$ 时,又有

$$\sin 0 = \tan 0 = 0.$$

综上所述,证明了不等式①和②.

例 2 - 2 - 5 证明: $\lim\limits_{x \to x_0} \sin x = \sin x_0$.

证 由于

$$|\sin x - \sin x_0| = 2\left| \sin \frac{x - x_0}{2} \cdot \cos \frac{x + x_0}{2} \right|$$

$$\leqslant 2\left| \sin \frac{x - x_0}{2} \right| \leqslant |x - x_0|,$$

对于任意给定的正数 ε,为使不等式 $|\sin x - \sin x_0| < \varepsilon$ 成立,只要 $|x - x_0| < \varepsilon$ 成立即可. 若令 $\delta = \varepsilon$,则当 $0 < |x - x_0| < \delta$ 时,总有

$$|\sin x - \sin x_0| < \varepsilon,$$

所以

$$\lim_{x \to x_0} \sin x = \sin x_0.$$

类似地可证

$$\lim_{x \to x_0} \cos x = \cos x_0.$$

在实际问题中,常常需要讨论当自变量 x 从 x_0 的某一侧(左侧或右侧)无限接近 x_0 时的函数极限,即单侧极限问题. 例如,由于函数 $f(x) = \sqrt{x}$ 在 $x < 0$ 处没有定义,因此当考察它在 $x_0 = 0$ 处的极限时只能从 x_0 的右侧加以讨论.

定义 2.2.4 设函数 $f(x)$ 在 $(x_0, x_0 + h)$(或 $(x_0 - h, x_0)$),其中 $h > 0$ 内有定义,A 是某一个定数,若对于任意给定的正数 ε,总存在某个正数 $\delta(\delta < h)$,使得当 $x_0 < x < x_0 + \delta$(或

$x_0 - \delta < x < x_0$) 时，都有

$$| f(x) - A | < \varepsilon,$$

则称函数 $f(x)$ **当** $x \to x_0^+$（或 $x \to x_0^-$）**时存在极限** A，并称 A 为 $f(x)$ 在点 x_0 处的**右极限**（或**左极限**），记作

$$\lim_{x \to x_0^+} f(x) = A \quad (\text{或} \lim_{x \to x_0^-} f(x) = A),$$

或者

$$f(x) \to A (x \to x_0^+) \quad (\text{或} f(x) \to A (x \to x_0^-)).$$

记号 $x \to x_0^+$（或 $x \to x_0^-$）读作 x 从右侧（或 x 从左侧）趋于 x_0.

右极限与左极限统称为**单侧极限**，而定义 2.2.3 所定义的极限又称为**双侧极限**. 还常用 $f(x_0+0)$ 和 $f(x_0-0)$ 分别表示 $f(x)$ 在点 x_0 处的右极限和左极限，即

$$f(x_0 + 0) = \lim_{x \to x_0^+} f(x), \, f(x_0 - 0) = \lim_{x \to x_0^-} f(x).$$

例 2-2-6 设函数 $f(x) = \begin{cases} x, & x < 0, \\ x^2, & x \geq 0, \end{cases}$ 证明：$\lim_{x \to 0^+} f(x) = \lim_{x \to 0^-} f(x) = 0$.

证 当 $x > 0$ 时，有

$$| f(x) - 0 | = | x^2 - 0 | = x^2,$$

因此，对于任意给定的正数 ε，若令 $\delta = \sqrt{\varepsilon}$，则当 $0 < x < \delta$ 时，总有 $| f(x) - 0 | < \varepsilon$. 所以

$$\lim_{x \to 0^+} f(x) = 0.$$

而当 $x < 0$ 时，有

$$| f(x) - 0 | = | x - 0 | = - x,$$

对于任意给定的正数 ε，若令 $\delta = \varepsilon$，则当 $-\delta < x < 0$ 时，总有 $| f(x) - 0 | < \varepsilon$. 所以

$$\lim_{x \to 0^-} f(x) = 0.$$

类似于例 2-2-4，可以证明

$$\lim_{x \to 0^+} \sqrt{x} = 0.$$

由于不等式 $0 < | x - x_0 | < \delta$ 等价于不等式

$$x_0 - \delta < x < x_0 \text{ 或 } x_0 < x < x_0 + \delta$$

成立,因此根据单侧极限与双侧极限的定义可得如下结论.

定理 2.2.2   函数 $f(x)$ 当 $x \to x_0$ 时存在极限 A 的充分必要条件是 $f(x)$ 当 $x \to x_0$ 时的左、右极限存在并且都等于 A.

例如,由定理 2.2.2 可知,对例 2-2-6 的函数 $f(x)$ 有

$$\lim_{x \to 0} f(x) = 0.$$

又如,由定义 2.2.4 易知函数

$$f(x) = \begin{cases} -1, & x < 0, \\ 1, & x > 0 \end{cases}$$

在 $x \to 0$ 时的左、右极限都存在,且

$$\lim_{x \to 0^+} f(x) = 1, \ \lim_{x \to 0^-} f(x) = -1.$$

由定理 2.2.2 可知,当 $x \to 0$ 时函数 $f(x)$ 的极限不存在.

类似于定义 2.2.2,也可以讨论函数 $f(x)$ 当自变量趋于有限值时为无穷大量的严格定义.

定义 2.2.5(无穷大量的 G-δ 定义)   设函数 $f(x)$ 在点 x_0 的某个空心邻域 $\mathring{U}(x_0; h)$ 内有定义,若对于任意给定的正数 G,总存在正数 $\delta(\delta < h)$,使得当 $0 < |x - x_0| < \delta$ 时,都有

$$|f(x)| > G,$$

则称函数 $f(x)$ 为当 $x \to x_0$ 时的**无穷大量**,记作

$$\lim_{x \to x_0} f(x) = \infty \ \text{或} \ f(x) \to \infty \ (x \to x_0).$$

在定义 2.2.5 中,若当 $0 < |x - x_0| < \delta$ 时,都有

$$f(x) > G \quad (\text{或} f(x) < -G),$$

则称 $f(x)$ 为当 $x \to x_0$ 时的**正无穷大量**(或**负无穷大量**),记作

$$\lim_{x \to x_0} f(x) = +\infty \quad (\text{或} -\infty),$$

或者

$$f(x) \to +\infty \ (x \to x_0) \quad (\text{或} f(x) \to -\infty \ (x \to x_0)).$$

类似地,也可以给出函数 $f(x)$ 当 $x \to x_0^+$,$x \to x_0^-$ 时为无穷大量(或正无穷大量,负无穷大量)的 G-δ 定义,请读者自行给出.

例 2-2-7   证明:$\lim\limits_{x \to 0} \dfrac{1}{x^m} = \infty$ (m 为正整数).

证　对于任意给定的正数 G,要使不等式 $\left|\dfrac{1}{x^m}\right| > G$ 成立,只要不等式 $0 < |x| < \left(\dfrac{1}{G}\right)^{\frac{1}{m}}$

成立即可. 若令 $\delta = \left(\dfrac{1}{G}\right)^{\frac{1}{m}}$,则当 $0 < |x| < \delta$ 时,都有 $\left|\dfrac{1}{x^m}\right| > G$,所以

$$\lim_{x \to 0} \frac{1}{x^m} = \infty.$$

2.2.3　函数极限的性质

若函数 $f(x)$ 当 x 趋于 x_0 时有极限 A,则当 x 趋于 x_0 时,函数值 $f(x)$ 就有确定的趋向.

利用函数极限的这个本质特征,我们可以用极限值 A 来研究函数 $f(x)$ 在点 x_0 近旁的局部性质.

定理 2.2.3(唯一性)　若 $\lim\limits_{x \to x_0} f(x)$ 存在,则极限唯一.(请读者自行证明)

定理 2.2.4(局部有界性)　若极限 $\lim\limits_{x \to x_0} f(x)$ 存在,则存在正数 δ,使函数 $f(x)$ 在去心邻域 $\overset{\circ}{U}(x_0; \delta)$ 内有界.

证　设 $\lim\limits_{x \to x_0} f(x) = A$,根据极限的定义知,若给定正数 $\varepsilon = 1$,则存在正数 δ,使得当 $x \in \overset{\circ}{U}(x_0; \delta)$ 时,有

$$|f(x) - A| < 1.$$

所以

$$|f(x)| = |f(x) - A + A| \leqslant |f(x) - A| + |A| < 1 + |A|,$$

即 $f(x)$ 在 $\overset{\circ}{U}(x_0; \delta)$ 内有界(图 2-15).

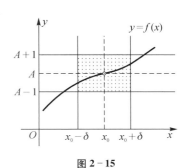

图 2-15

定理 2.2.5　若 $\lim\limits_{x \to x_0} f(x) = A$,$\lim\limits_{x \to x_0} g(x) = B$,并且 $A>B$,则存在正数 δ,使得当 $x \in \overset{\circ}{U}(x_0; \delta)$ 时,都有

$$f(x) > g(x).$$

* **证**　令 $\varepsilon = \dfrac{A - B}{2} > 0$. 如图 2-16 所示,因为

$$\lim_{x \to x_0} f(x) = A,$$

所以存在正数 δ_1,使得当 $x \in \overset{\circ}{U}(x_0; \delta_1)$ 时,有 $|f(x) - A| < \varepsilon$,即

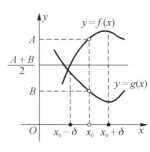

图 2-16

$$\frac{A+B}{2} = A - \varepsilon < f(x) < A + \varepsilon. \qquad ⑤$$

同理,因为

$$\lim_{x \to x_0} g(x) = B,$$

所以存在 $\delta_2 > 0$,使得当 $x \in \mathring{U}(x_0; \delta_2)$ 时,有

$$B - \varepsilon < g(x) < B + \varepsilon = \frac{A+B}{2}. \qquad ⑥$$

若令 $\delta = \min\{\delta_1, \delta_2\}$,则当 $x \in \mathring{U}(x_0; \delta)$ 时,不等式 ⑤、⑥ 同时成立,因此有

$$g(x) < \frac{A+B}{2} < f(x).$$

当定理 2.2.5 中的函数 $g(x) \equiv B$ 时,有如下推论:

推论 1 若 $\lim\limits_{x \to x_0} f(x) = A > B$(或 $< B$),则存在正数 δ,使得当 $x \in \mathring{U}(x_0; \delta)$ 时,都有

$$f(x) > B \quad (\text{或} < B).$$

又当上述推论中的 $A \neq 0$,并取 $B = \dfrac{A}{2}$ 时,又有如下推论:

推论 2(局部保号性) 若 $\lim\limits_{x \to x_0} f(x) = A > 0$(或 < 0),则存在正数 δ,使得当 $x \in \mathring{U}(x_0; \delta)$ 时,都有

$$f(x) > \frac{A}{2} > 0 \quad \left(\text{或} f(x) < \frac{A}{2} < 0\right).$$

推论 3(极限不等式) 若 $\lim\limits_{x \to x_0} f(x) = A$,$\lim\limits_{x \to x_0} g(x) = B$,且存在正数 δ_0,使得当 $x \in \mathring{U}(x_0; \delta_0)$ 时,都有 $f(x) \geqslant g(x)$,则 $A \geqslant B$.

证(用反证法) 若 $A < B$,则由定理 2.2.5,存在正数 δ(取 $\delta \leqslant \delta_0$),使得当 $x \in \mathring{U}(x_0; \delta)$ 时,都有

$$f(x) < g(x),$$

与条件矛盾,结论成立.

定理 2.2.6(迫敛性) 设存在正数 δ_0,使得当 $x \in \mathring{U}(x_0; \delta_0)$ 时,都有

$$f(x) \leqslant h(x) \leqslant g(x), \qquad ⑦$$

且 $\lim\limits_{x\to x_0}f(x)=\lim\limits_{x\to x_0}g(x)=A$，则

$$\lim_{x\to x_0}h(x)=A.$$

*证 由条件 $\lim\limits_{x\to x_0}f(x)=\lim\limits_{x\to x_0}g(x)=A$，对于任意给定的正数 ε，分别存在正数 δ_1 与 δ_2，使得当 $x\in\mathring{U}(x_0;\delta_1)$ 时，有

$$|f(x)-A|<\varepsilon,$$

即

$$A-\varepsilon<f(x)<A+\varepsilon;\qquad\qquad ⑧$$

而当 $x\in\mathring{U}(x_0;\delta_2)$ 时，有

$$|g(x)-A|<\varepsilon,$$

即

$$A-\varepsilon<g(x)<A+\varepsilon.\qquad\qquad ⑨$$

若令 $\delta=\min\{\delta_0,\delta_1,\delta_2\}$，则当 $x\in\mathring{U}(x_0;\delta)$ 时，不等式⑦⑧⑨同时成立，因而有

$$A-\varepsilon<f(x)\leqslant h(x)\leqslant g(x)<A+\varepsilon,$$

即

$$|h(x)-A|<\varepsilon.$$

这就证明了 $\lim\limits_{x\to x_0}h(x)$ 存在且等于 A.

上述定理 2.2.3～2.2.6 及其推论对函数极限的其他趋向（$x\to x_0^+$、$x\to x_0^-$、$x\to\infty$、$x\to+\infty$、$x\to-\infty$）也有类似的结果，证明也完全类似，请读者自行讨论.

2.2.4 无穷小量及其运算

若函数 $f(x)$ 当自变量 x 在某个趋向下（$x\to x_0$、$x\to x_0^+$、$x\to x_0^-$、$x\to\infty$、$x\to+\infty$、$x\to-\infty$）的极限为 0，则称函数 $f(x)$ 是自变量在这个趋向下的**无穷小量**. 作为特殊的函数，极限为 0 的数列 $\{a_n\}$ 也称为无穷小量.

例如，因为 $\lim\limits_{x\to0}\sin x=0$，所以函数 $\sin x$ 是当 $x\to0$ 时的无穷小量. 又如函数 $\dfrac{1}{\sqrt{x}}$ 是当 $x\to+\infty$ 时的无穷小量，函数 e^x 是当 $x\to-\infty$ 时的无穷小量，而数列 $\left\{\dfrac{1}{n}\right\}$ 是当 $n\to\infty$ 时的无穷小量.

应当注意，无穷小量不能与一个很小的常量混为一谈. 在常量中只有 0 可以作为一个无穷小量.

此外，由定义可知，无穷小量应该说明自变量的趋向.

无穷小量和无穷大量之间的关系有如下的定理.

定理 2.2.7　若 $f(x)$ 为当 $x \to x_0$ 时的无穷小量,且 $f(x) \neq 0$,则 $\dfrac{1}{f(x)}$ 为当 $x \to x_0$ 时的无穷大量;反之,若 $f(x)$ 为当 $x \to x_0$ 时的无穷大量,则 $\dfrac{1}{f(x)}$ 为当 $x \to x_0$ 时的无穷小量.

证　设 $f(x)$ 为当 $x \to x_0$ 时的无穷小量且 $f(x) \neq 0$,则对于任意给定的正数 G,若令 $\varepsilon = \dfrac{1}{G}$,由于

$$\lim_{x \to x_0} f(x) = 0,$$

因而存在正数 δ,使得当 $0 < |x - x_0| < \delta$ 时,有

$$|f(x)| < \varepsilon = \frac{1}{G}, \text{即} \left| \frac{1}{f(x)} \right| > G.$$

由无穷大量的定义,得知

$$\lim_{x \to x_0} \frac{1}{f(x)} = \infty.$$

定理的后半部分证明可类似给出,请读者自行完成.

定理 2.2.7 对 $x \to x_0^+$、$x \to x_0^-$、$x \to \infty$、$x \to +\infty$、$x \to -\infty$ 的情形同样成立,只要在命题相应部分作适当修改即可,证明也完全类似.

例 2 − 2 − 8　因为 $\lim\limits_{x \to 0^+} \sqrt{x} = 0$,因此,据定理 2.2.7 有

$$\lim_{x \to 0^+} \frac{1}{\sqrt{x}} = +\infty.$$

由无穷小量的定义可得极限与无穷小量的如下关系.

定理 2.2.8　$\lim\limits_{x \to x_0} f(x) = A$ 的充分必要条件为 $f(x) - A$ 是当 $x \to x_0$ 时的无穷小量.

证　$f(x) - A$ 是当 $x \to x_0$ 时的无穷小量,即

$$\lim_{x \to x_0} [f(x) - A] = 0,$$

上式与 $\lim\limits_{x \to x_0} f(x) = A$ 都可用 $\varepsilon - \delta$ 语言表述为:对任意给定的正数 ε,总存在正数 δ,使得当 $0 < |x - x_0| < \delta$ 时,都有

$$|f(x) - A| < \varepsilon.$$

故两者是等价的. 因此, 定理得证.

推论 $\lim\limits_{x \to x_0} f(x) = A$ 的充分必要条件为 $f(x) = A + \alpha(x)$, 其中 $\lim\limits_{x \to x_0} \alpha(x) = 0$.

定理 2.2.8 及其推论在自变量其他趋向下也有类似的结论.

关于自变量同一趋向下的无穷小量的四则运算有如下定理.

定理2.2.9 (1) 两个无穷小量的和与差仍为无穷小量;

(2) 无穷小量与有界函数的乘积仍为无穷小量;

(3) 无穷小量除以极限大于零(或小于零)的量的商仍为无穷小量.

证 这里只证 $x \to x_0$ 的情形, 其他情形可类似地证明.

(1) 设

$$\lim_{x \to x_0} \alpha(x) = \lim_{x \to x_0} \beta(x) = 0,$$

由极限定义, 对于任意给定的正数 ε, 总能找到正数 δ, 使得当 $0 < |x - x_0| < \delta$ 时, 同时有

$$|\alpha(x)| < \frac{\varepsilon}{2} \text{ 和 } |\beta(x)| < \frac{\varepsilon}{2},$$

因此有

$$|\alpha(x) \pm \beta(x)| \leqslant |\alpha(x)| + |\beta(x)| < \frac{\varepsilon}{2} + \frac{\varepsilon}{2} = \varepsilon.$$

因而

$$\lim_{x \to x_0} [\alpha(x) \pm \beta(x)] = 0,$$

即 $\alpha(x) \pm \beta(x)$ 为 $x \to x_0$ 时的无穷小量.

(2) 设

$$\lim_{x \to x_0} \alpha(x) = 0,$$

$\beta(x)$ 是在 x_0 的某个去心邻域 $\mathring{U}(x_0; h)$ 内的有界函数, 即存在正数 M, 使得当 $x \in \mathring{U}(x_0; h)$ 时, 都有

$$|\beta(x)| \leqslant M.$$

由极限定义, 对于任意给定的正数 ε, 存在正数 $\delta(\delta < h)$, 使得当 $0 < |x - x_0| < \delta$ 时, 都有

$$|\alpha(x)| < \frac{\varepsilon}{M},$$

于是

$$|\alpha(x) \cdot \beta(x)| = |\alpha(x)| \cdot |\beta(x)| < \frac{\varepsilon}{M} \cdot M = \varepsilon.$$

因而

$$\lim_{x \to x_0}[\alpha(x) \cdot \beta(x)] = 0,$$

即 $\alpha(x) \cdot \beta(x)$ 为无穷小量.

（3）设

$$\lim_{x \to x_0}\alpha(x) = 0, \quad \lim_{x \to x_0}\beta(x) = b > 0$$

（$b < 0$ 的情形可类似地证明），由极限的保号性，存在正数 δ，使得当 $x \in \overset{\circ}{U}(x_0; \delta)$ 时，都有

$$\beta(x) > \frac{b}{2} > 0, \text{或} 0 < \frac{1}{\beta(x)} < \frac{2}{b},$$

即 $\dfrac{1}{\beta(x)}$ 有界. 由（2）知，

$$\frac{\alpha(x)}{\beta(x)} = \alpha(x) \cdot \frac{1}{\beta(x)}$$

为 $x \to x_0$ 时的无穷小量.

推论 1　无穷小量与常数的乘积仍为无穷小量.

推论 2　两个无穷小量的乘积仍为无穷小量.

利用数学归纳法可得：**有限多个**无穷小量的代数和仍为无穷小量；**有限多个**无穷小量的乘积仍为无穷小量.

例 2-2-9　因为 $\lim\limits_{x \to +\infty} \dfrac{1}{x^3} = 0,\ \lim\limits_{x \to +\infty} \mathrm{e}^{-x} = 0$,所以有

$$\lim_{x \to +\infty}\left(\frac{1}{x^3} + \mathrm{e}^{-x}\right) = 0.$$

例 2-2-10　因为 $\lim\limits_{x \to 0} x^n = 0$（$n$ 是正整数），而

$$\sin\frac{1}{x} \text{、} \cos\frac{1}{x} \text{和} \arctan\frac{1}{x}$$

都是空心邻域 $\overset{\circ}{U}(0; 1)$ 上的有界函数,所以有

$$\lim_{x \to 0} x^n \sin \frac{1}{x} = 0, \ \lim_{x \to 0} x^n \cos \frac{1}{x} = 0, \ \lim_{x \to 0} x^n \arctan \frac{1}{x} = 0.$$

例 2 - 2 - 11　因为 $\lim_{x \to 0} \sin x = 0$, $\lim_{x \to 0} \cos x = 1 > 0$, 所以有

$$\lim_{x \to 0} \tan x = \lim_{x \to 0} \frac{\sin x}{\cos x} = 0,$$

即 $\tan x$ 为当 $x \to 0$ 时的无穷小量. 因而 $\cot x = \dfrac{1}{\tan x}$ 为当 $x \to 0$ 时的无穷大量, 即

$$\lim_{x \to 0} \cot x = \infty.$$

本节的重点是介绍在自变量各种趋向下函数极限的定义和性质. 在学习这些内容时, 以下几点应予以注意:

（1）在函数极限的定义中, 特别要注意正数 ε 的任意性, 它反映了函数值 $f(x)$ 可以无限接近极限 A 这个事实. 尽管 ε 是任意的, 但它一经给出后, 就应看作是暂时不变的, 以便根据它来确定相应的正数 δ 或 M.

（2）由于在函数极限问题中自变量的变化趋势有 $x \to x_0$、$x \to x_0^+$、$x \to x_0^-$、$x \to \infty$、$x \to +\infty$、$x \to -\infty$ 这六种情形, 因而产生了各种不同的极限定义. 学习时不但要注意它们的共同点, 更应注意它们的区别, 以便在验证各种函数极限时, 能正确地运用相应的定义.

（3）函数极限定义中的正数 δ（或 M）反映了自变量 x 无限接近 x_0（或 $|x|$ 无限增大）的程度, 它依赖于正数 ε. 一般说来, 随着 ε 变小, 相应的 δ 也变小（M 变大）, 但 δ（或 M）并不由 ε 唯一确定. 事实上, 只要存在一个与 ε 相应的 δ（或 M）, 那么一切小于 δ（或大于 M）的正数都能满足定义的要求. 所以在 ε 给定以后, 重点不是关心与 ε 相应的 δ（或 M）究竟等于多少, 重要的是它们的存在性.

（4）无穷小量是一种极限为零的变量, 不要把它与很小的常数混为一谈；同样, 无穷大量是一种绝对值无限增大的变量, 也不要把它与很大的常数混为一谈.

（5）一个变量（函数）是否为无穷小量不仅与变量（函数）本身有关, 还与自变量的趋向有关. 如 $y = \dfrac{1}{\sqrt{x}}$, 当 $x \to +\infty$ 时, 是无穷小量, 而当 $x \to 1$ 时, 就不是无穷小量了.

（6）函数极限的几个性质都是函数在点 x_0 附近的局部性质. 例如局部有界性、局部保号性及其推论等, 它们的结论都仅在点 x_0 的某一去心邻域内成立；另一方面, 极限不等式与迫敛性等定理的条件也只需在点 x_0 的近旁满足即可, 这是因为函数极限仅与函数在点 x_0 近旁的性态有关. 如由 $\lim_{x \to 0} \tan x = 0$ 可以断言函数在点 $x = 0$ 的近旁, 比如取 $\left(-\dfrac{\pi}{4}, \dfrac{\pi}{4}\right)$ 有界, 但不

能说它是其定义域上的有界函数.

（7）无穷小量的四则运算法则必须注意是对自变量同一趋向下的无穷小量.

习题 2−2

1. 利用函数极限定义证明：

（1）$\lim\limits_{x \to x_0} x = x_0$；

（2）$\lim\limits_{x \to 0} |x| = 0$；

（3）$\lim\limits_{x \to 0} x\sin\dfrac{1}{x} = 0$；

（4）$\lim\limits_{x \to +\infty} \text{arccot } x = 0$；

（5）$\lim\limits_{x \to 2^+} \sqrt{x - 2} = 0$；

（6）$\lim\limits_{x \to \infty} \dfrac{1 + 2x^2}{3x^2} = \dfrac{2}{3}$；

（7）$\lim\limits_{x \to \infty} \dfrac{\arctan x}{x} = 0$.

2. 利用无穷大量定义证明：

（1）$\lim\limits_{x \to \infty} \dfrac{1 + x}{4} = \infty$；

（2）$\lim\limits_{x \to -2^+} \dfrac{1}{\sqrt{x + 2}} = +\infty$.

3. 求下列函数在指定点处的左、右极限,并讨论在这些点处极限的存在性：

（1）$f(x) = \begin{cases} \dfrac{1}{1 - x}, & x < 0, \\ 2, & x = 0, \\ x, & 0 < x < 1, \\ 1, & 1 \leqslant x < 2, \end{cases}$ $x = 0, 1$；

（2）$f(x) = \begin{cases} \dfrac{3}{2x}, & 0 < x \leqslant 1, \\ x^2, & 1 < x < 2, \\ 2x, & 2 \leqslant x < 3, \end{cases}$ $x = \dfrac{3}{2}, 2, 1$.

4. 下列极限是否存在？为什么？

（1）$\lim\limits_{x \to 0} e^{\frac{1}{x}}$；

（2）$\lim\limits_{x \to 0} \dfrac{|x|}{x}$；

（3）$\lim\limits_{x \to 0} \arctan\dfrac{1}{x}$；

（4）$\lim\limits_{x \to 0} x^2 \text{sgn } x$.

5. 证明：若 $\lim\limits_{x \to x_0} f(x) = A$，则 $\lim\limits_{x \to x_0} |f(x)| = |A|$.

6. 写出下列定义：

（1）$\lim\limits_{x \to -\infty} f(x) = A$；

（2）$\lim\limits_{x \to x_0^-} f(x) = +\infty$；

（3）$\lim\limits_{x \to -\infty} f(x) = \infty$.

7. 写出下列定理：

（1）当 $x \to \infty$ 时函数极限的保号性和极限不等式性质；

（2）当 $x \to +\infty$ 时函数极限的迫敛性定理.

8. 证明：若极限 $\lim\limits_{x \to \infty} f(x)$ 存在，则存在正数 M、K，使得当 $|x| > M$ 时有 $|f(x)| \leqslant K$.

9. 以下说法是否正确？为什么？

（1）无穷大量与无穷小量的乘积仍为无穷大量；

（2）无穷大量与有界量的和仍为无穷大量；

（3）两个无穷大量之和仍为无穷大量；

（4）有界量除以无穷小量必为无穷大量；

（5）有界量除以无穷大量必为无穷小量.

10. 证明：若 $\lim\limits_{x \to x_0^+} f(x) = \infty$，则 $\lim\limits_{x \to x_0^+} \dfrac{1}{f(x)} = 0$.

11. 指出 $f(x)$ 在指定的自变量变化过程中哪些是无穷小量，哪些是无穷大量：

（1）$f(x) = \dfrac{1 + 2x}{x^2}$，$x \to 0$；

（2）$f(x) = \dfrac{x}{x - 3}$，$x \to 0$；

（3）$f(x) = x^4 + x\sin x$，$x \to 0$；

（4）$f(x) = \ln x$，$x \to 0^+$；

（5）$f(x) = \dfrac{x}{\sqrt{x^2 - 4}}$，$x \to 2^+$；

（6）$f(x) = e^{-x}\sin x$，$x \to +\infty$；

（7）$a_n = \left(-\dfrac{2}{3}\right)^n$，$n \to \infty$；

（8）$a_n = 2^n$，$n \to \infty$.

12. 证明：函数 $f(x) = x\cos x$ 在 $(-\infty, +\infty)$ 内无界，但当 $x \to +\infty$ 时 $f(x)$ 不是无穷大量.

2.3　极限的运算和两个重要极限

2.3.1　极限的四则运算

下面叙述当 $x \to x_0$ 时的极限运算法则，对其他趋向下的极限运算可以类似地处理，请读者自行叙述和证明.

定理 2.3.1   设 $\lim\limits_{x \to x_0} f(x) = A$ 和 $\lim\limits_{x \to x_0} g(x) = B$, 则

(1) $\lim\limits_{x \to x_0} [f(x) \pm g(x)]$ 也存在, 并且有

$$\lim_{x \to x_0} [f(x) \pm g(x)] = \lim_{x \to x_0} f(x) \pm \lim_{x \to x_0} g(x) = A \pm B;$$

(2) $\lim\limits_{x \to x_0} [f(x) \cdot g(x)]$ 也存在, 并且有

$$\lim_{x \to x_0} [f(x) \cdot g(x)] = \lim_{x \to x_0} f(x) \cdot \lim_{x \to x_0} g(x) = A \cdot B;$$

(3) $B \neq 0$ 时 $\lim\limits_{x \to x_0} \dfrac{f(x)}{g(x)}$ 也存在, 并且有

$$\lim_{x \to x_0} \frac{f(x)}{g(x)} = \frac{\lim\limits_{x \to x_0} f(x)}{\lim\limits_{x \to x_0} g(x)} = \frac{A}{B}.$$

从乘法法则还可以得到:

(4) k 是常数时 $\lim\limits_{x \to x_0} kf(x) = k\lim\limits_{x \to x_0} f(x)$;

(5) l 是正整数时 $\lim\limits_{x \to x_0} [f(x)]^l = [\lim\limits_{x \to x_0} f(x)]^l = A^l$.

下面证明(1)(2)(3).

证   根据上节定理 2.2.8 的推论,

$$\lim_{x \to x_0} f(x) = A \text{ 与} \lim_{x \to x_0} g(x) = B$$

分别等价于

$$f(x) = A + \alpha(x) \text{ 且} \lim_{x \to x_0} \alpha(x) = 0,$$

$$g(x) = B + \beta(x) \text{ 且} \lim_{x \to x_0} \beta(x) = 0.$$

(1) 由于

$$f(x) \pm g(x) = (A \pm B) + [\alpha(x) \pm \beta(x)],$$

据定理 2.2.9 可知 $\alpha(x) \pm \beta(x)$ 是当 $x \to x_0$ 时的无穷小量, 因此 $\lim\limits_{x \to x_0} [f(x) \pm g(x)]$ 存在, 且等于 $A \pm B$.

(2) 由于

$$f(x) \cdot g(x) = A \cdot B + A \cdot \beta(x) + B \cdot \alpha(x) + \alpha(x) \cdot \beta(x),$$

据定理 2.2.9 可知 $A\beta(x) + B\alpha(x) + \alpha(x)\beta(x)$ 是当 $x \to x_0$ 时的无穷小量,故 $\lim\limits_{x \to x_0}[f(x)g(x)]$ 存在,且等于 AB.

（3）由于

$$\frac{f(x)}{g(x)} - \frac{A}{B} = \frac{A + \alpha(x)}{B + \beta(x)} - \frac{A}{B} = \frac{B\alpha(x) - A\beta(x)}{B[B + \beta(x)]},$$

当 $x \to x_0$ 时,$B\alpha(x) - A\beta(x)$ 是无穷小量,而 $B[B + \beta(x)]$ 的极限为 $B^2 > 0$,据定理2.2.9可知 $\dfrac{f(x)}{g(x)} - \dfrac{A}{B}$ 是当 $x \to x_0$ 时的无穷小量,因此 $\lim\limits_{x \to x_0}\dfrac{f(x)}{g(x)}$ 存在,且等于 $\dfrac{A}{B}$.

例 2-3-1 设 $P(x) = a_0 x^n + a_1 x^{n-1} + \cdots + a_n$ 为多项式函数,求 $\lim\limits_{x \to x_0} P(x)$.

解 由极限运算法则可得

$$\lim_{x \to x_0} P(x) = \lim_{x \to x_0}(a_0 x^n + a_1 x^{n-1} + \cdots + a_n)$$

$$= a_0 \left(\lim_{x \to x_0} x\right)^n + a_1 \left(\lim_{x \to x_0} x\right)^{n-1} + \cdots + \lim_{x \to x_0} a_n$$

$$= a_0 x_0^n + a_1 x_0^{n-1} + \cdots + a_n$$

$$= P(x_0).$$

例 2-3-2 设 $R(x) = \dfrac{P(x)}{Q(x)}$（其中 $P(x)$ 和 $Q(x)$ 为多项式函数）为**有理分式函数**,且 $Q(x_0) \neq 0$,求 $\lim\limits_{x \to x_0} R(x)$.

解 因为

$$\lim_{x \to x_0} P(x) = P(x_0), \quad \lim_{x \to x_0} Q(x) = Q(x_0) \neq 0,$$

所以

$$\lim_{x \to x_0} R(x) = \lim_{x \to x_0} \frac{P(x)}{Q(x)} = \frac{\lim\limits_{x \to x_0} P(x)}{\lim\limits_{x \to x_0} Q(x)} = \frac{P(x_0)}{Q(x_0)} = R(x_0).$$

对于有些不能直接用极限运算法则计算的极限,常常可以经过化简或恒等变形,转化成可以直接用极限运算法则计算的形式.

例 2-3-3 设 $a_0 \neq 0$, $b_0 \neq 0$, m、n 为正整数,证明

$$\lim_{x \to \infty} \frac{a_0 x^n + a_1 x^{n-1} + \cdots + a_n}{b_0 x^m + b_1 x^{m-1} + \cdots + b_m} = \begin{cases} \dfrac{a_0}{b_0}, & \text{当 } m = n \text{ 时}, \\ 0, & \text{当 } m > n \text{ 时}, \\ \infty, & \text{当 } m < n \text{ 时}. \end{cases}$$

证 当 $m = n$ 时，分子分母同除以 x^n，得到

$$\frac{a_0 x^n + a_1 x^{n-1} + \cdots + a_n}{b_0 x^n + b_1 x^{n-1} + \cdots + b_n} = \frac{a_0 + a_1 \dfrac{1}{x} + \cdots + a_n \dfrac{1}{x^n}}{b_0 + b_1 \dfrac{1}{x} + \cdots + b_n \dfrac{1}{x^n}},$$

由于 $\lim\limits_{x \to \infty} \dfrac{1}{x^k} = 0$，$k = 1, 2, \cdots, n$，故有

$$\lim_{x \to \infty} \left(a_0 + a_1 \frac{1}{x} + \cdots + a_n \frac{1}{x^n} \right) = a_0,$$

$$\lim_{x \to \infty} \left(b_0 + b_1 \frac{1}{x} + \cdots + b_n \frac{1}{x^n} \right) = b_0 \neq 0.$$

从而由极限相除法则得

$$\lim_{x \to \infty} \frac{a_0 x^n + a_1 x^{n-1} + \cdots + a_n}{b_0 x^n + b_1 x^{n-1} + \cdots + b_n} = \frac{a_0}{b_0}.$$

当 $m > n$ 时，分子分母同除以 x^m，得到：分式的分子部分极限为 0，分母部分极限为 b_0，因此所求分式的极限为 0.

当 $m < n$ 时，由于 $\lim\limits_{x \to \infty} \dfrac{b_0 x^m + b_1 x^{m-1} + \cdots + b_m}{a_0 x^n + a_1 x^{n-1} + \cdots + a_n} = 0$，因此，

$$\lim_{x \to \infty} \frac{a_0 x^n + a_1 x^{n-1} + \cdots + a_n}{b_0 x^m + b_1 x^{m-1} + \cdots + b_m} = \infty.$$

例 2 - 3 - 4 求 $\lim\limits_{x \to -1} \left(\dfrac{1}{x + 1} - \dfrac{3}{x^3 + 1} \right)$.

解 由于 $\lim\limits_{x \to -1} \dfrac{1}{x + 1} = \infty$，$\lim\limits_{x \to -1} \dfrac{3}{x^3 + 1} = \infty$，因而不能直接利用极限相减法则. 因为，当 $x \neq -1$ 时，有

$$\frac{1}{x + 1} - \frac{3}{x^3 + 1} = \frac{(x + 1)(x - 2)}{x^3 + 1} = \frac{x - 2}{x^2 - x + 1},$$

又因为 $\lim\limits_{x\to-1}(x-2)=-3$，$\lim\limits_{x\to-1}(x^2-x+1)=3\neq0$，于是依据极限相除法则，有

$$\lim_{x\to-1}\left(\frac{1}{x+1}-\frac{3}{x^3+1}\right)=\lim_{x\to-1}\frac{x-2}{x^2-x+1}=\frac{-3}{3}=-1.$$

例 2-3-5　求 $\lim\limits_{x\to+\infty}(\sqrt{x^2+1}-x)$.

解　由于 $\lim\limits_{x\to+\infty}\sqrt{x^2+1}=+\infty$，$\lim\limits_{x\to+\infty}x=+\infty$，因而不能直接利用极限相减法则. 若用 $\sqrt{x^2+1}+x$ 同乘分子分母，得

$$\sqrt{x^2+1}-x=\frac{(\sqrt{x^2+1}-x)(\sqrt{x^2+1}+x)}{\sqrt{x^2+1}+x}=\frac{1}{\sqrt{x^2+1}+x},$$

又因为 $\lim\limits_{x\to+\infty}(\sqrt{x^2+1}+x)=+\infty$，于是可得

$$\lim_{x\to+\infty}(\sqrt{x^2+1}-x)=\lim_{x\to+\infty}\frac{1}{\sqrt{x^2+1}+x}=0.$$

2.3.2　两个重要极限

利用迫敛性定理可以得出以下两个重要的极限.

1. $\lim\limits_{x\to0}\dfrac{\sin x}{x}=1$.

证　在 2.2 节中已经证得当 $0<x<\dfrac{\pi}{2}$ 时，有不等式

$$\sin x<x<\tan x.$$

因为 $\sin x>0$，用 $\sin x$ 去除上述不等式，得到

$$1<\frac{x}{\sin x}<\frac{1}{\cos x}\text{ 或 }\cos x<\frac{\sin x}{x}<1. \qquad ①$$

又因 $\cos x$、$\dfrac{\sin x}{x}$ 都是偶函数，所以当 $-\dfrac{\pi}{2}<x<0$ 时①式也成立，即当 $0<|x|<\dfrac{\pi}{2}$ 时，有

$$\cos x<\frac{\sin x}{x}<1.$$

从而由 $\lim\limits_{x\to0}\cos x=1$ 和迫敛性定理(定理 2.2.6)证得

$$\lim_{x\to0}\frac{\sin x}{x}=1.$$

例 2-3-6   求 $\lim\limits_{x\to 0}\dfrac{\sin 5x}{\sin 2x}$.

解 $\lim\limits_{x\to 0}\dfrac{\sin 5x}{\sin 2x}=\dfrac{5}{2}\dfrac{\lim\limits_{x\to 0}\dfrac{\sin 5x}{5x}}{\lim\limits_{x\to 0}\dfrac{\sin 2x}{2x}}=\dfrac{5}{2}$.

例 2-3-7   求 $\lim\limits_{x\to 0}\dfrac{1-\cos x}{x^2}$.

解 $\lim\limits_{x\to 0}\dfrac{1-\cos x}{x^2}=\lim\limits_{x\to 0}\dfrac{2\sin^2\dfrac{x}{2}}{x^2}=\lim\limits_{x\to 0}\dfrac{1}{2}\left(\dfrac{\sin\dfrac{x}{2}}{\dfrac{x}{2}}\right)^2=\dfrac{1}{2}$.

例 2-3-8   求 $\lim\limits_{x\to 0}\dfrac{\tan x-\sin x}{\sin^3 x}$.

解 $\lim\limits_{x\to 0}\dfrac{\tan x-\sin x}{\sin^3 x}=\lim\limits_{x\to 0}\dfrac{1-\cos x}{\sin^2 x\cdot\cos x}=\lim\limits_{x\to 0}\left(\dfrac{1}{\cos x}\cdot\dfrac{1-\cos x}{x^2}\cdot\dfrac{x^2}{\sin^2 x}\right)$

$$=\lim\limits_{x\to 0}\dfrac{1}{\cos x}\cdot\lim\limits_{x\to 0}\dfrac{1-\cos x}{x^2}\cdot\lim\limits_{x\to 0}\left(\dfrac{x}{\sin x}\right)^2=\dfrac{1}{2}.$$

2. $\lim\limits_{x\to\infty}\left(1+\dfrac{1}{x}\right)^x=\mathrm{e}$.   ②

证   在 2.1 节中,用数列的单调有界准则证明了重要极限 $\lim\limits_{n\to\infty}\left(1+\dfrac{1}{n}\right)^n$ 存在,并把这个极限记为 e,即

$$\lim\limits_{n\to\infty}\left(1+\dfrac{1}{n}\right)^n=\mathrm{e}.$$

在此基础上,接下来利用函数的迫敛性定理可以证明重要极限

$$\lim\limits_{x\to\infty}\left(1+\dfrac{1}{x}\right)^x=\mathrm{e}.$$

先考虑 $x\to+\infty$ 的情形,对于大于 1 的任何实数 x,若记 $n=[x]$,则 $n\le x<n+1$,且当 $x\to+\infty$ 时随之有 $n\to\infty$. 因而有

$$1+\dfrac{1}{n+1}<1+\dfrac{1}{x}\le 1+\dfrac{1}{n},$$

以及

$$\left(1 + \frac{1}{n+1}\right)^n \leqslant \left(1 + \frac{1}{n+1}\right)^x < \left(1 + \frac{1}{x}\right)^x \leqslant \left(1 + \frac{1}{n}\right)^x < \left(1 + \frac{1}{n}\right)^{n+1}.$$

由于

$$\lim_{n \to \infty}\left(1 + \frac{1}{n+1}\right)^n = \lim_{n \to \infty} \frac{\left(1 + \frac{1}{n+1}\right)^{n+1}}{1 + \frac{1}{n+1}} = e,$$

$$\lim_{n \to \infty}\left(1 + \frac{1}{n}\right)^{n+1} = \lim_{n \to \infty}\left[\left(1 + \frac{1}{n}\right)^n \cdot \left(1 + \frac{1}{n}\right)\right] = e,$$

因此由极限的迫敛性证得

$$\lim_{x \to +\infty}\left(1 + \frac{1}{x}\right)^x = e.$$

再考虑 $x \to -\infty$ 的情形,只需令 $y = -x$,就变为 $y \to +\infty$ 的情形,此时又有

$$\lim_{x \to -\infty}\left(1 + \frac{1}{x}\right)^x = \lim_{y \to +\infty}\left(1 - \frac{1}{y}\right)^{-y} = \lim_{y \to +\infty}\left(1 + \frac{1}{y-1}\right)^y$$

$$= \lim_{y \to +\infty}\left[\left(1 + \frac{1}{y-1}\right)^{y-1} \cdot \left(1 + \frac{1}{y-1}\right)\right] = e.$$

综上所述,得②式成立,即

$$\lim_{x \to \infty}\left(1 + \frac{1}{x}\right)^x = e.$$

若在上式中令 $\alpha = \frac{1}{x}$,并注意到 $x \to \infty$ 等价于 $\alpha \to 0$,则这个极限式又可表示成如下的等价形式:

$$\lim_{\alpha \to 0}(1 + \alpha)^{\frac{1}{\alpha}} = e.$$

例 2-3-9　求 $\lim_{x \to \infty}\left(1 - \frac{1}{x}\right)^x$.

解　$\lim_{x \to \infty}\left(1 - \frac{1}{x}\right)^x = \lim_{x \to \infty}\left[\left(1 + \frac{1}{-x}\right)^{-x}\right]^{-1} = \left[\lim_{x \to \infty}\left(1 + \frac{1}{-x}\right)^{-x}\right]^{-1} = \frac{1}{e}.$

例 2 - 3 - 10　求 $\lim\limits_{x\to 0}(1+2x^2)^{\frac{1}{x^2}}$.

解　$\lim\limits_{x\to 0}(1+2x^2)^{\frac{1}{x^2}}=\lim\limits_{x\to 0}\left[(1+2x^2)^{\frac{1}{2x^2}}\right]^2=\left[\lim\limits_{x\to 0}(1+2x^2)^{\frac{1}{2x^2}}\right]^2=e^2$.

例 2 - 3 - 11　求 $\lim\limits_{x\to\infty}\left(\dfrac{x+1}{x-1}\right)^x$.

解　$\lim\limits_{x\to\infty}\left(\dfrac{x+1}{x-1}\right)^x=\lim\limits_{x\to\infty}\left(1+\dfrac{2}{x-1}\right)^x=\lim\limits_{x\to\infty}\left\{\left[\left(1+\dfrac{2}{x-1}\right)^{\frac{x-1}{2}}\right]^2\cdot\left(1+\dfrac{2}{x-1}\right)\right\}$

$$=\lim\limits_{x\to\infty}\left[\left(1+\dfrac{2}{x-1}\right)^{\frac{x-1}{2}}\right]^2\cdot\lim\limits_{x\to\infty}\left(1+\dfrac{2}{x-1}\right)=e^2.$$

或

$$\lim\limits_{x\to\infty}\left(\dfrac{x+1}{x-1}\right)^x=\lim\limits_{x\to\infty}\left(\dfrac{1+\dfrac{1}{x}}{1-\dfrac{1}{x}}\right)^x=\dfrac{\lim\limits_{x\to\infty}\left(1+\dfrac{1}{x}\right)^x}{\lim\limits_{x\to\infty}\left(1-\dfrac{1}{x}\right)^x}=\dfrac{e}{e^{-1}}=e^2.$$

注意　重要极限 $\lim\limits_{x\to 0}\dfrac{\sin x}{x}$ 或 $\lim\limits_{x\to\infty}\left(1+\dfrac{1}{x}\right)^x$ 在应用时可以用某个 x 的函数 $\varphi(x)$ 代替 x，只要 $\varphi(x)\to 0$ 或 $\varphi(x)\to\infty$ 即可(见例 2 - 3 - 7 和例 2 - 3 - 10).

2.3.3　无穷小量的比较

已知当 $x\to 0$ 时，x、x^2、$\sqrt[3]{x}$、$\sin 2x$ 都是无穷小量，即当 $x\to 0$ 时，它们的极限都是零. 现在来考察它们的比值当 $x\to 0$ 时的极限：

① $\lim\limits_{x\to 0}\dfrac{x^2}{x}=0$，即 $\dfrac{x^2}{x}$ 当 $x\to 0$ 时仍是无穷小量；

② $\lim\limits_{x\to 0}\dfrac{\sqrt[3]{x}}{x}=\infty$，即 $\dfrac{\sqrt[3]{x}}{x}$ 当 $x\to 0$ 时是无穷大量；

③ $\lim\limits_{x\to 0}\dfrac{\sin 2x}{x}=2$，即 $\dfrac{\sin 2x}{x}$ 当 $x\to 0$ 时的极限是非零常数.

由此可见，两个在自变量同一趋向下的无穷小量的比值，其极限可以是零、无穷大或者一个非零的常数. 这表明，在自变量同一趋向下的无穷小量趋于零的速度可能各不相同. 由此，引进下述关于无穷小量比较的定义.

定义 2.3.1　设 $\alpha(x)$、$\beta(x)$ 是同一自变量变化过程中的无穷小量,并且 $\lim\dfrac{\alpha(x)}{\beta(x)}$ 也是这个自变量变化过程中的极限.

(1) 如果 $\lim\dfrac{\alpha(x)}{\beta(x)}=0$,则称 $\alpha(x)$ 是比 $\beta(x)$ 高阶的无穷小量,记作 $\alpha(x)=o(\beta(x))$;

(2) 如果 $\lim\dfrac{\alpha(x)}{\beta(x)}=l\neq0$,称 $\alpha(x)$ 是与 $\beta(x)$ 同阶的无穷小量;特别当 $l=1$ 时,称 $\alpha(x)$ 是与 $\beta(x)$ 等价的无穷小量,记作 $\alpha(x)\sim\beta(x)$;

(3) 如果 $\lim\dfrac{\alpha(x)}{\beta^k(x)}=l\neq0(k>0)$,则称 $\alpha(x)$ 是关于 $\beta(x)$ 的 k 阶无穷小量;

(4) 如果 $\lim\dfrac{\alpha(x)}{\beta(x)}=\infty$,则称 $\alpha(x)$ 是比 $\beta(x)$ 低价的无穷小量.

由定义知,$\alpha(x)$ 是比 $\beta(x)$ 高阶的无穷小量等价于 $\beta(x)$ 是比 $\alpha(x)$ 低阶的无穷小量.

注意　对具体的无穷小量进行比较时,需要指出自变量的变化过程.

例如,$\sin x$ 与 x 是当 $x\to0$ 时的等价无穷小量,即

$$\sin x\sim x\quad(x\to0).$$

又由于 $\lim\limits_{x\to0}\dfrac{\tan x}{x}=1$,因此,当 $x\to0$ 时 $\tan x$ 与 x 也是等价的无穷小量,即

$$\tan x\sim x\quad(x\to0).$$

又如,$\dfrac{1}{x}$ 与 $\dfrac{1}{x^2}$ 当 $x\to\infty$ 时都是无穷小量,由于

$$\lim\limits_{x\to\infty}\dfrac{\dfrac{1}{x}}{\dfrac{1}{x^2}}=\infty,$$

因此,$\dfrac{1}{x}$ 是当 $x\to\infty$ 时比 $\dfrac{1}{x^2}$ 低阶的无穷小量,或者说,$\dfrac{1}{x^2}$ 是当 $x\to\infty$ 时比 $\dfrac{1}{x}$ 高阶的无穷小量,即

$$\dfrac{1}{x^2}=o\left(\dfrac{1}{x}\right)\quad(x\to\infty).$$

又如,x^2-4 与 $x-2$ 都是当 $x\to2$ 时的无穷小量. 由于

$$\lim\limits_{x\to2}\dfrac{x^2-4}{x-2}=4\neq0,$$

因此, $x^2 - 4$ 是当 $x \to 2$ 时与 $x - 2$ 同阶的无穷小量.

再如, $\lim\limits_{x \to 0} \dfrac{1 - \cos x}{x^2} = \dfrac{1}{2}$, 即当 $x \to 0$ 时 $1 - \cos x$ 是与 x^2 同阶的无穷小量, 因此, $1 - \cos x$ 是关于 x 的 2 阶无穷小量.

例 2 - 3 - 12 证明: 当 $x \to 0$ 时, $x \sim \arcsin x$.

证 令 $y = \arcsin x$, 则 $x = \sin y$, 且 $x \to 0$ 时, $y \to 0$, 于是

$$\lim_{x \to 0} \frac{\arcsin x}{x} = \lim_{y \to 0} \frac{y}{\sin y} = 1,$$

所以

$$x \sim \arcsin x \, (x \to 0).$$

例 2 - 3 - 13 证明: 当 $x \to 0$ 时, $\sqrt{1 + x} - 1 \sim \dfrac{x}{2}$.

证 因为

$$\lim_{x \to 0} \frac{\sqrt{1 + x} - 1}{\dfrac{x}{2}} = \lim_{x \to 0} \frac{(\sqrt{1 + x})^2 - 1}{\dfrac{x}{2}(\sqrt{1 + x} + 1)} = \lim_{x \to 0} \frac{2}{\sqrt{1 + x} + 1} = 1.$$

所以
$$\sqrt{1 + x} - 1 \sim \frac{x}{2} \, (x \to 0).$$

前面这些等价无穷小量非常有用, 请务必记住. 除此以外, 还有 $\ln(1 + x) \sim x \, (x \to 0)$, $e^x - 1 \sim x \, (x \to 0)$. 这两个等价无穷小量的证明需要用到函数的连续性, 将在下节给出.

另外, 上述等价无穷小量中的 x 也可以换成 x 的函数 $\varphi(x)$, 只要在自变量 x 的变化过程中 $\varphi(x) \to 0$ 即可, 于是有

$$\sqrt{x} \sim \sin\sqrt{x} \, (x \to 0), \quad x^2 \sim e^{x^2} - 1 \, (x \to 0),$$
$$1 - \cos 2x \sim \frac{1}{2}(2x)^2 \, (x \to 0), \quad \sqrt{1 + x^3} - 1 \sim \frac{1}{2}x^3 \, (x \to 0), \cdots$$

定理 2.3.2 设 α、α_1、β、β_1 都是同一自变量变化过程中的无穷小量, 且 $\alpha \sim \alpha_1$, $\beta \sim \beta_1$, $\lim \dfrac{\alpha_1}{\beta_1}$ 存在, 则

$$\lim \frac{\alpha}{\beta} = \lim \frac{\alpha_1}{\beta_1}.$$

证 因为 $\dfrac{\alpha}{\beta} = \dfrac{\alpha}{\alpha_1} \cdot \dfrac{\alpha_1}{\beta_1} \cdot \dfrac{\beta_1}{\beta}$，右边三乘积因子的极限都存在，所以

$$\lim \frac{\alpha}{\beta} = \lim \frac{\alpha}{\alpha_1} \cdot \lim \frac{\alpha_1}{\beta_1} \cdot \lim \frac{\beta_1}{\beta} = \lim \frac{\alpha_1}{\beta_1}.$$

根据定理 2.3.2，在求乘积和商的极限时，把其中的无穷小量因式用其等价无穷小量代替往往可以简化计算.

例 2-3-14 求下列极限：

$(1)\ \lim\limits_{x \to 0^+} \dfrac{(x^3 + x^{\frac{5}{2}})\sqrt{\sin 2x}}{\tan^3 x}$； $(2)\ \lim\limits_{x \to 0} \dfrac{\tan x - \sin x}{x^3}$.

解 （1）因为 $\sin 2x \sim 2x$，$\tan^3 x \sim x^3 (x \to 0)$，所以

$$\lim_{x \to 0^+} \frac{(x^3 + x^{\frac{5}{2}})\sqrt{\sin 2x}}{\tan^3 x} = \lim_{x \to 0^+} \frac{(x^3 + x^{\frac{5}{2}})\sqrt{2x}}{x^3} = \lim_{x \to 0^+} \frac{x^3 \sqrt{2x}}{x^3} + \lim_{x \to 0^+} \sqrt{2}\, \frac{x^3}{x^3} = \sqrt{2}.$$

（2）因为当 $x \to 0$ 时，$\sin x \sim x$，且 $1 - \cos x \sim \dfrac{1}{2} x^2$，所以

$$\lim_{x \to 0} \frac{\tan x - \sin x}{x^3} = \lim_{x \to 0} \frac{\sin x (1 - \cos x)}{x^3 \cos x} = \lim_{x \to 0} \frac{x \cdot \dfrac{1}{2} x^2}{x^3 \cos x} = \frac{1}{2}.$$

上例（2）中，不能直接用 x 代替分子上的 $\sin x$ 和 $\tan x$，不然就会产生以下错误的结论：

$$\lim_{x \to 0} \frac{\tan x - \sin x}{x^3} = \lim_{x \to 0} \frac{x - x}{x^3} = 0.$$

这是由于当 $x \to 0$ 时，$\tan x - \sin x$ 与 $x - x = 0$ 不是等价的无穷小.

与无穷小量相类似，两个无穷大量也可以进行比较. 例如，设 $\alpha(x)$、$\beta(x)$ 是当 $x \to x_0$ 时的无穷大量，若

$$\lim_{x \to x_0} \frac{\alpha(x)}{\beta(x)} = l \neq 0,$$

则称 $\alpha(x)$ 为当 $x \to x_0$ 时与 $\beta(x)$ 同阶的无穷大量.

本节讨论函数极限的四则运算法则和两个重要极限，在学习这些内容时，应该注意：

（1）在利用极限的四则运算法则计算极限时，一定要注意：只有在极限 $\lim\limits_{x \to x_0} f(x)$ 和 $\lim\limits_{x \to x_0} g(x)$ 都存在（当进行商的极限运算时还要求分母的极限不等于0）的条件下，才能进行极限的四则

运算. 否则会导致错误,或者无法计算下去. 如对于例2-3-4中的极限,如果直接按差的运算法则去做,将出现 $\infty - \infty$ 的情形.

(2) 在应用重要极限 $\lim\limits_{x\to 0}\dfrac{\sin x}{x}=1$ 时必须注意它的自变量趋向是 $x\to 0$, 当 $x\to\infty$ 时 $\dfrac{\sin x}{x}$ 是一个无穷小量.

(3) 并不是任何两个同一趋向下的无穷小量都可以进行阶的比较. 例如 $\alpha(x)=x\sin\dfrac{1}{x}$、$\beta(x)=x$ 都是当 $x\to 0$ 时的无穷小量,但是它们的比

$$\frac{\alpha(x)}{\beta(x)}=\frac{x\sin\dfrac{1}{x}}{x}=\sin\frac{1}{x}$$

当 $x\to 0$ 时的极限不存在(极限也不是无穷大),因此,这两个无穷小量无法进行阶的比较.

(4) 在求乘积和商的极限时,可以用等价无穷小量替代其中的无穷小量因式,这给极限计算带来很大的方便. 但必须注意,只有在因式中出现的无穷小量才可以用等价无穷小量替代,否则将导致错误. 例如,当 $x\to+\infty$ 时,$\dfrac{1}{x+1}$ 与 $\dfrac{1}{x}$ 是等价无穷小量,如果利用等价无穷小量作如下的替代

$$\lim_{x\to+\infty}\frac{\dfrac{1}{x}-\dfrac{1}{x+1}}{\dfrac{1}{x^2}}=\lim_{x\to+\infty}\frac{\dfrac{1}{x}-\dfrac{1}{x}}{\dfrac{1}{x^2}}=0,$$

则导致错误的结果. 事实上

$$\lim_{x\to+\infty}\frac{\dfrac{1}{x}-\dfrac{1}{x+1}}{\dfrac{1}{x^2}}=\lim_{x\to+\infty}\frac{x^2}{x(x+1)}=1.$$

习题 2-3

1. 若 $\lim\limits_{x\to x_0}[f(x)+g(x)]$ 存在,能否判定 $\lim\limits_{x\to x_0}f(x)$ 和 $\lim\limits_{x\to x_0}g(x)$ 也存在?

2. 若 $\lim\limits_{x\to x_0}[f(x)g(x)]$ 存在,能否断定 $\lim\limits_{x\to x_0}f(x)$ 和 $\lim\limits_{x\to x_0}g(x)$ 也存在?

3. 求下列极限:

(1) $\lim\limits_{x\to 0}\dfrac{x^2-1}{3x^2-x-2}$;

(2) $\lim\limits_{x\to 3}\dfrac{x^2-5x+6}{x^2-8x+15}$;

（3）$\lim\limits_{x \to 1} \dfrac{x^n - 1}{x^m - 1}$（$n$、$m$ 为正整数）；

（4）$\lim\limits_{x \to +\infty} \dfrac{1 + \sqrt{x}}{1 - \sqrt{x}}$；

（5）$\lim\limits_{x \to -\infty} \dfrac{x - \cos x}{x - 7}$；

（6）$\lim\limits_{x \to \infty} \dfrac{x \sin x}{x^2 + 5}$；

（7）$\lim\limits_{x \to \infty} \dfrac{(4x - 7)^{81}(5x - 8)^{19}}{(2x - 3)^{100}}$；

（8）$\lim\limits_{x \to +\infty} \dfrac{\sqrt[4]{x^4 - 4}}{\sqrt[3]{x^3 - 3}}$；

（9）$\lim\limits_{x \to 1} \left(\dfrac{1}{1 - x} - \dfrac{3}{1 - x^3} \right)$；

（10）$\lim\limits_{x \to 0} \dfrac{\sqrt{x^2 + p^2} - p}{\sqrt{x^2 + q^2} - q}$（$p > 0$、$q > 0$）；

（11）$\lim\limits_{x \to \infty}(\sqrt{x^2 + 1} - \sqrt{x^2 - 1})$；

（12）$\lim\limits_{x \to 0} \dfrac{\sqrt{a^2 + x} - a}{x}$（$a > 0$）；

（13）$\lim\limits_{x \to +\infty} x(\sqrt{x^2 + 1} - x)$；

*（14）$\lim\limits_{x \to 0} \dfrac{\sqrt{1 + x} - \sqrt{1 - x}}{\sqrt[3]{1 + x} - \sqrt[3]{1 - x}}$；

*（15）$\lim\limits_{x \to 0} \dfrac{\sqrt[n]{1 + x} - 1}{x}$.

4. 求下列极限：

（1）$\lim\limits_{x \to 0} \dfrac{2 \sin 2x}{x}$；

（2）$\lim\limits_{x \to 0} \dfrac{3x}{\sin 2x}$；

（3）$\lim\limits_{x \to \infty} x \sin \dfrac{3}{x}$；

（4）$\lim\limits_{x \to 0} x \cot x$；

（5）$\lim\limits_{x \to 0} \dfrac{\tan x}{x}$；

（6）$\lim\limits_{x \to 0} \dfrac{\sin ax}{\sin bx}$（$a \neq 0$、$b \neq 0$）；

（7）$\lim\limits_{x \to 0} \dfrac{\sin x^3}{\sin^2 x}$；

（8）$\lim\limits_{x \to \frac{\pi}{2}} \dfrac{\cos x}{x - \dfrac{\pi}{2}}$；

（9）$\lim\limits_{x \to 1} \dfrac{\sin(x^2 - 1)}{x - 1}$；

（10）$\lim\limits_{x \to 0} \dfrac{\sin \sin x}{x}$；

（11）$\lim\limits_{x \to 0} \dfrac{\sin 4x}{\sqrt{x + 1} - 1}$；

（12）$\lim\limits_{x \to 0} \dfrac{\arcsin x}{x}$；

（13）$\lim\limits_{x \to 0} \dfrac{\arctan x}{x}$；

*（14）$\lim\limits_{x \to 1} \left[(1 - x) \tan \dfrac{\pi x}{2} \right]$；

*（15）$\lim\limits_{x \to a} \dfrac{\sin^2 x - \sin^2 a}{x - a}$；

*（16）$\lim\limits_{x \to 0} \dfrac{1 - \cos x}{x^p}$（$p$ 为整数）.

5. 求下列极限:

(1) $\lim\limits_{x\to\infty}\left(1+\dfrac{4}{x}\right)^x$;

(2) $\lim\limits_{x\to 0}(1+nx)^{\frac{1}{x}}$($n$ 为整数);

(3) $\lim\limits_{x\to 0}\left(\dfrac{1+x}{1-x}\right)^{\frac{1}{x}}$;

(4) $\lim\limits_{x\to\infty}\left(\dfrac{3x+2}{3x-1}\right)^{2x-1}$;

(5) $\lim\limits_{x\to\infty}\left(\dfrac{x^3-2}{x^3+3}\right)^{x^3}$;

(6) $\lim\limits_{x\to 0}(1+\tan x)^{\cot x}$;

(7) $\lim\limits_{x\to\frac{\pi}{2}}(1+\cot x)^{\tan x}$;

(8) $\lim\limits_{x\to 0}\dfrac{\ln(1+\alpha x)}{x}$.

6. 设 $f(x)=\begin{cases}\dfrac{\sin x}{x}, & -\infty<x<0,\\[2mm](1-x)^2, & 0\leqslant x<+\infty,\end{cases}$ 求 $\lim\limits_{x\to 0}f(x)$.

7. 设 $f(x)=\dfrac{1}{x^2}$,求 $\lim\limits_{\Delta x\to 0}\dfrac{f(x+\Delta x)-f(x)}{\Delta x}$.

8. 设 $f(x)=\sqrt{x}$,求 $\lim\limits_{\Delta x\to 0}\dfrac{f(x+\Delta x)-f(x)}{\Delta x}$.

9. 试比较 $\alpha(x)$ 和 $\beta(x)$ 中哪一个是高阶无穷小量?

(1) $\alpha(x)=x^3+10x$、$\beta(x)=x^4$,当 $x\to 0$ 时;

(2) $\alpha(x)=\sin^2 x$、$\beta(x)=5x^3$,当 $x\to 0$ 时;

(3) $\alpha(x)=\dfrac{1-x}{1+x}$、$\beta(x)=1-\sqrt{x}$,当 $x\to 1$ 时;

(4) $\alpha(x)=\dfrac{1}{1+\sqrt{x}}$、$\beta(x)=\dfrac{1}{1-x}$,当 $x\to+\infty$ 时;

(5) $\alpha(x)=(1-\cos x)^2$、$\beta(x)=\sin^2 x$,当 $x\to 0$ 时.

10. 当 $x\to 0$ 时,求下列无穷小量关于 x 的阶:

(1) x^3+x^6;

(2) $x^2\sqrt[3]{\sin x}$;

(3) $\sqrt{1+x}-\sqrt{1-x}$;

(4) $\tan x-\sin x$.

11. 用等价无穷小量替代法计算下列极限:

(1) $\lim\limits_{x\to 0}\dfrac{\sin 5x+x^2}{\tan 7x}$;

(2) $\lim\limits_{x\to 0}\dfrac{\sqrt{1+x+x^2}-1}{\sin 3x}$;

(3) $\lim\limits_{x\to 0}\dfrac{x^2\sin^3 x}{(\arctan x)^2(1-\cos x)}$;

(4) $\lim\limits_{x\to 0}\dfrac{(\sqrt{1+\tan x}-1)(\sqrt{1+x}-1)}{2x\sin x}$.

12. 设 α、β 是 $x \to x_0$ 时的无穷小量，则当 $x \to x_0$ 时，$\alpha \sim \beta$ 的充分必要条件是 $\beta - \alpha = o(\alpha)$.

2.4　连　续　函　数

2.4.1　函数的连续性

函数是微积分学的基础，因此必须对函数的各种性质进行讨论，函数最重要的一个性质就是连续性.

从直观上看，自然界中的一些现象如气温的变化、植物的生长、动物的运动等都是连续变化的，连续反映在函数的图形上就是一条连续不断的曲线，反映在变量上就是当自变量变化很小时，函数值的变化也很小. 为了更好地反映出函数连续性，下面用三种方法给出函数连续的定义.

定义 2.4.1　设函数 $f(x)$ 在点 x_0 的某个邻域 $U(x_0; h)$ 内有定义，若极限 $\lim\limits_{x \to x_0} f(x)$ 存在且等于 $f(x_0)$，即

$$\lim_{x \to x_0} f(x) = f(x_0),$$ ①

则称函数 $f(x)$ **在点 x_0 处连续**，并称点 x_0 为 $f(x)$ 的**连续点**.

例 2-4-1　设多项式函数 $P(x) = a_0 x^n + a_1 x^{n-1} + \cdots + a_n$，由例 2-3-1 已知，对任意实数 x_0，有

$$\lim_{x \to x_0} P(x) = P(x_0),$$

因此多项式函数 $P(x)$ 在任意点 x_0 处连续.

例 2-4-2　设有理分式函数 $R(x) = \dfrac{P(x)}{Q(x)}$，其中 $P(x)$、$Q(x)$ 为多项式，由例 2-3-2 已知，对任意使 $Q(x_0) \neq 0$ 的实数 x_0，都有

$$\lim_{x \to x_0} R(x) = R(x_0),$$

因此有理函数 $R(x)$ 在其定义域内的任意点 x_0 处连续.

例 2-4-3　由例 2-2-5 已知，对任意实数 x_0，都有

$$\lim_{x \to x_0} \sin x = \sin x_0,$$

$$\lim_{x \to x_0} \cos x = \cos x_0.$$

所以正弦函数 $\sin x$ 和余弦函数 $\cos x$ 在任意点 x_0 处连续.

由函数极限的 $\varepsilon - \delta$ 定义可以得到函数 $f(x)$ 在点 x_0 处连续的 $\varepsilon - \delta$ 定义:

设函数 $f(x)$ 在点 x_0 的某邻域 $U(x_0; h)$ 内有定义. 若对于任意给定的正数 ε,总存在某个正数 $\delta(\leqslant h)$,使得当 $|x - x_0| < \delta$ 时,都有

$$|f(x) - f(x_0)| < \varepsilon,$$

则称 $f(x)$ 在点 x_0 处连续.

为了介绍函数 $f(x)$ 在点 x_0 处连续的另一等价定义,需要先给出变量的增量的概念.

称 $x - x_0$ 为**自变量 x 在 x_0 处的增量**,记作 Δx,即

$$\Delta x = x - x_0,$$

对应的函数值的差 $f(x) - f(x_0)$ 称为**函数 $f(x)$ 在 x_0 处的增量**,记作 Δy,即

$$\Delta y = f(x) - f(x_0).$$

因为 $x = x_0 + \Delta x$,所以

$$\Delta y = f(x_0 + \Delta x) - f(x_0),$$

又因 $x \to x_0$ 等价于 $\Delta x \to 0$,故定义 2.4.1 中的①式等价于

$$\lim_{\Delta x \to 0} \Delta y = 0. \qquad\qquad ②$$

这就是函数 $f(x)$ 在点 x_0 处连续的另一个等价定义.

这个定义从图 2-17 上看是明显的:在点 x_0 处连续的函数 $f(x)$ 当自变量在 x_0 处的变化充分小时,相应函数值的变化也可以任意小.

当我们仔细研究定义 2.4.1 之后,可以说函数在 x_0 处连续的本质就是**极限运算 $\lim\limits_{x \to x_0}$ 与函数运算 f 可交换**:

$$\lim_{x \to x_0} f(x) = f(\lim_{x \to x_0} x) = f(x_0).$$

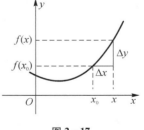

图 2-17

定义 2.4.2   设函数 $f(x)$ 在区间 $[x_0, x_0 + h]$(或 $(x_0 - h, x_0]$)$(h > 0)$ 上有定义,若

$$\lim_{x \to x_0^+} f(x) = f(x_0)\left(\text{或} \lim_{x \to x_0^-} f(x) = f(x_0)\right),$$

则称函数 $f(x)$ 在点 x_0 处**右连续**(或**左连续**).

例如,因为 $\lim\limits_{x \to 0^+} \sqrt{x} = 0 = \sqrt{0}$,所以函数 $\sqrt{x}$ 在点 $x = 0$ 处右连续.

由定义 2.4.2 与定义 2.4.1,可得函数在一点处连续与左、右连续之间的关系.

定理 2.4.1   函数 $f(x)$ 在点 x_0 处连续的充分必要条件是函数 $f(x)$ 在点 x_0 处既右连续又

左连续.

例 2－4－4　讨论 $f(x)=|x|$ 在点 $x=0$ 处的连续性.

解　因为

$$\lim_{x \to 0^+} |x| = \lim_{x \to 0^+} x = 0 = f(0),$$

$$\lim_{x \to 0^-} |x| = \lim_{x \to 0^-}(-x) = 0 = f(0),$$

所以函数 $f(x)=|x|$ 在点 $x=0$ 处连续.

若函数 $f(x)$ 在开区间 (a,b) 内每一点处连续,则称函数 $f(x)$ 在**开区间** (a,b) **内连续**,并称 $f(x)$ 是**开区间** (a,b) **内的连续函数**;若函数 $f(x)$ 在 (a,b) 内连续,且在端点 a 处右连续,在端点 b 处左连续,则称函数 $f(x)$ 在**闭区间** $[a,b]$ **上连续**,并称 $f(x)$ 是**闭区间** $[a,b]$ **上的连续函数**. 类似地可定义半开区间 $(a,b]$、$[a,b)$ 和无穷区间上的连续函数.

若函数 $f(x)$ 的定义域由区间所组成,且 $f(x)$ 在该区间上处处连续,则称函数 $f(x)$ **在其定义域上连续**.

由例 $2-4-1 \sim$ 例 $2-4-3$ 可知:多项式函数 $P(x)$、有理分式函数 $R(x)$、正弦函数 $\sin x$、余弦函数 $\cos x$ 在它们各自的定义域上连续.

2.4.2　间断点及其分类

由定义 2.4.1 和定理 2.4.1,函数 $f(x)$ 在点 x_0 处连续等价于同时满足以下三个条件:

(1) $f(x)$ 在点 x_0 处有定义;

(2) 右极限 $f(x_0 + 0)$ 和左极限 $f(x_0 - 0)$ 都存在;

(3) $f(x_0 + 0) = f(x_0 - 0) = f(x_0)$.

若 $f(x)$ 在 x_0 的去心邻域 $\mathring{U}(x_0; h)$ 内有定义,并且上述三个条件中至少有一个不满足,则称函数 $f(x)$ 在点 x_0 处**间断**,又称点 x_0 为 $f(x)$ 的**间断点**.

函数 $f(x)$ 的间断点有以下几种类型:

(1) 若 $f(x_0 + 0)$ 和 $f(x_0 - 0)$ 都存在,则称点 x_0 是 $f(x)$ 的**第一类间断点**.

在第一类间断点中:如果满足 $f(x_0 + 0) \neq f(x_0 - 0)$,则称点 x_0 为 $f(x)$ 的**跳跃间断点**;如果满足 $f(x_0 + 0) = f(x_0 - 0)$,即 $\lim\limits_{x \to x_0} f(x)$ 存在,但 $\lim\limits_{x \to x_0} f(x) \neq f(x_0)$ 或 $f(x)$ 在点 x_0 处没有定义,则称点 x_0 是函数 $f(x)$ 的**可去间断点**. 这时只要改变或补充定义 $f(x)$ 在点 x_0 处的函数值,即用函数在点 x_0 处的极限值作为该点的函数值,就可使函数 $f(x)$ 在点 x_0 处变为连续.

(2) 若 $f(x_0 + 0)$ 与 $f(x_0 - 0)$ 中至少有一个不存在,则称点 x_0 是函数 $f(x)$ 的**第二类间断点**.

例如，符号函数 $f(x) = \operatorname{sgn} x$，由于

$$f(0+0) = 1, f(0-0) = -1, f(0+0) \neq f(0-0),$$

因此点 $x = 0$ 是它的第一类间断点.

又如，函数 $f(x) = \begin{cases} \dfrac{1}{x}, & x > 0, \\ 0, & x \leqslant 0, \end{cases}$ 由于

$$f(0+0) = \lim_{x \to 0^+} \frac{1}{x} = +\infty,$$

$$f(0-0) = \lim_{x \to 0^-} 0 = 0,$$

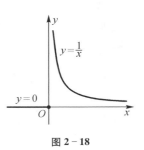

图 2 - 18

其中 $f(0+0)$ 不存在，所以点 $x = 0$ 是函数 $f(x)$ 的第二类间断点（如图 2 - 18 所示）. 而函数 $g(x) = \begin{cases} \sin \dfrac{1}{x}, & x \neq 0, \\ 0, & x = 0, \end{cases}$ 由于 $g(0+0)$ 和 $g(0-0)$ 都不存在，所以点 $x = 0$ 也是函数 $g(x)$ 的第二类间断点.

由于当 $x \to 0$ 时，$\sin \dfrac{1}{x}$ 的值始终在 1 和 -1 之间振动，故称之为**振荡间断点**（图 2 - 13）.

再如，函数 $f(x) = \begin{cases} x\sin \dfrac{1}{x}, & x \neq 0, \\ 1, & x = 0, \end{cases}$ 由于 $\lim\limits_{x \to 0} f(x) = 0$ 存在，但 $\lim\limits_{x \to 0} f(x) \neq f(0) = 1$，所以点 $x = 0$ 是 $f(x)$ 的可去间断点. 而函数

$$g(x) = \frac{\sin x}{x},$$

由于 $\lim\limits_{x \to 0} \dfrac{\sin x}{x} = 1$ 存在，又因 $g(x)$ 在点 $x = 0$ 处没有定义，所以点 $x = 0$ 也是函数 $g(x)$ 的可去间断点.

2.4.3 连续函数的运算和初等函数的连续性

利用函数极限的性质和运算法则，可相应地得到连续函数的性质和运算法则.

定理 2.4.2（连续函数的局部有界性） 若函数 $f(x)$ 在点 x_0 处连续，则存在正数 δ，使 $f(x)$ 在 $U(x_0; \delta)$ 内有界.

定理 2.4.3（连续函数的局部保号性） 若函数 $f(x)$ 在点 x_0 处连续，且 $f(x_0) > 0$（或

$f(x_0) < 0)$，则存在正数 δ，使得当 $x \in U(x_0; \delta)$ 时，都有

$$f(x) > \frac{f(x_0)}{2} > 0 \quad \left(\text{或} f(x) < \frac{f(x_0)}{2} < 0\right).$$

对于函数 $f(x)$ 在点 x_0 处右连续（或左连续）的情形，也有类似于定理 2.4.2、2.4.3 的结果，只要把其中的邻域 $U(x_0; \delta)$ 相应地改为点 x_0 的右邻域 $[x_0, x_0+\delta)$（或左邻域 $(x_0-\delta, x_0]$）即可.

思考　定理 2.4.3 中的 $\dfrac{f(x_0)}{2}$ 是否可改为其他值，如 $\dfrac{2}{3}f(x_0)$？

定理 2.4.4（连续函数的四则运算法则）　若函数 $f(x)$ 和 $g(x)$ 均在点 x_0 处连续，则函数 $f(x) \pm g(x)$、$f(x) \cdot g(x)$ 和 $\dfrac{f(x)}{g(x)}$（$g(x_0) \neq 0$）在点 x_0 处也连续.

由例 $2-4-3$ 知 $\cos x$ 和 $\sin x$ 是 $(-\infty, +\infty)$ 上的连续函数，因此由定理 2.4.4 可知函数

$$\tan x = \frac{\sin x}{\cos x}, \quad \cot x = \frac{\cos x}{\sin x}, \quad \sec x = \frac{1}{\cos x}, \quad \csc x = \frac{1}{\sin x}$$

在其定义域上连续，即三角函数是其定义域上的连续函数.

在第 1 章 1.3 节中讲到反函数时曾经指出：若函数 $y = f(x)$ 存在反函数 $f^{-1}(x)$，则它们的图形关于直线 $y = x$ 是对称的. 所以，从图形上可以看出，连续函数的反函数也是连续函数. 归结成定理如下：

定理 2.4.5　若函数 $y = f(x)$ 是区间 (a, b) 上严格递增（或严格递减）的连续函数，则其反函数 $y = f^{-1}(x)$ 是区间 $(f(a), f(b))$（或 $(f(b), f(a))$）上严格递增（或严格递减）的连续函数.

证明从略.

易知，上述定理对闭区间、半开区间和无穷区间也成立.

由定理 2.4.5 可知，反三角函数 $\arcsin x$、$\arccos x$、$\arctan x$ 和 $\mathrm{arccot}\, x$ 在其定义域上也是连续的.

可以证明（证明从略）指数函数 $a^x (0 < a \neq 1)$ 是区间 $(-\infty, +\infty)$ 上的连续函数. 由定理 2.4.5 可知它的反函数对数函数 $\log_a x$ 在其定义域 $(0, +\infty)$ 上连续.

关于复合函数，有如下的定理.

定理 2.4.6　设 $\lim\limits_{x \to x_0} g(x) = u_0$，函数 $y = f(u)$ 在点 $u = u_0$ 处连续，则复合函数 $y = f[g(x)]$ 当 $x \to x_0$ 时有极限 $f(u_0)$，即

$$\lim_{x \to x_0} f[g(x)] = f(u_0) = f[\lim_{x \to x_0} g(x)].$$

特别地,当 $u = g(x)$ 在 x_0 处连续,$y = f(u)$ 在点 $u_0 = g(x_0)$ 连续时,复合函数 $y = f[g(x)]$ 在点 x_0 处连续,即连续函数的复合函数仍是连续函数.

证 设 $\lim_{x \to x_0} g(x) = u_0$,$y = f(u)$ 在点 u_0 处连续,要证 $\lim_{x \to x_0} f[g(x)] = f(u_0)$.

对于任意 $\varepsilon > 0$,由 $y = f(u)$ 在 u_0 连续,存在 $\eta > 0$,当 $|u - u_0| < \eta$ 时,有

$$|f(u) - f(u_0)| < \varepsilon. \qquad\qquad ③$$

对上述 $\eta > 0$,由 $\lim_{x \to x_0} g(x) = u_0$,存在 $\delta > 0$,当 $0 < |x - x_0| < \delta$ 时,有

$$|g(x) - u_0| = |u - u_0| < \eta. \qquad\qquad ④$$

综合上面论述,得到:对任意 $\varepsilon > 0$,存在 $\delta > 0$,当 $0 < |x - x_0| < \delta$ 时,有 ④ 式成立,从而 ③ 式成立:

$$|f[g(x)] - f(u_0)| = |f(u) - f(u_0)| < \varepsilon,$$

即

$$\lim_{x \to x_0} f[g(x)] = f(u_0) = f[\lim_{x \to x_0} g(x)].$$

特别地,当 $g(x)$ 在 x_0 处连续:$\lim_{x \to x_0} g(x) = g(x_0)$ 时,就有 $\lim_{x \to x_0} f[g(x)] = f(u_0) = f[g(x_0)]$. 即复合函数 $y = f[g(x)]$ 在点 x_0 处连续.

定理说明如果复合函数中每一层函数都是连续函数的话,求极限运算可以与函数运算层层交换. 可以这样说,函数连续的本质是极限运算与函数运算可以交换.

因为幂函数 $y = x^\alpha$ 可由连续函数 $y = e^u$ 与 $u = \alpha \ln x$ 复合而成,所以 $y = x^\alpha$ 是区间 $(0, +\infty)$ 上的连续函数.

至此,我们已证明了基本初等函数(即常量函数、幂函数、指数函数、对数函数、三角函数和反三角函数)都是其定义域上的连续函数. 由于初等函数是由基本初等函数经过有限次四则运算和复合运算得到的,因此**一切初等函数都是其定义域内的区间上的连续函数**.

注意 分段函数一般不是初等函数,其分界点处的连续性需用定义讨论.

利用初等函数的连续性,往往能简便地计算某些函数的极限. 例如,若 $f(x)$ 是初等函数,x_0 是其定义域内的区间上的点,则 $f(x)$ 在点 x_0 处连续,因此有

$$\lim_{x \to x_0} f(x) = f(x_0).$$

例 2 - 4 - 5 求 $\lim\limits_{x \to a} \dfrac{\arctan \sqrt{\log_a x}}{\sin \dfrac{\pi x}{2a}}$.

解 因为

$$f(x) = \frac{\arctan \sqrt{\log_a x}}{\sin \dfrac{\pi x}{2a}}$$

是初等函数,所以

$$\lim_{x \to a} f(x) = f(a) = \frac{\arctan \sqrt{\log_a a}}{\sin \dfrac{\pi a}{2a}} = \frac{\dfrac{\pi}{4}}{1} = \frac{\pi}{4}.$$

例 2 - 4 - 6 证明:当 $x \to 0$ 时,

(1) $\ln(1 + x) \sim x$;　　(2) $e^x - 1 \sim x$；　　(3) $(1 + x)^b - 1 \sim bx$. (实常数 $b \neq 0$)

证 (1) 因为 $\ln(1 + x)$ 连续,所以

$$\lim_{x \to 0} \frac{\ln(1 + x)}{x} = \lim_{x \to 0} \ln(1 + x)^{\frac{1}{x}} = \ln \left[\lim_{x \to 0} (1 + x)^{\frac{1}{x}} \right] = \ln e = 1.$$

这就证明了:当 $x \to 0$ 时,$\ln(1 + x) \sim x$.

(2) 令 $e^x - 1 = y$, $x = \ln(y + 1)$,当 $x \to 0$ 时,$y \to 0$,于是

$$\lim_{x \to 0} \frac{e^x - 1}{x} = \lim_{y \to 0} \frac{y}{\ln(1 + y)} = \lim_{y \to 0} \frac{1}{\ln(1 + y)^{\frac{1}{y}}} = 1.$$

即 $x \to 0$ 时,$e^x - 1 \sim x$.

(3) 令 $t = (1 + x)^b - 1$,则 $b\ln(1 + x) = \ln(1 + t)$,且当 $x \to 0$ 时,$t \to 0$,所以

$$\lim_{x \to 0} \frac{(1 + x)^b - 1}{x} = \lim_{x \to 0} \frac{b\ln(1 + x)}{x} \cdot \lim_{t \to 0} \frac{t}{\ln(1 + t)} = b.$$

即 $x \to 0$ 时,$(1 + x)^b - 1 \sim bx$.

函数 $y = f(x)^{g(x)}$ 称为幂指函数.

推论 若 $\lim\limits_{x \to x_0} f(x) = A (A > 0)$, $\lim\limits_{x \to x_0} g(x) = B (B$ 为常数$)$,则

$$\lim_{x \to x_0} [f(x)]^{g(x)} = A^B.$$

例 2 - 4 - 7   银行要对存、贷款计算利息,计息方法有多种,复利计息方法最为常见. 所谓复利计息法,就是每个计息期满后,随后的计息期将前一计息期得到的利息加上原有本金一起作为本次计息期的本金. 如每年计息一次,年利率为 r,本金为 A,连续 n 年存款的到期本金和利息之和为

$$S = A(1 + r)^n. \qquad ⑤$$

如果每年不是计息一次,而是计息 t 次,则每次计息期的利率是 $\dfrac{r}{t}$,这样公式⑤就变成

$$S = A\left[\left(1 + \frac{r}{t}\right)^t\right]^n.$$

当 t 趋于无穷大时,就得到了**连续复利**公式

$$S = A\lim_{t \to \infty}\left[\left(1 + \frac{r}{t}\right)^t\right]^n = A\lim_{t \to \infty}\left[\left(1 + \frac{r}{t}\right)^{\frac{t}{r}}\right]^{rn} = A\left[\lim_{t \to \infty}\left(1 + \frac{r}{t}\right)^{\frac{t}{r}}\right]^{rn}$$

$$= A\mathrm{e}^{rn}. \qquad ⑥$$

例 2 - 4 - 8   (细菌繁殖问题)由实验知,某种细菌繁殖的速度在培养基充足等条件满足时与当时已有的数量 A_0 成正比,即 $V = kA_0(k > 0$ 为比例常数),下面来计算经过时间 t 以后细菌的数量 S.

如果细菌繁殖速度 V 是常数,那么细菌数量 S 就是时间 t 的一次函数:$S = Vt = kA_0t$. 但是现在 V 不是常数,与细菌数量有关. 为了计算出 t 时的数量,首先将时间间隔 $[0, t]$ n 等分. 假设细菌的繁殖是连续的,在很短的时间内数量变化很小,繁殖速度可近似看作不变,所以在第一段时间 $\left[0, \dfrac{t}{n}\right]$ 内细菌繁殖的数量为 $kA_0\dfrac{t}{n}$,因此第一段时间末细菌的数量为

$$S_1 = A_0 + A_0k\frac{t}{n} = A_0\left(1 + k\frac{t}{n}\right);$$

同样,第二段时间末细菌的数量为

$$S_2 = A_0\left(1 + k\frac{t}{n}\right)^2, \cdots;$$

依次类推,到最后一段时间末细菌的数量为

$$S_n = A_0\left(1 + k\frac{t}{n}\right)^n.$$

这是一个近似值,因为我们假设在每一小段时间 $\left[\dfrac{i-1}{n}t, \dfrac{i}{n}t\right]$ $(i = 1, 2, \cdots, n)$ 内细菌繁殖

的速度不变(同时还假设了各小段时间内只繁殖一次). 当小区间分得越来越细(即 $n \to \infty$), 就得到经过时间 t 后细菌总数所满足的公式:

$$\lim_{n \to \infty} A_0 \left(1 + k \frac{t}{n} \right)^n = A_0 \lim_{n \to \infty} \left[\left(1 + \frac{kt}{n} \right)^{\frac{n}{kt}} \right]^{kt} = A_0 \mathrm{e}^{kt}.$$

这个结论与例 $2-4-6$ 中的连续复利公式是一样的. 这决不是偶然的, 现实世界中不少事物的生长规律都服从这个模型, 所以也称 $y = A \mathrm{e}^{kt}$ 为**生长函数**.

2.4.4 闭区间上连续函数的性质

下面我们给出闭区间上连续函数的两个十分有用的性质, 其正确性可从几何直观上去认识.

定理 2.4.7(最大最小值定理)   若函数 $f(x)$ 在闭区间 $[a, b]$ 上连续, 则在 $[a, b]$ 上至少存在两点 ξ 与 η, 使得当 $x \in [a, b]$ 时, 都有

$$f(\xi) \leqslant f(x) \leqslant f(\eta).$$

其中 $f(\xi)$ 和 $f(\eta)$ 分别称为 $f(x)$ 在 $[a, b]$ 上的最小值和最大值 (图 $2-19$).

推论   若函数 $f(x)$ 在闭区间 $[a, b]$ 上连续, 则 $f(x)$ 在 $[a, b]$ 上必有界.

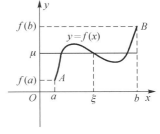

图 $2-19$

必须注意, 若把定理 2.4.7 及其推论中的函数在闭区间 $[a, b]$ 上连续改为在开区间 (a, b) 内连续, 则定理结论不一定成立. 例如, 函数 $f(x) = \dfrac{1}{x}$ 在开区间 $(0, 1)$ 内连续, 但在 $(0, 1)$ 内无界.

定理 2.4.8(介值定理)   若函数 $f(x)$ 在闭区间 $[a, b]$ 上连续, 且 $f(a) \neq f(b)$, 则对于 $f(a)$ 与 $f(b)$ 之间的任意实数 μ, 在开区间 (a, b) 内至少存在一点 ξ, 使得

$$f(\xi) = \mu.$$

介值定理的几何解释如图 $2-20$ 所示, 即若点 $A(a, f(a))$ 与点 $B(b, f(b))$ 在直线 $y = \mu$ 的上、下两侧, 则连结 A、B 的连续曲线 $y = f(x)$ 与此直线至少相交一次.

介值定理同时表明: 若函数 $f(x)$ 在闭区间 $[a, b]$ 上连续, 则它必定能够取到 $f(a)$ 与 $f(b)$ 之间的一切值.

推论 1   如果函数 $f(x)$ 在闭区间 $[a, b]$ 上连续, M、m 分别

图 $2-20$

是 $f(x)$ 在 $[a,b]$ 上的最大值和最小值（$M>m$），则对于任何实数 $\mu(m<\mu<M)$，在 (a,b) 内至少存在一点 ξ，使得 $f(\xi)=\mu$.

推论 2（根的存在定理） 若函数 $f(x)$ 在闭区间 $[a,b]$ 上连续，且 $f(a)\cdot f(b)<0$，则在 (a,b) 内至少存在一点 ξ，使得 $f(\xi)=0$，即方程 $f(x)=0$ 在 (a,b) 内至少存在一个实根（图 2-21）.

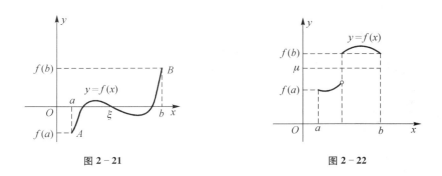

图 2-21　　　　　　图 2-22

必须注意，若定理 2.4.8 及其推论中的函数在区间上有间断点，则定理及其推论中的结论不一定成立（图 2-22）.

例 2-4-9 证明方程 $x^3+x^2+x-1=0$ 在区间 $(0,1)$ 内至少有一个实根.

证 设 $P(x)=x^3+x^2+x-1$. 因为 $P(x)$ 在 $[0,1]$ 上连续，且

$$P(0)=-1<0,\quad P(1)=2>0,$$

所以由根的存在定理可知，在 $(0,1)$ 内至少存在一点 ξ，使 $P(\xi)=0$，这个 ξ 就是方程 $x^3+x^2+x-1=0$ 的一个实根.

本节的重点是连续函数的定义、间断点的分类、连续函数的性质和运算以及闭区间上连续函数的性质. 在学习这些内容时，应注意以下几点：

（1）函数在点 x_0 处连续的概念是函数当 $x\to x_0$ 时极限概念的特殊情形，即要求当 $x\to x_0$ 时的函数极限存在且等于函数在点 x_0 处的函数值.

（2）寻找函数间断点的一般方法为：由于初等函数在其定义域内的区间上连续，因此其间断点只出现在它的定义域内的区间（开区间）的端点或者是有定义的孤立点；而对于分段函数，其分段区间的分界点也有可能是间断点，这可由该点处的左、右极限是否存在且是否等于函数在该点处的函数值来作出判断.

习题 2－4

1. 下列说法是否正确？为什么？

(1) 若函数 $f(x)$ 在点 x_0 有定义，在这点的左、右极限都存在且相等，则函数 $f(x)$ 在点 x_0 处连续；

(2) 若函数 $|f(x)|$ 是区间 I 上的连续函数，则 $f(x)$ 也是 I 上的连续函数；

(3) 若 $f(x)$ 是区间 I 上的连续函数，则 $|f(x)|$ 也是 I 上的连续函数；

(4) 若 $f(x)$ 在 (a,b) 内无界，则 $f(x)$ 在 (a,b) 内必有不连续点；

(5) 设 $f(x)$ 在 $[a,b]$ 上连续，且 $f(a)f(b) > 0$，则方程 $f(x) = 0$ 在 (a,b) 内无根；

(6) 设 $f(x)$ 在 (a,b) 内连续，且 $f(a)f(b) < 0$，则方程 $f(x) = 0$ 在 (a,b) 内有根.

2. 设函数 $f(x) = \arctan \dfrac{1}{x}$，能否补充定义 $f(0)$ 的值，使该函数在点 $x = 0$ 处连续？

3. 指出下列函数的间断点并说明其类型. 若是可去间断点，则补充定义函数值后使它连续：

(1) $f(x) = \dfrac{1}{(x^2 + 2)^2}$；

(2) $f(x) = \dfrac{\sin 2x}{x}$；

(3) $f(x) = \sin x \cdot \sin \dfrac{1}{x}$；

(4) $f(x) = \dfrac{1 - \cos x}{x^2}$；

(5) $f(x) = \cos^2 \dfrac{1}{2x}$；

(6) $f(x) = \mathrm{e}^{-\frac{1}{x}}$；

(7) $f(x) = \dfrac{x^2 - 1}{x^2 - 3x + 2}$；

(8) $f(x) = \dfrac{\cos \dfrac{\pi}{2}x}{x^2(x - 1)}$；

(9) $f(x) = \dfrac{1}{1 + \mathrm{e}^{\frac{1}{1-x}}}$；

(10) $f(x) = \begin{cases} 3 + x^2, & x < 0, \\ \dfrac{\sin 3x}{x}, & x > 0; \end{cases}$

*(11) $f(x) = \begin{cases} \dfrac{\sin x}{|x|}, & x \neq 0, \\ 1, & x = 0; \end{cases}$

*(12) $f(x) = \begin{cases} \cos \dfrac{\pi}{2}x, & |x| \leqslant 1, \\ |x - 1|, & |x| > 1. \end{cases}$

4. 设下列函数是其定义域上的连续函数，求其中数 a 的值：

(1) $f(x) = \begin{cases} \dfrac{x^3 - 8}{x - 2}, & x \neq 2, \\ a + 3, & x = 2; \end{cases}$

(2) $f(x) = \begin{cases} (1 + x)^{\frac{1}{x}}, & x \neq 0, \\ a, & x = 0; \end{cases}$

$(3) \, f(x) = \begin{cases} \mathrm{e}^x, & x < 0, \\ a + x, & x \geqslant 0; \end{cases}$ $(4) \, f(x) = \begin{cases} \dfrac{\sin ax}{x}, & x \neq 0, \\ 4, & x = 0. \end{cases}$

5. 证明下列函数在 $(-\infty, +\infty)$ 内连续:

$(1) \, f(x) = \begin{cases} 0, & x < 0, \\ x, & 0 \leqslant x < 1, \\ -x^2 + 4x - 2, & 1 \leqslant x < 3, \\ 4 - x & x \geqslant 3; \end{cases}$

$(2) \, f(x) = \begin{cases} \dfrac{\sin x}{x}, & x < 0, \\ 1, & x = 0, \\ \dfrac{2(\sqrt{1 + x} - 1)}{x}, & x > 0. \end{cases}$

6. 求下列极限:

$(1) \, \lim\limits_{x \to 0} \dfrac{a^x - 1}{x} (令 \, a^x - 1 = t);$ $(2) \, \lim\limits_{x \to e} \dfrac{\ln x - 1}{x - e} (令 \, x - e = t);$

$(3) \, \lim\limits_{x \to +\infty} \arccos(\sqrt{x^2 - x} - x);$ $(4) \, \lim\limits_{x \to 0} (\cos x)^{\frac{1}{x^2}}.$

7. 证明下列方程在指定区间内存在实根:

$(1) \, x^2 \cos x - \sin x = 0, \left(\pi, \dfrac{3}{2}\pi \right);$ $(2) \, x = \cos x, \left(0, \dfrac{\pi}{2} \right);$

$(3) \, x^5 - 2x^2 + x + 1 = 0, (-1, 1).$

8. 设 $f(x)$ 和 $g(x)$ 在 $[a, b]$ 上连续,且 $f(a) < g(a), f(b) > g(b)$. 证明:在 (a, b) 内至少存在一点 ξ,使得 $f(\xi) = g(\xi)$.

9. 证明:方程 $x = a\sin x + b$,其中 $a > 0$、$b > 0$ 至少有一个不超过 $a + b$ 的正根.

10. 证明连续函数的局部有界性:若函数 $f(x)$ 在点 x_0 处连续,则函数在点 x_0 的某邻域内有界.

11. 设函数在 $(-\infty, +\infty)$ 内连续,而且 $\lim\limits_{x \to \infty} f(x) = a$ 存在,证明:$f(x)$ 在 $(-\infty, +\infty)$ 内有界.

第 3 章　导 数 与 微 分

导数是微积分学中最基本的内容,是人们研究函数增量与自变量增量关系的产物,又是研究函数性态的有力工具.无论何种学科,只要涉及**"变化率"**,就离不开导数.因此导数在物理学、力学和经济学中都有广泛的应用.而微分表达的局部线性化思想则是微积分学的核心思想.

3.1　导 数 的 概 念

3.1.1　导数的定义

一般认为,求变速运动的瞬时速度,求已知曲线上一点处的切线,求函数的最大、最小值,以及求曲线的弧长是微分学产生的四个动因.牛顿和莱布尼茨就是分别在研究瞬时速度和曲线的切线时发现导数的.这些问题的实质就是研究自变量 x 的增量 Δx 与相应的函数 $y = f(x)$ 的增量 Δy 之间的关系,即研究当 $\Delta x \to 0$ 时,$\dfrac{\Delta y}{\Delta x}$ 的极限是什么.下面是两个关于导数的实际例子.

1. 变速直线运动的瞬时速度

设质点沿直线运动,其位移 s 是时间 t 的函数 $s = s(t)$,当 t 在 t_0 处有一个增量 $\Delta t \neq 0$ 时,相应地,位移 s 也有一个增量

$$\Delta s = s(t_0 + \Delta t) - s(t_0),$$

因而质点从时刻 t_0 到时刻 $t_0 + \Delta t$ 这段时间内的平均速度为

$$\bar{v} = \frac{\Delta s}{\Delta t} = \frac{s(t_0 + \Delta t) - s(t_0)}{\Delta t}.$$

当 $\Delta t \to 0$ 时,若平均速度 $\bar{v}$ 的极限存在,则其极限

$$v = \lim_{\Delta t \to 0} \bar{v} = \lim_{\Delta t \to 0} \frac{\Delta s}{\Delta t} = \lim_{\Delta t \to 0} \frac{s(t_0 + \Delta t) - s(t_0)}{\Delta t}$$

称为质点在时刻 t_0 的**瞬时速度**.

2. 曲线在一点处切线的斜率

设曲线 C 是某函数 $y = f(x)$ 的图形, 如图 3-1 所示. $A(x_0, f(x_0))$ 是曲线 C 上的一个定点, $B(x_0 + \Delta x, f(x_0 + \Delta x))$ 是曲线 C 上邻近于 A 的点 $(\Delta x \neq 0)$, 则割线 AB 的斜率为

$$\bar{k} = \frac{\Delta y}{\Delta x} = \frac{f(x_0 + \Delta x) - f(x_0)}{\Delta x}.$$

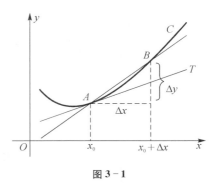

图 3-1

当点 B 沿曲线 C 移动并趋于点 A 时, 若割线 AB 有极限位置 AT, 则称直线 AT 为曲线 C 在点 A 处的**切线**. 若当 $\Delta x \to 0$ 时, 割线 AB 的斜率 $\bar{k}$ 的极限存在, 则其极限

$$k = \lim_{\Delta x \to 0} \bar{k} = \lim_{\Delta x \to 0} \frac{\Delta y}{\Delta x} = \lim_{\Delta x \to 0} \frac{f(x_0 + \Delta x) - f(x_0)}{\Delta x}$$

就是曲线 $y = f(x)$ 在点 A 处切线的**斜率**.

上面两个问题虽然出发点相异, 但都可归结为同一类型的数学问题: 求函数 $f(x)$ 在点 x_0 处的增量 $\Delta y = f(x) - f(x_0)$ 与自变量增量 $\Delta x = x - x_0$ 之比的极限. 这个增量比称为函数 f 在关于自变量的**平均变化率**, 增量比的极限 (如果存在) 称为 f 在点 x_0 处关于 x 的**瞬时变化率, 或变化率**. 因此, 研究函数的增量 Δy 与自变量的增量 Δx 的比值 $\dfrac{\Delta y}{\Delta x}$ 当 $\Delta x \to 0$ 时的极限具有重要的实际意义.

定义 3.1.1   设函数 $y = f(x)$ 在点 x_0 的某一邻域内有定义, 若极限

$$\lim_{\Delta x \to 0} \frac{\Delta y}{\Delta x} = \lim_{\Delta x \to 0} \frac{f(x_0 + \Delta x) - f(x_0)}{\Delta x} \tag{①}$$

存在, 则称函数 $f(x)$ 在点 x_0 处**可导**, 并称该极限为函数 $f(x)$ 在点 x_0 处的**导数**, 记作 $f'(x_0)$, 也可以记作

$$y'(x_0), \ y' \Big|_{x = x_0}, \ \frac{\mathrm{d}y}{\mathrm{d}x} \Big|_{x = x_0} \ 或 \ \frac{\mathrm{d}f(x)}{\mathrm{d}x} \Big|_{x = x_0}.$$

若①式的极限不存在, 则称 $f(x)$ 在 x_0 处**不可导**. 若①式的极限为无穷大, 且 $f(x)$ 在 x_0 处连续, 则可称 $f(x)$ 在 x_0 处的**导数为无穷大**, 记作

$$f'(x_0) = \infty.$$

若令 $x = x_0 + \Delta x$, 则 $\Delta x = x - x_0$, 当 $\Delta x \to 0$ 时 $x \to x_0$, 于是可得 $f(x)$ 在 x_0 处导数的等价定义

$$f'(x_0) = \lim_{x \to x_0} \frac{f(x) - f(x_0)}{x - x_0}.$$

定义 3.1.2 若 $\lim\limits_{\substack{\Delta x \to 0^+ \\ (或 \Delta x \to 0^-)}} \dfrac{\Delta y}{\Delta x} = \lim\limits_{\substack{\Delta x \to 0^+ \\ (或 \Delta x \to 0^-)}} \dfrac{f(x_0 + \Delta x) - f(x_0)}{\Delta x}$ 存在,则称此极限为 $f(x)$ 在 x_0 处

的**右(或左)导数**,记作 $f'_+(x_0)$(或 $f'_-(x_0)$).

右导数与左导数统称为**单侧导数**.

根据导数定义及极限存在定理可知:

定理 3.1.1 $f'(x_0)$ 存在的充分必要条件为 $f'_+(x_0)$ 与 $f'_-(x_0)$ 都存在且相等,即

$$f'_+(x_0) = f'_-(x_0) \quad (= f'(x_0)).$$

例 3-1-1 求函数 $f(x) = |x|$ 在 $x = 0$ 处的左、右导数.

解 由于

$$\frac{f(0 + \Delta x) - f(0)}{\Delta x} = \frac{|\Delta x|}{\Delta x} = \begin{cases} -1, & \Delta x < 0, \\ 1, & \Delta x > 0, \end{cases}$$

因此

$$f'_-(0) = \lim_{\Delta x \to 0^-} \frac{|\Delta x|}{\Delta x} = -1, \quad f'_+(0) = \lim_{\Delta x \to 0^+} \frac{|\Delta x|}{\Delta x} = 1.$$

该函数在 $x = 0$ 处的左、右导数虽都存在,但 $f'_-(0) \neq f'_+(0)$,由定理 3.1.1 知 $f(x)$ 在 $x = 0$ 处不可导.

有了单侧导数概念后,我们就可以求函数在闭区间端点处的导数.

例 3-1-2 求简谐运动 $s = \sin t$ $(0 \leq t < +\infty)$ 的初速度 v_0.

解 简谐运动 $s = \sin t$ $(0 \leq t < +\infty)$ 的初速度 v_0 就是函数 $s = \sin t$ 在 $t = 0$ 处的右导数,所以

$$v_0 = s'_+(0) = \lim_{\Delta t \to 0^+} \frac{\sin(0 + \Delta t) - \sin 0}{\Delta t} = \lim_{\Delta t \to 0^+} \frac{\sin \Delta t}{\Delta t} = 1.$$

若函数 $f(x)$ 在区间 I 上每一处都可导(对于端点,只要存在相应的单侧导数),则称 $f(x)$ 是 I 上的可导函数,其导数值是一个随 x 而变化的函数,称为**导函数**,记为 $f'(x)$,或 y',$\dfrac{\mathrm{d}y}{\mathrm{d}x}$,$\dfrac{\mathrm{d}f(x)}{\mathrm{d}x}$.

由导数的定义,函数 $f(x)$ 在点 x_0 的导数是导函数 $f'(x)$ 在 x_0 处的函数值. 导函数的定义域是由 $f(x)$ 的可导点全体组成,它一般是 $f(x)$ 定义域的一个子集.

3. 可导与连续

根据导数的定义,函数 $y = f(x)$ 在某一点 x 可导说明函数在该点的自变量增量 Δx 与函数的增量 Δy 是当 $\Delta x \to 0$ 时的同阶或高阶无穷小,即有

$$\lim_{\Delta x \to 0} \Delta y = \lim_{\Delta x \to 0} \frac{\Delta y}{\Delta x} \Delta x = f'(x) \lim_{\Delta x \to 0} \Delta x = 0.$$

这表明函数 $f(x)$ 在 x 连续. 于是有

定理3.1.2   如果函数 $f(x)$ 在点 x_0 处可导,则 $f(x)$ 在点 x_0 处连续. 简称**可导必连续**.

而函数 $f(x)$ 在点 x 处**连续**一般不能得出 $f(x)$ 在点 x 处可导. 即**连续是可导的必要条件**:如果函数在某点不连续,则在该点一定不可导. 请读者务必记住这个性质.

由函数 $y = f(x)$ 在某点 x 处可导,还可以得到 $\frac{\Delta y}{\Delta x} - f'(x) = \alpha$,其中 α 为 $\Delta x \to 0$ 时的无穷小量,因此有

$$\Delta y = f'(x) \Delta x + \alpha \cdot \Delta x, \qquad\qquad ②$$

式②称为函数 $f(x)$ 在点 x 处的**有限增量公式**.

3.1.2   求导的例

例3-1-3   求常量函数 $y = C$ 的导数.

解 $y' = C' = \lim_{\Delta x \to 0} \frac{f(x_0 + \Delta x) - f(x_0)}{\Delta x} = \lim_{\Delta x \to 0} \frac{C - C}{\Delta x} = 0.$

例3-1-4   求函数 $y = \sqrt{x}$ 在点 $x_0(x_0 > 0)$ 处的导数.

解   因为

$$\lim_{\Delta x \to 0} \frac{\Delta y}{\Delta x} = \lim_{\Delta x \to 0} \frac{\sqrt{x_0 + \Delta x} - \sqrt{x_0}}{\Delta x} = \lim_{\Delta x \to 0} \frac{\Delta x}{\Delta x(\sqrt{x_0 + \Delta x} + \sqrt{x_0})}$$

$$= \lim_{\Delta x \to 0} \frac{1}{\sqrt{x_0 + \Delta x} + \sqrt{x_0}} = \frac{1}{2\sqrt{x_0}},$$

所以

$$(\sqrt{x})' \Big|_{x = x_0} = \frac{1}{2\sqrt{x_0}} \ (x_0 > 0).$$

例 3-1-5 求幂函数 $y = x^n$(n 为正整数),$x \in (0, +\infty)$ 的导数.

解 因为 $\Delta y = (x + \Delta x)^n - x^n = nx^{n-1}\Delta x + \dfrac{n(n-1)}{2}x^{n-2}(\Delta x)^2 + \cdots + (\Delta x)^n$,

$$\frac{\Delta y}{\Delta x} = nx^{n-1} + \frac{n(n-1)}{2}x^{n-2}\Delta x + \cdots + (\Delta x)^{n-1},$$

所以 $\lim\limits_{\Delta x \to 0} \dfrac{\Delta y}{\Delta x} = nx^{n-1}$,即

$$(x^n)' = nx^{n-1}.$$

例 3-1-6 求对数函数 $y = \log_a x$($a > 0$,$a \neq 1$)的导数.

解 $y' = (\log_a x)' = \lim\limits_{\Delta x \to 0} \dfrac{\log_a(x + \Delta x) - \log_a x}{\Delta x} = \lim\limits_{\Delta x \to 0} \dfrac{\log_a\left(1 + \dfrac{\Delta x}{x}\right)}{\Delta x}$

$$= \lim\limits_{\Delta x \to 0} \frac{1}{x}\log_a\left(1 + \frac{\Delta x}{x}\right)^{\frac{x}{\Delta x}} = \frac{1}{x}\log_a e = \frac{1}{x\ln a}.$$

特别地,有 $(\ln x)' = \dfrac{1}{x}$.

例 3-1-7 求三角函数 $y = \sin x$ 的导数.

解 $y' = (\sin x)' = \lim\limits_{\Delta x \to 0} \dfrac{\sin(x + \Delta x) - \sin x}{\Delta x} = \lim\limits_{\Delta x \to 0} \dfrac{2\sin\dfrac{\Delta x}{2}\cos\dfrac{2x + \Delta x}{2}}{\Delta x}$

$$= \lim\limits_{\Delta x \to 0} \frac{\sin\dfrac{\Delta x}{2}}{\dfrac{\Delta x}{2}} \cdot \lim\limits_{\Delta x \to 0}\cos\frac{2x + \Delta x}{2} = \cos x.$$

类似可得,$(\cos x)' = -\sin x$.

例 3-1-8 已知 $f'(1) = 2$,求 $\lim\limits_{h \to 0} \dfrac{f(1) - f(1 - 2h)}{h}$.

解 $\lim\limits_{h \to 0} \dfrac{f(1) - f(1 - 2h)}{h} = \lim\limits_{h \to 0} \dfrac{f(1 - 2h) - f(1)}{-2h} \cdot 2$

$$= f'(1) \cdot 2 = 2 \times 2 = 4.$$

对于函数 $f(x)$ 在点 x_0 处导数的定义,可进一步理解其结构式为

$$f'(x_0) = \lim \frac{f(x_0 + *) - f(x_0)}{*},$$

其中 * 为此极限过程(无论哪个极限过程)中的无穷小. 只要符合此结构式,其极限就是 $f'(x_0)$.

例 3 - 1 - 9 证明函数 $f(x) = \begin{cases} x\sin\dfrac{1}{x}, & x \neq 0, \\ 0, & x = 0 \end{cases}$ 在点 $x = 0$ 处不可导.

证 $x \neq 0$ 时, $\dfrac{f(x) - f(0)}{x - 0} = \sin\dfrac{1}{x}$,

当 $x \to 0$ 时上式极限不存在,所以 $f(x)$ 在点 $x = 0$ 处不可导.

例 3 - 1 - 1 和例 3 - 1 - 9 说明,连续不是可导的充分条件(只是必要条件).

3.1.3 导数的意义

从引入导数概念的几何问题可知,函数 $f(x)$ 在点 x_0 的导数 $f'(x_0)$ 是曲线 $y = f(x)$ 在点 $P(x_0, f(x_0))$ 处切线的斜率. 如果用 α 表示这条切线关于 x 轴的倾角,则有 $f'(x_0) = \tan\alpha$. 这时,曲线 $y = f(x)$ 在点 P 处的**切线方程**为

$$y - f(x_0) = f'(x_0)(x - x_0),$$

法线方程为

$$x - x_0 = -f'(x_0)(y - f(x_0)).$$

若 $f(x)$ 在点 x_0 的导数为无穷大,且在点 x_0 处连续,则曲线在点 P 处的切线垂直于 x 轴. 这时,曲线 $y = f(x)$ 在点 P 处的切线方程为 $x - x_0 = 0$,法线方程为 $y - f(x_0) = 0$.

例 3 - 1 - 10 求曲线 $y = \ln x$ 在其上任一点 $P(x_0, \ln x_0)$ 处的切线方程与法线方程.

解 根据例 3 - 1 - 7,$y'\Big|_{x=x_0} = (\ln x)'\Big|_{x=x_0} = \dfrac{1}{x_0}$,因此曲线 $y = \ln x$ 在点 $(x_0, \ln x_0)$ 处的切线方程为

$$y - \ln x_0 = \frac{1}{x_0}(x - x_0),$$

法线方程为 $y - \ln x_0 = -x_0(x - x_0)$.

例 3 - 1 - 11 求曲线 $y = \sqrt[3]{x}$ 在点 $P(0, 0)$ 处的切线方程与法线方程.

解 因为 $y'\big|_{x=0} = \lim\limits_{\Delta x \to 0} \dfrac{\sqrt[3]{0+\Delta x} - \sqrt[3]{0}}{\Delta x} = \lim\limits_{\Delta x \to 0} \dfrac{1}{\sqrt[3]{(\Delta x)^2}} = \infty$，所以曲线 $y = \sqrt[3]{x}$ 在点 $P(0,0)$ 处的切线垂直于 x 轴，切线方程为 $x = 0$；法线方程为 $y = 0$.

导数的物理意义除瞬时速度问题外，还有其他很多与瞬时变化率有关的问题.

例如，设 $q(t)$ 是从 0 到 t 这段时间内通过导线截面的电量，则在时刻 t 与 $t+\Delta t$ 这段时间间隔内的平均电流强度为

$$\frac{q(t+\Delta t) - q(t)}{\Delta t},$$

所以，在时刻 t 通过该导线截面的瞬时电流强度 $i(t)$ 为

$$i(t) = \lim_{\Delta t \to 0} \frac{q(t+\Delta t) - q(t)}{\Delta t} = q'(t).$$

又如，设有一质量分布不均匀的金属丝，从 0 到 x 这段金属丝的质量为 $m(x)$，则该金属丝在点 x 处的线密度 $\rho(x)$ 为

$$\rho(x) = \lim_{\Delta x \to 0} \frac{m(x+\Delta x) - m(x)}{\Delta x} = m'(x).$$

再有化学反应速度也与变化率有关. 设某一化学反应，其反应物的浓度 c 是时间 t 的函数 $c = c(t)$. 当时间变量在时刻 t_0 有一增量 Δt 时，反应物的浓度也有一相应的增量 $\Delta c = c(t_0 + \Delta t) - c(t_0)$，因而反应物的浓度从时刻 t_0 到时刻 $t_0+\Delta t$ 这段时间间隔内的平均变化率为

$$\bar{v} = \frac{\Delta c}{\Delta t} = \frac{c(t_0 + \Delta t) - c(t_0)}{\Delta t}.$$

当 $\Delta t \to 0$ 时，若平均变化率 $\bar{v}$ 的极限存在，则其极限

$$v(t_0) = \lim_{\Delta t \to 0} \frac{\Delta c}{\Delta t} = c'(t_0)$$

就是反应物浓度在时刻 t_0 的瞬时变化率，也称为在时刻 t_0 的**化学反应速度**.

除以上所述的几何、物理和化学问题外，导数概念在其他领域（生物学，经济和金融学等）中也有极其重要的应用.

本节的重点是建立导数概念. 以下几点必须予以注意：

（1）函数 $f(x)$ 在点 x_0 处的导数是极限

$$\lim_{\Delta x \to 0} \frac{f(x_0 + \Delta x) - f(x_0)}{\Delta x},$$

它可以看作函数

$$F(\Delta x) = \frac{f(x_0 + \Delta x) - f(x_0)}{\Delta x} \quad \left(\text{或 } F(x) = \frac{f(x) - f(x_0)}{x - x_0}\right)$$

当 $\Delta x \to 0$(或 $x \to x_0$)时的极限. 因此在讨论导数的性质和计算导数时,可应用函数极限的有关性质和运算法则. 例如,单侧导数实际上是函数 $F(\Delta x)$ 在 $\Delta x = 0$ 处的单侧极限,所以与函数极限一样,可用单侧导数来判断导数的存在性.

(2) 由导数的定义,函数 $f(x)$ 在点 x_0 处的导数是导函数 $f'(x)$ 在点 x_0 处的函数值. 导函数 $f'(x)$ 的定义域由 $f(x)$ 的可导点全体组成,它一般是 $f(x)$ 定义域的一个子集. 例如函数 $f(x) = |x|$ 的定义域是 $(-\infty, +\infty)$,其导函数

$$f'(x) = \begin{cases} 1, & x > 0, \\ -1, & x < 0 \end{cases}$$

的定义域是 $(-\infty, 0) \cup (0, +\infty)$.

(3) 函数的可导性是函数的一种重要性质. 可导函数必连续是一个很基本的结论,它是判断函数的连续性和不可导性的重要依据. 例如,因为符号函数 $y = \mathrm{sgn}(x)$ 在 $x = 0$ 处不连续,所以它在 $x = 0$ 处不可导. 但又必须注意,连续仅是函数可导的必要条件而不是充分条件.

习题 3-1

1. 下列说法是否正确? 请说明理由:

(1) 若函数 $f(x)$、$g(x)$ 都在点 x_0 处可导,且 $f(x_0) = g(x_0)$,则 $f'(x_0) = g'(x_0)$;

(2) 若存在正数 δ,使当 $x \in \mathring{U}(x_0; \delta)$ 时,都有 $f(x) = g(x)$,则 $f(x)$ 与 $g(x)$ 在点 x_0 处或同时可导或同时不可导;

(3) 若存在点 x_0 的某个邻域 $U(x_0; \delta)$,使当 $x \in U(x_0; \delta)$ 时,都有 $f(x) = g(x)$,则 $f(x)$ 与 $g(x)$ 在点 x_0 处或同时可导或同时不可导,若可导,则 $f'(x_0) = g'(x_0)$.

2. (1) $\dfrac{\Delta y}{\Delta x} = \dfrac{f(x + \Delta x) - f(x)}{\Delta x}$ 与 x 和 Δx 都有关吗?

(2) $\lim\limits_{\Delta x \to 0} \dfrac{f(x + \Delta x) - f(x)}{\Delta x}$ 与 x 和 Δx 都有关吗? 在求极限过程中 Δx 与 x 是变量还是常量?

3. 函数 $f(x)$ 在点 x_0 处的导数不存在,试问曲线 $y = f(x)$ 在点 $(x_0, f(x_0))$ 处是否一定没有切线?

4. 质点作直线运动,其位移 s 与时间 t 的关系是 $s = 3t^2 + 1$,其中 t 的单位是 s,s 的单位是

cm,试求:

(1) $t = 4$ 到 $t = 5$ 之间的平均速度;　　　　(2) $t = 4$ 到 $t = 4.1$ 之间的平均速度;

(3) $t = 4$ 的瞬时速度.

5. 已知曲线 $y = x^3$,试求:

(1) 过曲线上横坐标为 x_0、$x_0 + \Delta x$ 的两点之割线斜率($x_0 = 2$, $\Delta x = 0.1$);

(2) 曲线上横坐标为 $x = 2$ 的点处的切线斜率.

6. 等速旋转运动的角速度 ω 等于旋转角 θ 与时间 t 之比,试给出变速旋转运动的瞬时角速度.

*7. 设细菌的总数 $N = N(t)$ 每时每刻都在增长,求在时刻 t_0 时的细菌增长速度.

8. 设 $f'(x_0)$ 存在,证明: $\lim\limits_{\Delta x \to 0} \dfrac{f(x_0) - f(x_0 - \Delta x)}{\Delta x} = f'(x_0)$.

9. 设 $f'(0)$ 存在,且 $f(0) = 0$,求 $\lim\limits_{x \to 0} \dfrac{f(x)}{x}$.

10. 根据定义求下列函数在指定点的导数:

(1) $y = x^3 - 2$,在 $x = 1$ 处;　　　　(2) $y = \sqrt[3]{x}$,在 $x = 8$ 处.

11. 根据定义求下列函数的导函数:

(1) $y = \cos x$;　　　　(2) $y = \sqrt[3]{x}$;

(3) $y = \dfrac{1}{x}$;　　　　(4) $y = ax^2 + bx + c$.

12. 求函数 $f(x) = \begin{cases} x^2 \sin \dfrac{1}{x}, & x \neq 0, \\ 0, & x = 0 \end{cases}$ 在点 $x = 0$ 处的导数.

13. 求函数 $f(x) = \begin{cases} x^2, & x \leqslant 0, \\ xe^x, & x > 0 \end{cases}$ 在点 $x = 0$ 处的左、右导数.

14. 设函数 $\varphi(x)$ 在点 $x = a$ 处连续,$f(x) = (x - a)\varphi(x)$,求 $f'(a)$.

15. 设函数 $f(x) = \begin{cases} x^2, & x < 1, \\ ax + b, & x \geqslant 1 \end{cases}$ 在点 $x = 1$ 可导,求常数 a、b.

16. 求下列曲线在指定点处的切线方程与法线方程:

(1) $y = x^2$, $P(2, 4)$;　　　　(2) $y = \cos x$, $P(0, 1)$;

（3）$y = \sin x$，$P\left(\dfrac{\pi}{3}, \dfrac{\sqrt{3}}{2}\right)$.

17. 求抛物线 $y = x^2$ 上的点，使得过该点的切线分别满足下列条件：

（1）平行于 x 轴；　　　　　　　　　　（2）与 x 轴的交角为 $45°$；

（3）与抛物线上横坐标为 1 和 3 两点的连线平行.

3.2　求　导　法　则

3.2.1　导数的四则运算

有了导数的定义，就可以进行求导运算了，但是大家看到，即便是基本初等函数，求导也不是一件容易的事，所以必须建立一些求导法则，使求导变得更为简便. 下面就是有关函数加减乘除的求导运算法则.

定理 3.2.1　设函数 $u(x)$ 和 $v(x)$ 在点 x 处可导，则

（1）$u(x) \pm v(x)$ 在点 x 处可导，且 $[u(x) \pm v(x)]' = u'(x) \pm v'(x)$；

（2）$u(x)v(x)$ 在点 x 处可导，且 $[u(x)v(x)]' = u'(x)v(x) + u(x)v'(x)$；

特别地，对于常数 k，有 $[ku(x)]' = ku'(x)$.

（3）$\dfrac{u(x)}{v(x)}(v(x) \neq 0)$ 在点 x 处可导，且 $\left[\dfrac{u(x)}{v(x)}\right]' = \dfrac{u'(x)v(x) - u(x)v'(x)}{v^2(x)}$.

证　（1）$[u(x) \pm v(x)]' = \lim\limits_{\Delta x \to 0} \dfrac{[u(x + \Delta x) \pm v(x + \Delta x)] - [u(x) \pm v(x)]}{\Delta x}$

$$= \lim\limits_{\Delta x \to 0} \dfrac{u(x + \Delta x) - u(x)}{\Delta x} \pm \lim\limits_{\Delta x \to 0} \dfrac{v(x + \Delta x) - v(x)}{\Delta x}$$

$$= u'(x) \pm v'(x).$$

由（1）还可以推出：有限个可导函数代数和的导数等于它们导数的代数和，即

$$[u(x) \pm v(x) \pm \cdots \pm w(x)]' = u'(x) \pm v'(x) \pm \cdots \pm w'(x).$$

（2）$[u(x)v(x)]' = \lim\limits_{\Delta x \to 0} \dfrac{u(x + \Delta x)v(x + \Delta x) - u(x)v(x)}{\Delta x}$

$$= \lim\limits_{\Delta x \to 0} \left[\dfrac{u(x + \Delta x)v(x + \Delta x) - u(x)v(x + \Delta x)}{\Delta x} + \right.$$

$$\left. \dfrac{u(x)v(x + \Delta x) - u(x)v(x)}{\Delta x}\right]$$

$$=\lim_{\Delta x \to 0} \frac{u(x+\Delta x)-u(x)}{\Delta x}\cdot\lim_{\Delta x \to 0}v(x+\Delta x)+\lim_{\Delta x \to 0}\frac{v(x+\Delta x)-v(x)}{\Delta x}\cdot\lim_{\Delta x \to 0}u(x)$$

$$=u'(x)v(x)+u(x)v'(x).$$

当 $v(x)$ 为常数 k 时,可得:$[ku(x)]'=ku'(x).$

从(2)还可以推出:有限个可导函数的乘积的导数等于每一个函数的导数与其余各个函数的乘积之和,即

$$[uv\cdots w]'=u'v\cdots w+uv'\cdots w+\cdots+uv\cdots w'.$$

$$(3)\ \left[\frac{u(x)}{v(x)}\right]'=\lim_{\Delta x \to 0}\frac{\dfrac{u(x+\Delta x)}{v(x+\Delta x)}-\dfrac{u(x)}{v(x)}}{\Delta x}$$

$$=\lim_{\Delta x \to 0}\frac{u(x+\Delta x)v(x)-u(x)v(x)+u(x)v(x)-u(x)v(x+\Delta x)}{\Delta x v(x+\Delta x)v(x)}$$

$$=\left[v(x)\lim_{\Delta x \to 0}\frac{u(x+\Delta x)-u(x)}{\Delta x}-u(x)\lim_{\Delta x \to 0}\frac{v(x+\Delta x)-v(x)}{\Delta x}\right]$$

$$\cdot\lim_{\Delta x \to 0}\frac{1}{v(x)v(x+\Delta x)}$$

$$=\frac{u'(x)v(x)-u(x)v'(x)}{v^2(x)}.$$

特别地,有

$$\left[\frac{1}{v(x)}\right]'=\frac{-v'(x)}{v^2(x)}. \tag{①}$$

例 3 - 2 - 1 设 $y=x^3-2\sin x+5\log_a x-9$,求 y'.

解 由定理 3.2.1 可得

$$y'=(x^3)'-(2\sin x)'+(5\log_a x)'-(9)'=3x^2-2\cos x+\frac{5}{x\ln a}.$$

例 3 - 2 - 2 设 $y=\sin x\ln x$,求 $y'\Big|_{x=\pi}$.

解 由定理 3.2.1,可得

$$y'=(\sin x)'\ln x+\sin x(\ln x)'=\cos x\ln x+\frac{\sin x}{x}.$$

于是

$$y' \Big|_{x=\pi} = -\ln \pi.$$

例 3-2-3 设 $y = x^2 \cos x \ln x$，求 y'.

解
$$y' = (x^2)' \cos x \ln x + x^2 (\cos x)' \ln x + x^2 \cos x (\ln x)'$$
$$= 2x \cos x \ln x + x^2 (-\sin x) \ln x + x^2 \cos x \cdot \frac{1}{x}$$
$$= 2x \cos x \ln x - x^2 \sin x \ln x + x \cos x.$$

例 3-2-4 设 n 为正整数，求 $(x^{-n})'$.

解 由①式知
$$\left(\frac{1}{x^n} \right)' = \frac{-(x^n)'}{(x^n)^2} = -\frac{nx^{n-1}}{x^{2n}} = -nx^{-n-1}.$$

例 3-2-5 求 $(\tan x)'$ 与 $(\cot x)'$.

解 根据除法法则得
$$(\tan x)' = \left(\frac{\sin x}{\cos x} \right)' = \frac{(\sin x)' \cos x - \sin x (\cos x)'}{\cos^2 x}$$
$$= \frac{\cos^2 x + \sin^2 x}{\cos^2 x} = \frac{1}{\cos^2 x} = \sec^2 x.$$

同理可得
$$(\cot x)' = -\csc^2 x.$$

例 3-2-6 求 $(\sec x)'$ 与 $(\csc x)'$.

证 由①式知
$$(\sec x)' = \left(\frac{1}{\cos x} \right)' = -\frac{(\cos x)'}{\cos^2 x} = \frac{\sin x}{\cos^2 x} = \sec x \tan x.$$

同理可得
$$(\csc x)' = -\csc x \cot x.$$

3.2.2 反函数的导数

定理 3.2.2 若严格单调的连续函数 $x = \varphi(y)$ 在点 y 处可导，且 $\varphi'(y) \neq 0$，则其反函数

$y = f(x)$ 在对应的点 x 处也可导,且

$$f'(x) = \frac{1}{\varphi'(y)} \text{ 或} \frac{\mathrm{d}y}{\mathrm{d}x} = \frac{1}{\dfrac{\mathrm{d}x}{\mathrm{d}y}}.$$ ②

证 由于 $x = \varphi(y)$ 严格单调且连续,因此它的反函数 $y = f(x)$ 存在,且也是严格单调的连续函数. 于是,当 $\Delta x \neq 0$ 时,函数 $y = f(x)$ 的相应增量

$$\Delta y = f(x + \Delta x) - f(x) \neq 0.$$

因而有

$$\frac{\Delta y}{\Delta x} = \frac{1}{\dfrac{\Delta x}{\Delta y}}.$$

由于 $y = f(x)$ 连续,因此当 $\Delta x \to 0$ 时有 $\Delta y \to 0$. 由条件知

$$\lim_{\Delta y \to 0} \frac{\Delta x}{\Delta y} = \varphi'(y) \neq 0,$$

故有

$$\frac{\mathrm{d}y}{\mathrm{d}x} = \lim_{\Delta x \to 0} \frac{\Delta y}{\Delta x} = \frac{1}{\displaystyle\lim_{\Delta y \to 0} \frac{\Delta x}{\Delta y}} = \frac{1}{\varphi'(y)}.$$

例 3 - 2 - 7 证明下列反三角函数的导数公式:

$$(\arcsin x)' = \frac{1}{\sqrt{1 - x^2}}; \qquad\qquad (\arccos x)' = -\frac{1}{\sqrt{1 - x^2}};$$

$$(\arctan x)' = \frac{1}{1 + x^2}; \qquad\qquad (\operatorname{arccot} x)' = -\frac{1}{1 + x^2}.$$

证 反正弦函数 $y = \arcsin x \,(|x| \leqslant 1)$ 是正弦函数 $x = \sin y \left(|y| \leqslant \dfrac{\pi}{2}\right)$ 的反函数,而当

$|y| < \dfrac{\pi}{2}$ 时 $x = \sin y$ 为严格递增的连续函数,且 $(\sin y)' = \cos y > 0$. 从而由反函数求导法则,

当 $|x| < 1$ 时 $y = \arcsin x$ 可导,且

$$(\arcsin x)' = \frac{1}{(\sin y)'} = \frac{1}{\cos y}.$$

因为 $\cos y > 0$,所以 $\cos y = \sqrt{1 - \sin^2 y} = \sqrt{1 - x^2}$,于是得到

$$(\arcsin x)' = \frac{1}{\sqrt{1-x^2}} \quad (-1 < x < 1).$$

同理可证

$$(\arccos x)' = -\frac{1}{\sqrt{1-x^2}} \quad (-1 < x < 1).$$

反正切函数 $y = \arctan x \ (|x| < +\infty)$ 是正切函数 $x = \tan y \left(|y| < \frac{\pi}{2}\right)$ 的反函数,而当 $|y| < \frac{\pi}{2}$ 时 $x = \tan y$ 为严格递增的连续函数,且 $(\tan y)' = \sec^2 y > 0$,从而由反函数求导法则知,当 $|x| < +\infty$ 时 $y = \arctan x$ 可导,且

$$(\arctan x)' = \frac{1}{(\tan y)'} = \frac{1}{\sec^2 y} = \frac{1}{1+\tan^2 y} = \frac{1}{1+x^2} \quad (-\infty < x < +\infty).$$

同理可证

$$(\text{arccot}\, x)' = -\frac{1}{1+x^2} \quad (-\infty < x < +\infty).$$

例 3-2-8 求指数函数 $y = a^x (a > 0,\ a \neq 0)$ 的导数.

解 $y = a^x (a > 0,\ a \neq 0)$ 是 $x = \log_a y (y > 0)$ 的反函数,所以

$$y' = (a^x)' = \frac{1}{(\log_a y)'} = \frac{1}{\dfrac{1}{y \ln a}} = y \ln a = a^x \ln a.$$

3.2.3 复合函数的导数

定理 3.2.3 若函数 $u = g(x)$ 在点 x 处可导,且函数 $y = f(u)$ 在对应点 $u(u = g(x))$ 处可导,则复合函数 $y = f[g(x)]$ 在点 x 处也可导,且

$$\{f[g(x)]\}' = f'(u) \cdot g'(x) \quad \text{或} \quad \frac{\mathrm{d}y}{\mathrm{d}x} = \frac{\mathrm{d}y}{\mathrm{d}u} \cdot \frac{\mathrm{d}u}{\mathrm{d}x}. \tag{③}$$

证 给 x 以增量 Δx,相应地 $u = g(x)$ 有增量 Δu,从而 $y = f(u)$ 也有增量 Δy.

由于 $y = f(u)$ 在点 u 处可导,据 3.1 节中的有限增量公式②知当 $\Delta u \neq 0$ 时有

$$\Delta y = f'(u) \Delta u + \alpha \Delta u, \tag{④}$$

其中 $\lim\limits_{\Delta u \to 0}\alpha = 0$. 注意与 Δx 相应的 $g(x)$ 的增量

$$\Delta u = g(x + \Delta x) - g(x)$$

有可能为零. 但当 $\Delta u = 0$ 时, 有

$$\Delta y = f(u + \Delta u) - f(u) = 0,$$

即④式当 $\Delta u = 0$ 时也成立, 且与 α 为何值无关. 为确定起见, 可以规定当 $\Delta u = 0$ 时取 $\alpha = 0$.

用 $\Delta x \neq 0$ 除④式两边, 得

$$\frac{\Delta y}{\Delta x} = f'(u)\frac{\Delta u}{\Delta x} + \alpha\frac{\Delta u}{\Delta x}.$$

再令 $\Delta x \to 0$, 于是 $\Delta u \to 0$(可能取零值), 从而 $\alpha \to 0$. 因此

$$\lim_{\Delta x \to 0}\frac{\Delta y}{\Delta x} = \lim_{\Delta x \to 0}\left[f'(u)\frac{\Delta u}{\Delta x} + \alpha\frac{\Delta u}{\Delta x} \right] = f'(u)g'(x), \text{即}\frac{dy}{dx} = \frac{dy}{du} \cdot \frac{du}{dx}.$$

由公式③可知:复合函数 $y = f[g(x)]$ 关于 x 的导数等于外函数 $f(u)$ 关于中间变量 u 的导数与内函数 $g(x)$ 关于自变量 x 的导数的乘积.

反复应用定理 3.2.5, 可以把上述复合函数的求导法则推广到由三个或更多个函数复合而成的函数. 例如, 若 $z = f(y)$、$y = g(x)$、$x = h(t)$ 都可导, 则

$$\frac{d}{dt}f\{g[h(t)]\} = f'(y)g'(x)h'(t)$$

或

$$\frac{dz}{dt} = \frac{dz}{dy} \cdot \frac{dy}{dx} \cdot \frac{dx}{dt}. \tag{⑤}$$

复合函数的求导公式③⑤也称为**链式法则**.

应用复合函数求导法则, 实际上是先在被求导的函数中找一个中间变量, 以这个中间变量作为自变量的函数可以利用求导公式, 那么再应用复合函数求导法则就可以求得所给函数的导数. 例如求 $y = e^{\sin x}$ 的导数, 令 $\sin x = u$, $y = e^u$, 而 y 对 u 求导可利用求导公式, u 对 x 求导也可利用求导公式, 于是利用复合函数求导法则

$$\frac{dy}{dx} = \frac{dy}{du} \cdot \frac{du}{dx} = e^u \cdot \cos x = e^{\sin x}\cos x.$$

例 3-2-9 求幂函数 $x^\alpha (\alpha > 0)$, $x \in (-\infty, +\infty)$ 的导数.

解 对正实数 α, 由于 $x^\alpha = e^{\alpha \ln x}$ 可看成由 $y = e^u$, $u = \alpha \ln x$ 复合而成, 故 $(x^\alpha)' = (e^u)'(\alpha \ln x)' =$

$\dfrac{\alpha}{x}\mathrm{e}^{\alpha\ln x}=\alpha x^{\alpha-1}$. 特别地, $(x^n)'=n(x^{n-1})$.

同理可得, 幂函数 $x^{\alpha}(\alpha<0,\ x\neq0)$ 的导数公式 $(x^{\alpha})'=\alpha x^{\alpha-1}$.

例 3 - 2 - 10   设 $y=(5x+3)^{10}$, 求 y'.

解   将 $(5x+3)^{10}$ 看作由 $y=u^{10}$ 和 $u=5x+3$ 复合而成的函数, 由链式法则得

$$\frac{\mathrm{d}y}{\mathrm{d}x}=\frac{\mathrm{d}(u^{10})}{\mathrm{d}u}\cdot\frac{\mathrm{d}(5x+3)}{\mathrm{d}x}=10u^9\cdot5=50(5x+3)^9.$$

例 3 - 2 - 11   设 $y=\cos\sqrt{x^2+1}$, 求 y'.

解   将 $y=\cos\sqrt{x^2+1}$ 看作由

$$y=\cos u,\ u=\sqrt{v}\ \text{和}\ v=x^2+1$$

复合而成的函数, 由链式法则得

$$\frac{\mathrm{d}y}{\mathrm{d}x}=\frac{\mathrm{d}y}{\mathrm{d}u}\cdot\frac{\mathrm{d}u}{\mathrm{d}v}\cdot\frac{\mathrm{d}v}{\mathrm{d}x}=-\sin u\cdot\frac{1}{2\sqrt{v}}\cdot2x=-\frac{x\sin\sqrt{x^2+1}}{\sqrt{x^2+1}}.$$

注意   要进行复合函数的求导, 就要首先将其分解成若干个简单函数, 然后用链式法则求导, 因此分解特别重要. 当熟练掌握链式法则后, 就不必一一写出中间变量, 只要分析清楚函数的复合关系, 就可直接求出复合函数对自变量的导数.

如对例 3 - 2 - 11 可直接运用链式求导法则

$$y'=(\cos\sqrt{x^2+1})'=-\sin\sqrt{x^2+1}\ (\sqrt{x^2+1})'$$

$$=-\sin\sqrt{x^2+1}\cdot\frac{1}{2\sqrt{x^2+1}}\cdot(x^2+1)'=-\frac{x\sin\sqrt{x^2+1}}{\sqrt{x^2+1}}.$$

例 3 - 2 - 12   求函数 $y=\mathrm{e}^{-x}$ 的导数.

解 $y'=(\mathrm{e}^{-x})'=\mathrm{e}^{-x}(-x)'=-\mathrm{e}^{-x}$.

例 3 - 2 - 13   设 $y=\ln(x+\sqrt{x^2+1})$, 求 y'.

解 $y'=[\ln(x+\sqrt{x^2+1})]'=\dfrac{1}{x+\sqrt{x^2+1}}\cdot(x+\sqrt{x^2+1})'$

$$= \frac{1}{x + \sqrt{x^2 + 1}} \cdot \left[1 + \frac{1}{2\sqrt{x^2 + 1}} \cdot (x^2 + 1)' \right]$$

$$= \frac{1}{x + \sqrt{x^2 + 1}} \cdot \left(1 + \frac{x}{\sqrt{x^2 + 1}} \right) = \frac{1}{\sqrt{x^2 + 1}}.$$

本题的函数结构中,既有基本初等函数的复合,又有函数的四则运算. 对于这类较复杂的函数结构,需综合运用各种求导法则.

下面介绍幂指函数的求导方法.

例 3 – 2 – 14　设 $y = x^{\sin x}$, 求 y'.

解　因为 $y = x^{\sin x} = e^{\sin x \ln x}$, 所以

$$y' = (e^{\sin x \ln x})' = e^{\sin x \ln x} (\sin x \ln x)'$$

$$= e^{\sin x \ln x} \left(\cos x \ln x + \frac{\sin x}{x} \right) = x^{\sin x} \left(\cos x \ln x + \frac{\sin x}{x} \right).$$

幂指函数的求导,可以用例 3 – 2 – 14 的方法,还可以用**对数求导法**.

函数 $|f(x)|$ 的对数 $\ln|f(x)|$ 可以看成由 $\ln|y|$ 与 $y = f(x)$ 复合而成,所以

$$[\ln|f(x)|]' = \frac{1}{f(x)} f'(x),$$

因此有

$$f'(x) = f(x)[\ln|f(x)|]'. \qquad ⑥$$

公式⑥称为**对数求导法公式**,它将求一个函数的导数的问题转化为求这个函数绝对值对数导数的问题. 幂指函数 x^x 通过取对数就变成了 $x\ln x$,求导十分容易. 对数求导法不仅能方便于幂指函数的求导,还能方便于若干因式连乘、连除这类函数的求导问题.

例 3 – 2 – 15　设 $y = \dfrac{(x^2 + 1)^3 \sqrt[4]{x - 2}}{\sqrt[5]{(5x - 9)^2}}$, 求 y'.

解　先对函数两边取对数,得

$$\ln y = 3\ln(x^2 + 1) + \frac{1}{4}\ln(x - 2) - \frac{2}{5}\ln(5x - 9),$$

再对上式两边关于 x 求导数,得

$$\frac{1}{y} y' = \frac{6x}{x^2 + 1} + \frac{1}{4(x - 2)} - \frac{2}{5} \cdot \frac{5}{5x - 9},$$

于是

$$y' = \frac{(x^2+1)^3 \sqrt[4]{x-2}}{\sqrt[5]{(5x-9)^2}} \cdot \left[\frac{6x}{x^2+1} + \frac{1}{4(x-2)} - \frac{2}{5x-9} \right].$$

本题也可以直接利用公式⑥.

取对数可以简化函数,变乘幂为乘积,化积、商为加、减,读者可以根据这一特点决定是否用对数求导法.

3.2.4　基本初等函数的导数公式与求导法则

由于初等函数是由基本初等函数经过有限次的四则运算和复合运算生成的,因此知道了基本初等函数的导数公式及四则运算、复合函数求导法则,初等函数的求导问题就解决了. 现将基本初等函数的导数公式和法则归结如下:

基本初等函数的导数公式:

1. $(C)' = 0$ (C 是常数);

2. $(x^{\alpha})' = \alpha x^{\alpha-1}$ (α 为任何实数);

3. $(\sin x)' = \cos x$、$\qquad\qquad$ $(\cos x)' = -\sin x$、

   $(\tan x)' = \sec^2 x$、$\qquad\qquad$ $(\cot x)' = -\csc^2 x$、

   $(\sec x)' = \sec x \tan x$、$\qquad\qquad$ $(\csc x)' = -\csc x \cot x$;

4. $(\arcsin x)' = -(\arccos x)' = \dfrac{1}{\sqrt{1-x^2}}$ ($|x| < 1$)、

   $(\arctan x)' = -(\text{arccot}\, x)' = \dfrac{1}{1+x^2}$;

5. $(a^x)' = a^x \ln a$ ($a > 0, a \neq 1$)、$(\mathrm{e}^x)' = \mathrm{e}^x$;

6. $(\log_a x)' = \dfrac{1}{x \ln a}$ ($a > 0, a \neq 1$)、$(\ln x)' = \dfrac{1}{x}$.

求导法则:

1. $[u(x) \pm v(x)]' = u'(x) \pm v'(x)$;

2. $[u(x)v(x)]' = u'(x)v(x) + u(x)v'(x)$、$[ku(x)]' = ku'(x)$;

3. $\left[\dfrac{u(x)}{v(x)}\right]' = \dfrac{u'(x)v(x) - u(x)v'(x)}{v^2(x)}$,其中 $v(x) \neq 0$;

4. (反函数求导法则) $\dfrac{\mathrm{d}y}{\mathrm{d}x} = \dfrac{1}{\dfrac{\mathrm{d}x}{\mathrm{d}y}}$;

5. (复合函数求导法则) $\dfrac{\mathrm{d}y}{\mathrm{d}x} = \dfrac{\mathrm{d}y}{\mathrm{d}u} \cdot \dfrac{\mathrm{d}u}{\mathrm{d}x}$.

3.2.5 导数应用举例

例 3-2-16 （相关变化率问题）将水注入锥形容器中,其速率为 $4\,\mathrm{m^3/min}$. 设锥形容器的高为 $8\,\mathrm{m}$,顶面直径为 $6\,\mathrm{m}$,求当水深为 $5\,\mathrm{m}$ 时,水面上升的速率(图 3-2).

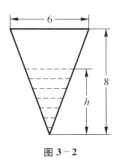

图 3-2

解 在注水过程中,水深 h 和水的体积 V 都是时间 t 的函数:

$$h = h(t),\quad V = V(t).$$

水面上升的速率就是水深 $h(t)$ 关于时间 t 的变化率. 要直接写出 $h(t)$ 的表达式是困难的,但我们可以先求出 $h(t)$ 与 $V(t)$ 之间的关系. 由于

$$V(t) = \frac{1}{3}\pi r^2(t) h(t),$$

其中 $r(t)$ 是水面半径. 再由 $r(t) = \frac{3}{8}h(t)$ 得 $h(t)$ 与 $V(t)$ 之间的关系式

$$V(t) = \frac{3\pi}{64}h^3(t). \tag{⑦}$$

将⑦式两边对 t 求导,得

$$\frac{\mathrm{d}V}{\mathrm{d}t} = \frac{9\pi}{64}h^2(t)\,\frac{\mathrm{d}h}{\mathrm{d}t}. \tag{⑧}$$

由题设,已知注水速率为 $4\,\mathrm{m^3/min}$,即 $\dfrac{\mathrm{d}V}{\mathrm{d}t} = 4$,把此式与 $h(t) = 5$ 代入⑧式,即得当 $h = 5$ 时水面上升的速率为

$$\frac{\mathrm{d}h}{\mathrm{d}t}\bigg|_{h=5} = \frac{4 \cdot 64}{9\pi \cdot 5^2} = \frac{256}{225\pi}(\mathrm{m/min}).$$

在上例中,欲求 h 对自变量 t 的变化率 $\dfrac{\mathrm{d}h}{\mathrm{d}t}$,先利用 h 与另一个变量 V 的关系式⑦,通过求导,最终得到用 $\dfrac{\mathrm{d}V}{\mathrm{d}t}$ 表示的 $\dfrac{\mathrm{d}h}{\mathrm{d}t}$. 这里的变量 V 称为变量 h 的**相关变量**,关系式⑦称为**相关方程**. 这种利用相关变量的变化率去求未知函数的变化率问题,称为**相关变化率问题**.

本节的重点是导数的计算. 以下几点应予以注意:

(1) 求导数运算是高等数学中最基本而且重要的运算之一. 读者应通过强化训练力求熟练,特别是要熟练掌握本节提供的求导数的法则和基本公式,依据这些就能求出一切初等函数的导数.

（2）复合函数的链式法则是最常用的求导法则. 运用该法则的关键在于正确无误地将函数看成由若干个基本初等函数复合而成, 且分清自变量、中间变量和因变量. 对一个既含有复合运算又含有四则运算的函数, 必须搞清函数的结构, 综合运用各个求导法则.

（3）对于对数求导法, 应掌握其思想方法. 对数求导法除对形如 $y = u(x)^{v(x)}$ 的幂指函数有效外, 对于某些如例 $3-2-15$ 一类函数也能简化其求导数的过程.

（4）在实际问题中常有求相关变化率的问题, 解决这类问题的一般途径是: 先建立因变量与相关变量之间的关系式, 即相关方程; 然后应用复合函数求导法则, 建立所求变化率与相关变量的变化率之间的关系式; 最后将题设条件中有关相关变量变化率的具体数据代入, 得到所求变化率的值.

习题 3-2

1. 求下列导数:

（1）$f(x) = a_n x^n + a_{n-1} x^{n-1} + \cdots + a_1 x + a_0$, 求 $f'(0)$、$f'(1)$;

（2）$f(x) = x\cos x$, 求 $f'(0)$、$f'(\pi)$.

2. 求下列函数的导数:

（1）$y = x^n + nx$;

（2）$y = \dfrac{x}{m} + \dfrac{m}{x} + 2\sqrt{x} + \dfrac{2}{\sqrt{x}}$;

（3）$y = e^x \cos x$;

（4）$y = x\ln x + \dfrac{\ln x}{x}$;

（5）$y = \dfrac{1}{x + \cos x}$;

（6）$y = (\sqrt{x} + 1)\left(\dfrac{1}{\sqrt{x}} + 1\right)$;

（7）$y = \dfrac{1 - \ln x}{1 + \ln x}$;

（8）$y = \dfrac{1 - x^3}{\sqrt{x}}$;

（9）$y = (x^2 + 1)(1 - x^3)$;

（10）$y = (\sqrt{x} + 1)\arccos x$;

（11）$y = \dfrac{e^x + x}{xe^x}$;

（12）$y = (1 + x^2)\arctan x \operatorname{arccot} x$.

3. 若 $f(x)$ 在点 x 处可导、$g(x)$ 在点 x 处不可导, 问 $f(x) + g(x)$、$f(x)g(x)$ 在点 x 处是否可导?

4. 若 $f(x) + g(x)$ 在点 x 处可导, 问函数 $f(x)$、$g(x)$ 在点 x 处是否一定可导?

5. 求下列函数的导数:

（1）$y = (2 - 5x)^{20}$;

（2）$y = a\sin(wx + b)$;

（3）$y = \cos^2 x$；

（4）$y = 3^{\tan x}$；

（5）$y = \ln\ln x$；

（6）$y = \cos x^2$；

（7）$y = \arcsin \dfrac{1}{x}$；

（8）$y = \log_a(x^2 + x + 1)$；

（9）$y = \cos^3 4x$；

（10）$y = (\sin x^2)^3$；

（11）$y = \sin\sqrt{1 + \mathrm{e}^{-x}}$；

（12）$y = \arcsin(\sin^2 x)$；

（13）$y = \mathrm{e}^{-x}\sec 4x$；

（14）$y = \arccos\sqrt{x}$；

（15）$y = \operatorname{arccot}\dfrac{1 + x}{1 - x}$；

（16）$y = \ln\dfrac{\sqrt{1 + x} - \sqrt{1 - x}}{\sqrt{1 + x} + \sqrt{1 - x}}$.

6. 下列计算错在何处？如何改正？

（1）$[\ln(-x)]' = \dfrac{-1}{x}$；

（2）$(\ln\ln\ln x)' = \dfrac{1}{\ln\ln x} \cdot \dfrac{1}{\ln x}$.

7. 求下列函数的导数（其中 f 是可导函数）：

（1）$y = f(\sin^2 x)$；

（2）$y = f(\mathrm{e}^x)\mathrm{e}^{f(x)}$.

8. 利用对数求导法求下列函数的导数：

（1）$y = \sqrt{\dfrac{3x - 2}{(5 - 2x)(x - 1)}}$；

（2）$y = \dfrac{x^3}{1 - x} \cdot \sqrt[3]{\dfrac{3 - x}{(3 + x)^2}}$；

（3）$y = x^x$；

（4）$y = (\ln x)^x$.

9. 设 $\dfrac{\mathrm{d}}{\mathrm{d}x}f(x) = u(x)$，$h(x) = x^2\sin x$，求 $\dfrac{\mathrm{d}}{\mathrm{d}x}f[h(x)]$.

10. 证明下列命题：

（1）可导的偶函数的导数是奇函数；

（2）可导的奇函数的导数是偶函数；

（3）可导的周期函数的导数是具有相同周期的周期函数.

*11. 一气球从离开观察员 500 m 处离地面铅直上升，其速率为 140 m/min，当气球高度为 500 m 时，观察员视线的仰角增加率是多少？

*12. 溶液自深 18 cm 顶直径 12 cm 的正圆锥形漏斗中漏入一直径为 10 cm 的圆柱形筒中，开始时漏斗中盛满了溶液. 已知当溶液在漏斗中深为 12 cm 时，其表面下降的速率为 1 cm/min. 问此时圆柱形筒中溶液表面上升的速率是多少？

*13. 有一长 5 m 的梯子，靠在垂直的墙上. 设下端沿地面以 3 m/s 的速度离开墙脚滑动，求当下端离开墙脚 1.4 m 时，梯子上端的下滑速度.

*14. 在储存器内的理想气体,当体积为 $1\,000\,\mathrm{cm}^3$ 时,压强为 $5 \times 10^5\,\mathrm{Pa}$. 如果温度不变, 压强以每小时 $5 \times 10^3\,\mathrm{Pa}$ 的速率减小,求气体体积的增加率.

3.3　隐函数、参变量函数的导数和高阶导数

3.3.1　隐函数的导数

前面我们遇到的函数,如 $y = 1 + x^2$, $y = \ln(3x + \sin x)$ 等,其因变量 y 可直接用自变量 x 的某个表达式来表示. 用这种方式表示的函数称为**显函数**. 然而有些函数的因变量和自变量之间的对应关系是通过某个方程来表达的,如方程

$$x^2 y + y - 1 = 0, \qquad\qquad ①$$

当变量 x 在 $(-\infty\,,\,+\infty)$ 内取值时,由此方程可以唯一解出对应的 y,这意味着方程①隐含着一个函数. 这个函数称为方程①所确定的**隐函数**.

一般地,在方程 $F(x\,,\,y) = 0$ 中,若对于在某非空数集 D 内的每一个 x 值,相应地总有满足这方程的唯一 y 值与之对应,则称方程 $F(x\,,\,y) = 0$ 在非空数集 D 内确定了一个隐函数 $y(x)$. 显然, 隐函数 $y(x)$ 满足恒等式

$$F[x\,,\,y(x)] \equiv 0.$$

有时可以从方程 $F(x\,,\,y) = 0$ 直接解出 y 来,这时便得到了显函数. 例如,从方程①可解出显函数

$$y = \frac{1}{1 + x^2},$$

把一个隐函数化成显函数,称为隐函数的**显化**. 隐函数的显化一般是很困难的,甚至是不可能的. 例如,可以证明:方程

$$y - x - \varepsilon \sin y = 0 \quad (0 < \varepsilon < 1)$$

确定了 y 是 x 的一个隐函数,但却不能从这个方程中解出 y(即 y 不能表示为 x 的初等函数).

隐函数求导法则所要解决的问题是:设方程 $F(x\,,\,y) = 0$ 确定了一个隐函数 $y = y(x)$,且 $y(x)$ 可导,要求在不显化的情况下求出隐函数的导数 $y'(x)$. 其方法是:先对恒等式

$$F[x\,,\,y(x)] \equiv 0$$

的两边关于 x 求导,然后解出 y'.

例 3 - 3 - 1　求由方程 $\mathrm{e}^y + xy - \mathrm{e} = 0$ 所确定的隐函数 $y(x)$ 在 $x = 0$ 处的导数.

解　把恒等式 $e^y + xy - e = 0$ 两边都对 x 求导,视 y 为 x 的函数得

$$e^{y(x)}y'(x) + y(x) + xy'(x) = 0,$$

解得

$$y' = -\frac{y}{e^y + x} \quad (e^y + x \neq 0).$$

当 $x = 0$ 时,从所给方程求得 $y = 1$,所以

$$y'\Big|_{x=0} = -\frac{1}{e}.$$

例 3 - 3 - 2　求双曲线 $\dfrac{x^2}{a^2} - \dfrac{y^2}{b^2} = 1$ 上任一点 $P(x_0, y_0)(y_0 \neq 0)$ 处的切线方程.

解　设双曲线方程 $\dfrac{x^2}{a^2} - \dfrac{y^2}{b^2} - 1 = 0$ 在点 P 附近确定的隐函数为 $y = y(x)$,则过点 P 切线的斜率为 $y'(x_0)$. 由隐函数求导方法得

$$\frac{2x}{a^2} - \frac{2y(x)y'(x)}{b^2} = 0,$$

所以

$$y'(x) = \frac{b^2 x}{a^2 y}, \quad y'(x_0) = \frac{b^2 x_0}{a^2 y_0}.$$

因此,过点 $P(x_0, y_0)$ 的切线方程为

$$y - y_0 = \frac{b^2 x_0}{a^2 y_0}(x - x_0),$$

经整理,并利用 $\dfrac{x_0^2}{a^2} - \dfrac{y_0^2}{b^2} = 1$,该切线方程可化简为

$$\frac{x_0 x}{a^2} - \frac{y_0 y}{b^2} = 1.$$

3.3.2　参变量函数的导数

设平面曲线 L 上的动点坐标 (x, y) 可表示为

$$\begin{cases} x = \varphi(t), \\ y = \psi(t), \end{cases} \quad t \in [\alpha, \beta]. \qquad ②$$

这时称方程组②为曲线 L 的参数方程,t 为参数. 在参数方程中,x 与 y 都是 t 的函数,y 与 x 通过 t 的联系而可能确定函数关系. 现在讨论如何由②式确定函数 $y = y(x)$(或 $x = x(y)$)及其导数.

若函数 $x = \varphi(t)$ 具有反函数 $t = \varphi^{-1}(x)$,则由参数方程②消去 t 后得到

$$y = \psi\left[\varphi^{-1}(x)\right], \qquad\qquad ③$$

即由方程组②确定了函数 $y(x)$. 这种由参数方程所确定的函数简称为**参变量函数**.

若 $\varphi(t)$ 和 $\psi(t)$ 都可导,且 $\varphi'(t) \neq 0$,则由复合函数和反函数的求导法则得到

$$\frac{\mathrm{d}y}{\mathrm{d}x} = \frac{\mathrm{d}y}{\mathrm{d}t} \cdot \frac{\mathrm{d}t}{\mathrm{d}x} = \frac{\mathrm{d}y}{\mathrm{d}t} \cdot \frac{1}{\dfrac{\mathrm{d}x}{\mathrm{d}t}},$$

于是参变量函数③的导数为

$$\frac{\mathrm{d}y}{\mathrm{d}x} = \frac{\psi'(t)}{\varphi'(t)}. \qquad\qquad ④$$

若 $\varphi(t)$ 和 $\psi(t)$ 都可导,且 $\psi'(t) \neq 0$,则方程组②确定了另一参变量函数 $x = \varphi\left[\psi^{-1}(y)\right]$,它关于 y 的导数为

$$\frac{\mathrm{d}x}{\mathrm{d}y} = \frac{\varphi'(t)}{\psi'(t)}. \qquad\qquad ⑤$$

参变量函数的导数④(或⑤)在几何上表示曲线 L 在点 $(x(t), y(t))$ 处的切线相对于 x 轴(或 y 轴)的斜率.

例 3-3-3 求椭圆 $\begin{cases} x = a\cos t, \\ y = b\sin t, \end{cases} t \in [0, 2\pi]$ 在 $t = \dfrac{\pi}{4}$ 对应的点处的切线方程.

解 当 $t = \dfrac{\pi}{4}$ 时,$x = \dfrac{a}{\sqrt{2}}$,$y = \dfrac{b}{\sqrt{2}}$,于是得到椭圆上的切点 $P\left(\dfrac{a}{\sqrt{2}}, \dfrac{b}{\sqrt{2}}\right)$. 在点 P 处的切线斜率为

$$\frac{\mathrm{d}y}{\mathrm{d}x}\bigg|_{t=\frac{\pi}{4}} = \frac{b\cos t}{-a\sin t}\bigg|_{t=\frac{\pi}{4}} = -\frac{b}{a},$$

于是所求的切线方程为

$$y - \frac{b}{\sqrt{2}} = -\frac{b}{a}\left(x - \frac{a}{\sqrt{2}}\right),$$

即

$$y = -\frac{b}{a}x + \sqrt{2}\,b.$$

例 3 - 3 - 4 求曲线 $\rho = \rho(\theta)$ 在点 $P(\rho, \theta)$ 处的切线的斜率.

解 根据直角坐标与极坐标的变换关系,可把此方程化为以极角 θ 为参数的参数方程

$$\begin{cases} x = \rho(\theta)\cos\theta, \\ y = \rho(\theta)\sin\theta. \end{cases}$$

设该曲线在点 $P(\rho, \theta)$ 处的切线斜率为 k,由参变量函数求导公式知

$$k = \frac{\mathrm{d}y}{\mathrm{d}x} = \frac{y'(\theta)}{x'(\theta)} = \frac{\rho'(\theta)\sin\theta + \rho(\theta)\cos\theta}{\rho'(\theta)\cos\theta - \rho(\theta)\sin\theta}.$$

3.3.3　高阶导数

设物体作直线运动,其运动规律为 $s = s(t)$,则物体的运动速度为 $v(t) = s'(t)$,而速度在时刻 t_0 的变化率就是物体在时刻 t_0 的加速度. 因此,加速度是速度函数的导数,也就是路程 $s(t)$ 的导函数的导数,这就产生了高阶导数的概念.

定义 3.3.1 若函数 $y = f(x)$ 的导函数 $y' = f'(x)$ 在点 x_0 处可导,则称 $f'(x)$ 在点 x_0 处的导数为函数 $f(x)$ 在点 x_0 处的**二阶导数**,记作 $f''(x_0)$,即

$$\lim_{x \to x_0} \frac{f'(x) - f'(x_0)}{x - x_0} = f''(x_0),$$

同时称 $f(x)$ 在点 x_0 处**二阶可导**.

若函数 $y = f(x)$ 在区间 I 上每点处都二阶可导,则得到一个定义在 I 上的 $f(x)$ 的**二阶导函数**,记作

$$f''(x), \quad x \in I.$$

仿照上述定义,可由二阶导函数 $f''(x)$ 的可导性来定义 $f(x)$ 的三阶导数 $f'''(x)$. 一般地,可由 $f(x)$ 的 $n-1$ 阶导函数的可导性来定义 $f(x)$ 的 n 阶导数.

为统一起见,我们也称 $f'(x)$ 是 $f(x)$ 的一阶导数,而把函数 $f(x)$ 本身称为它的零阶导数. 二阶以及二阶以上的导数都称为**高阶导数**. 函数 $y = f(x)$ 在点 x_0 处的 n 阶导数记作

$$y^{(n)}\bigg|_{x = x_0}, \ f^{(n)}(x_0), \ \frac{\mathrm{d}^n y}{\mathrm{d}x^n}\bigg|_{x = x_0} \ 或 \frac{\mathrm{d}^n f(x)}{\mathrm{d}x^n}\bigg|_{x = x_0}.$$

相应地,把 n 阶导函数记作

$$y^{(n)}(x), f^{(n)}(x), \frac{\mathrm{d}^n y}{\mathrm{d}x^n} \text{ 或} \frac{\mathrm{d}^n f(x)}{\mathrm{d}x^n}.$$

例 3 - 3 - 5 求函数 $y = x^n$（n 为正整数）的各阶导数.

解 $y' = nx^{n-1}$,

$$y'' = (y')' = (nx^{n-1})' = n(n-1)x^{n-2},$$

$$y''' = (y'')' = [n(n-1)x^{n-2}]'$$

$$= n(n-1)(n-2)x^{n-3},$$

$$\cdots\cdots\cdots$$

由此可知,

$$y^{(r)} = \begin{cases} n(n-1)\cdots(n-r+1)x^{n-r}, & r \leqslant n \\ 0, & r > n. \end{cases}$$

例 3 - 3 - 6 求 $y = a^x$ 的 n 阶导数（$a > 0, a \neq 1$）.

解 $y' = a^x \ln a$,

$y'' = a^x \ln^2 a$,

$$\cdots\cdots\cdots$$

一般地,

$$y^{(n)} = a^x \ln^n a, \quad n = 1, 2, \cdots.$$

作为例 3 - 3 - 6 的特例,可得

$$(\mathrm{e}^x)^{(n)} = \mathrm{e}^x, \quad n = 1, 2, \cdots.$$

例 3 - 3 - 7 证明: $(\sin x)^{(n)} = \sin\left(x + \frac{n\pi}{2}\right)$.

证 因为

$$(\sin x)' = \cos x = \sin\left(x + \frac{\pi}{2}\right),$$

所以 $n = 1$ 时结论正确.

如果设

$$(\sin x)^{(n-1)} = \sin\left(x + \frac{n-1}{2}\pi\right),$$

则

$$(\sin x)^{(n)} = \left[(\sin x)^{(n-1)} \right]' = \left[\sin\left(x + \frac{n-1}{2}\pi \right) \right]'$$

$$= \cos\left(x + \frac{n-1}{2}\pi \right) = \sin\left(x + \frac{n\pi}{2} \right),$$

因此,由数学归纳法知结论成立.

同理可证:

$$(\cos x)^{(n)} = \cos\left(x + \frac{n\pi}{2} \right).$$

例 3 − 3 − 8 求由方程 $y = 1 + xe^y$ 所确定的隐函数的二阶导数 $\dfrac{d^2 y}{dx^2}$.

解 应用隐函数的求导方法,得

$$\frac{dy}{dx} = e^y + xe^y \frac{dy}{dx},$$

利用原方程把它简化为

$$\frac{dy}{dx} = e^y + (y - 1)\frac{dy}{dx},$$

即

$$(y - 2)\frac{dy}{dx} + e^y = 0, \qquad\qquad ⑥$$

其中 y 和 $\dfrac{dy}{dx}$ 都是 x 的函数. 式⑥两边再对 x 求导,得到

$$\left(\frac{dy}{dx} \right)^2 + (y - 2)\frac{d^2 y}{dx^2} + e^y \frac{dy}{dx} = 0,$$

并由此解出

$$\frac{d^2 y}{dx^2} = \frac{e^y \dfrac{dy}{dx} + \left(\dfrac{dy}{dx} \right)^2}{2 - y}.$$

但由⑥式有

$$\frac{dy}{dx} = \frac{e^y}{2 - y}, \qquad\qquad ⑦$$

从而求得

$$\frac{\mathrm{d}^2 y}{\mathrm{d} x^2} = \frac{\mathrm{e}^{2y}(3 - y)}{(2 - y)^3}.$$

本题也可由⑥式立即求出⑦式，然后利用商的导数求得

$$\frac{\mathrm{d}^2 y}{\mathrm{d} x^2} = \frac{\mathrm{e}^y y'(2 - y) + \mathrm{e}^y y'}{(2 - y)^2} = \frac{\mathrm{e}^y(3 - y)}{(2 - y)^2} y'$$

$$= \frac{\mathrm{e}^y(3 - y)}{(2 - y)^2} \cdot \frac{\mathrm{e}^y}{2 - y} = \frac{\mathrm{e}^{2y}(3 - y)}{(2 - y)^3}.$$

例 3 - 3 - 9 设参变量函数 $\begin{cases} x = \varphi(t), \\ y = \psi(t), \end{cases}$ 若 $x = \varphi(t)$、$y = \psi(t)$ 二阶可导，且 $\varphi'(t) \neq 0$，

求 $\dfrac{\mathrm{d}^2 y}{\mathrm{d} x^2}$.

解 由参变量函数的求导法则知

$$\frac{\mathrm{d} y}{\mathrm{d} x} = \frac{\psi'(t)}{\varphi'(t)},$$

所得 $\dfrac{\mathrm{d} y}{\mathrm{d} x}$ 是 t 的函数，因此它与 x 之间的函数关系可表为参数方程

$$\begin{cases} x = \varphi(t), \\ \dfrac{\mathrm{d} y}{\mathrm{d} x} = \dfrac{\psi'(t)}{\varphi'(t)}, \end{cases}$$

再利用参变量函数的求导法则，即得参变量函数 $y(x)$ 对 x 的二阶导数

$$\frac{\mathrm{d}^2 y}{\mathrm{d} x^2} = \frac{\mathrm{d}}{\mathrm{d} x}\left(\frac{\mathrm{d} y}{\mathrm{d} x}\right) = \frac{\dfrac{\mathrm{d}}{\mathrm{d} t}\left(\dfrac{\mathrm{d} y}{\mathrm{d} x}\right)}{\dfrac{\mathrm{d} x}{\mathrm{d} t}} = \frac{\dfrac{\mathrm{d}}{\mathrm{d} t}\left[\dfrac{\psi'(t)}{\varphi'(t)}\right]}{\varphi'(t)}$$

$$= \frac{\dfrac{\psi''(t)\varphi'(t) - \psi'(t)\varphi''(t)}{[\varphi'(t)]^2}}{\varphi'(t)}$$

$$= \frac{\psi''(t)\varphi'(t) - \psi'(t)\varphi''(t)}{[\varphi'(t)]^3}.$$

⑧

本节的重点是计算隐函数和参变量函数这两种非显化形式函数的导数和高阶导数,在计算时须注意:

(1) 由方程所确定的隐函数的求导方法是:先将隐函数 $y = y(x)$ 形式地代入方程,使方程成为恒等式,切记恒等式中的 y 是 x 的函数,再运用复合函数求导法则求出恒等式的两边对 x 的导数.注意隐函数的导数 $y'(x)$ 的表达式中允许含有 y,不必(有时也不可能)将 $y'(x)$ 表示为 x 的显函数.

(2) 参变量函数的求导方法是:在一定条件下,将函数看成以参变量作为中间变量的复合函数,然后用复合函数与反函数的求导法则,得到求导公式④或⑤.注意所求的导数一般仍是参变量的函数,不必(有时也不可能)将它表示为自变量的显函数.

(3) 计算高阶导数的最基本方法是逐阶计算导数.若求的是 n 阶导数,则须归纳出一般的结果.由于隐函数和参变量函数的导函数一般仍为隐函数和参变量函数,所以在求它们的高阶导数时,仍要采用上述(1)和(2)中的方法.

习题 3-3

1. 求由下列方程所确定的隐函数 $y(x)$ 的导数 $\dfrac{dy}{dx}$:

(1) $e^y = \sin(x + y)$;

(2) $xe^y + ye^x = 1$;

(3) $x\cot y = \cos(xy)$;

(4) $\arctan \dfrac{y}{x} = \ln\sqrt{x^2 + y^2}$.

2. 求由下列方程所确定的隐函数 $x(y)$ 的导数 $\dfrac{dx}{dy}$:

(1) $x^3 + y^3 - 3axy = 0$;

(2) $\arcsin y \cdot \ln x + \tan x = e^{2y}$.

3. 求曲线 $x^{\frac{2}{3}} + y^{\frac{2}{3}} = a^{\frac{2}{3}}$ 在点 $\left(\dfrac{\sqrt{2}}{4}a, \dfrac{\sqrt{2}}{4}a\right)$ 处的切线方程和法线方程.

4. 求下列参变量函数的导数 $\dfrac{dy}{dx}$:

(1) $\begin{cases} x = a(t - \sin t), \\ y = a(1 - \cos t); \end{cases}$

(2) $\begin{cases} x = \theta(1 - \sin \theta), \\ y = \theta\cos \theta. \end{cases}$

5. 已知 $\begin{cases} x = e^t\sin t, \\ y = e^t\cos t, \end{cases}$ 求 $\dfrac{dy}{dx}\bigg|_{t = \frac{\pi}{3}}$.

6. 求曲线 $\begin{cases} x = \dfrac{3at}{1 + t^2}, \\ y = \dfrac{3at^2}{1 + t^2} \end{cases}$ 在 $t = 2$ 对应的点处的切线方程和法线方程.

7. 如图,试说明 A、B、C、D、E 五点中哪一点的 $\dfrac{\mathrm{d}y}{\mathrm{d}x}$ 和 $\dfrac{\mathrm{d}^2 y}{\mathrm{d}x^2}$ 都为负.

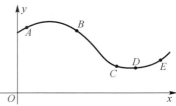

第7题图

8. 求下列函数在指定点处的高阶导数:

(1) $f(x) = 3x^3 + 4x^2 - 5x - 9$,求 $f''(1)$、$f'''(1)$、$f^{(4)}(1)$;

(2) $f(x) = \arctan x$,求 $f''(0)$、$f''(1)$、$f''(-1)$.

9. 求下列函数的二阶导数 $f''(x)$:

(1) $f(x) = x\ln x$; 　　　　　　　(2) $f(x) = \ln(x + \sqrt{1 + x^2})$.

10. 求下列函数的 n 阶导数:

(1) $y = \ln x$; 　　　　　　　(2) $y = x\ln x$;

(3) $y = x\mathrm{e}^{-x}$; 　　　　　　　(4) $y = \dfrac{1 - x}{1 + x}$;

(5) $y = \sin^2 x$; 　　　　　　　(6) $y = \dfrac{1}{x^2 - a^2}$.

11. 证明:$y = (\arcsin x)^2$ 满足关系式 $(1 - x^2)y^{(n+2)} - (2n + 1)xy^{(n+1)} - n^2 y^{(n)} = 0$,$n \geqslant 1$.

12. 求下列方程所确定的隐函数的二阶导数 $\dfrac{\mathrm{d}^2 y}{\mathrm{d}x^2}$:

(1) $y = \sin(x + y)$; 　　　　　　　(2) $xy = \mathrm{e}^{x+y}$.

13. 求下列参变量函数的二阶导数 $\dfrac{\mathrm{d}^2 y}{\mathrm{d}x^2}$:

(1) $\begin{cases} x = a\cos t, \\ y = b\sin t; \end{cases}$ 　　　　　　　(2) $\begin{cases} x = t - \sin t, \\ y = 1 - \cos t. \end{cases}$

14. 求由参数方程 $\begin{cases} x = t^2 - 2t, \\ y = t^2 - 3t \end{cases}$ 所确定的函数的一阶导数 $\dfrac{\mathrm{d}y}{\mathrm{d}x}$ 与二阶导数 $\dfrac{\mathrm{d}^2 y}{\mathrm{d}x^2}$.

解 因为 $\dfrac{\mathrm{d}x}{\mathrm{d}t} = 2t - 2$,$\dfrac{\mathrm{d}y}{\mathrm{d}t} = 2t - 3$,所以

$$\frac{dy}{dx} = \frac{2t - 3}{2t - 2} = 1 - \frac{1}{2(t-1)},$$

$$\frac{d^2 y}{dx^2} = \left[1 - \frac{1}{2(t-1)} \right]' = \frac{1}{2(t-1)^2}.$$

上述计算错在何处？如何改正？

15. 设 $f(t)$ 二阶可导，且 $f''(t) \neq 0$，已知 $\begin{cases} x = f'(t), \\ y = tf'(t) - f(t), \end{cases}$ 求 $\dfrac{d^2 y}{dx^2}$.

3.4 微 分

3.4.1 微分概念

在许多场合，往往需要考虑函数 $y = f(x)$ 微小增量 $\Delta y = f(x_0 + \Delta x) - f(x_0)$ 问题. 当函数 $y = f(x)$ 比较复杂（如三角函数，指数函数等）时，增量 Δy 就不容易计算了. 一个想法就是当 $|\Delta x|$ 很小时，是否可以有容易计算的 Δx 的线性函数来近似替代 Δy？ 例如一块正方形金属薄片受温度变化的影响时，其边长由 x_0 变为 $x_0 + \Delta x$，问此薄片的面积改变了多少？

已知边长为 x 的正方形薄片的面积

$$S = x^2,$$

它是 x 的函数. 若薄片边长由 x_0 变为 $x_0 + \Delta x$，则薄片面积的增量为

$$\Delta S = (x_0 + \Delta x)^2 - x_0^2 = 2x_0 \Delta x + (\Delta x)^2,$$

它由两部分组成，第一部分 $2x_0 \Delta x$ 是 Δx 的线性函数（即图 3-3 中的阴影部分），第二部分 $(\Delta x)^2$ 是较 Δx 高阶的无穷小量，即

$$(\Delta x)^2 = o(\Delta x).$$

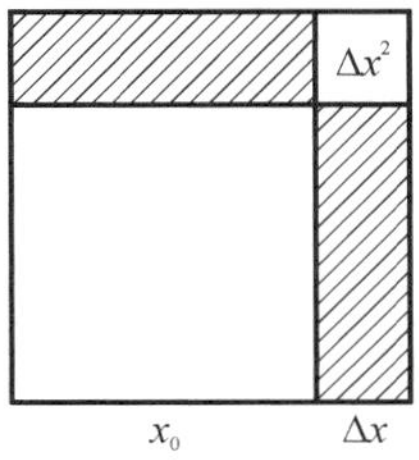

由此可见，当给予边长 x_0 一个微小的增量 Δx 时，所引起薄片面积的增量 ΔS 可以近似地用其第一部分（Δx 的线性函数 $2x_0 \Delta x$）来代替，由此产生的误差是一个较 Δx 为高阶的无穷小量，即边长为 Δx 的小正方形面积.

ΔS 中起主要作用的线性部分就是本节所要研究的微分.

图 3-3

定义 3.4.1 若函数 $y = f(x)$ 在点 x_0 处的增量

$$\Delta y = f(x_0 + \Delta x) - f(x_0)$$

可以表示为 Δx 的线性函数 $A \Delta x$（A 是与 Δx 无关的常数）与较 Δx 高阶的无穷小量之和，即

$$\Delta y = A\Delta x + o(\Delta x),$$ ①

则称函数 $f(x)$ 在点 x_0 处**可微**,并称 $A\Delta x$ 为函数 $f(x)$ 在点 x_0 处的**微分**,记作

$$\mathrm{d}y\bigg|_{x=x_0} \quad \text{或} \quad \mathrm{d}f(x_0).$$

由定义可知,函数 $y = f(x)$ 在点 x_0 处的微分就是

$$\mathrm{d}y\bigg|_{x=x_0} = A\Delta x \quad \text{或} \quad \mathrm{d}f(x_0) = A\Delta x,$$

微分 $\mathrm{d}y$ 是 Δx 的线性函数,当 $A \neq 0$ 时,是 Δx 的同阶无穷小量;且它与函数 $y = f(x)$ 在点 x_0 处的增量 Δy 仅相差一个较 Δx 高阶的无穷小量. 这时也称微分 $\mathrm{d}y$ 是增量 Δy 的**线性主部**.

下面讨论函数可微的条件. 设函数 $f(x)$ 在点 x_0 处可微,即①式成立,两边除以 Δx,得

$$\frac{\Delta y}{\Delta x} = A + \frac{o(\Delta x)}{\Delta x}.$$

于是当 $\Delta x \to 0$ 时,由上式得到

$$f'(x_0) = \lim_{\Delta x \to 0} \frac{\Delta y}{\Delta x} = A.$$

即 $f(x)$ 在点 x_0 处可导,且 $f'(x_0) = A$.

反之,若 $f(x)$ 在点 x_0 处可导,则 $f(x)$ 在点 x_0 处成立有限增量公式(3.1 节②式),即

$$\Delta y = f'(x_0)\Delta x + o(\Delta x).$$

这说明函数的增量可以表示为 Δx 的线性部分($f'(x_0)\Delta x$)与较 Δx 高阶的无穷小量部分之和,即 $f(x)$ 在点 x_0 处可微. 由此可归结为如下定理.

定理 3.4.1 函数 $f(x)$ 在点 x_0 处可微的充分必要条件是函数 $f(x)$ 在点 x_0 处可导,且定义式①中的 $A = f'(x_0)$.

定理表明,可导性与可微性是等价的,同时还给出了函数 $f(x)$ 在点 x 处的微分与导数的基本关系式

$$\mathrm{d}y = f'(x)\Delta x.$$ ②

例如 $\mathrm{d}(\sin x) = (\sin x)'\Delta x = \cos x\Delta x$,$\mathrm{d}(\mathrm{e}^{-x}) = (\mathrm{e}^{-x})'\Delta x = -\mathrm{e}^{-x}\Delta x$.

若令 $y = x$,则由 $y' = 1$ 得

$$\mathrm{d}y = \mathrm{d}x = \Delta x.$$

因此可以规定自变量的微分 $\mathrm{d}x$ 就等于自变量的增量 Δx,从而②式也可写为

$$dy = f'(x)dx. \qquad ③$$

由③可得 $\dfrac{dy}{dx} = f'(x)$. 即导数是两个微分 dy 与 dx 的

商. 故有时也称导数为"微商".

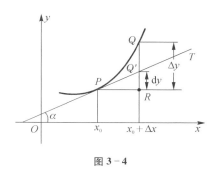

微分的几何解释如图 3 - 4 所示. 设函数 $f(x)$ 在点 x_0 处
可微, 因而 $f(x)$ 在点 x_0 处可导. 又设曲线 $y = f(x)$ 在点
$P(x_0, f(x_0))$ 处的切线为 PT, 其倾角为 α, 则函数 $f(x)$ 在点
x_0 处的微分

图 3 - 4

$$dy = f'(x_0)\Delta x = PR \cdot \tan \alpha = RQ'.$$

由此可知, 曲线 $y = f(x)$ 在点 P 处的切线的纵坐标增量 RQ' 就是函数 $f(x)$ 在点 x_0 处的微分
dy, 而 $f(x)$ 在点 x_0 处的函数增量为

$$\Delta y = f(x_0 + \Delta x) - f(x_0) = RQ.$$

由函数微分的定义可知 Δy 与 dy 之差 $Q'Q$ 为比 Δx 高阶的无穷小量, 因而在点 P 附近的曲线
段可用切线段来近似代替, 通常所说的"以直代曲"即为此意.

图 3 - 5 是函数 $y = x^2$ 在点 $x = 1$ 处的情形. 可以看出微分 dy 与 Δy 在 $x = 1$ 附近差距非常小,
当 $0.9 < x < 1.1$ 时, 如图 3 - 5(c) 显示, dy 与 Δy 几乎已经看不出差别了.

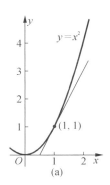
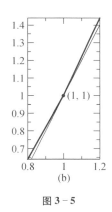
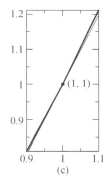

图 3 - 5

3.4.2　微分的基本公式与运算法则

由导数与微分的关系③即可得基本初等函数的微分公式和微分运算法则.

微分公式

1. $d(C) = 0$(C 为常数);

2. $d(x^\alpha) = \alpha x^{\alpha-1}dx$($\alpha$ 为常数);

3. $\mathrm{d}(\sin x) = \cos x \mathrm{d}x$ 、 $\qquad$ $\mathrm{d}(\cos x) = -\sin x \mathrm{d}x$ 、

$\mathrm{d}(\tan x) = \sec^2 x \mathrm{d}x$ 、 $\qquad$ $\mathrm{d}(\cot x) = -\csc^2 x \mathrm{d}x$;

4. $\mathrm{d}(\arcsin x) = -\mathrm{d}(\arccos x) = \dfrac{\mathrm{d}x}{\sqrt{1 - x^2}}$ $(\mid x \mid < 1)$ 、

$\mathrm{d}(\arctan x) = -\mathrm{d}(\mathrm{arccot}\, x) = \dfrac{\mathrm{d}x}{1 + x^2}$;

5. $\mathrm{d}(a^x) = a^x \ln a \mathrm{d}x$ （常数 $a > 0$, $a \neq 1$ ）、 $\mathrm{d}(e^x) = e^x \mathrm{d}x$;

6. $\mathrm{d}(\log_a x) = \dfrac{\mathrm{d}x}{x \ln a}$ （常数 $a > 0$, $a \neq 1$ ）、 $\mathrm{d}(\ln x) = \dfrac{\mathrm{d}x}{x}$.

微分运算法则

1. $\mathrm{d}[u(x) \pm v(x)] = \mathrm{d}u(x) \pm \mathrm{d}v(x)$;

2. $\mathrm{d}[u(x)v(x)] = v(x)\mathrm{d}u(x) + u(x)\mathrm{d}v(x)$ 、 $\mathrm{d}[ku(x)] = k\mathrm{d}u(x)$ （ k 为常数）;

3. $\mathrm{d}\left[\dfrac{u(x)}{v(x)}\right] = \dfrac{v(x)\mathrm{d}u(x) - u(x)\mathrm{d}v(x)}{v^2(x)}$ $(v(x) \neq 0)$ 、

$\mathrm{d}\left[\dfrac{1}{v(x)}\right] = -\dfrac{\mathrm{d}v(x)}{v^2(x)}$ $(v(x) \neq 0)$;

4. $\mathrm{d}\{f[g(x)]\} = f'(u)g'(x)\mathrm{d}x$,其中 $u = g(x)$.

由③式不难证明这些运算法则. 例如,对于乘积法则,因为

$$\mathrm{d}[u(x)v(x)] = [u(x)v(x)]'\mathrm{d}x = [u'(x)v(x) + u(x)v'(x)]\mathrm{d}x,$$

又因

$$u'(x)\mathrm{d}x = \mathrm{d}u, \quad v'(x)\mathrm{d}x = \mathrm{d}v,$$

所以

$$\mathrm{d}[u(x)v(x)] = v(x)\mathrm{d}u(x) + u(x)\mathrm{d}v(x).$$

其他法则也可类似证明,请读者自行完成.

在微分运算的复合法则(即微分运算法则的第4式)中,由于 $\mathrm{d}u = g'(x)\mathrm{d}x$,因此该式也可写作

$$\mathrm{d}y = f'(u)\mathrm{d}u.$$

这与以 u 作为**自变量**的函数 $y = f(u)$ 的微分 $\mathrm{d}y = f'(u)\mathrm{d}u$ 在形式上完全相同. 即不论 u 是自变量还是中间变量,函数 $y = f(u)$ 的(一阶)微分都有 $\mathrm{d}y = f'(u)\mathrm{d}u$ 的形式. 这种性质称为**一阶微分形式的不变性**. 利用此性质求复合函数的微分往往比较方便.

例 3 - 4 - 1 设 $y = e^{-\frac{x^2}{2}}$,求 $\mathrm{d}y$.

解　将 $-\dfrac{x^2}{2}$ 看成中间变量 u，因此

$$\mathrm{d}y = \mathrm{e}^{-\frac{x^2}{2}}\mathrm{d}\left(-\frac{x^2}{2}\right) = -x\mathrm{e}^{-\frac{x^2}{2}}\mathrm{d}x.$$

例 3 - 4 - 2　设 $y = x^2\ln\sin x$，求 $\mathrm{d}y$.

解　$\mathrm{d}y = \mathrm{d}(x^2\ln\sin x) = \ln\sin x\mathrm{d}(x^2) + x^2\mathrm{d}(\ln\sin x)$

$$= 2x\ln\sin x\mathrm{d}x + x^2 \cdot \frac{1}{\sin x}\mathrm{d}(\sin x) = (2x\ln\sin x + x^2\cot x)\mathrm{d}x.$$

3.4.3　微分在近似计算中的应用

1. 函数值的近似计算

由函数增量与函数微分的关系

$$\Delta y = f'(x_0)\Delta x + o(\Delta x) = \mathrm{d}y + o(\Delta x),$$

当 $|\Delta x|$ 很小时，有 $\Delta y \approx \mathrm{d}y$，即

$$f(x_0 + \Delta x) - f(x_0) \approx f'(x_0)\Delta x, \tag{④}$$

或

$$f(x_0 + \Delta x) \approx f(x_0) + f'(x_0)\Delta x. \tag{⑤}$$

若令 $x = x_0 + \Delta x$，即 $\Delta x = x - x_0$，则得到可微函数 $f(x)$ 在点 x_0 近旁的近似公式：

$$f(x) \approx f(x_0) + f'(x_0)(x - x_0). \tag{⑥}$$

特别地，当 $x_0 = 0$ 时，又得到可微函数 $f(x)$ 在 $x_0 = 0$ 点近旁的近似公式：

$$f(x) \approx f(0) + f'(0)x. \tag{⑦}$$

由⑦式可以得到工程技术上常用的一些近似公式（当 $|x|$ 很小时）：

$$\sin x \approx x; \qquad\qquad \tan x \approx x; \qquad\qquad \ln(1 + x) \approx x;$$

$$\mathrm{e}^x \approx 1 + x; \qquad \sqrt[n]{1 \pm x} \approx 1 \pm \frac{x}{n}; \qquad \frac{1}{1 + x} \approx 1 - x.$$

（试与等价无穷小量作一个比较）

总之，在近似计算函数增量时，可用公式④；而在近似计算函数值时，可选用公式⑤⑥或⑦.

例 3 - 4 - 3　求 $\sqrt{0.97}$ 的近似值.

解　$\sqrt{0.97}$ 是函数 $f(x) = \sqrt{x}$ 在 $x = 0.97$ 处的值. 因此，若令

$$x_0 = 1, \ \Delta x = x - x_0 = -0.03,$$

则由⑥式得

$$\sqrt{0.97} \approx \sqrt{1} + (\sqrt{x})' \mid_{x=1} \cdot (-0.03) = 1 + \frac{1}{2}(-0.03) = 0.985.$$

本例也可直接采用⑦式来求近似值,由

$$\sqrt{1-x} \approx 1 - \frac{x}{2}$$

可得

$$\sqrt{0.97} = \sqrt{1 - 0.03} \approx 1 - \frac{0.03}{2} = 0.985.$$

例 3 - 4 - 4 求 $\sin 29°$ 的近似值.

解 考虑函数 $f(x) = \sin x$,若令

$$x_0 = 30° = \frac{\pi}{6}, \ \Delta x = -1° \approx -0.017\,5,$$

则由⑥式得

$$\sin 29° \approx \sin\left(\frac{\pi}{6} - 0.017\,5\right) \approx \sin\frac{\pi}{6} + \cos\frac{\pi}{6}(-0.017\,5)$$

$$= \frac{1}{2} - \frac{\sqrt{3}}{2} \times 0.017\,5 \approx 0.485.$$

˙2. 误差估计

设量 x 可以由直接测量得出,而量 y 则由可微函数 $y = f(x)$ 经过计算求得. 在测量时,由于存在测量误差,实际测得的只是 x 的近似值 x_0,从而由函数算得的 $y_0 = f(x_0)$ 也只是 y 的近似值. 若已知测量值 x_0 的绝对误差限是 δ_x,即

$$|x - x_0| = |\Delta x| \leqslant \delta_x,$$

则由于 δ_x 很小,据可微性知

$$|\Delta y| = |f(x) - f(x_0)| \approx |f'(x_0)| |\Delta x| \leqslant |f'(x_0)| \delta_x,$$

于是函数值增量 Δy 的绝对误差限可取为 $|f'(x_0)| \delta_x$,即

$$\delta_y = |f'(x_0)| \delta_x, \qquad \text{⑧}$$

而当 $f(x_0) \neq 0$ 时,Δy 的相对误差限可取为

$$\frac{\delta_y}{\mid f(x_0) \mid} = \left| \frac{f'(x_0)}{f(x_0)} \right| \delta_x.$$ ⑨

例 3-4-5 设已测得一根圆轴的直径为 43 cm,在测量中的绝对误差限是 0.05 cm,试求以此数据计算圆轴的横截面面积时所引起的误差.

解 由测得的直径 $d_0 = 43$ cm 计算的横截面面积为

$$S = f(d_0) = \frac{\pi}{4} d_0^2 = \frac{\pi}{4} \times 43^2 = 462.25\pi(\text{cm}^2).$$

由测量直径的绝对误差限 $\delta_d = 0.05$ cm,求得截面面积的绝对误差限为

$$\delta_S = \mid f'(d_0) \mid \delta_d = \left| \frac{\pi}{2} d_0 \right| \delta_d$$

$$= \frac{\pi}{2} \times 43 \times 0.05 \approx 3.38(\text{cm}^2),$$

其相对误差限为

$$\left| \frac{f'(d_0)}{f(d_0)} \right| \delta_d = \frac{\frac{\pi}{2} d_0 \delta_d}{\frac{\pi}{4} d_0^2} = \frac{2\delta_d}{d_0} = \frac{2 \times 0.05}{43} \approx 0.23\%.$$

例 3-4-6 计算球体体积时,要求精确度在 3% 之内,问这时测量直径 d 的相对误差不能超过多少?

解 球的体积为 $V = f(d) = \frac{\pi}{6} d^3$.

记 δ_V 为体积的绝对误差限,它由直径的绝对误差限 δ_d 所引起,且

$$\delta_V = \mid f'(d) \mid \delta_d = \frac{\pi}{2} d^2 \delta_d,$$

可得体积的相对误差限为

$$\frac{\delta_V}{V} = \left| \frac{f'(d)}{f(d)} \right| \delta_d = 3 \frac{\delta_d}{d}.$$

由题设知 $\frac{\delta_V}{V} = 3\%$,因此

$$\frac{\delta_d}{d} = 1\%,$$

即测量直径 d 的相对误差不能超过 1%.

本节的重点是引入微分的概念,并用于进行近似计算. 在掌握微分的概念时,必须注意以下几点:

(1) 由定理 3.4.1,函数 $f(x)$ 在点 x_0 处的可微性与可导性是等价的,因而可微性的作用往往被可导性所掩盖. 但是,可微性的几何解释提供了用"以直代曲"处理问题的思想基础,这无论对本节中的近似计算,还是今后将会多次遇到的近似逼近方法,都是十分重要的.

(2) 由微分和导数的关系 $\mathrm{d}y = f'(x)\mathrm{d}x$ 可得

$$f'(x) = \frac{\mathrm{d}y}{\mathrm{d}x},$$

即函数的导数等于函数的微分与自变量微分之商. 正因为此,导数也常称为**微商**. 在这以前,我们是把 $\dfrac{\mathrm{d}y}{\mathrm{d}x}$ 作为一个运算记号的整体来看待的,自引入微分概念后,也可把它看作一个分式,分子 $\mathrm{d}y$ 与分母 $\mathrm{d}x$ 各自具有独立的含义.

习题 3-4

1. 函数 $y = f(x)$ 的导数 $f'(x)$ 和微分 $\mathrm{d}y$ 是否都与 x、Δx 有关?

2. 导数和微分的几何意义有何不同?

3. 求下列函数在指定点处的微分:

(1) $y = x^3$,求 $\mathrm{d}y \Big|_{\substack{x=1 \\ \Delta x = 0.01}}$;

(2) $y = \sin x$,求 $\mathrm{d}y \Big|_{\substack{x=-\frac{\pi}{3} \\ \Delta x = 0.01}}$.

4. 求下列函数的微分:

(1) $y = x + 2x^2 - \dfrac{1}{3}x^3 + x^4$;

(2) $y = x\ln x - x$;

(3) $y = \mathrm{e}^x \sin^2 x$;

(4) $y = \dfrac{\cos x}{1 - x^2}$;

(5) $y = \arcsin\sqrt{1 - x^2}$;

(6) $y = \arctan(\ln x)$.

5. 在下列括号中,填入适当的函数,使等式成立:

(1) $2\mathrm{d}x = \mathrm{d}(\quad\quad)$;

(2) $x\mathrm{d}x = \mathrm{d}(\quad\quad)$;

（3）$\sin x \, \mathrm{d}x = \mathrm{d}(\qquad)$

（4）$\dfrac{\mathrm{d}x}{1 + x^2} = \mathrm{d}(\qquad)$;

（5）$\dfrac{\mathrm{d}x}{1 + x} = \mathrm{d}(\qquad)$;

（6）$\mathrm{e}^{-2x} \, \mathrm{d}x = \mathrm{d}(\qquad)$;

（7）$\dfrac{\mathrm{d}x}{\sqrt{x}} = \mathrm{d}(\qquad)$;

（8）$\dfrac{\ln x}{x} \, \mathrm{d}x = \mathrm{d}(\qquad)$.

6. 利用微分求下列各数的近似值：

（1）$\sqrt[3]{1.02}$；

（2）$\ln 1.1$；

（3）$\tan 45°30'$；

（4）$\sqrt{26}$.

7. 重力加速度随高度而变化的计算公式为 $g = g_0 \left(1 + \dfrac{h}{R} \right)^{-2}$，其中 g_0 为海平面上的重力加速度，h 为海拔高度，R 为地球半径. 试求计算 g 的近似公式.

*8. 设测量得到圆的半径 $r = 21.5$ cm，绝对误差限为 0.1 cm. 问由此计算的圆面积的绝对误差限和相对误差限各为多少？

第4章　微分中值定理与导数的应用

本章主要讨论利用导数和微分来研究函数的某些性态.在微分一节中已经看到,在可微点附近函数可以用线性函数来近似表示,这对研究函数的局部性质和进行近似计算很有用.在这一章中我们要建立函数与其导数的等式关系——中值定理.中值定理表达的是函数与其导函数之间的关系,通过中值定理可以利用导数在区间上的局部性质来得到函数在该区间上的某些整体性质,这在数学理论和数学应用上有非常重要的作用.

4.1　微分中值定理

4.1.1　费马(Fermat)定理

定义 4.1.1　设函数 $f(x)$ 在点 x_0 的某邻域 $U(x_0)$ 内有定义,若对任意 $x \in U(x_0)$ 成立

$$f(x) \leqslant f(x_0)\,(\text{或}\,f(x) \geqslant f(x_0)),$$

则称 $f(x_0)$ 为函数 $f(x)$ 的一个**极大值**(或**极小值**),并称点 x_0 为 $f(x)$ 的**极大值点**(或**极小值点**).

函数的极大值、极小值统称为**极值**;极大值点、极小值点统称为**极值点**.

定理 4.1.1(费马定理)　设函数 $f(x)$ 在点 x_0 的某邻域 $U(x_0)$ 有定义,若函数 $f(x)$ 在点 x_0 可微,且 x_0 是 $f(x)$ 的极值点,则 $f'(x_0) = 0$.

证　不失一般性,设在 x_0 的某邻域 $U(x_0)$ 内 $f(x) \leqslant f(x_0)$,于是

$$\frac{f(x) - f(x_0)}{x - x_0} \begin{cases} \geqslant 0, & x < x_0, \\ \leqslant 0, & x > x_0, \end{cases}$$

根据导数定义,有

$$0 \geqslant \lim_{x \to x_0^+} \frac{f(x) - f(x_0)}{x - x_0} = f'(x_0) = \lim_{x \to x_0^-} \frac{f(x) - f(x_0)}{x - x_0} \geqslant 0,$$

从而 $f'(x_0) = 0$.

导数为零的点也称为**驻点**,费马定理告诉我们,极值点如果可导则一定是驻点. 驻点只是可导函数极值点的必要条件,即驻点不一定是极值点. 例如函数 $y = x^3$,$y' = 3x^2$. 在 $x = 0$ 处,$y' = 0$. 但显然 $x = 0$ 不是 $y = x^3$ 的极值点.

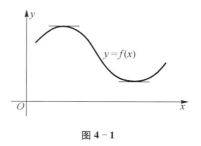

费马定理的几何解释是:若曲线 $y = f(x)$ 在 $f(x)$ 的极值点对应的点处有切线,则必为一条水平切线(图 4-1).

图 4-1

4.1.2 罗尔(Rolle)定理

定理 4.1.2(罗尔定理) 若函数 $f(x)$ 在闭区间 $[a,b]$ 上连续,在开区间 (a,b) 内可导,且 $f(a) = f(b)$,则在 (a,b) 内至少存在一点 ξ,使得 $f'(\xi) = 0$.

证 因 $f(x)$ 在 $[a,b]$ 上连续,故 $f(x)$ 在 $[a,b]$ 上取得最大值 M 及最小值 m.

若 $M = m$,则 $f(x)$ 在 $[a,b]$ 上为常数,此时可取 (a,b) 内任意点作为 ξ,自然有 $f'(\xi) = 0$.

若 $M > m$,由于 $f(a) = f(b)$,故 M 与 m 之中至少有一个不等于 $f(a) = f(b)$,不妨设 $m < f(a) = f(b)$,于是存在 $\xi \in (a,b)$,$f(\xi) = m$,因为 $f(x)$ 在 ξ 可导,且 $f(x) \geqslant f(\xi)$,$x \in (a,b)$,所以由费马定理可得 $f'(\xi) = 0$.

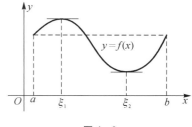

罗尔定理的几何解释是在平行于 x 轴的直线所割的光滑曲线段上,至少有一条水平切线(图 4-2).

图 4-2

注意 罗尔定理中三个条件缺一不可,如果有一个不满足,定理的结论就可能不成立. 如图 4-3 所示(请读者找出具体函数来说明).

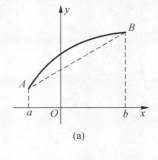

(a)

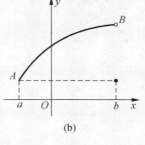

(b)

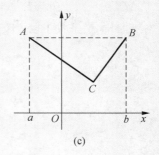

(c)

图 4-3

4.1.3 拉格朗日(Lagrange)中值定理

定理 4.1.3(拉格朗日中值定理) 若函数 $f(x)$ 在闭区间 $[a,b]$ 上连续,在开区间 (a,b) 内可导,则在 (a,b) 至少存在一点 ξ,使得

$$f'(\xi) = \frac{f(b) - f(a)}{b - a}. \qquad ①$$

式①称为**拉格朗日中值公式**.

将拉格朗日中值定理与罗尔中值定理相比,可以发现前者只是将后者的条件 $f(a) = f(b)$ 的去掉,将曲线作一个小变换:将 $f(b)$ 往上(或往下)移动了 $|f(b) - f(a)|$ 的距离,于是我们就找到了拉格朗日中值定理的证明方法.

证 作辅助函数

$$\varphi(x) = f(x) - \frac{f(b) - f(a)}{b - a}(x - a),$$

易见 $\varphi(x)$ 在 $[a,b]$ 上连续,在 (a,b) 内可导,$\varphi(a) = \varphi(b)$,根据罗尔定理,存在 $\xi \in (a,b)$,使得 $\varphi'(\xi) = 0$:

$$\varphi'(\xi) = f'(\xi) - \frac{f(b) - f(a)}{b - a} = 0,$$

即

$$f'(\xi) = \frac{f(b) - f(a)}{b - a}.$$

拉格朗日中值定理的几何解释是,在直线所割的光滑曲线段上,至少有一点的切线平行于割线(图4-4).

拉格朗日中值公式①也可改写为

$$f(b) - f(a) = f'(\xi)(b - a), \quad a < \xi < b. \qquad ②$$

不难看出,拉格朗日中值公式①、②当 $b < a$ 时也成立,此时 $b < \xi < a$.

无论 $a < \xi < b$ 或是 $b < \xi < a$ 都有

$$0 < \frac{\xi - a}{b - a} < 1,$$

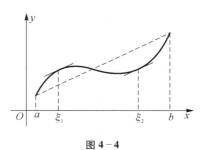

图 4-4

若令 $\theta = \dfrac{\xi - a}{b - a}$，则 ξ 可表示为

$$\xi = a + \theta(b - a),$$

因此，拉格朗日中值公式又可改写为

$$f(b) - f(a) = f'(a + \theta(b - a))(b - a), \quad 0 < \theta < 1. \tag{③}$$

从拉格朗日中值定理可以导出一些有用的推论.

推论 1　若在开区间 (a, b) 内，恒有 $f'(x) = 0$，则 $f(x)$ 在 (a, b) 内恒等于常数.

证　设 x_1、x_2 是 (a, b) 内任意两点，且 $x_1 < x_2$，在 $[x_1, x_2]$ 上应用拉格朗日中值定理可得，存在 $\xi \in (x_1, x_2)$，使

$$f(x_2) - f(x_1) = f'(\xi)(x_2 - x_1).$$

因为 $f'(\xi) = 0$，故有 $f(x_2) = f(x_1)$.

由于这个等式对 (a, b) 内任何两点都成立，可见 $f(x)$ 在 (a, b) 内必恒等于一个常数.

推论 2　若开区间 (a, b) 内恒有 $f'(x) = g'(x)$，则在 (a, b) 内恒有

$$f(x) = g(x) + C \quad （C \text{ 为常数}）.$$

证　令 $\varphi(x) = f(x) - g(x)$，则 $\varphi'(x) = f'(x) - g'(x) = 0$.
由推论 1，知 $\varphi(x)$ 为常数，即 $f(x) = g(x) + C \quad （C \text{ 为常数}）$.

拉格朗日中值定理给我们传递这样一个信息：当我们知道了导函数 $f'(x)$ 在区间 (a, b) 内每一点的性质，就可能得到函数 $f(x)$ 在 $[a, b]$ 上的整体性质.

例 4 - 1 - 1　证明恒等式 $\arcsin x + \arccos x = \dfrac{\pi}{2}$，$x \in [-1, 1]$.

证　设 $f(x) = \arcsin x + \arccos x$，则 $f(x)$ 在 $[-1, 1]$ 上满足拉格朗日中值定理的条件，而

$$f'(x) = \frac{1}{\sqrt{1 - x^2}} - \frac{1}{\sqrt{1 - x^2}} = 0, \quad x \in (-1, 1).$$

由推论 1 得到 $f(x)$ 在 $(-1, 1)$ 内是常数，即 $f(x) \equiv C$. 而 $f(0) = \dfrac{\pi}{2}$，$f(\pm 1) = \dfrac{\pi}{2}$，所以在 $[-1, 1]$ 上，$f(x) \equiv \dfrac{\pi}{2}$，即

$$\arcsin x + \arccos x = \frac{\pi}{2}, \quad x \in [-1, 1].$$

例 4 - 1 - 2 设 $b > a > 0$，$n > 1$，则有不等式 $na^{n-1}(b-a) < b^n - a^n < nb^{n-1}(b-a)$.

证 仔细观察不等式，要用拉格朗日中值定理，首先要确定用什么函数.

设 $f(x) = x^n$，$x \in [a, b]$，易见 $f(x)$ 在 $[a, b]$ 上满足拉格朗日中值定理的条件，因此有

$$b^n - a^n = n\xi^{n-1}(b-a)，\quad a < \xi < b.$$

由于 $n - 1 > 0$，所以 $a^{n-1} < \xi^{n-1} < b^{n-1}$. 代入上式，得

$$na^{n-1}(b-a) < b^n - a^n < nb^{n-1}(b-a).$$

4.1.4 柯西(Cauchy)中值定理

定理 4.1.4（柯西中值定理） 若函数 $f(x)$ 和 $g(x)$ 在闭区间 $[a, b]$ 上都连续，在开区间 (a, b) 内都可导，且 $g'(x) \neq 0$，则在 (a, b) 内至少存在一点 ξ，使得

$$\frac{f'(\xi)}{g'(\xi)} = \frac{f(b) - f(a)}{g(b) - g(a)}. \tag{④}$$

根据拉格朗日中值定理的几何解释，柯西中值定理可以看成是拉格朗日中值定理的参数方程形式.

与拉格朗日中值定理类似，④式当 $b < a$ 时也是成立的，且式中的 ξ 也可以写成

$$\xi = a + \theta(b-a)，其中 0 < \theta < 1.$$

罗尔定理、拉格朗日中值定理、柯西中值定理都是存在性定理，即在定理的条件下，保证在开区间 (a, b) 内至少存在一点 ξ 满足定理的结论. 所谓"中值"就是指 (a, b) 内部的这个点 ξ 上的导数而言的，定理中并没有指出 ξ 等于什么值，且满足定理结论的 ξ 也不一定唯一. 区间不同的情形下也会导致 ξ 也可能不同. 若在拉格朗日中值定理中增加条件 $f(a) = f(b)$，则拉格朗日中值公式就变成 $f'(\xi) = 0$. 因此罗尔中值定理是拉格朗日中值定理的特殊情形. 又若在柯西中值定理中令 $g(x) \equiv x$，则柯西中值定理的结论就变成拉格朗日中值公式. 因此柯西中值定理就是拉格朗日中值定理的推广. 三个中值定理中应用最广的是拉格朗日中值定理，而柯西中值定理在下一节中有很重要的应用.

本节介绍了三个微分学中值定理，在学习这些定理时，必须注意以下几点：

（1）第 3 章的中心问题是由已知函数去寻求其导数，而本章则是由函数的导数来进一步研究函数本身的性态，更确切地说是根据导函数的局部性质来得出函数在区间上的整体性态（如单调性、凹凸性、最大最小值等）. 中值定理是实现这项任务的理论依据，读者必须深刻

理解和掌握这些定理.

（2）三个中值定理的条件"函数在闭区间 $[a,b]$ 上连续"和"在开区间 (a,b) 内可导"都很重要,缺少其中任何一个,定理的结论就不一定成立;但是这些条件只是使结论成立的充分条件而非必要条件.

（3）三个中值定理都是存在性定理,即在定理的条件下,保证在开区间 (a,b) 内至少存在一点 ξ 满足定理的结论. 虽然定理并未明确指出 ξ 等于什么,而且在 (a,b) 中满足定理结论的 ξ 也不一定唯一,但如推论 1 和例 4-1-1、例 4-1-2 所示,这并不影响这些定理的应用价值.

（4）在应用这些定理的过程中,必须注明其使用区间,一般当使用区间不相同时,点 ξ 也不相同.

习题 4-1

1. 函数 $f(x)=\ln x$ 在区间 $[1,e]$ 上是否满足拉格朗日中值定理的条件? 若满足,则相应的拉格朗日中值公式中的 ξ 与 θ 分别等于什么?

2. 设函数 $f(x)$ 在 $(-\infty,+\infty)$ 上可导,且 $f'(x)\equiv k$（k 为常数）. 证明:$f(x)=kx+C$, $x\in(-\infty,+\infty)$,其中 C 为常数.

3. 证明:方程 $2x^4-8x+7=0$ 至多有两个不同的实根.

4. 证明:$\arctan x+\operatorname{arccot} x=\dfrac{\pi}{2}$, $x\in(-\infty,+\infty)$.

5. 证明:$\dfrac{x}{1+x}<\ln(1+x)<x$, $x\in(0,+\infty)$.

6. 证明:当 x、y 为任意实数时,$|\sin x-\sin y|\leqslant|x-y|$.

7. 已知 $f(x)=(x-1)(x-2)(x-3)(x-4)$,不求导数,判断方程 $f'(x)=0$ 有几个实根,并指出这些根所在的区间.

8. 设 $x_1<x_2<x_3$ 为三个实数,函数 $f(x)$ 在 $[x_1,x_3]$ 上连续,在 (x_1,x_3) 内二阶可导,且 $f(x_1)=f(x_2)=f(x_3)$. 证明:在区间 (x_1,x_3) 内至少有一点 c,使得 $f''(c)=0$.

4.2　不定式极限与洛必达（L′Hôspital）法则

在 x 的某个变化过程中,两个函数 $f(x)$ 与 $g(x)$ 如果都趋于零或者都趋于无穷大,那么极限

$\lim \dfrac{f(x)}{g(x)}$ 可能存在，也可能不存在，在第 2 章中曾经遇到过这样的极限，如重要极限 $\lim\limits_{x\to 0}\dfrac{\sin x}{x}$. 我们把这两种极限称为**不定式极限**，或直接称为 $\dfrac{0}{0}$ 型或 $\dfrac{\infty}{\infty}$ 型不定式极限. 求这类极限以前是不太容易的事，下面用柯西中值定理推出求这类极限的一种简单且重要的方法——**洛必达法则**.

4.2.1　$\dfrac{0}{0}$ 型和 $\dfrac{\infty}{\infty}$ 型不定式极限

定理 4.2.1（洛必达法则）　设（1）$\lim\dfrac{f(x)}{g(x)}$ 为 $\dfrac{0}{0}$ 型或 $\dfrac{\infty}{\infty}$ 型不定式极限；

（2）在 x 变化过程中的某时刻以后，$f'(x)$ 及 $g'(x)$ 都存在，且 $g'(x)\neq 0$；

（3）$\lim\dfrac{f'(x)}{g'(x)}=A$（$A$ 可为实数、$-\infty$、$+\infty$、∞），

则

$$\lim\frac{f(x)}{g(x)}=\lim\frac{f'(x)}{g'(x)}=A.$$

下面仅对 $x\to a^{+}$ 时的 $\dfrac{0}{0}$ 型不定式极限证明洛必达法则.

证　因为 $x\to a^{+}$ 时，$\lim\limits_{x\to a^{+}}f(x)$ 与 $f(a)$ 无关，$\lim\limits_{x\to a^{+}}g(x)$ 与 $g(a)$ 无关，不妨设 $f(a)=0$，$g(a)=0$. 由于 $\lim\limits_{x\to a^{+}}f(x)=0$，$\lim\limits_{x\to a^{+}}g(x)=0$，故 $f(x)$ 与 $g(x)$ 在 $x=0$ 处右连续，由条件（2）在某个右邻域 $(a,\ a+\delta)$ 内，$f'(x)$ 及 $g'(x)$ 都存在，且 $g'(x)\neq 0$，于是 $f(x)$ 与 $g(x)$ 在 $\left[a,\ a+\dfrac{\delta}{2}\right]$ 内满足柯西中值定理条件，因此当 $x\in\left(a,\ a+\dfrac{\delta}{2}\right)$ 时，

$$\frac{f(x)}{g(x)}=\frac{f(x)-f(a)}{g(x)-g(a)}=\frac{f'(\xi)}{g'(\xi)},\text{其中 }\xi\text{ 在 }a\text{ 与 }x\text{ 之间}.$$

由于 $x\to a^{+}$ 时，$\xi\to a^{+}$，故对上式两边令 $x\to a^{+}$，由条件（3）即得定理结论.

例 4-2-1　求 $\lim\limits_{x\to 1}\dfrac{x^{2}-1}{x-1}$.

解　这是 $\dfrac{0}{0}$ 型不定式极限，使用洛必达法则得

$$\lim_{x\to 1}\frac{x^{2}-1}{x-1}=\lim_{x\to 1}\frac{2x}{1}=2.$$

例 4 - 2 - 2　求 $\lim\limits_{x \to +\infty} \dfrac{\ln x}{x^{\alpha}}$, 其中常数 $\alpha > 0$.

解　这是 $\dfrac{\infty}{\infty}$ 型不定式极限, 使用洛必达法则得

$$\lim_{x \to +\infty} \frac{\ln x}{x^{\alpha}} = \lim_{x \to +\infty} \frac{\dfrac{1}{x}}{\alpha x^{\alpha - 1}} = \lim_{x \to +\infty} \frac{1}{\alpha x^{\alpha}} = 0.$$

注意　若 $\lim \dfrac{f'(x)}{g'(x)}$ 仍是不定式极限, 则只要此极限仍满足洛必达法则条件, 就可以再一次应用洛必达法则.

例 4 - 2 - 3　求 $\lim\limits_{x \to 0} \dfrac{e^{x} - e^{-x} - 2x}{x - \sin x}$.

解　这是 $\dfrac{0}{0}$ 型不定式极限, 三次应用洛必达法则得

$$\lim_{x \to 0} \frac{e^{x} - e^{-x} - 2x}{x - \sin x} = \lim_{x \to 0} \frac{e^{x} + e^{-x} - 2}{1 - \cos x} = \lim_{x \to 0} \frac{e^{x} - e^{-x}}{\sin x} = \lim_{x \to 0} \frac{e^{x} + e^{-x}}{\cos x} = 2.$$

例 4 - 2 - 4　求 $\lim\limits_{x \to +\infty} \dfrac{x^{\alpha}}{e^{x}}$, 其中常数 $\alpha > 0$.

解　这是 $\dfrac{\infty}{\infty}$ 型不定式极限, 使用洛必达法则得

$$\lim_{x \to +\infty} \frac{x^{\alpha}}{e^{x}} = \lim_{x \to +\infty} \frac{\alpha x^{\alpha - 1}}{e^{x}}.$$

当 $0 < \alpha \leqslant 1$ 时, 此极限值为 0; 当 $\alpha > 1$ 时, 右端仍是 $\dfrac{\infty}{\infty}$ 型不定式极限. 继续应用洛必达法则, 直到在分子上第一次出现带有负 (或为零) 指数为止, 而分母则始终是 e^{x}. 因此, 只要 $\alpha > 0$, 恒有

$$\lim_{x \to +\infty} \frac{x^{\alpha}}{e^{x}} = 0.$$

从例 4 - 2 - 2 和例 4 - 2 - 4 可见, 当 $x \to +\infty$ 时, $\ln x$, x^{α} (常数 $\alpha > 0$) 和 e^{x} 都是无穷大, 但他们

趋于无穷大的速度不同,指数函数 e^x 是比幂函数 x^α 高阶的无穷大,而幂函数 x^α 是比对数函数 $\ln x$ 高阶的无穷大.

4.2.2　其他类型不定式极限

除 $\dfrac{0}{0}$ 型和 $\dfrac{\infty}{\infty}$ 型外,不定式极限还有

$$0 \cdot \infty 、 \infty - \infty 、 0^0 、 \infty^0 、 1^\infty$$

等类型. 一般总可将其化为 $\dfrac{0}{0}$ 型或 $\dfrac{\infty}{\infty}$ 型不定式极限,然后再应用洛必达法则.

例 4 - 2 - 5　求 $\lim\limits_{x \to 0^+} x^\alpha \ln x$,其中常数 $\alpha > 0$.

解　这是 $0 \cdot \infty$ 型不定式极限,可化为 $\dfrac{\infty}{\infty}$ 型不定式极限后再用洛必达法则计算.

$$\lim\limits_{x \to 0^+} x^\alpha \ln x = \lim\limits_{x \to 0^+} \frac{\ln x}{\dfrac{1}{x^\alpha}} = \lim\limits_{x \to 0^+} \frac{\dfrac{1}{x}}{-\dfrac{\alpha}{x^{\alpha+1}}} = \lim\limits_{x \to 0^+} -\frac{x^\alpha}{\alpha} = 0.$$

例 4 - 2 - 6　求 $\lim\limits_{x \to \frac{\pi}{2}} (\sec x - \tan x)$.

解　这是 $\infty - \infty$ 型不定式极限,通分后即为 $\dfrac{0}{0}$ 型不定式,

$$\lim\limits_{x \to \frac{\pi}{2}} (\sec x - \tan x) = \lim\limits_{x \to \frac{\pi}{2}} \left(\frac{1}{\cos x} - \frac{\sin x}{\cos x} \right) = \lim\limits_{x \to \frac{\pi}{2}} \frac{1 - \sin x}{\cos x} = \lim\limits_{x \to \frac{\pi}{2}} \frac{-\cos x}{-\sin x} = 0.$$

例 4 - 2 - 7　求 $\lim\limits_{x \to 0^+} (1 - \cos x)^{\frac{1}{\ln x}}$.

解　求 0^0 型不定式极限,可以先将幂指函数化为指数函数,然后通过指数函数的连续性在指数部分应用洛必达法则.

$$\lim\limits_{x \to 0^+} (1 - \cos x)^{\frac{1}{\ln x}} = e^{\lim\limits_{x \to 0^+} \frac{\ln(1 - \cos x)}{\ln x}} = e^{\lim\limits_{x \to 0^+} \frac{\frac{\sin x}{1 - \cos x}}{\frac{1}{x}}} = e^{\lim\limits_{x \to 0^+} \frac{x \sin x}{1 - \cos x}}$$

$$= e^{\lim\limits_{x \to 0^+} \frac{\sin x + x \cos x}{\sin x}} = e^{\lim\limits_{x \to 0^+} \frac{\cos x + \cos x - x \sin x}{\cos x}} = e^2.$$

例 4 - 2 - 8 求 $\lim\limits_{x\to+\infty}x^{\frac{1}{x}}$.

解 ∞^0 型幂指函数的极限也可化为指数函数的极限.

$$\lim\limits_{x\to+\infty}x^{\frac{1}{x}}=\mathrm{e}^{\lim\limits_{x\to+\infty}\frac{\ln x}{x}}=\mathrm{e}^{\lim\limits_{x\to+\infty}\frac{1}{x}}=\mathrm{e}^0=1.$$

例 4 - 2 - 9 求 $\lim\limits_{x\to1}x^{\frac{1}{1-x}}$.

解 将 1^{∞} 型不定式化为指数部分的 $\dfrac{0}{0}$ 型不定式极限,再用洛必达法则.

$$\lim\limits_{x\to1}x^{\frac{1}{1-x}}=\mathrm{e}^{\lim\limits_{x\to1}\frac{\ln x}{1-x}}=\mathrm{e}^{\lim\limits_{x\to1}\frac{\frac{1}{x}}{-1}}=\mathrm{e}^{-1}.$$

本节的重点是利用洛必达法则求不定式的极限. 在利用洛必达法则时要注意以下几点:

(1) 在洛必达法则中,条件(1)要求 $\lim\dfrac{f(x)}{g(x)}$ 必须是 $\dfrac{0}{0}$ 型或 $\dfrac{\infty}{\infty}$ 型不定式极限;条件(2)表明表达式 $\dfrac{f'(x)}{g'(x)}$ 有意义;条件(3)要求 $\lim\dfrac{f'(x)}{g'(x)}$ 存在(或为 ∞). 在应用洛必达法则时,每次都必须检验洛必达法则的条件是否满足,否则可能出错. 例如,可以直接计算

$$\lim\limits_{x\to0}\frac{1+x^2}{1+x}=1.$$

但如果不检验条件就应用洛必达法则,将得出如下错误结论:

$$\lim\limits_{x\to0}\frac{1+x^2}{1+x}=\lim\limits_{x\to0}\frac{2x}{1}=0.$$

其实,它既不是 $\dfrac{0}{0}$ 型又不是 $\dfrac{\infty}{\infty}$ 型不定式极限.

(2) 洛必达法则只是一种充分性方法. 若 $\lim\dfrac{f'(x)}{g'(x)}$ 不存在也不是 ∞ 时,这并不能说明 $\lim\dfrac{f(x)}{g(x)}$ 不存在或不是 ∞,而只是表明洛必达法则对此失效. 例如,求 $\lim\limits_{x\to\infty}\dfrac{x+\sin x}{x}$,它是 $\dfrac{\infty}{\infty}$ 型的不定式极限,因为

$$\lim\limits_{x\to\infty}\frac{(x+\sin x)'}{x'}=\lim\limits_{x\to\infty}\frac{1+\cos x}{1}$$

不存在,即条件(3)不满足,所以不能应用洛必达法则. 但是,这并不说明原极限不存在,直接

计算原极限得

$$\lim_{x\to\infty}\frac{x+\sin x}{x}=\lim_{x\to\infty}\frac{1+\dfrac{\sin x}{x}}{1}=\frac{1+0}{1}=1.$$

（3）在使用洛必达法则时, $\lim\dfrac{f'(x)}{g'(x)}$ 理应比 $\lim\dfrac{f(x)}{g(x)}$ 容易计算,否则就失去使用洛必达法则的意义. 例如,对极限 $\lim\limits_{x\to 0}\dfrac{\mathrm{e}^{-\frac{1}{x^2}}}{x^4}$, 由于

$$\lim_{x\to 0}\frac{(\mathrm{e}^{-\frac{1}{x^2}})'}{(x^4)'}=\lim_{x\to 0}\frac{\dfrac{2}{x^3}\mathrm{e}^{-\frac{1}{x^2}}}{4x^3}=\lim_{x\to 0}\frac{\mathrm{e}^{-\frac{1}{x^2}}}{2x^6}$$

比原来的极限更复杂,无助于问题的解决. 但若引入代换,令 $\dfrac{1}{x^2}=y$, 则当 $x\to 0$ 时, $y\to+\infty$, 便有

$$\lim_{x\to 0}\frac{\mathrm{e}^{-\frac{1}{x^2}}}{x^4}=\lim_{y\to+\infty}\frac{y^2}{\mathrm{e}^{y}}=\lim_{y\to+\infty}\frac{2y}{\mathrm{e}^{y}}=\lim_{y\to+\infty}\frac{2}{\mathrm{e}^{y}}=0.$$

（4）在用洛必达法则求不定式极限的过程中,还可以结合使用其他求极限的有效方法. 比如用等价无穷小量作因式替换,往往会使计算简化. 例如,若对 $\lim\limits_{x\to 0}\dfrac{(1-\cos x)^2}{\sin x^2}$ 直接使用洛必达法则,计算较为繁琐. 但若先用等价无穷小量 x^2 代替分母中的 $\sin x^2$,然后再用洛必达法则,便得到

$$\lim_{x\to 0}\frac{(1-\cos x)^2}{\sin x^2}=\lim_{x\to 0}\frac{(1-\cos x)^2}{x^2}=\lim_{x\to 0}\frac{2(1-\cos x)\sin x}{2x}$$

$$=\lim_{x\to 0}\frac{\sin x}{x}\cdot\lim_{x\to 0}(1-\cos x)=0.$$

习题 4-2

1. 求下列不定式极限:

（1）$\lim\limits_{x\to a}\dfrac{x^m-a^m}{x^n-a^n}$（$m$、$n$ 为正整数且 $a\neq 0$）; 　　　（2）$\lim\limits_{x\to 0}\dfrac{a^x-b^x}{x}$（$a>0$、$b>0$）;

（3）$\lim\limits_{x\to 0}\dfrac{\mathrm{e}^x-\mathrm{e}^{-x}}{\sin x}$; 　　　（4）$\lim\limits_{x\to 0}\dfrac{x-\sin x}{x^3}$;

(5) $\lim\limits_{x \to \frac{\pi}{4}} \dfrac{\tan x - 1}{\sin 4x}$;

(6) $\lim\limits_{x \to \frac{\pi}{6}} \dfrac{1 - 2\sin x}{\cos 3x}$;

(7) $\lim\limits_{x \to 0} \dfrac{\tan x - x}{x - \sin x}$;

(8) $\lim\limits_{x \to +\infty} \dfrac{\ln\left(1 + \dfrac{1}{x}\right)}{\operatorname{arccot} x}$;

(9) $\lim\limits_{x \to 0^+} \dfrac{\ln \sin ax}{\ln \sin bx}$ $(a > 0 、b > 0)$;

(10) $\lim\limits_{x \to \frac{\pi}{2}} \dfrac{\tan x}{\tan 3x}$;

(11) $\lim\limits_{x \to \infty} x\left(\mathrm{e}^{\frac{1}{x}} - 1\right)$;

(12) $\lim\limits_{x \to \pi} (\pi - x)\tan \dfrac{x}{2}$;

(13) $\lim\limits_{x \to 0}\left(\dfrac{1}{\sin x} - \dfrac{1}{x}\right)$;

(14) $\lim\limits_{x \to 0}\left(\dfrac{1}{x} - \dfrac{1}{\mathrm{e}^x - 1}\right)$;

(15) $\lim\limits_{x \to 0^+} x^x$;

(16) $\lim\limits_{x \to \frac{\pi}{2}} (\cos x)^{\frac{\pi}{2} - x}$;

(17) $\lim\limits_{x \to 0^+}\left(\dfrac{1}{x}\right)^{\tan x}$;

(18) $\lim\limits_{x \to 0^+}\left(1 + \dfrac{1}{x}\right)^x$;

(19) $\lim\limits_{x \to +\infty}\left(\dfrac{2}{\pi}\arctan x\right)^x$;

(20) $\lim\limits_{x \to 0}\left(\dfrac{\sin x}{x}\right)^{\frac{1}{x^2}}$.

2. 验证极限 $\lim\limits_{x \to \infty} \dfrac{x + \sin x}{x - \sin x}$ 存在,但不能用洛必达法则得出.

4.3　函数的单调性和极值

4.3.1　函数单调性的判别法

本节利用拉格朗日中值定理导出用函数的导数来判定函数单调性的定理.

定理 4.3.1　设函数 $f(x)$ 在 (a, b) 内可导,若在 (a, b) 内,有

$$f'(x) > 0 \quad (\text{或} < 0),$$

则 $f(x)$ 在 (a, b) 内严格递增(或严格递减).

证　在 (a, b) 内任取两点 x_1、x_2($x_1 < x_2$),由假设 $f(x)$ 在 $[x_1, x_2]$ 上连续,在 (x_1, x_2) 内可导,据拉格朗日中值定理,至少存在一点 $\xi \in (x_1, x_2)$,使得

$$f(x_2) - f(x_1) = f'(\xi)(x_2 - x_1).$$

因为 $f'(\xi) > 0$ 且 $x_2 - x_1 > 0$,所以 $f(x_2) - f(x_1) > 0$. 从而 $f(x)$ 在 (a, b) 上严格递增.

同理可证严格递减的情形.

用类似的证明方法还可将定理 4.3.1 进一步推广到闭区间的情形:

推论 设函数 $f(x)$ 在 $[a, b]$ 上连续,在 (a, b) 内可导,若在 (a, b) 内有 $f'(x) > 0$(或 < 0),则 $f(x)$ 在 $[a, b]$ 上严格递增(或严格递减).

在半开区间 $[a, b)$ 和 $(a, b]$ 上也有类似的结论,请读者自行叙述.

定理 4.3.1 的几何意义是:若函数 $f(x)$ 在某区间上图形的切线与 x 轴夹角 α 是锐角($\tan \alpha > 0$,$f'(x) = \tan x$),则函数在该区间上严格单调增加(图 4-5(a));若这个夹角 α 是钝角($\tan \alpha < 0$),则函数在该区间上严格单调减少(见图 4-5(b)).

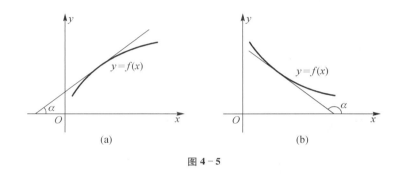

图 4-5

值得注意,$f'(x) > 0$ 是 $f(x)$ 严格单调增加的充分条件,并非必要条件. 见后面的例 4-3-3.

若要确定函数 $f(x)$ 的单调区间,可先在 $f(x)$ 的定义域内找出所有 $f(x)$ 的不可导点和驻点. 用这些点将 $f(x)$ 的定义域分成若干个小区间,在每个小区间上确定 $f(x)$ 的符号,然后根据定理 4.3.1,确定 $f(x)$ 在每个小区间上的单调性.

例 4-3-1 确定函数 $f(x) = 2x^3 - 3x^2 - 12x + 1$ 的单调区间.

解 函数定义域为 $(-\infty, +\infty)$,其导数

$$f'(x) = 6x^2 - 6x - 12 = 6(x + 1)(x - 2).$$

令 $f'(x) = 0$,它的两个根 $x_1 = -1$、$x_2 = 2$ 把 $f(x)$ 的定义域 $(-\infty, +\infty)$ 分成三个区间 $(-\infty, -1)$、$(-1, 2)$ 和 $(2, +\infty)$,在每个区间内 $f'(x)$ 不变号.

根据 $f'(x)$ 在每个区间内的正、负号来判定 $f(x)$ 在区间内的单调性,列表如下(表中 ↗ 表示严格递增,↘ 表示严格递减):

x	$(-\infty, -1)$	-1	$(-1, 2)$	2	$(2, +\infty)$
$f'(x)$	$+$	0	$-$	0	$+$
$f(x)$	↗	8	↘	-19	↗

由于函数 $f(x)$ 在点 $x = -1$ 与 $x = 2$ 处连续,因此 $(-\infty, -1]$、$[2, +\infty)$ 为函数的严格递增区间,$[-1, 2]$ 为严格递减区间.

例 4-3-2　确定函数 $f(x) = \sqrt[3]{x^2}$ 的单调区间.

解　函数定义域为 $(-\infty, +\infty)$. 当 $x \neq 0$ 时,$f(x)$ 的导数为

$$f'(x) = \frac{2}{3\sqrt[3]{x}} \neq 0,$$

当 $x = 0$ 时,$f(x)$ 的导数不存在.

函数的不可导点 $x = 0$ 把 $f(x)$ 的定义域 $(-\infty, +\infty)$ 分成两个区间 $(-\infty, 0)$ 和 $(0, +\infty)$.

下表列出 $f'(x)$ 在各区间内的正负号以及 $f(x)$ 在各区间上的单调性:

x	$(-\infty, 0)$	0	$(0, +\infty)$
$f'(x)$	$-$	不存在	$+$
$f(x)$	↘	0	↗

由于函数 $f(x)$ 在点 $x = 0$ 连续,因此 $(-\infty, 0]$ 为函数的严格递减区间,$[0, +\infty)$ 为严格递增区间.

函数 $f(x)$ 的图形如图 4-6 所示.

从例 4-3-1 和例 4-3-2 可以看出,若函数在区间 I 上连续,其导数除有限点外都存在,则可以用函数的不可导点以及方程 $f'(x) = 0$ 的根所对应的点把 $f(x)$ 的定义区间划分成若干个小区间,在这些小区间上 $f'(x)$ 不变号,因而函数 $f(x)$ 单调.

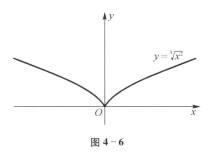

图 4-6

例 4-3-3　讨论函数 $f(x) = x^3$ 的单调性.

解　函数的定义域为 $(-\infty, +\infty)$,其导数

$$f'(x) = 3x^2.$$

当 $x \neq 0$ 时有 $f'(x) > 0$,而 $f'(0) = 0$. 由于函数 $f(x)$ 在 $x = 0$ 处连续,因此它在区间

$(-\infty, 0]$ 和 $[0, +\infty)$ 上都是严格递增的，由此可见函数 $f(x)=x^3$ 在整个定义域 $(-\infty, +\infty)$ 上都是严格递增的（图 4-7）。

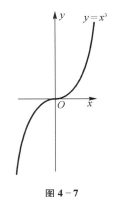

从例 4-3-3 可以看出，若函数 $f(x)$ 在某区间 I 上连续，其导数 $f'(x)$ 仅在区间 I 的有限个点处为 0，而在 I 的其余各点处均大于 0（或均小于 0），则 $f(x)$ 在区间 I 上严格递增（或严格递减）。

运用函数的单调性还可证明不等式。

例 4-3-4   证明：当 $x > 0$ 时，$x > \ln(1+x)$。

证   令 $f(x) = x - \ln(1+x)$。函数 $f(x)$ 在 $[0, +\infty)$ 上连续，且

$$f'(x) = 1 - \frac{1}{1+x} = \frac{x}{1+x} > 0,$$

图 4-7

因此，$f(x)$ 在 $[0, +\infty)$ 上严格递增。从而当 $x > 0$ 时有

$$f(x) = x - \ln(1+x) > f(0) = 0,$$

即当 $x > 0$ 时有

$$x > \ln(1+x).$$

4.3.2   函数极值的判别法

从函数极值的定义可知，函数 $f(x)$ 在点 x_0 处取得的极大值（或极小值）只是函数在 x_0 的某邻域 $U(x_0)$ 内的最大值（或最小值），极大值（或极小值）不一定是整个区间上的最大值（或最小值），即函数的极值仅是一种局部性质。也正是由于极值的局部性，函数在一个区间上可能有多个极大值或极小值，并且其中的极大值未必一定大于极小值。

例如，图 4-8 中的函数 $f(x)$ 在点 x_1、x_3、x_6 处取得极大值，而在点 x_2、x_4 处取得极小值，其极小值 $f(x_4)$ 大于极大值 $f(x_1)$。

由定理 4.1.1（费马定理）可知，可导函数的极值点必定是驻点。反过来则不一定，例如 $x=0$ 是 $f(x)=x^3$ 的驻点，但它不是极值点（因为 $f(x)=x^3$ 是严格递增函数，不存在极值点）。由此可见，$f'(x_0)=0$ 是可导函数 $f(x)$ 在点 x_0 处取得极值的必要条件，而非充分条件。

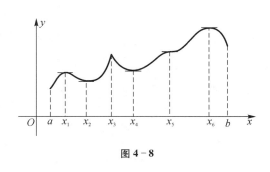

图 4-8

此外，在导数不存在（包括导数为无穷大）的点上，函数也可能取得极值。例如，$x=0$ 是函数

$y = |x|$ 和 $y = \sqrt[3]{x^2}$（图 $4-6$）的不可导点，但却是它们的极小值点.

因此，如果要寻找函数的极值点，只要考察函数的驻点和不可导点. 但这些点是否为极值点，则有待进一步判定.

下面定理给出了判定极值点的充分条件.

定理 4.3.2（极值的第一充分条件）　设函数 $f(x)$ 在点 x_0 的某邻域 $U(x_0; \delta)$ 内连续，在去心邻域 $\mathring{U}(x_0; \delta)$ 内可导. 若函数 $f(x)$ 满足：

（1）在 $(x_0-\delta, x_0)$ 内有 $f'(x) > 0$（或 < 0）；

（2）在 $(x_0, x_0+\delta)$ 内有 $f'(x) < 0$（或 > 0）；

则 $f(x)$ 在点 x_0 处取得极大值（或极小值）.

证　由定理条件，函数 $f(x)$ 在 $(x_0-\delta, x_0]$ 上连续，且在 $(x_0-\delta, x_0)$ 内有 $f'(x) > 0$，因此，由函数单调性判别法可知函数 $f(x)$ 在 $(x_0-\delta, x_0]$ 上严格递增. 同理可知函数 $f(x)$ 在 $[x_0, x_0+\delta)$ 上严格递减. 因而当 $x \in \mathring{U}(x_0; \delta)$ 时，都有

$$f(x) < f(x_0).$$

即 $f(x)$ 在点 x_0 处取得极大值.

极小值的情形可类似地证明.

例 4-3-5　求 $f(x) = (2x - 5)\sqrt[3]{x^2}$ 的极值点与极值.

解　函数在 $(-\infty, +\infty)$ 上连续. 当 $x \neq 0$ 时，有

$$f'(x) = \frac{10}{3} \cdot \frac{x-1}{\sqrt[3]{x}}.$$

令 $f'(x) = 0$，求得驻点 $x = 1$，函数的不可导点为 $x = 0$. 列表讨论如下：

x	$(-\infty, 0)$	0	$(0, 1)$	1	$(1, +\infty)$
$f'(x)$	$+$	不存在	$-$	0	$+$
$f(x)$	↗	0	↘	-3	↗

由表可见：$x = 0$ 为函数 $f(x)$ 的极大值点，极大值为 $f(0) = 0$；$x = 1$ 为 $f(x)$ 的极小值点，极小值为 $f(1) = -3$（图 $4-9$）.

若 $f(x)$ 在驻点 x_0 处的二阶导数 $f''(x)$ 存在且不为零，则又有如下的极值判定定理.

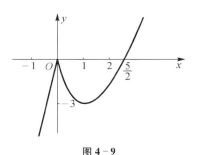

图 4-9

定理4.3.3(极值的第二充分条件) 设函数$f(x)$在点x_0的某邻域内一阶可导,在点x_0处二阶可导,且

$$f'(x_0) = 0, f''(x_0) \neq 0.$$

若$f''(x_0) < 0$(或 > 0),则$f(x)$在点x_0处取得极大值(或极小值).

证 设$f''(x_0) < 0$. 由二阶导数定义,有

$$\lim_{x \to x_0} \frac{f'(x)}{x - x_0} = \lim_{x \to x_0} \frac{f'(x) - f'(x_0)}{x - x_0} = f''(x_0) < 0.$$

根据函数极限的局部保号性,存在点x_0的去心邻域$\mathring{U}(x_0; \delta)$,使得当$x \in \mathring{U}(x_0; \delta)$时,必有

$$\frac{f'(x)}{x - x_0} < 0,$$

即$f'(x)$与$x - x_0$异号.

由此可知,当$x \in (x_0 - \delta, x_0)$时,$f'(x) > 0$;当$x \in (x_0, x_0 + \delta)$时,$f'(x) < 0$. 由极值的第一充分条件可知$f(x)$在点$x_0$处取得极大值.

对于$f''(x_0) > 0$的情形可类似证明.

例4-3-6 求$f(x) = (x - 1)^2 (x + 1)^3$的极值点与极值.

解 函数在$(-\infty, +\infty)$上可求任意阶导数.

$$f'(x) = 2(x - 1)(x + 1)^3 + 3(x - 1)^2 (x + 1)^2$$

$$= (x - 1)(x + 1)^2 (5x - 1),$$

求解方程$f'(x) = 0$,得到驻点$x = -1$、1和$\frac{1}{5}$. 又由

$$f''(x) = (x + 1)(20x^2 - 8x - 4),$$

可得

$$f''\left(\frac{1}{5}\right) = -\frac{144}{25} < 0, f''(1) = 16 > 0, f''(-1) = 0.$$

由定理4.3.3知:$x = \frac{1}{5}$为极大值点,极大值为$f\left(\frac{1}{5}\right) = \frac{3\,456}{3\,125}$;$x = 1$为极小值点,极小值为$f(1) = 0$.

对于驻点$x = -1$,定理4.3.3失效. 但因在$\left(-\infty, \frac{1}{5}\right)$内除$x = -1$外$f'(x) > 0$,所以

$x = -1$ 不是函数 $f(x)$ 的极值点.

如例 4-3-6 所示,若在驻点 x_0 处有 $f''(x_0) = 0$,则不能利用定理 4.3.3 来判定函数 $f(x)$ 在点 x_0 处是否取得极值. 例如,函数 $f(x) = x^4$ 在点 $x = 0$ 处有 $f'(0) = f''(0) = 0$,这个函数在 $x = 0$ 处取得极小值;而函数 $f(x) = x^3$ 在点 $x = 0$ 处虽然也有 $f'(0) = f''(0) = 0$,但 $x = 0$ 却不是该函数的极值点.

4.3.3 函数的最大值与最小值

以下讨论如何寻求连续函数在某个区间上的最大值与最小值的问题.

首先,由闭区间上连续函数的性质,$f(x)$ 在 $[a, b]$ 上一定存在最大值与最小值.

其次,若最大(小)值在区间内部某点 x_0 取得,则这个最大(小)值一定也是函数的在点 x_0 的某邻域的最大(小)值,从而点 x_0 一定是函数的极大(小)值点;又若连续函数的最大(小)值不在区间内部取得,则必在区间端点处取得.

因此,求 $f(x)$ 在 $[a, b]$ 上的最大值与最小值的方法是:

(1)求出函数 $f(x)$ 在 (a, b) 内的驻点与不可导点;

(2)计算函数 $f(x)$ 在上述各点的值与端点处的值 $f(a)$、$f(b)$;

(3)比较上述各个函数值,其中最大(小)者即为 $f(x)$ 在 $[a, b]$ 上的最大(小)值.

此外,可以证明:若函数 $f(x)$ 在一个区间(有限或无限、开或闭)上可导,且只有一个极值点 x_0,则可以断定这个极值点一定是函数的"最值"点,即若 x_0 是函数 $f(x)$ 在一个区间上的唯一极大值点(或极小值点),则可以断定函数 $f(x)$ 在点 x_0 处取得该区间的最大值(或最小值)$f(x_0)$.

例 4-3-7 求函数 $f(x) = (2x - 5)\sqrt[3]{x^2}$ 在闭区间 $\left[-1, \dfrac{5}{2}\right]$ 上的最大值与最小值.

解 函数 $f(x)$ 在闭区间 $\left[-1, \dfrac{5}{2}\right]$ 上连续,故必存在最大值与最小值. 由例 4-3-5 可知,$x = 0$ 为函数 $f(x)$ 的不可导点,$x = 1$ 为函数的驻点,在这些点和区间端点处的函数值为

$$f(0) = 0, \ f(1) = -3, \ f(-1) = -7, \ f\left(\frac{5}{2}\right) = 0.$$

故函数 $f(x)$ 在 $\left[-1, \dfrac{5}{2}\right]$ 上的最大值是 0,最小值是 -7.

下面举一些应用问题的例子. 在应用导数解决实际问题中的最大、最小值问题时,首先应根据题意建立目标函数并确定其定义域,然后再求出它的最大值或最小值. 而且,对于实际问题,往往可以根据问题的实际意义判断函数在某区间内部确有最大值或最小值. 此时,若此函数在区间

内部只有一个驻点,则可以断定此驻点上的函数值就是所求的最大值或最小值,而不必进行讨论.

例 4 - 3 - 8 某工厂需生产一批容积为 V 的圆柱形有盖铁罐,问如何选择铁罐的高和底半径,使所用的材料最省?

解 设铁罐的底半径为 r,高为 h,则它的表面积为

$$S = 2\pi r^2 + 2\pi rh.$$

又由假设,铁罐的容积 $\pi r^2 h = V$,从而 $h = \dfrac{V}{\pi r^2}$,代入上式得

$$S(r) = 2\left(\pi r^2 + \frac{V}{r}\right) \quad (r > 0).$$

为使所用的材料最省,就是要确定铁罐底半径 r 的值,使函数 $S(r)$ 取最小值. 由

$$S'(r) = 2\left(2\pi r - \frac{V}{r^2}\right) = 0$$

解得驻点

$$r = \sqrt[3]{\frac{V}{2\pi}}.$$

这是函数的唯一驻点. 又因为当 $r \to 0$ 和 $r \to +\infty$ 时 $S(r) \to +\infty$,所以 $S(r)$ 在这唯一驻点处取最小值. 以 r 的值代入 $h = \dfrac{V}{\pi r^2}$,得相应的高为

$$h = 2\sqrt[3]{\frac{V}{2\pi}}.$$

这就是说,当铁罐的高等于底直径时,所用的材料最省.

思考 这个题目中我们假定了铁罐用料的厚度是一样的,所以表面积最小就是用料最省. 但如果罐的两个底圆材料厚度不一样,比如像易拉罐,顶部用料的厚度是底部用料的两倍,这个问题怎么解?

例 4 - 3 - 9 把一根直径为 d 的圆木锯成横截面为矩形的梁(图 4 - 10). 已知梁的抗弯强度与矩形截面的高的平方和宽的乘积成正比. 问如何选择宽与高使梁的抗弯强度为最大?

解 设梁的底宽为 x,则高为 $h = \sqrt{d^2 - x^2}$,梁的抗弯强度为

$$F(x) = kx(d^2 - x^2), \quad 0 < x < d,$$

其中 k 为比例常数. 由

$$F'(x) = k(d^2 - 3x^2) = 0,$$

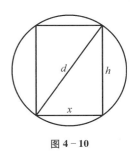

图 $4-10$

可得 $F(x)$ 在区间 $(0, d)$ 内唯一的驻点 $x = \dfrac{d}{\sqrt{3}}$, 而

$$F''(x) = -6kx, \quad F''\left(\frac{d}{\sqrt{3}}\right) = -2\sqrt{3}\,kd < 0,$$

故 $F\left(\dfrac{d}{\sqrt{3}}\right)$ 为函数 $F(x)$ 的极大值, 同时也是它在 $(0, d)$ 内的最大值. 因此, 圆木被锯成宽为

$\dfrac{1}{\sqrt{3}}d$、高为 $\sqrt{\dfrac{2}{3}}d$ (即宽∶高 $= 1∶\sqrt{2}$) 的矩形截面梁时, 梁的抗弯强度最大.

本节的重点是用导数的符号来判定原来函数的性态. 读者必须正确应用单调函数的判别法和极值的判别法.

(1) 定理 4.3.1 给出了判定可导函数严格单调的充分条件, 但这不是必要条件, 因为严格单调函数在单调区间的个别点处可以有 $f'(x) = 0$. 例如 $f(x) = x^3$ 在 $(-\infty, +\infty)$ 上严格递增, 但 $f'(0) = 0$. 一般地说, 若在 (a, b) 内恒有 $f'(x) \geqslant 0$ (或 $\leqslant 0$), 而等号仅在一些孤立点上成立, 则 $f(x)$ 在 (a, b) 内仍为严格递增 (或严格递减).

(2) 极值的第一、二充分条件在应用中各有所长. 第一充分条件适用面比较广, 它不仅可以判别驻点是否为极值点, 还可以判别不可导点是否为极值点; 但它需要考虑一阶导函数在这些点左、右近旁的符号, 有时比较麻烦. 第二充分条件只需研究函数在驻点处的二阶导数值, 使用时比较方便; 但它不能用来判定不可导点和二阶导数亦为零的驻点是否为极值点, 这是它的局限性.

习题 4-3

1. 确定下列函数的单调区间：

(1) $f(x) = x^3 - 3x^2 - 9x + 14$；

(2) $f(x) = x - e^x$；

(3) $f(x) = 2x^2 - \ln x$；

(4) $f(x) = \sqrt{2x - x^2}$.

2. 求下列函数的极值：

(1) $f(x) = 2x^3 - x^4$；

(2) $f(x) = \dfrac{2x}{1 + x^2}$；

(3) $f(x) = \dfrac{(\ln x)^2}{x}$;

(4) $f(x) = x + \sqrt{1 - x}$;

(5) $f(x) = \arctan x - \dfrac{1}{2}\ln(1 + x^2)$;

(6) $f(x) = \sqrt[3]{(2x - x^2)^2}$.

3. 证明下列不等式:

(1) $\ln x > \dfrac{2(x - 1)}{x + 1}$, $x > 1$;

(2) $\dfrac{e^x + e^{-x}}{2} > 1 + \dfrac{x^2}{2}$, $x \neq 0$;

(3) $\sin x + \tan x > 2x$, $0 < x < \dfrac{\pi}{2}$.

4. 求下列函数在给定区间上的最大值与最小值:

(1) $f(x) = x^5 - 5x^4 + 5x^3 + 1$, $[-1, 2]$;

(2) $f(x) = \sin 2x - x$, $\left[-\dfrac{\pi}{2}, \dfrac{\pi}{2}\right]$;

(3) $f(x) = \dfrac{x - 1}{x + 1}$, $[0, 4]$;

(4) $f(x) = 2\tan x - \tan^2 x$, $\left[0, \dfrac{\pi}{2}\right)$;

(5) $f(x) = \sqrt{x}\ln x$, $(0, +\infty)$.

5. 有一块长为 16 cm、宽为 10 cm 的铁皮,在它的四角截去相同的小正方形,然后把四边折起来做成一个无盖盒子. 要使盒子的容积最大,问截去的小正方形的边长应为多少?

6. 从一块半径为 R 的圆铁片上剪去一个扇形后,做成一个圆锥形漏斗,问留下的扇形中心角 φ 取多大时,做成的漏斗有最大容积?

7. 用某种仪器测量某一零件的长度 n 次,所得 n 次的读数为 a_1, a_2, $\cdots$, a_n. 为了较好地表达零件的长度 x,要求它与上述 n 个测量值之差的平方和为最小,试求 x 的值.

8. 一张 1.4 m 高的图片挂在墙上,它的下底高于观察者的眼 1.8 m. 问观察者应站在离墙多远处看图才最清晰(即视角最大,视角是观察图片的上底的视线与观察图片下底的视线所夹的角)?

9. 在一半径为 R 的圆形广场中心竖一电灯杆,问电灯要多高,才能使广场周围的路上照得最亮(灯光的亮度与光线投射角的余弦成正比,与光源距离的平方成反比,而投射角是光线与垂直于地面的直线所夹的角)?

10. 某窗之形状系由半圆置于矩形上面所成,半圆的底直径重合于矩形的上底边. 若该窗框的周长 p 一定,试确定半圆的半径 r,使所通过的光线最充分.

4.4 函数图形的讨论

4.4.1 曲线的凸性与拐点

对于函数 $f(x)$，仅仅研究它的单调性和极值还不能全面地了解函数的性态并较准确地描绘它的图形. 例如，图 4-11 中的三条曲线都是递增的，但却有明显的区别——它们具有不同的弯曲方向，l_1 向上凸，l_2 向下凸，而 l_3 既有向上凸的部分又有向下凸的部分. 曲线的向上凸或向下凸的性质统称为曲线的**凸性**.

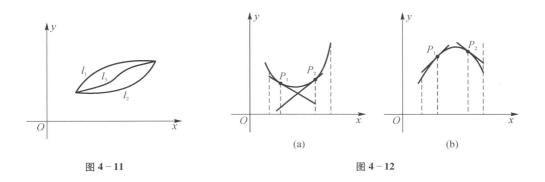

图 4-11   图 4-12

从图 4-12 中可以看出，若曲线上每一点的切线都存在，则当曲线向下凸时，曲线总在任何一点处的切线的上方；当曲线向上凸时，曲线总在任何一点处的切线的下方.

定义 4.4.1 设函数 $f(x)$ 在 (a, b) 内可导，若曲线 $y=f(x)$ 位于其每点处的切线的上方（或下方），则称曲线 $y=f(x)$ 在 (a, b) 内是**向下凸**（或**向上凸**）的.

换一个角度来看这个问题，如果任意作一条曲线的弦，曲线总是在弦的下方，则曲线表现为下凸的；若任意作一条曲线的弦，曲线总是在弦的上方，则曲线表现为上凸的. 根据这个描述，可以给出定义 4.4.1 的一个等价定义（可以证明当 $f(x)$ 可导时，与定义 4.4.1 等价）.

定义 4.4.1′ 设 $f(x)$ 在区间 I 上连续，如果对 I 上的任意两点 x_1、x_2 恒有

$$f\left(\frac{x_1 + x_2}{2}\right) < \frac{f(x_1) + f(x_2)}{2},$$

则称曲线 $y=f(x)$ 在 I 上是向**下凸**的（图 4-13(a)）.

如果恒有

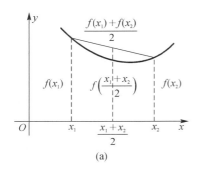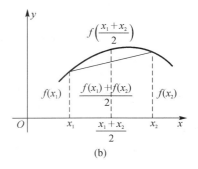

图 4 - 13

$$f\left(\frac{x_1 + x_2}{2}\right) > \frac{f(x_1) + f(x_2)}{2},$$

则称曲线 $y=f(x)$ 在 I 上是向**上凸**的（图 4 - 13(b)）.

从图 4 - 12(a)还可以看出，曲线在 (a, b) 内向下凸的另一几何特征是：曲线 $y=f(x)$ 的切线斜率随着 x 的增大而增大，即一阶导函数 $f'(x)$ 在 (a, b) 内严格递增. 下面给出曲线凸性的判定定理.

定理 4. 4. 1 若函数 $f(x)$ 在 (a, b) 内可导，且导函数 $f'(x)$ 在 (a, b) 内严格递增（或严格递减），则曲线 $y=f(x)$ 在 (a, b) 内向下凸（或向上凸）.

*证 下面只证向下凸的情形，向上凸的情形可类似证明.

在区间 (a, b) 内任取一点 x_0，设 x 为 (a, b) 内异于 x_0 的任意一点. 由拉格朗日中值定理知，在 x_0 与 x 之间至少存在一点 ξ，使得

$$f(x) - f(x_0) = f'(\xi)(x - x_0).$$

因为 $f'(x)$ 在 (a, b) 内严格递增，所以，当 $x>x_0$（或 $x<x_0$）时，有

$$f'(\xi) > f'(x_0) \quad (\text{或} f'(\xi) < f'(x_0)),$$

于是，当 $x \neq x_0$ 时都有

$$f'(\xi)(x - x_0) > f'(x_0)(x - x_0),$$

由此可见，

$$f(x) > f(x_0) + f'(x_0)(x - x_0). \tag{①}$$

因为曲线 $y=f(x)$ 在点 x_0 处的切线方程为

$$y = f(x_0) + f'(x_0)(x - x_0), \tag{②}$$

①②两式相比较可知曲线 $y=f(x)$ 上的点都在切线②的上方. 再由 x_0 的任意性即知曲线 $y=f(x)$ 在 (a,b) 内是向下凸的.

由上述定理可知,利用导函数 $f'(x)$ 的单调性能对曲线的凸性作出判断. 由 4.3 节的定理 4.3.1, $f'(x)$ 的单调性又能用 $f(x)$ 的二阶导数的符号来判断,于是又得到下面的凸性断定定理.

定理 4.4.2　若函数 $f(x)$ 在 (a,b) 内有二阶导数,且 $f''(x)>0$(或 <0),则曲线 $y=f(x)$ 在 (a,b) 内向下凸(或向上凸).

例 4-4-1　证明: $e^{\frac{x+y}{2}}<\dfrac{1}{2}(e^x+e^y)$,其中 $x\neq y$ 且 x、$y\in(-\infty,+\infty)$.

证　观察不等式,可取函数 $y=e^x$,因 $y''=e^x>0$,$x\in(-\infty,+\infty)$. 故曲线 $y=e^x$ 在 $(-\infty,+\infty)$ 上是向下凸的,因此对于任何 $x\neq y$,有

$$f\left(\frac{x+y}{2}\right)<\frac{f(x)+f(y)}{2},$$

即

$$e^{\frac{x+y}{2}}<\frac{1}{2}(e^x+e^y)\quad(x\neq y).$$

定义 4.4.2　连续曲线 $y=f(x)$ 的向下凸部分与向上凸部分的分界点称为该曲线的**拐点**.

如图 4-14 中的点 P 就是曲线 $y=f(x)$ 的拐点.

由拐点的定义,若点 $(x_0,f(x_0))$ 是曲线 $y=f(x)$ 的拐点,则 $f'(x)$ 在点 x_0 的两侧分别是严格递增与严格递减的,这表示点 x_0 为 $f'(x)$ 的极值点. 由函数取极值的必要条件可得关于曲线拐点的必要条件的定理.

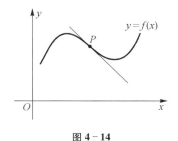

图 4-14

定理 4.4.3　设 $f(x)$ 在点 x_0 处二阶可导,若点 $(x_0,f(x_0))$ 是曲线 $y=f(x)$ 的拐点,则 $f''(x_0)=0$.

需要注意的是:条件 $f''(x_0)=0$ 是点 $(x_0,f(x_0))$ 为曲线 $y=f(x)$ 拐点的必要条件而不是充分条件. 因此,求曲线 $y=f(x)$ 的拐点,首先是求出使 $f''(x)=0$ 或使 $f(x)$ 的二阶导数不存在的点,然后再根据曲线 $y=f(x)$ 在这些点左、右是否改变凸性来判断.

例 4-4-2　求曲线 $y=3x^4-4x^3+1$ 的拐点与凸性区间.

解　函数 $f(x)=3x^4-4x^3+1$ 的一阶、二阶导数为

$$f'(x) = 12x^3 - 12x^2,$$

$$f''(x) = 36x^2 - 24x = 36x\left(x - \frac{2}{3}\right).$$

令 $f''(x) = 0$,得 $x_1 = 0$, $x_2 = \frac{2}{3}$.

x	$(-\infty, 0)$	0	$\left(0, \dfrac{2}{3}\right)$	$\dfrac{2}{3}$	$\left(\dfrac{2}{3}, +\infty\right)$
$f''(x)$	+	0	−	0	+
$y = f(x)$	向下凸	拐点	向上凸	拐点	向下凸

由此得知拐点为 $(0, 1)$ 和 $\left(\dfrac{2}{3}, \dfrac{11}{27}\right)$,下凸区间为 $(-\infty, 0)$ 与 $\left(\dfrac{2}{3}, +\infty\right)$,上凸区间为 $\left(0, \dfrac{2}{3}\right)$.

例4-4-3 求曲线 $y = (x-2)^{\frac{5}{3}}$ 的拐点与凸性区间.

解 $f(x) = (x-2)^{\frac{5}{3}}$ 的一阶导数为

$$f'(x) = \frac{5}{3}(x-2)^{\frac{2}{3}}.$$

当 $x = 2$ 时,$f(x)$ 的二阶导数不存在;当 $x \neq 2$ 时,

$$f''(x) = \frac{10}{9}(x-2)^{-\frac{1}{3}}.$$

x	$(-\infty, 2)$	2	$(2, +\infty)$
$f''(x)$	−	不存在	+
$y = f(x)$	向上凸	拐点	向下凸

由此得知,曲线 $y = (x-2)^{\frac{5}{3}}$ 的拐点为 $(2, 0)$,上凸区间为 $(-\infty, 2)$,下凸区间为 $(2, +\infty)$.

由例4-4-3可以看出,尽管 $f''(x_0)$ 不存在,但 $(x_0, f(x_0))$ 仍可能是曲线 $y = f(x)$ 的拐点.

4.4.2 曲线的渐近线

由平面解析几何可知,双曲线 $\dfrac{x^2}{a^2} - \dfrac{y^2}{b^2} = 1$ 有两条渐近线 $\dfrac{x}{a} \pm \dfrac{y}{b} = 0$,又如曲线 $y = \dfrac{1}{x}$ 也有 $x = 0$

与 $y = 0$ 两条渐近线.

对渐近线的讨论可使我们对曲线在无限远部分的趋势有所了解. 下面给出一般曲线渐近线的定义.

定义 4.4.3 若曲线 C 上的动点 P 沿着曲线无限地远离原点时, 点 P 与某一固定直线 L 的距离趋于零, 则称直线 L 为曲线 C 的一条**渐近线**.

下面讨论曲线在什么情况下有渐近线以及怎样求渐近线.

1. 铅直渐近线与水平渐近线

如图 $4-15(a)$ 所示, 若

$$\lim_{x \to x_0^+} f(x) = -\infty \quad 或 \lim_{x \to x_0^-} f(x) = +\infty,$$

则当 $x \to x_0^+$ 或 $x \to x_0^-$ 时, 曲线的动点 $P(x, f(x))$ 无限远离原点, 且与直线 $x = x_0$ 的距离趋于 0, 因此, 直线 $x = x_0$ 是曲线 $y = f(x)$ 的一条渐近线, 称为曲线 $y = f(x)$ 的**铅直渐近线**.

例如, 对于函数 $y = \tan x$, 有

$$\lim_{x \to \frac{\pi}{2}} \tan x = \infty,$$

因此, 直线 $x = \dfrac{\pi}{2}$ 是曲线 $y = \tan x$ 的一条铅直渐近线.

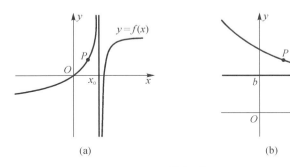

(a)　　　　　　　　　　(b)

图 4-15

如图 $4-15(b)$ 所示, 若

$$\lim_{x \to +\infty} f(x) = b \quad (或 \lim_{x \to -\infty} f(x) = b), \qquad ③$$

则当 $x \to +\infty$ (或 $x \to -\infty$) 时, 曲线的动点 $P(x, f(x))$ 无限远离原点, 且与直线 $y = b$ 的距离趋于 0, 因此, 直线 $y = b$ 是曲线 $y = f(x)$ 的一条渐近线, 称为曲线 $y = f(x)$ 的**水平渐近线**.

例如, 对于函数 $y = \arctan x$, 有

$$\lim_{x \to +\infty} \arctan x = \frac{\pi}{2}, \quad \lim_{x \to -\infty} \arctan x = -\frac{\pi}{2},$$

因此,直线 $y = \dfrac{\pi}{2}$ 与 $y = -\dfrac{\pi}{2}$ 是曲线 $y = \arctan x$ 的两条水平渐近线.

2. 斜渐近线

如图 4–16 所示,若函数 $y = f(x)$ 有

$$\lim_{x \to +\infty} f(x) = \infty \quad \text{或} \lim_{x \to -\infty} f(x) = \infty ,$$

则曲线 $y = f(x)$ 可能有斜渐近线 $y = kx + b$,其中 $k \neq 0$.

设曲线 $y = f(x)$ 当 $x \to +\infty$ 时有渐近线 $y = kx + b$,接下来确定系数 k

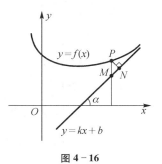

图 4–16

和 b. 设直线 $y = kx + b$ 关于 x 轴的倾角为 $\alpha \left(-\dfrac{\pi}{2} < \alpha < \dfrac{\pi}{2} \right)$,曲线和

直线上具有相同横坐标 x 的点分别为 $P(x, f(x))$ 和 $M(x, kx + b)$(图

4–16).考察曲线上动点 P 到渐近线的距离

$$|PN| = |PM| \cos \alpha$$

$$= |f(x) - (kx + b)| \cos \alpha,$$

据定义 4.4.3,有

$$\lim_{x \to +\infty} |PN| = 0. \qquad \text{④}$$

又由于 $\alpha \neq \dfrac{\pi}{2}$,$\cos \alpha \neq 0$,④式等价于

$$\lim_{x \to +\infty} [f(x) - (kx + b)] = 0, \qquad \text{⑤}$$

或

$$\lim_{x \to +\infty} [f(x) - kx] = b. \qquad \text{⑥}$$

又由

$$\lim_{x \to +\infty} \left[\frac{f(x)}{x} - k \right] = \lim_{x \to +\infty} \frac{1}{x} [f(x) - kx] = 0 \cdot b = 0,$$

得到

$$\lim_{x \to +\infty} \frac{f(x)}{x} = k. \qquad \text{⑦}$$

于是,若曲线 $y = f(x)$ 当 $x \to +\infty$ 时有渐近线 $y = kx + b$,则其系数 k 和 b 可先由⑦式再由⑥式相继确定.

反之,若由⑦、⑥两式求得 k 和 b,则由⑤、④两式的等价性可知 $\lim\limits_{x \to +\infty} |PN| = 0$,即曲线 $y = f(x)$ 当 $x \to +\infty$ 时有渐近线 $y = kx + b$.

曲线当 $x \to -\infty$ 时的渐近线也有类似的结果.

注意,若由⑦式求得的系数 $k=0$,则⑥式就与③式一致,即当 $k=0$ 时,渐近线 $y=b$ 就是曲线的水平渐近线.

例 4-4-4 求曲线 $y = \dfrac{(x-1)^3}{(x+1)^2}$ 的渐近线.

解 因为

$$\lim_{x \to -1} \frac{(x-1)^3}{(x+1)^2} = -\infty ,$$

所以 $x=-1$ 为其铅直渐近线.

又因

$$k = \lim_{x \to \infty} \frac{f(x)}{x} = \lim_{x \to \infty} \frac{(x-1)^3}{x(x+1)^2} = 1 ,$$

$$b = \lim_{x \to \infty} \left[f(x) - kx \right] = \lim_{x \to \infty} \left[\frac{(x-1)^3}{(x+1)^2} - x \right] = \lim_{x \to \infty} \frac{-5x^2 + 2x - 1}{(x+1)^2} = -5 ,$$

于是该曲线当 $x \to +\infty$ 和 $x \to -\infty$ 时有同一斜渐近线

$$y = x - 5.$$

一般情形下,当 $x \to +\infty$ 时与当 $x \to -\infty$ 时的渐近线不一定同时存在,即使都存在也可能不是同一条直线,这时需要分别作出讨论.

4.4.3 函数作图

用描点法作出的函数图形往往不能确切反映图形的基本特征,例如曲线的峰和谷、升和降、下凸和上凸、渐近线的走向等. 利用微分学这个工具就能通过全面讨论函数性态,较准确地作出函数的图形. 作图的一般步骤如下:

(1)求函数的定义域;

(2)考察函数的奇偶性、周期性;

(3)求函数的某些特殊点,如与两坐标轴的交点、不连续点、不可导点等;

(4)确定函数的单调区间、极值点、曲线的凸性区间以及拐点;

(5)求曲线的渐近线;

(6)将以上讨论的结果,按自变量由小到大分段列表,最后总结绘图.

例 4-4-5 作函数 $y = \dfrac{x}{1+x^2}$ 的图形.

解 (1) 函数的定义域为 $(-\infty, +\infty)$;

(2) 该函数为奇函数, 曲线关于原点对称, 因此只需讨论它在 $[0, +\infty)$ 上的图形;

(3) 由 $f(x) = 0$ 解得 $x = 0$, 曲线过原点 $(0, 0)$;

(4) 由

$$f'(x) = \frac{1 - x^2}{(1 + x^2)^2} = 0$$

解得函数在 $(0, +\infty)$ 上的驻点 $x = 1$; 又由

$$f''(x) = 2x(x^2 - 3)(1 + x^2)^{-3} = 0$$

解得 $x = 0, \sqrt{3}$;

(5) 由 $\lim\limits_{x \to +\infty} f(x) = 0$ 知曲线有水平渐近线 $y = 0$, 无铅直渐近线;

(6) 列表如下(仅列出在 $[0, +\infty)$ 上的部分):

x	0	$(0, 1)$	1	$(1, \sqrt{3})$	$\sqrt{3}$	$(\sqrt{3}, +\infty)$
$f'(x)$	$+$	$+$	0	$-$	$-$	$-$
$f''(x)$	0	$-$	$-$	$-$	0	$+$
$f(x)$	0	↗	$\dfrac{1}{2}$	↘	$\dfrac{\sqrt{3}}{4}$	↘
$y = f(x)$ 的图形	拐点 $(0, 0)$	向上凸	极大值 $\dfrac{1}{2}$	向上凸	拐点 $\left(\sqrt{3}, \dfrac{\sqrt{3}}{4}\right)$	向下凸

根据上面的讨论, 描出函数在 $[0, +\infty)$ 上的图形, 再由曲线关于原点的对称性得到函数在 $(-\infty, 0)$ 上的图形(图 4-17).

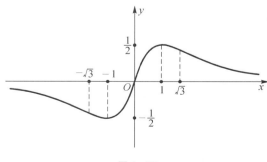

图 4-17

例 4 - 4 - 6　作函数 $y = \dfrac{(x-1)^3}{(x+1)^2}$ 的图形.

解　(1) 函数的定义域为 $(-\infty, -1) \cup (-1, +\infty)$;

(2) 函数无对称性和周期性;

(3) 由 $f(x) = 0$ 解得 $x = 1$, 曲线与 x 轴交于点 $(1, 0)$; 又由 $f(0) = -1$ 知曲线与 y 轴交于点 $(0, -1)$; $x = -1$ 为函数的无穷大型间断点;

(4) 由

$$f'(x) = \frac{(x-1)^2(x+5)}{(x+1)^3} = 0$$

解得驻点 $x = -5, 1$; 又由

$$f''(x) = \frac{24(x-1)}{(x+1)^4} = 0$$

解得 $x = 1$;

(5) 据例 4 - 4 - 4 知, 曲线有铅直渐近线 $x = -1$, 且当 $x \to \infty$ 时有斜渐近线 $y = x - 5$;

(6) 列表如下:

x	$(-\infty, -5)$	-5	$(-5, -1)$	$(-1, 1)$	1	$(1, +\infty)$
$f'(x)$	+	0	−	+	0	+
$f''(x)$	−	−	−	−	0	+
$f(x)$	↗	-13.5	↘	↗	0	↗
$y=f(x)$ 的图形	向上凸	极大值-13.5	向上凸	向上凸	拐点(1, 0)	向下凸

根据上面讨论, 描出函数图形如图 4 - 18 所示.

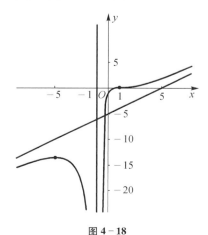

图 4 - 18

本节的重点是利用导数作函数的图形,以下几点应予以注意:

(1) 在作函数的图形时,除了上节介绍的单调性、极值性外,还须注意函数的凸性、拐点、渐近线. 当然,还应充分利用函数的奇偶性、周期性以简化讨论. 若有必要,也可适当求出在某些点处的函数值以便比较准确地作出函数的图形.

(2) 定理 4.4.2 中条件 $f''(x) > 0$ 只是曲线向下凸的充分条件. 事实上,当 $f''(x) \geq 0$ 且等号仅在区间 (a, b) 内的有限个孤立点上才成立时,仍能保证曲线 $y = f(x)$ 在 (a, b) 内向下凸(这是因为此时 $f'(x)$ 在 (a, b) 内仍为严格递增的).

习题 4-4

1. 确定下列曲线的凸性区间与拐点:

(1) $y = 2x^3 - 3x^2 - 36x + 25$;　　　　(2) $y = \ln(1 + x^2)$;

(3) $y = e^{2\arctan x}$;　　　　　　　　　(4) $y = (x + 1)^4 + e^x$;

(5) $y = a - \sqrt[3]{x - b}$.

2. 当 a 与 b 为何值时,点 $(1, 3)$ 为曲线 $y = ax^3 + bx^2$ 的拐点?

3. 通过讨论函数性态,绘出下列函数的图形:

(1) $y = 3x^2 - x^3$;　　　　　　　　　(2) $y = e^{-x^2}$;

(3) $y = x - 2\arctan x$;　　　　　　　(4) $y = 4x^2 + \dfrac{1}{x}$;

(5) $y = x + \dfrac{\ln x}{x}$;　　　　　　　*(6) $y = \ln \sin x$.

4. 求下列曲线的渐近线:

(1) $y = -5 + \dfrac{5}{(x - 2)^2}$;　　　　　(2) $y = \dfrac{x^3}{2(x + 1)}$;

(3) $y = x\ln\left(e + \dfrac{1}{x}\right)$;　　　　　(4) $y = xe^{\frac{1}{x^2}}$.

5. 利用函数图形的凸性,证明下列不等式:

(1) $\dfrac{1}{2}(x^n + y^n) > \left(\dfrac{x + y}{2}\right)^n$,其中 $x > 0$、$y > 0$、$x \neq y$、$n > 1$、$n \in \mathbf{N}$;

(2) $x\ln x + y\ln y > (x + y)\ln\left(\dfrac{x + y}{2}\right)$,其中 $x > 0$、$y > 0$、$x \neq y$.

6. 证明在 $(0, +\infty)$ 内 $\ln x$ 严格上凸,由此推出几何平均与算术平均的不等式:

（1）$\sqrt{xy} < \dfrac{x+y}{2}$，其中 $x > 0$、$y > 0$、$x \neq y$；

*（2）$\sqrt[n]{x_1 x_2 \cdots x_n} < \dfrac{1}{n}(x_1 + x_2 + \cdots + x_n)$，其中 x_1，x_2，$\cdots$，x_n 是任意 n 个不全相等的正数.

7. 设函数 $f(x)$ 的定义域为 $(1, 5)$，该函数的二阶导数 $f''(x)$ 的图形如图，请指出导函数 $f'(x)$ 的极大值（极小值）以及拐点的个数.

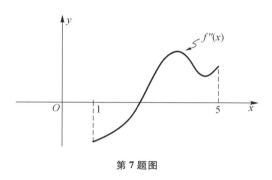

第 7 题图

*4.5　曲　　率

一般来说，一条曲线在不同部分有不同的弯曲程度. 直观看来，抛物线 $y = x^2$ 在其顶点附近弯曲得比远离顶点的部分就要大些.

如图 $4-19$，设 $\overset{\frown}{M_1 M_2}$ 为曲线上的弧段，其长度为 $|\Delta s|$，点 M_1、M_2 处切线的倾角分别为 α、$\alpha + \Delta\alpha$，那么当动点从 M_1 移动到 M_2 时切线转过的角度为 $|\Delta\alpha|$，称比值 $\dfrac{|\Delta\alpha|}{|\Delta s|}$ 为弧段 $\overset{\frown}{M_1 M_2}$ 的平均曲率.

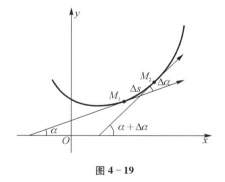

图 $4-19$

类似于从平均速度引进瞬时速度的方法，当 $\Delta s \to 0$ 时（即 $M_2 \to M_1$ 时），上述平均曲率的极限如果存在，则称此极限为曲线 C 在点 M_1 处的曲率，记作 K，即

$$K = \lim_{\Delta s \to 0} \dfrac{|\Delta\alpha|}{|\Delta s|}.$$

对于直线来说，切线与直线本身重合，当点沿直线移动时，切线倾角 α 不变，$\Delta\alpha \equiv 0$，故

$$K = \lim_{\Delta s \to 0} \dfrac{|\Delta\alpha|}{|\Delta s|} = 0.$$

这就是说直线上任意点处的曲率都为零.

对于圆来说,如果它的半径为 R,则有 $\Delta s = R\Delta\alpha$,故

$$K = \lim_{\Delta s \to 0} \frac{|\Delta\alpha|}{|\Delta s|} = \lim_{\Delta s \to 0} \frac{|\Delta\alpha|}{|R\Delta\alpha|} = \frac{1}{R}.$$

这就是说圆上任意点处的曲率都是半径的倒数,因此将曲率的倒数称为**曲率半径**.

在一般情况下,设曲线 $y = f(x)$,且 $f(x)$ 具有二阶导数,曲线上 M_1 与 M_2 对应于 x 轴上的坐标分别为 x 与 $x+\Delta x$,则

$$\left(\frac{\Delta s}{\Delta x}\right)^2 = \left(\frac{\overparen{M_1M_2}}{\Delta x}\right)^2 = \left(\frac{\overparen{M_1M_2}}{|M_1M_2|}\right)^2 \cdot \frac{|M_1M_2|^2}{(\Delta x)^2}$$

$$= \left(\frac{\overparen{M_1M_2}}{|M_1M_2|}\right)^2 \cdot \frac{(\Delta x)^2 + (\Delta y)^2}{(\Delta x)^2}$$

$$= \left(\frac{\overparen{M_1M_2}}{|M_1M_2|}\right)^2 \cdot \left[1 + \frac{(\Delta y)^2}{(\Delta x)^2}\right],$$

故

$$\left|\frac{\Delta s}{\Delta x}\right| = \sqrt{\left(\frac{\overparen{M_1M_2}}{|M_1M_2|}\right)^2 \cdot \left[1 + \frac{(\Delta y)^2}{(\Delta x)^2}\right]}.$$

由于 $\Delta x \to 0$ 时,$M_2 \to M_1$,这时弧长与弦长之比极限为 1,即

$$\lim_{M_2 \to M_1} \left|\frac{\overparen{M_1M_2}}{M_1M_2}\right| = 1,$$

从而

$$\lim_{\Delta x \to 0} \left|\frac{\Delta s}{\Delta x}\right| = \lim_{\Delta x \to 0} \sqrt{\left(\frac{\overparen{M_1M_2}}{|M_1M_2|}\right)^2 \cdot \left[1 + \frac{(\Delta y)^2}{(\Delta x)^2}\right]} = \sqrt{1 + (y')^2}. \qquad ①$$

将曲线上 $(x, f(x))$ 点处切线的倾角 α 看成 x 的函数 $\alpha(x)$,则有 $y' = \tan\alpha$,$y'' = \sec^2\alpha \dfrac{\mathrm{d}\alpha}{\mathrm{d}x} = (1 + \tan^2\alpha)\dfrac{\mathrm{d}\alpha}{\mathrm{d}x} = [1 + (y')^2]\dfrac{\mathrm{d}\alpha}{\mathrm{d}x}$,于是

$$\frac{\mathrm{d}\alpha}{\mathrm{d}x} = \frac{y''}{1 + (y')^2}. \qquad ②$$

因为 $\Delta s \to 0$ 时 $\Delta x \to 0$,结合①②两式可得在点 $M_1(x, f(x))$ 处的曲率为

$$K = \lim_{\Delta s \to 0} \frac{\mid \Delta \alpha \mid}{\mid \Delta s \mid} = \lim_{\Delta x \to 0} \frac{\mid \Delta \alpha \mid}{\mid \Delta x \mid} \cdot \left| \frac{1}{\dfrac{\Delta s}{\Delta x}} \right| = \frac{\mid y'' \mid}{[\, 1 + (y')^2 \,]^{\frac{3}{2}}}.$$　③

③式就是计算曲率的公式.

例 4 - 5 - 1　抛物线 $y = ax^2 + bx + c$ 上哪一点处曲率最大?

解　由 $y = ax^2 + bx + c$ 可得 $y' = 2ax + b$, $y'' = 2a$, 曲率

$$K = \frac{\mid 2a \mid}{[\, 1 + (2ax + b)^2 \,]^{\frac{3}{2}}}.$$

显然当 $2ax + b = 0$, 即 $x = -\dfrac{b}{2a}$ 时, K 最大, 而 $x = -\dfrac{b}{2a}$ 处所对应的点为抛物线的顶点, 因此, 抛物线在顶点处的曲率最大.

例 4 - 5 - 2　求曲线 $y = \ln x$ 上曲率最大的点.

解　因为 $y' = \dfrac{1}{x}$, $y'' = -\dfrac{1}{x^2}$, 曲率

$$K = \frac{\mid y'' \mid}{[\, 1 + (y')^2 \,]^{\frac{3}{2}}} = \frac{\dfrac{1}{x^2}}{\left[\, 1 + \left(\dfrac{1}{x}\right)^2 \,\right]^{\frac{3}{2}}} = \frac{x}{(1 + x^2)^{\frac{3}{2}}}, \; x \in (0, +\infty).$$

要求曲率最大, 先求曲率函数 K 的驻点

$$K' = \frac{(1 + x^2)^{\frac{3}{2}} - \dfrac{3}{2}x(1 + x^2)^{\frac{1}{2}} - 2x}{(1 + x^2)^3} = \frac{1 - 2x^2}{(1 + x^2)^{\frac{5}{2}}},$$

令 $K' = 0$, 得 $x_1 = \dfrac{\sqrt{2}}{2}$, $x_2 = -\dfrac{\sqrt{2}}{2}$(舍去).

当 $0 < x < \dfrac{\sqrt{2}}{2}$ 时, $K' > 0$; 当 $x > \dfrac{\sqrt{2}}{2}$ 时, $K' < 0$, 所以曲线 $y = \ln x$ 在点 $\left(\dfrac{\sqrt{2}}{2}, -\dfrac{1}{2}\ln 2\right)$ 处的曲率最大.

对于由参数方程给出的曲线

$$\begin{cases} x = \varphi(t), \\ y = \psi(t), \end{cases}$$

则可利用由参数方程所确定的函数的求导法,求出 y'_x 及 y''_x,代入③式便得

$$K = \frac{|\varphi'(t)\psi''(t) - \varphi''(t)\psi'(t)|}{[\varphi'^2(t) + \psi'^2(t)]^{\frac{3}{2}}}. \qquad ④$$

④式是计算由参数方程给出的曲线的曲率的公式.

例 4-5-3 求曲线 $\begin{cases} x = a(t - \sin t), \\ y = a(1 - \cos t) \end{cases}$ $(a>0)$ 在 $t = \pi$ 对应的点处的曲率.

解 计算时不必硬套公式④,可以先求出导数

$$\frac{\mathrm{d}y}{\mathrm{d}x} = \cot \frac{t}{2}, \quad \frac{\mathrm{d}^2 y}{\mathrm{d}x^2} = -\frac{1}{4a} \cdot \frac{1}{\sin^4 \frac{t}{2}}.$$

仍采用公式③得任意点处的曲率 $K = \frac{1}{4a} \cdot \dfrac{1}{\sin \dfrac{t}{2}}$,再以 $t = \pi$ 代入得

$$K \Big|_{t=\pi} = \frac{1}{4a}.$$

因曲率的倒数为曲率半径,因此曲率半径的计算公式为

$$R = \frac{1}{K} = \frac{[1 + (y')^2]^{\frac{3}{2}}}{|y''|}.$$

由此可见,若曲线上某点处曲率半径较大,则曲线在该点处的曲率较小,因而曲线在该点的弯曲程度就较小.

在曲线 L 上的点 M 处沿曲线凹向一侧的法线上截取线段 $MN = R$,点 N 称为该曲线上点 M 处的**曲率中心**,以 N 为圆心,曲率半径 R 为半径的圆,叫做该曲线在该点 M 处的**曲率圆**.由曲率圆定义可知在点 M 处曲线 C 和曲率圆有相同的曲率 K,即这二者的弯曲程度相同.正因为如此,在研究曲线上某点附近的弧段时,我们可以用该点处曲率圆上相应的圆弧近似地代替,从而以我们熟悉的圆的知识来分析曲线上这一弧段的情况.

例 4-5-4 设工件表面的截线为抛物线 $y = 0.4x^2$(图 4-20).现在要用砂轮磨削其表面,试问用多大直径的砂轮比较合适?

解 为了使工件与砂轮接触处附近的部分不被砂轮磨削太多,显然砂轮的半径应小于或等于该抛物线上各点曲率半径的最小值,由例 4-5-1 知道,抛物线在其顶点处的曲率最大从而曲率半径最小,所以应先求出 $y = 0.4x^2$ 在顶点 $O(0, 0)$ 处的曲率半径.由

$$y' = 0.8x, \ y'' = 0.8,$$

得 $\qquad y'|_{x=0} = 0, \ y''|_{x=0} = 0.8.$

因此

$$K = \frac{0.8}{(1 - 0^2)^{\frac{3}{2}}} = 0.8,$$

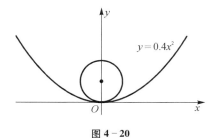

图 4 - 20

从而求得该点处曲率半径

$$R = \frac{1}{K} = 1.25.$$

可见选用砂轮得半径不得超过 1.25 单位长,即其直径不得超过 2.50 单位长.

习题 4 - 5

1. 求曲线 $y = \dfrac{1}{x}$ 在点 $(1, 1)$ 处的曲率.

2. 求曲线 $y = \ln(\sec x)$ 在点 (x, y) 处的曲率及曲率半径.

第 5 章 不 定 积 分

许多实际问题常常可以归结为求导运算的逆运算. 例如, 已知质点运动速度函数 $v(t)$, 求其路程函数 $s(t)$; 已知加速度函数 $a(t)$, 求其速度函数 $v(t)$; 已知曲线上每一点处的切线斜率 $k(x)$, 求曲线方程 $y=f(x)$ 等等. 这些问题从数学上看可以归结为: 求一个未知函数, 使它的导函数等于某一个已知函数. 这正是本章要解决的问题: 求一个已知函数的原函数.

5.1 不定积分概念与基本积分公式

本节先给出不定积分的定义, 并利用积分运算与导数运算互为逆运算这一性质, 给出基本积分表和不定积分的基本性质.

5.1.1 原函数与不定积分

定义 5.1.1 设函数 $F(x)$ 与 $f(x)$ 在区间 I 上都有定义, 若在 I 上有

$$F'(x) = f(x) \text{ 或 } \mathrm{d}F(x) = f(x)\mathrm{d}x,$$

则称 $F(x)$ 为 $f(x)$ 在区间 I 上的一个**原函数**.

例如, 因为 $(\sin x)' = \cos x$, 所以 $\sin x$ 是 $\cos x$ 在 $(-\infty, +\infty)$ 上的一个原函数. 又如, 因为 $\mathrm{d}(x^2)$ 和 $\mathrm{d}(x^2+1)$ 都等于 $2x\mathrm{d}x$, 所以 x^2 和 x^2+1 都是 $2x$ 在 $(-\infty, +\infty)$ 上的原函数.

对于原函数, 必须解决以下两个重要问题:

(1) 在什么条件下, 一个函数的原函数一定存在? 若存在, 是否唯一?

(2) 若已知某个函数的原函数存在, 怎样把它求出来?

对于第二个问题, 本章后面将要介绍各种积分方法; 而对于第一个问题, 我们有下面两个定理.

定理 5.1.1 若函数 $f(x)$ 在区间 I 上连续, 则 $f(x)$ 在 I 上存在原函数 $F(x)$.

本定理将在第六章 6.3 节中给出证明.

由于初等函数在其定义域内的区间上是连续的,因此,从定理 5.1.1 可知每个初等函数在其定义域内的区间上都有原函数.

定理 5.1.2 设 $F(x)$ 是 $f(x)$ 在区间 I 上的一个原函数,则:

(1) $F(x)+C$ 也是 $f(x)$ 在区间 I 上的一个原函数,其中 C 为任意常数;

(2) $f(x)$ 的任意两个原函数之间只相差一个常数.

证 (1) 对于任意常数 C,有

$$[F(x) + C]' = F'(x) = f(x),$$

因此,由原函数的定义知,$F(x)+C$ 也是 $f(x)$ 在区间 I 上的一个原函数.

(2) 设 $F(x)$ 和 $G(x)$ 是 $f(x)$ 在区间 I 上的任意两个原函数,则

$$[F(x) - G(x)]' = F'(x) - G'(x) = f(x) - f(x) \equiv 0,$$

根据第四章拉格朗日中值定理的推论,可得

$$F(x) - G(x) \equiv C.$$

这个定理表明,若函数 $f(x)$ 有原函数存在,则必有无穷多个原函数,且它们彼此之间只相差一个常数.同时也揭示了全体原函数的结构,即只需求出 $f(x)$ 的任意一个原函数 $F(x)$,则 $f(x)$ 的全体原函数就是 $F(x)+C$,其中 C 为任意常数.

定义 5.1.2 函数 $f(x)$ 在区间 I 上的全体原函数称为 $f(x)$ 在 I 上的**不定积分**,记作

$$\int f(x)\,\mathrm{d}x,$$

其中 $\int$ 称为**积分号**,$f(x)$ 称为**被积函数**,$f(x)\,\mathrm{d}x$ 称为**被积表达式**,x 称为**积分变量**.

由定义 5.1.2 可见,若 $F(x)$ 是 $f(x)$ 在区间 I 上的一个原函数,则 $f(x)$ 在 I 上的不定积分就是

$$\int f(x)\,\mathrm{d}x = F(x) + C.$$

其中 C 称为**积分常数**或**任意常数**,它取一切实数值. 例如

$$\int x^2\,\mathrm{d}x = \frac{1}{3}x^3 + C, \quad \int \sin 2x\,\mathrm{d}x = -\frac{1}{2}\cos 2x + C.$$

根据原函数与不定积分的概念,可以直接得到:

1. $\left[\int f(x)\,\mathrm{d}x\right]' = f(x)$,或 $\mathrm{d}\left[\int f(x)\,\mathrm{d}x\right] = f(x)\,\mathrm{d}x$;

2. $\int f'(x)\mathrm{d}x = f(x) + C$,或$\int \mathrm{d}f(x) = f(x) + C$.

这两个关系表明了求不定积分和求导数互为逆运算. 但由于不定积分是原函数全体,所以对函数$f(x)$,若先求不定积分后求导数,则其结果等于$f(x)$;而若先求导数后求不定积分,则其结果是$f(x)$加上积分常数C.

不定积分的几何意义:若$F(x)$是$f(x)$的一个原函数,则称曲线$y = F(x)$为$f(x)$的一条**积分曲线**. $f(x)$的不定积分是$F(x)+C$(C可取一切实数),而$y = F(x)+C$的图形是曲线$y = F(x)$沿y轴平行移动所得到的所有积分曲线组成的曲线族(图5-1),这族曲线称为$f(x)$的**积分曲线族**.

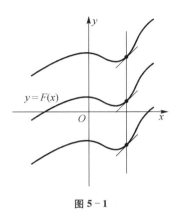

图 5-1

如图5-1所示,若在每一条积分曲线上相同横坐标的点处作切线,则这些切线的斜率都相等,即这些切线都是互相平行的.

对于具体问题,往往先求出全体原函数$F(x)+C$,再从全体原函数中确定一个满足已知条件的原函数,这就要根据问题给出的条件确定积分常数C的值,从而得到所求的那个原函数.

例 5-1-1 设曲线过点$\left(3, \dfrac{1}{2}\right)$,且曲线在每一点$P(x, y)$处的切线斜率都等于该点横坐标$x$,试求曲线的方程.

解 设曲线的方程为$y = y(x)$,由条件可知$\dfrac{\mathrm{d}y}{\mathrm{d}x} = x$,则

$$y = \int x\mathrm{d}x = \frac{1}{2}x^2 + C, \hspace{3em} ①$$

已知曲线过点$\left(3, \dfrac{1}{2}\right)$,即$y(3) = \dfrac{1}{2}$,代入①式后求得$C = -4$. 因此,所求曲线方程为

$$y = \frac{1}{2}x^2 - 4.$$

5.1.2 基本积分表

根据基本初等函数的导数公式和不定积分的定义,可以得到下列基本积分公式:

1. $\int 0\mathrm{d}x = C$;

2. $\int 1\mathrm{d}x = x + C$;

3. $\int x^{\alpha} dx = \dfrac{1}{\alpha + 1} x^{\alpha+1} + C \ (\alpha \neq -1, \ x > 0)$;

4. $\int \dfrac{1}{x} dx = \ln|x| + C \ (x \neq 0)$ [1)];

5. $\int e^{x} dx = e^{x} + C$;

6. $\int a^{x} dx = \dfrac{a^{x}}{\ln a} + C \ (a > 0, \ a \neq 1)$;

7. $\int \cos x dx = \sin x + C$;

8. $\int \sin x dx = -\cos x + C$;

9. $\int \sec^{2} x dx = \tan x + C$;

10. $\int \csc^{2} x dx = -\cot x + C$;

11. $\int \sec x \tan x dx = \sec x + C$;

12. $\int \csc x \cot x dx = -\csc x + C$;

13. $\int \dfrac{1}{\sqrt{1-x^{2}}} dx = \arcsin x + C = -\arccos x + C'$ [2)];

14. $\int \dfrac{1}{1+x^{2}} dx = \arctan x + C = -\text{arccot}\, x + C'$.

上述基本积分公式,读者应该熟记,因为许多不定积分往往最后归结为求这些基本初等函数的不定积分. 但是,仅有这些基本公式还是不够的. 接下来,从讨论不定积分的性质入手,导出求不定积分的一些法则.

---

1) 容易验证当 $x \neq 0$ 时有 $(\ln|x| + C)' = \dfrac{1}{x}$,故公式 4 适用于不包括原点的任何区间,即

$$\int \frac{1}{x} dx = \begin{cases} \ln x + C, & x > 0 \\ \ln(-x) + C, & x < 0. \end{cases}$$

2) 公式 13 与 14 虽有两个不同形式,但表示同一原函数族,其中 C 与 C' 都是积分常数. 以公式 13 为例,因为在 $(-1, 1)$ 上有

$$\arcsin x = \frac{\pi}{2} - \arccos x,$$

所以

$$\int \frac{dx}{\sqrt{1-x^{2}}} = \arcsin x + C = \frac{\pi}{2} - \arccos x + C,$$

由于 $\dfrac{\pi}{2} + C$ 可取一切实数值,也是积分常数,若以 C' 记之,则

$$\int \frac{dx}{\sqrt{1-x^{2}}} = -\arccos x + C'.$$

5.1.3 不定积分的线性性质

由导数的线性运算法则,可直接得出不定积分的线性运算法则.

定理5.1.3 若函数 $f(x)$ 和 $g(x)$ 在区间 I 上存在原函数, k 为任意常数,则

$$(1) \int [f(x) \pm g(x)] dx = \int f(x) dx \pm \int g(x) dx; \qquad ②$$

$$(2) \int k f(x) dx = k \int f(x) dx. \qquad ③$$

证 将②式右端求导得

$$\left[\int f(x) dx \pm \int g(x) dx \right]' = \left[\int f(x) dx \right]' \pm \left[\int g(x) dx \right]' = f(x) \pm g(x).$$

又因为②右端已经包含了积分常数,所以 $\int f(x) dx \pm \int g(x) dx$ 是 $f(x) \pm g(x)$ 的不定积分,从而②成立.

同样的方法可以证明③式.

利用基本积分表以及不定积分的上述线性性质,可以求出一些简单函数的不定积分.

例 5-1-2 求 $\int (e^x + 3\cos x) dx$.

解 $\int (e^x + 3\cos x) dx = \int e^x dx + 3 \int \cos x dx = e^x + C_1 + 3(\sin x + C_2)$,

式中两个积分常数 C_1、C_2 都可以取一切实数, $C_1 + 3C_2$ 可以合并为一个积分常数 C,于是

$$\int (e^x + 3\cos x) dx = e^x + 3\sin x + C.$$

当一个不定积分按线性性质分成几个不定积分之和时,每个不定积分的计算结果都含有一个积分常数.但因若干个任意常数之和仍为任意常数,所以在积分号都没有出现之后,最后只要写出一个总的积分常数即可.

例 5-1-3 求 $\int \dfrac{1 + x + x^2}{x(1 + x^2)} dx$.

解 先把被积函数变形,化为基本积分表中所列类型,即

$$\frac{1 + x + x^2}{x(1 + x^2)} = \frac{x + (1 + x^2)}{x(1 + x^2)} = \frac{1}{1 + x^2} + \frac{1}{x},$$

然后再对原式逐项积分,得

$$\int \frac{1 + x + x^2}{x(1 + x^2)} \mathrm{d}x = \int \left(\frac{1}{1 + x^2} + \frac{1}{x} \right) \mathrm{d}x = \int \frac{1}{1 + x^2} \mathrm{d}x + \int \frac{1}{x} \mathrm{d}x$$

$$= \arctan x + \ln |x| + C.$$

例 5 - 1 - 4　求 $\int \frac{(\sqrt{x} + 1)^2}{\sqrt[3]{x}} \mathrm{d}x$.

解　$\int \frac{(\sqrt{x} + 1)^2}{\sqrt[3]{x}} \mathrm{d}x = \int \frac{x + 2\sqrt{x} + 1}{\sqrt[3]{x}} \mathrm{d}x = \int \left(x^{\frac{2}{3}} + 2x^{\frac{1}{6}} + x^{-\frac{1}{3}} \right) \mathrm{d}x$

$$= \frac{3}{5} x^{\frac{5}{3}} + \frac{12}{7} x^{\frac{7}{6}} + \frac{3}{2} x^{\frac{2}{3}} + C.$$

例 5 - 1 - 5　求 $\int \frac{2^{x+1} - 5^{x-1}}{10^x} \mathrm{d}x$.

解　$\int \frac{2^{x+1} - 5^{x-1}}{10^x} \mathrm{d}x = \int \left[2\left(\frac{1}{5}\right)^x - \frac{1}{5}\left(\frac{1}{2}\right)^x \right] \mathrm{d}x = \frac{2\left(\frac{1}{5}\right)^x}{\ln \frac{1}{5}} - \frac{1}{5} \frac{\left(\frac{1}{2}\right)^x}{\ln \frac{1}{2}} + C$

$$= \frac{1}{5\ln 2}\left(\frac{1}{2}\right)^x - \frac{2}{\ln 5}\left(\frac{1}{5}\right)^x + C.$$

例 5 - 1 - 6　求 $\int \tan^2 x \mathrm{d}x$.

解　因为 $\tan^2 x = \sec^2 x - 1$, 所以

$$\int \tan^2 x \mathrm{d}x = \int (\sec^2 x - 1) \mathrm{d}x = \int \sec^2 x \mathrm{d}x - \int \mathrm{d}x = \tan x - x + C.$$

例 5 - 1 - 7　求 $\int \sin^2 \frac{x}{2} \mathrm{d}x$.

解　先利用三角恒等式把被积函数进行恒等变形,再求积分.

$$\int \sin^2 \frac{x}{2} \mathrm{d}x = \int \frac{1 - \cos x}{2} \mathrm{d}x = \frac{1}{2} \int (1 - \cos x) \mathrm{d}x$$

$$= \frac{1}{2}\left(\int \mathrm{d}x - \int \cos x \mathrm{d}x \right) = \frac{1}{2}(x - \sin x) + C.$$

例 5-1-8 求 $\int \dfrac{\mathrm{d}x}{\sin^2 x \cos^2 x}$.

解 利用 $\sin^2 x + \cos^2 x = 1$，有

$$\int \frac{\mathrm{d}x}{\sin^2 x \cos^2 x} = \int \frac{\sin^2 x + \cos^2 x}{\sin^2 x \cos^2 x} \mathrm{d}x = \int (\sec^2 x + \csc^2 x) \mathrm{d}x = \tan x - \cot x + C.$$

从上面几个例子可以看出，在积分时利用恒等变形或三角恒等式，常可将被积函数化成几个可在基本积分表中查到的简单函数的和，然后逐项求出积分.

本节的重点是介绍不定积分的概念及其基本性质. 以下几点应予以注意：

（1）原函数与不定积分是两个既有联系又不尽相同的概念. 不定积分是由原函数全体所组成的集合，但由于任何两个原函数只相差一个常数，所以只需求得一个原函数就可得到不定积分. 反之，在利用不定积分解决具体问题时，往往又必须从这族函数中挑出一个适合问题要求的原函数，具体做法是利用条件确定积分常数 C.

（2）检验不定积分的计算结果是否正确，只要对结果求导数，看它是否等于被积函数，并注意结果中不要遗漏积分常数 C.

（3）按照定义 5.1.1 与定义 5.1.2，在求得 $f(x)$ 的原函数 $F(x)$ 或不定积分 $F(x)+C$ 时，应该指明与之相适应的区间，此区间由满足 $F'(x) = f(x)$ 的一切 x 所组成. 只是为了简便起见，本章一般不去逐一写出这样的区间.

习题 5-1

1. 求下列不定积分：

（1）$\displaystyle\int \frac{(1-x)^2}{x} \mathrm{d}x$；

（2）$\displaystyle\int (\sqrt{x} + 1)(\sqrt{x^3} - 1) \mathrm{d}x$；

（3）$\displaystyle\int \frac{1}{x^2(1+x^2)} \mathrm{d}x$；

（4）$\displaystyle\int \frac{\sqrt{x^2 + x^{-2} + 2}}{x^2} \mathrm{d}x$；

（5）$\displaystyle\int \left(\frac{3}{\sqrt{4 - 4x^2}} + 2\sqrt{x} \right) \mathrm{d}x$；

（6）$\displaystyle\int \frac{x^4}{1 + x^2} \mathrm{d}x$；

（7）$\displaystyle\int \mathrm{e}^x \left(1 - \frac{\mathrm{e}^{-x}}{x} \right) \mathrm{d}x$；

（8）$\displaystyle\int \mathrm{e}^x \left(2^x - \frac{\mathrm{e}^{-x}}{1 + x^2} \right) \mathrm{d}x$；

（9）$\displaystyle\int \frac{\cos 2x}{\sin^2 x \cos^2 x} \mathrm{d}x$；

（10）$\displaystyle\int (1 + \cos^3 x) \sec^2 x \mathrm{d}x$；

$(11) \int (\tan x - 2\cot x)^2 dx$;　　　　　　$(12) \int \dfrac{\cos 2x}{\cos x - \sin x} dx$;

$(13) \int \left(\dfrac{1}{1 - \cos 2x} + \dfrac{2}{\sqrt{1 - x^2}} \right) dx$;　　　　$(14) \int \left(\sqrt{\dfrac{1 + x}{1 - x}} + \sqrt{\dfrac{1 - x}{1 + x}} \right) dx$.

2. 求一曲线 $y = f(x)$，使它在每点处的切线斜率为该点横坐标的倒数，且通过点 $(-e^2, 3)$.

3. 已知一质点沿直线运动的速度为 $v = 2t + 3$，当 $t = 0$ 时，质点位移 $s = 1$. 试求该质点的运动规律 $s = s(t)$.

4. 设 $f'(\sin^2 x) = \cos 2x + \tan^2 x$，求 $f(x)$ $(0 < x < 1)$.

5. 证明：函数 $2\arctan e^x$ 和 $\arctan \dfrac{e^x - e^{-x}}{2}$ 都是 $\dfrac{2}{e^x + e^{-x}}$ 的原函数.

5.2　换元积分法

利用不定积分的基本公式和线性性质只能求少数简单函数的不定积分，因此有必要进一步研究求不定积分的方法. 下面介绍换元积分法，它是基本的积分方法之一.

5.2.1　第一类换元积分法（凑微分法）

换元积分法的实质就是把复合函数的求导法则反过来用于求不定积分.

设 $y = F(u)$，$u = u(x)$，根据复合函数的求导法则，有

$$\frac{d}{dx} F[u(x)] = F'(u)u'(x).$$

若已知 $F'(u) = f(u)$，则 $\int f(u) du = F(u) + C$，即

$$\int f[u(x)]u'(x) dx = F[u(x)] + C.$$

在求不定积分 $\int \varphi(x) dx$ 时，可将其中的被积函数设想为

$$\varphi(x) = f[u(x)]u'(x),$$

然后可得

$$\int \varphi(x) dx = \int f[u(x)]u'(x) dx = \int f(u) du$$

$$= F(u) + C = F[u(x)] + C. \qquad \text{①}$$

这个求不定积分的方法称为**第一类换元积分法**,或称**凑微分法**,就是在被积函数中凑出一个微分 $u'(x)\mathrm{d}x = \mathrm{d}u(x)$,使得 $\varphi(x)\mathrm{d}x = f[u(x)]u'(x)\mathrm{d}x = f(u)\mathrm{d}u$,而 $f(u)$ 有原函数 $F(u)$,于是就可得到 $\varphi(x)$ 的原函数 $F[u(x)] + C$. 请看下面例题,仔细体会"凑微分"法.

例 5 - 2 - 1　求 $\displaystyle\int \frac{1}{3 + 2x}\mathrm{d}x.$

解　令 $u = 3+2x$,则 $\mathrm{d}u = 2\mathrm{d}x$,于是

$$\int \frac{1}{3 + 2x}\mathrm{d}x = \frac{1}{2}\int \frac{1}{3 + 2x}(3 + 2x)'\mathrm{d}x = \frac{1}{2}\int \frac{1}{u}\mathrm{d}u$$

$$= \frac{1}{2}\ln |u| + C = \frac{1}{2}\ln |3 + 2x| + C.$$

例 5 - 2 - 2　求 $\displaystyle\int 2x\mathrm{e}^{x^2+1}\mathrm{d}x.$

解　观察被积函数,发现 $2x = (x^2 + 1)'$. 故令 $u = x^2 + 1$,则 $\mathrm{d}u = 2x\mathrm{d}x$,于是

$$\int 2x\mathrm{e}^{x^2+1}\mathrm{d}x = \int \mathrm{e}^{x^2+1}(x^2 + 1)'\mathrm{d}x = \int \mathrm{e}^{x^2+1}\mathrm{d}(x^2 + 1)$$

$$= \int \mathrm{e}^u\mathrm{d}u = \mathrm{e}^u + C = \mathrm{e}^{x^2+1} + C.$$

例 5 - 2 - 3　求 $\displaystyle\int \tan x\mathrm{d}x.$

解　因为

$$\int \tan x\mathrm{d}x = \int \frac{\sin x}{\cos x}\mathrm{d}x,$$

若令 $u = \cos x$,则 $\mathrm{d}u = -\sin x\mathrm{d}x$,于是

$$\int \tan x\mathrm{d}x = -\int \frac{\mathrm{d}u}{u} = -\ln |u| + C = -\ln |\cos x| + C.$$

类似地,可得

$$\int \cot x\mathrm{d}x = \ln |\sin x| + C.$$

在运用第一类换元法比较熟练后,变量 u 可以不写出来而直接进行计算.

例 5 - 2 - 4 求 $\int \dfrac{dx}{(x - a)^m}$ (m 为正整数).

解 当 $m = 1$ 时,

$$\int \frac{dx}{x - a} = \int \frac{d(x - a)}{x - a} = \ln | x - a | + C;$$

当 $m > 1$ 时,

$$\int \frac{dx}{(x - a)^m} = \int \frac{d(x - a)}{(x - a)^m} = \frac{1}{(1 - m)(x - a)^{m-1}} + C.$$

例 5 - 2 - 5 求 $\int \dfrac{dx}{a^2 + x^2}$ ($a > 0$).

解 $\displaystyle \int \frac{dx}{a^2 + x^2} = \int \frac{a\,d\left(\dfrac{x}{a}\right)}{a^2\left[1 + \left(\dfrac{x}{a}\right)^2\right]} = \frac{1}{a}\int \frac{d\left(\dfrac{x}{a}\right)}{1 + \left(\dfrac{x}{a}\right)^2} = \frac{1}{a}\arctan \frac{x}{a} + C.$

例 5 - 2 - 6 求 $\int \dfrac{dx}{\sqrt{a^2 - x^2}}$ ($a > 0$).

解 $\displaystyle \int \frac{dx}{\sqrt{a^2 - x^2}} = \int \frac{d\left(\dfrac{x}{a}\right)}{\sqrt{1 - \left(\dfrac{x}{a}\right)^2}} = \arcsin \frac{x}{a} + C.$

例 5 - 2 - 7 求 $\int \dfrac{x^3}{\sqrt{1 + x^2}}dx$.

解 $\displaystyle \int \frac{x^3}{\sqrt{1 + x^2}}dx = \frac{1}{2}\int \frac{x^2}{\sqrt{1 + x^2}}d(1 + x^2) = \frac{1}{2}\int \frac{(1 + x^2) - 1}{\sqrt{1 + x^2}}d(1 + x^2)$

$$= \frac{1}{2}\int \left[\sqrt{1 + x^2} - \frac{1}{\sqrt{1 + x^2}}\right]d(1 + x^2)$$

$$= \frac{1}{2}\left[\frac{2}{3}(1 + x^2)^{\frac{3}{2}} - 2(1 + x^2)^{\frac{1}{2}}\right] + C$$

$$= \frac{1}{3}(1 + x^2)^{\frac{3}{2}} - (1 + x^2)^{\frac{1}{2}} + C.$$

例 5 - 2 - 8　求 $\displaystyle\int \frac{\mathrm{d}x}{a^2 - x^2}\ (a > 0)$.

解　$\displaystyle\int \frac{\mathrm{d}x}{a^2 - x^2} = \frac{1}{2a}\int\left(\frac{1}{a + x} + \frac{1}{a - x}\right)\mathrm{d}x$

$$= \frac{1}{2a}\left[\int \frac{1}{a + x}\mathrm{d}(a + x) + \int \frac{-1}{a - x}\mathrm{d}(a - x)\right]$$

$$= \frac{1}{2a}\left[\ln | a + x | - \ln | a - x |\right] + C$$

$$= \frac{1}{2a}\ln\left|\frac{a + x}{a - x}\right| + C.$$

例 5 - 2 - 9　求 $\displaystyle\int \sec x\mathrm{d}x$.

解　$\displaystyle\int \sec x\mathrm{d}x = \int \frac{\cos x}{\cos^2 x}\mathrm{d}x = \int \frac{\mathrm{d}(\sin x)}{1 - \sin^2 x}$,

再由例 5 - 2 - 8 得

$$\int \sec x\mathrm{d}x = \frac{1}{2}\ln\left|\frac{1 + \sin x}{1 - \sin x}\right| + C.$$

本题另一解法：

$$\int \sec x\mathrm{d}x = \int \frac{\sec x(\sec x + \tan x)}{\sec x + \tan x}\mathrm{d}x = \int \frac{\sec^2 x + \sec x\tan x}{\sec x + \tan x}\mathrm{d}x$$

$$= \int \frac{\mathrm{d}(\sec x + \tan x)}{\sec x + \tan x} = \ln | \sec x + \tan x | + C.$$

上述两种结果只是形式上不同，读者可以通过三角变换将它们统一起来.
类似地，可得

$$\int \csc x\mathrm{d}x = -\ln | \csc x + \cot x | + C = \ln | \csc x - \cot x | + C.$$

例 5 - 2 - 10　求 $\displaystyle\int \sin^3 x\mathrm{d}x$.

解　$\displaystyle\int \sin^3 x\mathrm{d}x = \int \sin^2 x\sin x\mathrm{d}x = -\int (1 - \cos^2 x)\mathrm{d}(\cos x)$

$$= -\int\mathrm{d}(\cos x) + \int\cos^2 x\mathrm{d}(\cos x) = -\cos x + \frac{1}{3}\cos^3 x + C.$$

例 5 - 2 - 11　求 $\int\cos^2 x\mathrm{d}x.$

解　$\int\cos^2 x\mathrm{d}x = \dfrac{1}{2}\int(1+\cos 2x)\mathrm{d}x = \dfrac{1}{2}\left(\int\mathrm{d}x + \dfrac{1}{2}\int\cos 2x\mathrm{d}(2x)\right)$

$$= \dfrac{1}{2}\left(x + \dfrac{1}{2}\sin 2x\right) + C = \dfrac{1}{2}x + \dfrac{1}{4}\sin 2x + C.$$

类似地,可得

$$\int\sin^2 x\mathrm{d}x = \dfrac{1}{2}x - \dfrac{1}{4}\sin 2x + C.$$

例 5 - 2 - 12　求下列不定积分:

$(1)\displaystyle\int\dfrac{3}{x^2-4x+5}\mathrm{d}x;$　$(2)\displaystyle\int\dfrac{x-2}{x^2-4x+5}\mathrm{d}x;$　$(3)\displaystyle\int\dfrac{6x+1}{x^2-4x+5}\mathrm{d}x.$

解　$(1)\displaystyle\int\dfrac{3}{x^2-4x+5}\mathrm{d}x = \int\dfrac{3\mathrm{d}(x-2)}{(x-2)^2+1} = 3\arctan(x-2) + C.$

$(2)\displaystyle\int\dfrac{x-2}{x^2-4x+5}\mathrm{d}x = \int\dfrac{\dfrac{1}{2}(2x-4)}{x^2-4x+5}\mathrm{d}x = \dfrac{1}{2}\int\dfrac{\mathrm{d}(x^2-4x+5)}{x^2-4x+5}$

$$= \dfrac{1}{2}\ln(x^2-4x+5) + C^{\,1)}.$$

$(3)\displaystyle\int\dfrac{6x+1}{x^2-4x+5}\mathrm{d}x = \int\dfrac{3(2x-4)+3\times 4+1}{x^2-4x+5}\mathrm{d}x$

$$= \int\dfrac{3(2x-4)}{x^2-4x+5}\mathrm{d}x + \int\dfrac{13}{x^2-4x+5}\mathrm{d}x$$

$$= 3\ln(x^2-4x+5) + 13\arctan(x-2) + C.$$

例 5 - 2 - 13　求 $\displaystyle\int\dfrac{\ln(x+\sqrt{1+x^2})}{\sqrt{1+x^2}}\mathrm{d}x.$

解　注意到

$$\left[\ln(x+\sqrt{1+x^2})\right]' = \dfrac{1}{x+\sqrt{1+x^2}}\cdot\left(1+\dfrac{2x}{2\sqrt{1+x^2}}\right) = \dfrac{1}{\sqrt{1+x^2}},$$

---

1)　因为对任何实数 x,均有 $x^2-4x+5>0$,所以 $\ln|x^2-4x+5|$ 中的绝对值符号可以写为括号.

所以

$$\int \frac{\ln(x+\sqrt{1+x^2})}{\sqrt{1+x^2}}\mathrm{d}x = \int \ln(x+\sqrt{1+x^2})\mathrm{d}\left[\ln(x+\sqrt{1+x^2})\right]$$

$$= \frac{1}{2}\ln^2(x+\sqrt{1+x^2}) + C.$$

例 5-2-14   求 $\int \dfrac{x}{x-\sqrt{x^2-1}}\mathrm{d}x$.

解 $\int \dfrac{x}{x-\sqrt{x^2-1}}\mathrm{d}x = \int x(x+\sqrt{x^2-1})\mathrm{d}x = \int (x^2+x\sqrt{x^2-1})\mathrm{d}x$

$$= \int x^2\mathrm{d}x + \frac{1}{2}\int \sqrt{x^2-1}\,\mathrm{d}(x^2-1) = \frac{x^3}{3} + \frac{1}{3}(x^2-1)^{\frac{3}{2}} + C.$$

例 5-2-15   求 $\int \dfrac{\mathrm{d}x}{\sin 2x + 2\sin x}$.

解 $\int \dfrac{\mathrm{d}x}{\sin 2x + 2\sin x} = \int \dfrac{\mathrm{d}x}{2\sin x(\cos x + 1)}$

$$= \frac{1}{4}\int \frac{\mathrm{d}\left(\dfrac{x}{2}\right)}{\sin\dfrac{x}{2}\cos^3\dfrac{x}{2}} = \frac{1}{4}\int \frac{\mathrm{d}\left(\dfrac{x}{2}\right)}{\tan\dfrac{x}{2}\cos^4\dfrac{x}{2}}$$

$$= \frac{1}{4}\int \frac{\mathrm{d}\left(\tan\dfrac{x}{2}\right)}{\tan\dfrac{x}{2}\cos^2\dfrac{x}{2}} = \frac{1}{4}\int \frac{1+\tan^2\dfrac{x}{2}}{\tan\dfrac{x}{2}}\mathrm{d}\left(\tan\dfrac{x}{2}\right)$$

$$= \frac{1}{4}\ln\left|\tan\dfrac{x}{2}\right| + \frac{1}{8}\tan^2\dfrac{x}{2} + C.$$

5.2.2　第二类换元积分法

上一段介绍的第一类换元积分法的关键是把被积函数化成 $f[u(x)]u'(x)$ 的形式,再通过变量代换 $u=u(x)$ 将积分

$$\int f[u(x)]u'(x)\mathrm{d}x$$

化为较易求解的 $\int f(u)\,du$. 有时也会遇到相反的情形:对于不定积分 $\int f(x)\,dx$,可适当选择变量代换 $x=\varphi(t)$,将它化为

$$\int f[\varphi(t)]\varphi'(t)\,dt,$$

使后者更易于计算.

对于不定积分 $\int f(x)\,dx$,适当选择变量代换 $x=\varphi(t)$,使 $\varphi(t)$ 可导,相应地 $dx=\varphi'(t)\,dt$,被积函数为 $f[\varphi(t)]\varphi'(t)$. 若函数 $x=\varphi(t)$ 的反函数 $t=\varphi^{-1}(x)$ 存在,且 $f[\varphi(t)]\varphi'(t)$ 的原函数 $F(t)$ 容易求得,则

$$\int f(x)\,dx = \int f[\varphi(t)]\varphi'(t)\,dt = F(t)+C = F[\varphi^{-1}(x)]+C. \qquad ②$$

利用②式求不定积分的方法称为**第二类换元积分法**.

例 5-2-16 求 $\int \sqrt{a^2-x^2}\,dx\ (a>0)$.

解 为了去掉被积函数的根号,由恒等式 $1-\sin^2 t = \cos^2 t$ 可以看出:若令三角变换

$$x = a\sin t,\ |t| < \frac{\pi}{2},$$

则被积函数为

$$\sqrt{a^2-x^2} = a|\cos t| = a\cos t,$$

且 $dx = a\cos t\,dt$,于是

$$\int \sqrt{a^2-x^2}\,dx = \int a\cos t \cdot a\cos t\,dt = a^2\int \cos^2 t\,dt.$$

利用例 5-2-11 的结果,得到

$$\int \sqrt{a^2-x^2}\,dx = a^2\left(\frac{1}{2}t + \frac{1}{4}\sin 2t\right) + C = \frac{a^2}{2}(t + \sin t\cos t) + C.$$

由于 $x=a\sin t$,因此当 $|t| < \frac{\pi}{2}$ 时有 $t = \arcsin\frac{x}{a}$,且

$$\sin t = \frac{x}{a},$$

$$\cos t = \sqrt{1-\sin^2 t} = \sqrt{1-\left(\frac{x}{a}\right)^2} = \frac{1}{a}\sqrt{a^2-x^2},$$

于是所求不定积分为

$$\int \sqrt{a^2 - x^2}\,\mathrm{d}x = \frac{a^2}{2}\arcsin\frac{x}{a} + \frac{1}{2}x\sqrt{a^2 - x^2} + C.$$

我们也可以从几何上由 $\sin t = \dfrac{x}{a}$ 直接得到

$$\cos t = \frac{1}{a}\sqrt{a^2 - x^2}.$$

如图 5-2 所示,作斜边为 a、一条直角边为 x 的辅助直角三角形. 若设 x 所对的锐角为 t,则 $\sin t = \dfrac{x}{a}$. 由勾股定理知直角三角形的另一条直角边为 $\sqrt{a^2 - x^2}$, 于是

图 5-2

$$\cos t = \frac{\sqrt{a^2 - x^2}}{a}.$$

这种作辅助直角三角形的方法在作换元积分时是相当有用的,我们在下面的两个例题中继续加以说明,请读者注意掌握.

例 5-2-17 求 $\int\left(\dfrac{\mathrm{d}x}{\sqrt{x^2 + a^2}}\right)$ $(a > 0)$.

解 由恒等式 $\tan^2 t + 1 = \sec^2 t$ 可知:若令三角变换

$$x = a\tan t, \quad |t| < \frac{\pi}{2},$$

则可去掉被积函数中的根号,即

$$\sqrt{x^2 + a^2} = a\,|\sec t| = a\sec t,$$

且 $\mathrm{d}x = a\sec^2 t\,\mathrm{d}t$, 于是

$$\int \frac{\mathrm{d}x}{\sqrt{x^2 + a^2}} = \int \frac{a\sec^2 t}{a\sec t}\,\mathrm{d}t = \int \sec t\,\mathrm{d}t = \ln|\sec t + \tan t| + C'.$$

借助图 5-3 中的辅助直角三角形知:若 $\tan t = \dfrac{x}{a}$,则 $\sec t = \dfrac{\sqrt{x^2 + a^2}}{a}$,代入上式,并注意到 $x + \sqrt{x^2 + a^2} > 0$,即得

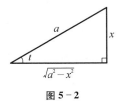

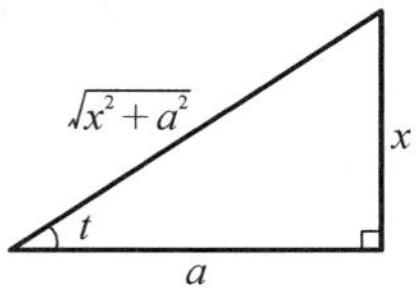

图 5-3

$$\int \frac{\mathrm{d}x}{\sqrt{x^2 + a^2}} = \ln \left| \frac{\sqrt{x^2 + a^2}}{a} + \frac{x}{a} \right| + C' = \ln(\sqrt{x^2 + a^2} + x) + C,$$

其中 $C = C' - \ln a$.

例 5-2-18 求 $\int \frac{\mathrm{d}x}{\sqrt{x^2 - a^2}}$ $(a > 0)$.

解 被积函数定义域为 $|x| > a$，应对 $x > a$ 和 $x < -a$ 两个区间分别讨论.

当 $x > a$ 时，若令

$$x = a\sec t, \quad 0 < t < \frac{\pi}{2},$$

则 $\sqrt{x^2 - a^2} = a\tan t$，且 $\mathrm{d}x = a\sec t\tan t\mathrm{d}t$，于是

$$\int \frac{\mathrm{d}x}{\sqrt{x^2 - a^2}} = \int \frac{a\sec t\tan t}{a\tan t}\mathrm{d}t = \int \sec t\mathrm{d}t = \ln|\sec t + \tan t| + C',$$

借助图 5-4 中的直角三角形可知：若 $\sec t = \dfrac{x}{a}$，则

$$\tan t = \frac{\sqrt{x^2 - a^2}}{a},$$

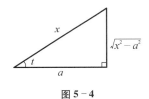

图 5-4

代入上式即得

$$\int \frac{\mathrm{d}x}{\sqrt{x^2 - a^2}} = \ln \left| \frac{x}{a} + \frac{\sqrt{x^2 - a^2}}{a} \right| + C' = \ln|x + \sqrt{x^2 - a^2}| + C,$$

其中 $C = C' - \ln a$.

当 $x < -a$ 时，可令 $x = a\sec t$，$\dfrac{\pi}{2} < t < \pi$，作类似计算，得到上述相同的结果.

例 5-2-19 求 $\int \frac{\mathrm{d}x}{\sqrt{x} + \sqrt[3]{x}}$.

解 为去掉被积函数中的两个根号，可令 $x = t^6 (t > 0)$，于是

$$\int \frac{\mathrm{d}x}{\sqrt{x} + \sqrt[3]{x}} = \int \frac{6t^5}{t^3 + t^2}\mathrm{d}t = 6\int \frac{t^3}{t + 1}\mathrm{d}t = 6\int \frac{(t^3 + 1) - 1}{t + 1}\mathrm{d}t$$

$$= 6\int \left(t^2 - t + 1 - \frac{1}{t + 1}\right)\mathrm{d}t = 6\left[\frac{t^3}{3} - \frac{t^2}{2} + t - \ln(t + 1)\right] + C$$

$$= 2\sqrt{x} - 3\sqrt[3]{x} + 6\sqrt[6]{x} - 6\ln(\sqrt[6]{x} + 1) + C.$$

最后,我们通过下例介绍另一种有用的变换——倒数变换

$$x = \frac{1}{t}.$$

例 5 - 2 - 20 求 $\displaystyle\int \frac{\sqrt{a^2 - x^2}}{x^4}\mathrm{d}x \ (a > 0).$

解 令 $x = \dfrac{1}{t}$,当 $x > 0$ 时 $t > 0$(当 $x < 0$ 时 $t < 0$,也可类似地讨论),于是

$$\int \frac{\sqrt{a^2 - x^2}}{x^4}\mathrm{d}x = \int \frac{\sqrt{a^2 - \dfrac{1}{t^2}}}{\dfrac{1}{t^4}}\left(-\frac{\mathrm{d}t}{t^2}\right) = -\int \sqrt{a^2 t^2 - 1}\, t\,\mathrm{d}t$$

$$= -\frac{1}{2a^2}\int \sqrt{a^2 t^2 - 1}\,\mathrm{d}(a^2 t^2 - 1) = -\frac{(a^2 t^2 - 1)^{\frac{3}{2}}}{3a^2} + C$$

$$= -\frac{(a^2 - x^2)^{\frac{3}{2}}}{3a^2 x^3} + C.$$

对形如

$$\int \frac{\mathrm{d}x}{x\sqrt{x^2 \pm a^2}} \ \text{或} \int \frac{\mathrm{d}x}{x^2 \sqrt{x^2 \pm a^2}}$$

等不定积分都可用倒数变换 $x = \dfrac{1}{t}$ 化简被积函数.

例 5 - 2 - 21 求 $\displaystyle\int \sqrt{1 + \mathrm{e}^x}\,\mathrm{d}x.$

解 令 $t = \sqrt{1 + \mathrm{e}^x}$,则 $x = \ln(t^2 - 1)$,$\mathrm{d}x = \dfrac{2t}{t^2 - 1}\mathrm{d}t$,于是

$$\int \sqrt{1 + \mathrm{e}^x}\,\mathrm{d}x = \int t \cdot \frac{2t}{t^2 - 1}\mathrm{d}t = 2\int\left(1 + \frac{1}{t^2 - 1}\right)\mathrm{d}t$$

$$= 2t + \ln\left|\frac{t - 1}{t + 1}\right| + C = 2\sqrt{1 + \mathrm{e}^x} + \ln\left[\frac{\sqrt{1 + \mathrm{e}^x} - 1}{\sqrt{1 + \mathrm{e}^x} + 1}\right] + C.$$

（1）本节介绍了两种类型的换元积分法. 使用第一类换元积分法的关键是设法把被积表达式凑成 $f[u(x)]u'(x)dx$ 的形式, 以便选取变换 $u=u(x)$ 转化为易于积分的 $\int f(u)du$, 因此也称为"凑微分法". 第二类换元积分法是要适当选取变换 $x=u(t)$, 化为容易计算的不定积分 $\int f[u(t)]u'(t)dt$. 采用哪一类换元积分法应视被积函数的具体情形而定, 关键在于经换元后得到的新的不定积分必须比原来的不定积分容易计算. 有时, 还需同时使用两种换元积分法才能完成某一不定积分的计算.

（2）常用的"凑微分"形式有：

$$\int f(ax+b)dx = \frac{1}{a}\int f(ax+b)d(ax+b);$$

$$\int xf(ax^2)dx = \frac{1}{2a}\int f(ax^2)d(ax^2);$$

$$\int \frac{1}{\sqrt{x}}f(a\sqrt{x})dx = \frac{2}{a}\int f(a\sqrt{x})d(a\sqrt{x});$$

$$\int \frac{1}{x}f(\ln x)dx = \int f(\ln x)d(\ln x);$$

$$\int \cos xf(\sin x)dx = \int f(\sin x)d(\sin x);$$

$$\int \sin xf(\cos x)dx = -\int f(\cos x)d(\cos x);$$

$$\int \sec^2 xf(\tan x)dx = \int f(\tan x)d(\tan x);$$

$$\int \csc^2 xf(\cot x)dx = -\int f(\cot x)d(\cot x);$$

$$\int \frac{1}{\sqrt{1-x^2}}f(\arcsin x)dx = \int f(\arcsin x)d(\arcsin x);$$

$$\int \frac{1}{1+x^2}f(\arctan x)dx = \int f(\arctan x)d(\arctan x).$$

（3）如果被积函数中含有根式

$$\sqrt{a^2-x^2}、\sqrt{x^2+a^2} \ 或 \sqrt{x^2-a^2},$$

常用第二类换元积分法, 通常分别采用三角变换式

$$x=a\sin t、x=a\tan t \ 或 \ x=a\sec t.$$

此外, 常用的变换还有倒数变换 $x=\dfrac{1}{t}$ 等.

有时对同一个不定积分也可以用不同的变换求出结果. 例如, 求

$$\int \frac{\mathrm{d}x}{x\sqrt{x^2 - a^2}} \quad (a > 0, x > a).$$

若令 $x = a\sec t \left(0 < t < \dfrac{\pi}{2}\right)$, 则

$$\int \frac{\mathrm{d}x}{x\sqrt{x^2 - a^2}} = \int \frac{a\tan t\sec t\mathrm{d}t}{a\sec t \cdot a\tan t} = \frac{1}{a}\int \mathrm{d}t = \frac{t}{a} + C = \frac{1}{a}\arctan\frac{\sqrt{x^2 - a^2}}{a} + C;$$

若令 $\sqrt{x^2 - a^2} = t \ (t > 0)$, 则 $x^2 = a^2 + t^2$, $x\mathrm{d}x = t\mathrm{d}t$, 于是

$$\int \frac{\mathrm{d}x}{x\sqrt{x^2 - a^2}} = \int \frac{x\mathrm{d}x}{x^2\sqrt{x^2 - a^2}} = \int \frac{t\mathrm{d}t}{(a^2 + t^2)t}$$

$$= \int \frac{\mathrm{d}t}{a^2 + t^2} = \frac{1}{a}\arctan\frac{t}{a} + C = \frac{1}{a}\arctan\frac{\sqrt{x^2 - a^2}}{a} + C;$$

也可以用倒数变换 $x = \dfrac{1}{t}$ 求得同样的结果.

(4) 在本节的例题中, 有些不定积分今后经常会遇到, 也可以作为基本积分公式来使用. 我们把它们总结如下, 作为 5.1 节中基本积分表的扩充:

15. $\displaystyle\int \tan x\mathrm{d}x = -\ln|\cos x| + C$;

16. $\displaystyle\int \cot x\mathrm{d}x = \ln|\sin x| + C$;

17. $\displaystyle\int \sec x\mathrm{d}x = \ln|\sec x + \tan x| + C$;

18. $\displaystyle\int \csc x\mathrm{d}x = \ln|\csc x - \cot x| + C$;

19. $\displaystyle\int \frac{\mathrm{d}x}{a^2 + x^2} = \frac{1}{a}\arctan\frac{x}{a} + C$;

20. $\displaystyle\int \frac{\mathrm{d}x}{a^2 - x^2} = \frac{1}{2a}\ln\left|\frac{a + x}{a - x}\right| + C$;

21. $\displaystyle\int \frac{\mathrm{d}x}{\sqrt{a^2 - x^2}} = \arcsin\frac{x}{a} + C$;

22. $\displaystyle\int \frac{\mathrm{d}x}{\sqrt{x^2 \pm a^2}} = \ln|x + \sqrt{x^2 \pm a^2}| + C$;

23. $\displaystyle\int \sqrt{a^2 - x^2}\,\mathrm{d}x = \frac{x}{2}\sqrt{a^2 - x^2} + \frac{a^2}{2}\arcsin\frac{x}{a} + C$;

24. $\int \sqrt{x^2 \pm a^2}\, \mathrm{d}x = \dfrac{x}{2}\sqrt{x^2 \pm a^2} \pm \dfrac{a^2}{2}\ln|\, x + \sqrt{x^2 \pm a^2}\,| + C.$

最后一个公式可用下节的分部积分法得出(5.3 节例 5-3-7).

习题 5-2

1. 用第一类换元积分法求下列不定积分:

(1) $\int x\mathrm{e}^{2x^2+1}\mathrm{d}x$;

(2) $\int \sqrt{2-3x}\,\mathrm{d}x$;

(3) $\int \dfrac{x^2}{1+x^6}\mathrm{d}x$;

(4) $\int \dfrac{\mathrm{d}x}{x\ln\sqrt{x}}$;

(5) $\int x\sqrt{x^2-4}\,\mathrm{d}x$;

(6) $\int \dfrac{x\,\mathrm{d}x}{\sqrt{1+x^2}}$;

(7) $\int \sin^5 x\cos x\,\mathrm{d}x$;

(8) $\int \sin^3 x\cos^2 x\,\mathrm{d}x$;

(9) $\int \cos 3x\cos 2x\,\mathrm{d}x$;

(10) $\int \dfrac{\cos^5 x}{\sin^3 x}\mathrm{d}x$;

(11) $\int \dfrac{\mathrm{d}x}{\sqrt{x}\,(1+x)}$;

(12) $\int \dfrac{x\,\mathrm{d}x}{\sqrt{9-x^2}}$;

(13) $\int \dfrac{1}{\sqrt{x}}\mathrm{e}^{\sqrt{x}}\mathrm{d}x$;

(14) $\int \dfrac{\mathrm{d}x}{1+\mathrm{e}^{-x}}$;

(15) $\int \dfrac{\mathrm{d}x}{\mathrm{e}^x + \mathrm{e}^{2-x}}$;

(16) $\int \tan^3 x\sec x\,\mathrm{d}x$;

(17) $\int \dfrac{1}{x^2}\sin\left(\dfrac{1}{x}+2\right)\mathrm{d}x$;

(18) $\int x\cot(x^2+1)\mathrm{d}x$;

(19) $\int \dfrac{\mathrm{d}x}{2-\sin^2 x}$;

(20) $\int \dfrac{1}{x(x^{2\,007}+1)}\mathrm{d}x$;

(21) $\int \dfrac{x+1}{x^2+x+1}\mathrm{d}x$;

(22) $\int \dfrac{3x+1}{x^2+2x+17}\mathrm{d}x$.

2. 用第二类换元积分法求下列不定积分:

(1) $\int \dfrac{\mathrm{d}x}{1+\sqrt[3]{x}}$;

(2) $\int \dfrac{\sqrt{x}}{1+x}\mathrm{d}x$;

(3) $\int \dfrac{1}{x\sqrt{1+x}}\mathrm{d}x$;

(4) $\int \dfrac{x\,\mathrm{d}x}{\sqrt{2+4x}}$;

(5) $\int \dfrac{\mathrm{d}x}{\sqrt{(1-x^2)^3}}$;

(6) $\int \dfrac{\mathrm{d}x}{\sqrt{(x^2-9)^3}}$;

$(7) \int \dfrac{\mathrm{d}x}{x\sqrt{1-x^2}}$;

$(8) \int \dfrac{\mathrm{d}x}{x^2\sqrt{4x^2+1}}$;

$(9) \int \sqrt{\mathrm{e}^x-1}\,\mathrm{d}x$;

$(10) \int \dfrac{\mathrm{d}x}{\sqrt{1+\mathrm{e}^x}}$;

$(11) \int \dfrac{\mathrm{e}^{2x}}{\sqrt{3\mathrm{e}^x-2}}\mathrm{d}x$;

$(12) \int \dfrac{\sqrt{1+\ln x}}{x\ln x}\mathrm{d}x$.

3. 用换元积分法求下列不定积分：

$(1) \int \dfrac{\mathrm{d}x}{1-\cos x}$;

$(2) \int \sin 2x\cos 3x\,\mathrm{d}x$;

$(3) \int \dfrac{\mathrm{d}x}{1+\sqrt{1-x^2}}$;

$(4) \int \sqrt{\dfrac{x}{1-x\sqrt{x}}}\,\mathrm{d}x$;

$(5) \int \dfrac{\mathrm{d}x}{(x+3)\sqrt{x+1}}$;

$(6) \int \left(\dfrac{1}{\sqrt{3-x^2}}+\dfrac{1}{\sqrt{1-3x^2}}\right)\mathrm{d}x$;

$(7) \int \dfrac{\mathrm{d}x}{1+\sin 2x}$;

$(8) \int \sqrt{(a^2-x^2)^3}\,\mathrm{d}x \ (a>0)$;

$(9) \int \dfrac{x^5}{(2x^2+3)^3}\mathrm{d}x$;

$(10) \int \dfrac{\mathrm{e}^x}{\mathrm{e}^x+\mathrm{e}^{-x}}\mathrm{d}x$;

$(11) \int \dfrac{\mathrm{d}x}{(x+1)\sqrt{x^2+2x+2}}$;

$(12) \int \dfrac{\mathrm{d}x}{x(x^6+4)}$;

$(13) \int \dfrac{\mathrm{d}x}{x^5(1+x^2)}$;

$(14) \int \dfrac{\mathrm{d}x}{x\sqrt{3x^2-2x-1}}$.

5.3 分部积分法

利用两个函数乘积的求导法则，可推出另一个基本积分方法——分部积分法.

如果 $u=u(x)$ 与 $v=v(x)$ 都有连续的导数，则由函数乘积的微分公式 $\mathrm{d}(uv)=v\mathrm{d}u+u\mathrm{d}v$，得 $u\mathrm{d}v=\mathrm{d}(uv)-v\mathrm{d}u$，所以有

$$\int u\mathrm{d}v=uv-\int v\mathrm{d}u, \qquad\qquad ①$$

或

$$\int u(x)v'(x)\mathrm{d}x=u(x)v(x)-\int v(x)u'(x)\mathrm{d}x. \qquad\qquad ②$$

公式①和②称为**分部积分公式**,当积分 $\int u\mathrm{d}v$ 不易计算,而积分 $\int v\mathrm{d}u$ 比较容易计算时,就可以使用这公式.

例 5-3-1 求 $\int x\cos x\mathrm{d}x$.

解 若令 $u=x$, $\mathrm{d}v=\cos x\mathrm{d}x$,则 $\mathrm{d}u=\mathrm{d}x$, $v=\sin x$. 由分部积分公式②,得到

$$\int x\cos x\mathrm{d}x = x\sin x - \int \sin x\mathrm{d}x = x\sin x + \cos x + C.$$

使用分部积分法的关键在于适当选定被积表达式中的 u 和 $\mathrm{d}v$,使②式右边的不定积分 $\int v(x)\mathrm{d}u(x)$ 容易计算. 例如,在上例中若令 $u=\cos x$, $\mathrm{d}v=x\mathrm{d}x$,就有

$$\int x\cos x\mathrm{d}x = \frac{x^2}{2}\cos x + \int \frac{x^2}{2}\sin x\mathrm{d}x,$$

这导致右边的不定积分比原不定积分更难求了.

例 5-3-2 求 $\int \arctan x\mathrm{d}x$.

解 若令 $u=\arctan x$, $\mathrm{d}v=\mathrm{d}x$,则有

$$\int \arctan x\mathrm{d}x = x\arctan x - \int \frac{x}{1+x^2}\mathrm{d}x = x\arctan x - \frac{1}{2}\ln(1+x^2) + C.$$

例 5-3-3 求 $\int x^2\ln x\mathrm{d}x$.

解 若令 $u=\ln x$, $\mathrm{d}v=x^2\mathrm{d}x$,则有

$$\int x^2\ln x\mathrm{d}x = \frac{1}{3}x^3\ln x - \int \frac{x^3}{3}\cdot\frac{1}{x}\mathrm{d}x = \frac{1}{3}x^3\ln x - \frac{1}{3}\int x^2\mathrm{d}x$$

$$= \frac{1}{3}x^3\left(\ln x - \frac{1}{3}\right) + C.$$

有时需要多次用分部积分法后才能求得结果.

例 5-3-4 求 $\int x^2\mathrm{e}^x\mathrm{d}x$.

解 若令 $u=x^2$, $\mathrm{d}v=\mathrm{e}^x\mathrm{d}x$,则有

$$\int x^2 e^x dx = x^2 e^x - 2\int x e^x dx.$$

对 $\int x e^x dx$ 再使用一次分部积分,即再令 $u = x$, $dv = e^x dx$,便求得

$$\int x^2 e^x dx = x^2 e^x - 2\left(x e^x - \int e^x dx\right) = e^x(x^2 - 2x + 2) + C.$$

有些不定积分在接连几次用分部积分法后,会出现与原不定积分类型相同的项,经移项合并后可得所求结果.

例 5 – 3 – 5 求 $\int e^x \sin x dx$.

解 $\int e^x \sin x dx = \int \sin x de^x = e^x \sin x - \int e^x \cos x dx = e^x \sin x - \int \cos x de^x$

$$= e^x \sin x - \left[e^x \cos x - \int e^x(-\sin x) dx\right]$$

$$= e^x \sin x - e^x \cos x - \int e^x \sin x dx.$$

于是

$$\int e^x \sin x dx = \frac{1}{2}e^x(\sin x - \cos x) + C.$$

注意,最后化为上式时,右边须添加积分常数 C.

类似可得

$$\int e^x \cos x dx = \frac{1}{2}e^x(\sin x + \cos x) + C.$$

例 5 – 3 – 6 求 $\int \sec^3 x dx$.

解 $\int \sec^3 x dx = \int \sec x d(\tan x) = \sec x \tan x - \int \tan^2 x \cdot \sec x dx$

$$= \sec x \tan x - \int \sec^3 x dx + \int \sec x dx$$

$$= \sec x \tan x - \int \sec^3 x dx + \ln|\sec x + \tan x|,$$

于是

$$\int \sec^3 x \mathrm{d}x = \frac{1}{2} (\sec x \tan x + \ln |\sec x + \tan x|) + C.$$

例 5 - 3 - 7 求 $\int \sqrt{x^2 + a^2} \mathrm{d}x \ (a > 0).$

解

$$\int \sqrt{x^2 + a^2} \mathrm{d}x = x\sqrt{x^2 + a^2} - \int \frac{x^2}{\sqrt{x^2 + a^2}} \mathrm{d}x$$

$$= x\sqrt{x^2 + a^2} - \int \frac{x^2 + a^2 - a^2}{\sqrt{x^2 + a^2}} \mathrm{d}x$$

$$= x\sqrt{x^2 + a^2} - \int \sqrt{x^2 + a^2} \mathrm{d}x + a^2 \int \frac{\mathrm{d}x}{\sqrt{x^2 + a^2}},$$

把公式 22 的结果代入上式,得

$$\int \sqrt{x^2 + a^2} \mathrm{d}x = x\sqrt{x^2 + a^2} - \int \sqrt{x^2 + a^2} \mathrm{d}x + a^2 \ln \left| x + \sqrt{x^2 + a^2} \right|,$$

于是

$$\int \sqrt{x^2 + a^2} \mathrm{d}x = \frac{x}{2}\sqrt{x^2 + a^2} + \frac{a^2}{2} \ln \left| x + \sqrt{x^2 + a^2} \right| + C.$$

类似地,可得

$$\int \sqrt{x^2 - a^2} \mathrm{d}x = \frac{x}{2}\sqrt{x^2 - a^2} - \frac{a^2}{2} \ln \left| x + \sqrt{x^2 - a^2} \right| + C.$$

有些不定积分的计算,要兼用换元积分法与分部积分法.

例 5 - 3 - 8 求 $I = \int x \arcsin x \mathrm{d}x.$

解 先由分部积分法得

$$I = \int \arcsin x \mathrm{d}\left(\frac{x^2}{2}\right) = \frac{x^2}{2} \arcsin x - \frac{1}{2} \int \frac{x^2 \mathrm{d}x}{\sqrt{1 - x^2}}.$$

再用换元法 (令 $x = \sin t$) 得

$$\int \frac{x^2}{\sqrt{1 - x^2}} \mathrm{d}x = \int \frac{\sin^2 t}{\cos t} \cdot \cos t \mathrm{d}t = \int \frac{1 - \cos 2t}{2} \mathrm{d}t$$

$$= \frac{1}{2}(t - \sin t \cos t) + C$$

$$= \frac{1}{2}\left(\arcsin x - x\sqrt{1 - x^2}\right) + C.$$

于是求得

$$I = \frac{1}{4}\left[(2x^2 - 1)\arcsin x + x\sqrt{1 - x^2}\right] + C.$$

例 5-3-9 求 $\int e^{\sqrt[3]{x}}dx.$

解 先用换元法,令 $t = \sqrt[3]{x}$,则 $x = t^3$, $dx = 3t^2 dt$,从而有

$$\int e^{\sqrt[3]{x}}dx = \int 3t^2 e^t dt.$$

利用分部积分法得

$$\int e^{\sqrt[3]{x}}dx = \int 3t^2 e^t dt = \int 3t^2 d(e^t) = 3t^2 e^t - 6\int t e^t dt$$

$$= 3t^2 e^t - 6t e^t + 6e^t + C = 3e^{\sqrt[3]{x}}(\sqrt[3]{x^2} - 2\sqrt[3]{x} + 2) + C.$$

用分部积分法可以导出一些递推公式,利用这些递推公式可以直接得到某些积分结果.

例 5-3-10 求 $I_n = \int x^n e^x dx \ (n \geq 1)$ 的递推公式.

解 因为

$$I_n = \int x^n d(e^x) = x^n e^x - n\int x^{n-1} e^x dx,$$

所以递推公式是

$$I_n = x^n e^x - nI_{n-1}. \qquad \qquad \textcircled{3}$$

利用公式③和不定积分

$$I_0 = \int e^x dx = e^x + C,$$

可以递推地计算 I_n. 例如,

$$I_1 = xe^x - I_0 = e^x(x - 1) + C_1,$$

$$I_2 = x^2 e^x - 2I_1 = e^x(x^2 - 2x + 2) + C_2,$$

$$I_3 = x^3 e^x - 3I_2 = e^x(x^3 - 3x^2 + 6x - 6) + C_3,$$

其中积分常数 $C_1 = -C$, $C_2 = 2C$, $C_3 = -6C$.

例 5 - 3 - 11 求 $I_n = \int \dfrac{\mathrm{d}x}{(x^2 + a^2)^n}$ ($n > 1$) 的递推公式.

解 $I_n = \int \dfrac{\mathrm{d}x}{(x^2 + a^2)^n} = \dfrac{1}{a^2} \int \dfrac{(x^2 + a^2) - x^2}{(x^2 + a^2)^n} \mathrm{d}x = \dfrac{1}{a^2} I_{n-1} - \dfrac{1}{a^2} \int \dfrac{x^2}{(x^2 + a^2)^n} \mathrm{d}x.$

用分部积分法求不定积分 $\int \dfrac{x^2}{(x^2 + a^2)^n} \mathrm{d}x$, 令

$$u = x, \quad \mathrm{d}v = \frac{x}{(x^2 + a^2)^n} \mathrm{d}x,$$

则

$$\mathrm{d}u = \mathrm{d}x, \quad v = -\frac{1}{2(n-1)(x^2 + a^2)^{n-1}}.$$

于是

$$\int \frac{x^2}{(x^2 + a^2)^n} \mathrm{d}x = -\frac{1}{2(n-1)} \left[\frac{x}{(x^2 + a^2)^{n-1}} - \int \frac{\mathrm{d}x}{(x^2 + a^2)^{n-1}} \right]$$

$$= -\frac{1}{2(n-1)} \left[\frac{x}{(x^2 + a^2)^{n-1}} - I_{n-1} \right],$$

代入 I_n 的表达式, 得

$$I_n = \frac{1}{a^2} I_{n-1} + \frac{1}{2(n-1)a^2} \left[\frac{x}{(x^2 + a^2)^{n-1}} - I_{n-1} \right],$$

即

$$I_n = \frac{x}{2(n-1)a^2(x^2 + a^2)^{n-1}} + \frac{2n-3}{2(n-1)a^2} I_{n-1}. \tag{④}$$

应用分部积分法求不定积分的关键在于"分部"恰当, 根据计算经验, 分部积分法通常有如下四种表现形式.

(1) "降幂"类. 如例 5 - 3 - 1、例 5 - 3 - 4 所示, 一般适用于求如下不定积分:

$$\int P_n(x) \mathrm{e}^{ax} \mathrm{d}x、\int P_n(x) \sin bx \mathrm{d}x、\int P_n(x) \cos bx \mathrm{d}x,$$

其中 $P_n(x)$ 为 x 的 n 次多项式. 在应用分部积分法求这些不定积分时, 只须令

$$u = P_n(x)、v' = \mathrm{e}^{ax} \quad (\text{或} \sin bx、\cos bx).$$

每用一次分部积分法,便能使被积函数中的多项式因子降幂一次,重复用 n 次分部积分法,最后化为求 e^{ax}(或 $\sin bx$、$\cos bx$)的不定积分.

(2)"升幂"类. 如例 5-3-2、例 5-3-3、例 5-3-8 所示,一般适用于求如下不定积分:

$$\int P_n(x)(\ln x)^m \mathrm{d}x、\int P_n(x)(\arctan x)^m \mathrm{d}x(m \text{ 为自然数}),$$

$$\int P_n(x)\arcsin x\mathrm{d}x \text{ 或 } \int P_n(x)\arccos x\mathrm{d}x.$$

对这些不定积分,只须令

$$u = (\ln x)^m、(\arctan x)^m、\arcsin x \text{ 或 } \arccos x,$$

$$v' = P_n(x).$$

每用一次分部积分法,多项式因子升幂一次(同时使 $(\ln x)^m$ 与 $(\arctan x)^m$ 降幂);重复 m 次这个过程,最后化为求一多项式(或有理分式,或某些能积出的无理式)的不定积分.

(3)"复现"类. 如例 5-3-5、例 5-3-6、例 5-3-7 所示,一般适用于求如下不定积分:

$$\int \mathrm{e}^{ax}\sin bx\mathrm{d}x、\int \mathrm{e}^{ax}\cos bx\mathrm{d}x.$$

这些不定积分经若干次用分部积分法后,出现形如

$$I = F(x) + kI, \ k \neq 1$$

的"复现"形式,由此即可求得 I.

(4)"递推"类. 如例 5-3-10、例 5-3-11 所示,这些不定积分中的被积函数与自然数参数 n 有关. 若记此不定积分为 I_n,且经用分部积分法后,化为求 I_{n-1}(或 I_{n-2}). 这种联系 I_n 与 I_{n-1}(或 I_{n-2})之间的关系式即为计算 I_n 的递推公式. 按递推公式逐次计算,最后归结为求 I_0(或 I_1、I_2).

习题 5-3

1. 应用分部积分法求下列不定积分:

(1) $\int xa^x\mathrm{d}x$;

(2) $\int x^2\cos 3x\mathrm{d}x$;

(3) $\int x\cos^2 x\mathrm{d}x$;

(4) $\int x^2\cos^2 x\mathrm{d}x$;

$(5)\int x^2\arctan x\mathrm{d}x$;

$(6)\int x^n\ln x\mathrm{d}x\ (n\neq -1)$;

$(7)\int \mathrm{e}^{3x}\sin 2x\mathrm{d}x$;

$(8)\int (\ln x)^2\mathrm{d}x$;

$(9)\int (\arcsin x)^2\mathrm{d}x$;

$(10)\int x^2\mathrm{e}^{-x}\mathrm{d}x$;

$(11)\int \cos(\ln x)\mathrm{d}x$;

$(12)\int x\tan^2 x\mathrm{d}x$;

$(13)\int \sqrt{x^2-a^2}\,\mathrm{d}x$;

$(14)\int \ln(x+\sqrt{x^2+1})\mathrm{d}x$;

$(15)\int \dfrac{\arctan x}{x^2(1+x^2)}\mathrm{d}x$;

$(16)\int \tan^2 x\sec x\mathrm{d}x.$

2. 求下列不定积分:

$(1)\int \sin 5x\sin 3x\mathrm{d}x$;

$(2)\int \sin 4x\cos 2x\mathrm{d}x$;

$(3)\int \cos 3x\cos x\mathrm{d}x$;

$(4)\int \dfrac{\mathrm{d}x}{\sin x\cos x}$;

$(5)\int \sin^2 x\cos x\sqrt{\sin^3 x+4}\,\mathrm{d}x$;

$(6)\int (\mathrm{e}^x-\mathrm{e}^{-x})^2(\mathrm{e}^x+\mathrm{e}^{-x})\mathrm{d}x$;

$(7)\int \dfrac{\mathrm{d}x}{\mathrm{e}^x+\mathrm{e}^{-x}}$;

$(8)\int \dfrac{\mathrm{d}x}{\sqrt{\mathrm{e}^{2x}-1}}$;

$(9)\int \dfrac{\mathrm{e}^{\sqrt{2x+1}}}{\sqrt{2x+1}}\mathrm{d}x$;

$(10)\int \sec^4 x\mathrm{d}x$;

$(11)\int \sin^2 x\cos^2 x\mathrm{d}x$;

$(12)\int \dfrac{\cos x}{4+\sin^2 x}\mathrm{d}x$;

$(13)\int \dfrac{\sin^2 x\cos x}{1+\sin^2 x}\mathrm{d}x$;

$(14)\int \dfrac{\mathrm{d}x}{4\sin^2 x+\cos^2 x}$;

$(15)\int \dfrac{\mathrm{d}x}{x\ln\sqrt{x}}$;

$(16)\int \dfrac{\ln(1+x)}{(1+x)^2}\mathrm{d}x$;

$(17)\int \dfrac{\ln\tan x}{\sin x\cos x}\mathrm{d}x$;

$(18)\int \arctan\sqrt{x}\,\mathrm{d}x$;

$(19)\int x^2\arccos x\mathrm{d}x$;

$(20)\int \dfrac{\arctan \mathrm{e}^x}{\mathrm{e}^x}\mathrm{d}x$;

$(21)\int \dfrac{\mathrm{d}x}{x\sqrt{x+1}}$;

$(22)\int x^3\sqrt{a-bx^2}\,\mathrm{d}x\,(b\neq 0)$;

$(23)\int \dfrac{x+1}{\sqrt{x^2+2x+2}}\mathrm{d}x$;

$(24)\int \dfrac{\mathrm{d}x}{\sqrt{x^2-4x+3}}$;

(25) $\int \dfrac{\mathrm{d}x}{\sqrt{1 + x - x^2}}$；

(26) $\int \dfrac{\mathrm{d}x}{\sqrt{5 + 4x + x^2}}$；

(27) $\int \dfrac{x^2}{(x + a)^{100}}\mathrm{d}x$；

(28) $\int \dfrac{\sqrt{x^2 - 4}}{x}\mathrm{d}x$；

(29) $\int \mathrm{e}^{\sin x \cos x} \cos 2x \mathrm{d}x$；

(30) $\int (\cos^2 x - \sin^2 x)^3 \sin x \cos x \mathrm{d}x$.

3. 证明：$\int \sin^m x \cos^n x \mathrm{d}x = \begin{cases} \dfrac{\sin^{m+1} x \cos^{n-1} x}{m + n} + \dfrac{n - 1}{m + n}\int \sin^m x \cos^{n-2} x \mathrm{d}x & (n \geqslant 2), \\[3mm] -\dfrac{\sin^{m-1} x \cos^{n+1} x}{m + n} + \dfrac{m - 1}{m + n}\int \sin^{m-2} x \cos^n x \mathrm{d}x & (m \geqslant 2). \end{cases}$

*5.4　特殊类型初等函数的不定积分

本节将讨论一些特殊类型初等函数的积分法.

5.4.1　有理函数的不定积分

设有理分式 $R(x) = \dfrac{P(x)}{Q(x)}$，其中 $P(x)$ 为 n 次多项式，$Q(x)$ 为 m 次多项式，且 $P(x)$ 与 $Q(x)$ 之间没有公因式（即 $R(x)$ 为**既约分式**）. 当 $n < m$ 时，称 $R(x)$ 为**有理真分式**；当 $n \geqslant m$ 时，称为**有理假分式**. 有理假分式可利用多项式的除法化为多项式与有理真分式之和，例如

$$\frac{x^5 + 2x^4 + x^2 + 1}{x^3 + 1} = x^2 + 2x - \frac{2x - 1}{x^3 + 1}.$$

多项式的不定积分是容易计算的，因此只要研究有理真分式的不定积分问题.

在 5.2 节中，我们已经用换元积分法求出一些最简单的有理真分式的不定积分，例如

$$\int \frac{\mathrm{d}x}{(x - a)^m} = \begin{cases} \ln|x - a| + C, & m = 1, \\[3mm] \dfrac{1}{(1 - m)(x - a)^{m-1}} + C, & m > 1; \end{cases}$$

$$\int \frac{\mathrm{d}x}{x^2 + a^2} = \frac{1}{a}\arctan \frac{x}{a} + C.$$

等等. 本节将在此基础上进一步讨论有理真分式的不定积分问题.

设 $R(x) = \dfrac{P(x)}{Q(x)}$ 是一个既约有理真分式，求 $R(x)$ 的不定积分. 若 $R(x)$ 的分母 $Q(x)$ 分解为几个因式（一次二项式或有虚根的二次三项式）的乘积，则 $R(x)$ 就可以拆成以这些因式为分母的简

单有理真分式之和,这些简单分式称为 $R(x) = \dfrac{P(x)}{Q(x)}$ 的**部分分式**. 于是, $\displaystyle\int \dfrac{P(x)}{Q(x)} \mathrm{d}x$ 就化为这些简单分式的不定积分之和.

例 5 - 4 - 1 求 $\displaystyle\int \dfrac{3x + 4}{x^2 + x - 6} \mathrm{d}x$.

解 由于被积函数的分母

$$x^2 + x - 6 = (x + 3)(x - 2),$$

因而被积函数可以写成

$$\frac{3x + 4}{x^2 + x - 6} = \frac{A_1}{x + 3} + \frac{A_2}{x - 2},$$

其中 A_1、A_2 为待定系数.

为确定 A_1、A_2,在等式两边同乘以 $(x + 3)(x - 2)$,得

$$3x + 4 = A_1(x - 2) + A_2(x + 3), \qquad\qquad ①$$

即

$$3x + 4 = (A_1 + A_2)x + (-2A_1 + 3A_2),$$

比较等式两边 x 的同次项的系数,得到

$$\begin{cases} 3 = A_1 + A_2, \\ 4 = -2A_1 + 3A_2, \end{cases}$$

解得 $A_1 = 1$, $A_2 = 2$,因此

$$\frac{3x + 4}{x^2 + x - 6} = \frac{1}{x + 3} + \frac{2}{x - 2},$$

于是所求不定积分为

$$\int \frac{3x + 4}{x^2 + x - 6} \mathrm{d}x = \int \frac{\mathrm{d}x}{x + 3} + 2 \int \frac{\mathrm{d}x}{x - 2} = \ln|x + 3| + 2\ln|x - 2| + C.$$

上例中先设待定系数,再通过确定待定系数把 $R(x)$ 写成部分分式之和的方法称为**待定系数法**. 有时还可用比上例更加简捷的方法确定待定系数. 例如,在上例中分别用 $x = -3$ 和 $x = 2$ 代入 ① 式,也可求得 A_1、A_2.

例 5-4-2 求 $\int \dfrac{x^2+2x+3}{x^3+2x^2-x-2}\mathrm{d}x$.

解 被积函数的分母

$$x^3+2x^2-x-2=(x+1)(x-1)(x+2),$$

被积函数可以写成

$$\frac{x^2+2x+3}{x^3+2x^2-x-2}=\frac{A_1}{x+1}+\frac{A_2}{x-1}+\frac{A_3}{x+2},$$

其中 A_1、A_2、A_3 为待定系数. 在等式两边同乘以 $(x+1)(x-1)(x+2)$,得

$$x^2+2x+3=A_1(x-1)(x+2)+A_2(x+1)(x+2)+A_3(x+1)(x-1),$$

分别用 $x=-1$、1、-2 代入上式,得

$$A_1=-1、A_2=1、A_3=1.$$

于是

$$\int\frac{x^2+2x+3}{x^3+2x^2-x-2}\mathrm{d}x=-\int\frac{\mathrm{d}x}{x+1}+\int\frac{\mathrm{d}x}{x-1}+\int\frac{\mathrm{d}x}{x+2}$$

$$=-\ln|x+1|+\ln|x-1|+\ln|x+2|+C.$$

上述结果也可写成

$$\int\frac{x^2+2x+3}{x^3+2x^2-x-2}\mathrm{d}x=\ln\left|\frac{x^2+x-2}{x+1}\right|+C.$$

例 5-4-3 求 $\int \dfrac{x+2}{(x+1)^2(x-1)}\mathrm{d}x$.

解 被积函数可以写成三个部分分式之和

$$\frac{x+2}{(x+1)^2(x-1)}=\frac{A_1}{x+1}+\frac{A_2}{(x+1)^2}+\frac{A_3}{x-1},$$

其中 A_1、A_2、A_3 是待定系数. 两边同乘以 $(x+1)^2(x-1)$,得

$$x+2=A_1(x+1)(x-1)+A_2(x-1)+A_3(x+1)^2,$$

分别以 $x=1$ 和 $x=-1$ 代入上式,得

$$A_3=\frac{3}{4}\text{ 和 }A_2=-\frac{1}{2},$$

再比较上式中 x^2 项的系数得

$$A_1 + A_3 = 0, 即 A_1 = -\frac{3}{4},$$

因此

$$\frac{x+2}{(x+1)^2(x-1)} = -\frac{3}{4(x+1)} - \frac{1}{2(x+1)^2} + \frac{3}{4(x-1)},$$

于是

$$\int \frac{x+2}{(x+1)^2(x-1)} \mathrm{d}x = -\frac{3}{4} \ln |x+1| + \frac{1}{2} \cdot \frac{1}{x+1} + \frac{3}{4} \ln |x-1| + C$$

$$= \frac{3}{4} \ln \left| \frac{x-1}{x+1} \right| + \frac{1}{2(x+1)} + C.$$

注意 例 5-4-3 中的被积函数在分解为部分分式之和时,分母中的因式 $(x+1)^2$ 必须有两项 $\dfrac{A_1}{x+1}$、$\dfrac{A_2}{(x+1)^2}$ 与之对应.

一般说来,要把有理真分式 $R(x) = \dfrac{P(x)}{Q(x)}$ 写成部分分式之和,对应于 $Q(x)$ 中形如 $(x-a)^k$ 的因式,在 $R(x)$ 的部分分式分解式中应出现如下 k 项之和:

$$\frac{A_1}{x-a} + \frac{A_2}{(x-a)^2} + \cdots + \frac{A_k}{(x-a)^k}, \qquad ②$$

其中 $A_1, A_2, \cdots, A_k$ 为待定系数.

例 5-4-4 求 $\displaystyle\int \frac{x^2+2}{(x-1)^3} \mathrm{d}x$.

解 由②式,被积函数可以写成三个部分分式之和

$$\frac{x^2+2}{(x-1)^3} = \frac{A_1}{x-1} + \frac{A_2}{(x-1)^2} + \frac{A_3}{(x-1)^3},$$

等式两边同乘以 $(x-1)^3$ 得

$$x^2 + 2 = A_1(x-1)^2 + A_2(x-1) + A_3,$$

比较 x 的同次项系数,得到

$$A_1 = 1、A_2 = 2、A_3 = 3,$$

因此

$$\int \frac{x^2 + 2}{(x - 1)^3} \mathrm{d}x = \int \frac{1}{x - 1} \mathrm{d}x + \int \frac{2}{(x - 1)^2} \mathrm{d}x + \int \frac{3}{(x - 1)^3} \mathrm{d}x$$

$$= \ln | x - 1 | - \frac{2}{x - 1} - \frac{3}{2(x - 1)^2} + C.$$

例 5 - 4 - 5 求 $\int \dfrac{\mathrm{d}x}{x^3 + 1}$.

解 因为 $x^3 + 1 = (x + 1)(x^2 - x + 1)$,而 $x^2 - x + 1$ 在实数范围内已不能再分解,于是被积函数可写成如下两个部分分式之和

$$\frac{1}{x^3 + 1} = \frac{A}{x + 1} + \frac{Bx + D}{x^2 - x + 1},$$

其中 A、B、D 是待定系数. 等式两边同乘以 $x^3 + 1$,得

$$1 = A(x^2 - x + 1) + (Bx + D)(x + 1),$$

比较 x 的同次项系数,得 $A = \dfrac{1}{3}$、$B = -\dfrac{1}{3}$、$D = \dfrac{2}{3}$,因此

$$\int \frac{\mathrm{d}x}{x^3 + 1} = \frac{1}{3} \int \frac{\mathrm{d}x}{x + 1} - \frac{1}{3} \int \frac{x - 2}{x^2 - x + 1} \mathrm{d}x$$

$$= \frac{1}{3} \ln | x + 1 | - \frac{1}{6} \int \frac{(2x - 1) - 3}{x^2 - x + 1} \mathrm{d}x$$

$$= \frac{1}{3} \ln | x + 1 | - \frac{1}{6} \int \frac{\mathrm{d}(x^2 - x + 1)}{x^2 - x + 1} + \frac{1}{2} \int \frac{\mathrm{d}\left(x - \frac{1}{2}\right)}{\left(x - \frac{1}{2}\right)^2 + \left(\frac{\sqrt{3}}{2}\right)^2}$$

$$= \frac{1}{3} \ln | x + 1 | - \frac{1}{6} \ln(x^2 - x + 1) + \frac{1}{\sqrt{3}} \arctan \frac{2x - 1}{\sqrt{3}} + C$$

$$= \frac{1}{6} \ln \frac{(x + 1)^2}{x^2 - x + 1} + \frac{1}{\sqrt{3}} \arctan \frac{2x - 1}{\sqrt{3}} + C.$$

因为对任何实数 x 均有 $x^2 - x + 1 > 0$,所以上式可省去 $\ln | x^2 - x + 1 |$ 中的绝对值符号.

类似地,可得

$$\int \frac{\mathrm{d}x}{x^3 - 1} = \frac{1}{6}\ln \frac{(x - 1)^2}{x^2 + x + 1} + \frac{1}{\sqrt{3}}\arctan \frac{2x + 1}{\sqrt{3}} + C.$$

例 5 - 4 - 6 求 $\int \dfrac{2x^3 + 5x^2 + 12x + 6}{(x^2 + 2x + 5)^2}\mathrm{d}x$.

解 由于 $x^2 + 2x + 5$ 在实数范围内已不能再分解，于是被积函数可写成如下两个部分分式之和：

$$\frac{2x^3 + 5x^2 + 12x + 6}{(x^2 + 2x + 5)^2} = \frac{B_1 x + D_1}{x^2 + 2x + 5} + \frac{B_2 x + D_2}{(x^2 + 2x + 5)^2},$$

去分母后比较 x 的同次项系数，得

$$B_1 = 2 \text{、} D_1 = 1 \text{、} B_2 = 0 \text{、} D_2 = 1.$$

于是

$$\int \frac{2x^3 + 5x^2 + 12x + 6}{(x^2 + 2x + 5)^2}\mathrm{d}x = \int \frac{2x + 1}{x^2 + 2x + 5}\mathrm{d}x + \int \frac{\mathrm{d}x}{(x^2 + 2x + 5)^2}.$$

上式右边第一个不定积分

$$\int \frac{2x + 1}{x^2 + 2x + 5}\mathrm{d}x = \int \frac{2x + 2}{x^2 + 2x + 5}\mathrm{d}x - \int \frac{\mathrm{d}x}{x^2 + 2x + 5}$$

$$= \int \frac{\mathrm{d}(x^2 + 2x + 5)}{x^2 + 2x + 5} - \int \frac{\mathrm{d}(x + 1)}{(x + 1)^2 + 2^2};$$

第二个不定积分可用 5.3 节递推公式④求得

$$\int \frac{\mathrm{d}x}{(x^2 + 2x + 5)^2} = \int \frac{\mathrm{d}(x + 1)}{[(x + 1)^2 + 2^2]^2}$$

$$= \frac{1}{2 \times 2^2}\int \frac{\mathrm{d}(x + 1)}{(x + 1)^2 + 2^2} + \frac{1}{2 \times 2^2}\frac{(x + 1)}{(x + 1)^2 + 2^2}.$$

于是

$$\int \frac{2x^3 + 5x^2 + 12x + 6}{(x^2 + 2x + 5)^2}\mathrm{d}x = \int \frac{\mathrm{d}(x^2 + 2x + 5)}{x^2 + 2x + 5} - \frac{7}{8}\int \frac{\mathrm{d}(x + 1)}{(x + 1)^2 + 2^2} + \frac{1}{8}\frac{(x + 1)}{(x + 1)^2 + 2^2}$$

$$= \ln(x^2 + 2x + 5) - \frac{7}{16}\arctan \frac{x + 1}{2} + \frac{x + 1}{8(x^2 + 2x + 5)} + C.$$

与例 5 - 4 - 3、例 5 - 4 - 4 类似，例 5 - 4 - 6 中的被积函数在分解为部分分式之和时，分母中的

因式 $(x^2 + 2x + 5)^2$ 也必须有两项

$$\frac{B_1 x + D_1}{x^2 + 2x + 5} \text{、} \frac{B_2 x + D_2}{(x^2 + 2x + 5)^2}$$

与之对应.

一般说来,对应于 $Q(x)$ 中形如 $(x^2 + px + q)^l (p^2 - 4q < 0)$ 的因式,在 $R(x)$ 的部分分式分解式中应出现如下 l 项之和:

$$\frac{B_1 x + D_1}{x^2 + px + q} + \frac{B_2 x + D_2}{(x^2 + px + q)^2} + \cdots + \frac{B_l x + D_l}{(x^2 + px + q)^l}, \qquad ③$$

其中 B_1,D_1,B_2,D_2,$\cdots$,B_l,D_l 为待定系数.

从以上各例可见,求有理真分式的不定积分的步骤为:

首先,对于一个既约有理真分式 $R(x) = \dfrac{P(x)}{Q(x)}$(不妨设 $Q(x)$ 的最高次项系数为 1),应设法把它的分母 $Q(x)$ 在实数范围内进行因式分解,即把它分解成若干个一次式 $x + a$ 及其乘幂与若干个二次三项式 $x^2 + px + q(p^2 - 4q < 0)$ 及其乘幂的乘积.

其次,通过待定系数法,把有理真分式 $R(x)$ 拆成部分分式之和,即根据分母 $Q(x)$ 的因式分解式,并按②式和③式的规则把 $R(x)$ 写成带有待定系数的部分分式之和后,等式两边同乘以 $R(x)$ 的分母 $Q(x)$,便得到一个多项式恒等式,再比较 x 的同次项系数,求得待定系数,从而把 $R(x)$ 写成了部分分式之和.

于是,有理真分式 $R(x)$ 的不定积分化为它的部分分式的不定积分之和,且这些部分分式的不定积分都是下列两种类型的积分:

(1) $\displaystyle\int \frac{\mathrm{d}x}{(x - a)^m}$($m$ 为正整数);

(2) $\displaystyle\int \frac{Bx + D}{(x^2 + px + q)^n}\mathrm{d}x$($n$ 为正整数,$p^2 - 4q < 0$).

其结果都是有理函数、对数函数、反正切函数或其代数和. 从而任何有理函数的不定积分都不外乎是这三种函数或其代数和.

5.4.2　三角函数有理式的不定积分

三角函数有理式是指由三角函数和常数经过有限次四则运算构成的函数. 例如,

$$\frac{1}{3 + 5\cos x} \text{、} \frac{1 + \sin x}{\sin x(1 + \cos x)} \text{、} \frac{1}{\sin x + \tan x}$$

等都是三角函数有理式.

三角函数有理式的不定积分可以通过变量代换

$$t = \tan \frac{x}{2} \text{ 即 } x = 2\arctan t$$

化为 t 的有理函数的不定积分.

这是因为若 $\tan \dfrac{x}{2} = t$，则由图 $5-5$ 的辅助直角三角形可得

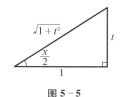

图 $5-5$

$$\sin \frac{x}{2} = \frac{t}{\sqrt{1+t^2}}, \quad \cos \frac{x}{2} = \frac{1}{\sqrt{1+t^2}},$$

因而

$$\sin x = 2\sin \frac{x}{2} \cos \frac{x}{2} = \frac{2t}{1+t^2}, \qquad\qquad ④$$

$$\cos x = \cos^2 \frac{x}{2} - \sin^2 \frac{x}{2} = \frac{1-t^2}{1+t^2}, \qquad\qquad ⑤$$

又

$$\mathrm{d}x = \frac{2\mathrm{d}t}{1+t^2}. \qquad\qquad ⑥$$

于是，三角函数有理式的不定积分就化为 t 的有理函数的不定积分.

例 5 - 4 - 7 求 $\displaystyle\int \frac{\mathrm{d}x}{3 + 5\cos x}$.

解 若令 $\tan \dfrac{x}{2} = t$，则

$$\int \frac{\mathrm{d}x}{3 + 5\cos x} = \int \frac{1}{3 + 5 \cdot \dfrac{1-t^2}{1+t^2}} \cdot \frac{2\mathrm{d}t}{1+t^2} = \int \frac{\mathrm{d}t}{4 - t^2} = \frac{1}{4}\ln \left| \frac{2+t}{2-t} \right| + C,$$

再用 $\tan \dfrac{x}{2}$ 代 t，得

$$\int \frac{\mathrm{d}x}{3 + 5\cos x} = \frac{1}{4}\ln \left| \frac{2 + \tan \dfrac{x}{2}}{2 - \tan \dfrac{x}{2}} \right| + C.$$

尽管三角函数有理式的不定积分都可以用代换 $t = \tan \dfrac{x}{2}$ 化成有理函数的不定积分，但是某

些三角函数有理式的不定积分采用其他代换可能更为简单. 例如，求不定积分 $\displaystyle\int \frac{\sin x}{\cos^3 x}\mathrm{d}x$，只要令

$\cos x = t$, 便得到

$$\int \frac{\sin x}{\cos^3 x} dx = -\int \frac{dt}{t^3} = \frac{1}{2t^2} + C = \frac{1}{2\cos^2 x} + C.$$

又如,当被积函数是 $\sin^2 x$、$\cos^2 x$ 和 $\sin x \cos x$ 的有理式时,采用变换 $t = \tan x$ 往往更为简捷.

例 5 - 4 - 8 求 $\int \frac{2}{3 - \sin^2 x} dx$.

解 若令 $t = \tan x$,则 $x = \arctan t$, $dx = \frac{dt}{1 + t^2}$. 于是

$$\int \frac{2}{3 - \sin^2 x} dx = \int \frac{2\sin^2 x + 2\cos^2 x}{2\sin^2 x + 3\cos^2 x} dx = \int \frac{2 + 2\tan^2 x}{3 + 2\tan^2 x} dx = \int \frac{2 + 2t^2}{3 + 2t^2} \cdot \frac{1}{1 + t^2} dt$$

$$= \int \frac{2}{3 + 2t^2} dt = \frac{\sqrt{6}}{3} \arctan\left(\frac{\sqrt{6}}{3} t\right) + C = \frac{\sqrt{6}}{3} \arctan\left(\frac{\sqrt{6}}{3} \tan x\right) + C.$$

5.4.3 简单无理函数的不定积分

下面通过例子介绍 $\sqrt[n]{\dfrac{ax+b}{cx+d}}$ 和 x 的有理式 (即由 $\sqrt[n]{\dfrac{ax+b}{cx+d}}$ 和 x、常数经过有限次四则运算构成的简单无理函数) 及 $\sqrt[n]{ax+b}$ 和 x 的有理式的不定积分. 求这种简单无理函数的不定积分的方法是通过变换化成有理函数的不定积分.

例 5 - 4 - 9 求 $I = \int \frac{1}{x} \sqrt{\frac{x + 2}{x - 2}} dx$.

解 为去掉括号,可令 $t = \sqrt{\dfrac{x + 2}{x - 2}}$,则

$$x = \frac{2(t^2 + 1)}{t^2 - 1}, \quad dx = -\frac{8t}{(t^2 - 1)^2} dt.$$

代入原式得

$$I = \int \frac{4t^2}{(1 - t^2)(1 + t^2)} dt = 2\int \left(\frac{1}{1 - t^2} - \frac{1}{1 + t^2}\right) dt$$

$$= \ln\left|\frac{1 + t}{1 - t}\right| - 2\arctan t + C$$

$$= \ln \left| \frac{1 + \sqrt{\dfrac{x+2}{x-2}}}{1 - \sqrt{\dfrac{x+2}{x-2}}} \right| - 2\arctan \sqrt{\frac{x+2}{x-2}} + C.$$

例 5 - 4 - 10　求 $\displaystyle\int \frac{x}{\sqrt{x+1} - \sqrt[3]{x+1}} \, dx.$

解　为了能同时消去根式 $\sqrt{x+1}$ 和 $\sqrt[3]{x+1}$，令 $t = \sqrt[6]{x+1}$，
于是 $x = t^6 - 1$，$dx = 6t^5 dt$，从而有

$$\int \frac{x}{\sqrt{x+1} - \sqrt[3]{x+1}} dx = \int \frac{(t^6-1)\cdot 6t^5}{t^3 - t^2} dt = 6\int (t^5 + t^4 + t^3 + t^2 + t + 1)t^3 dt$$

$$= 6\left(\frac{t^9}{9} + \frac{t^8}{8} + \frac{t^7}{7} + \frac{t^6}{6} + \frac{t^5}{5} + \frac{t^4}{4} \right) + C$$

$$= 6\left[\frac{1}{9}(x+1)^{\frac{3}{2}} + \frac{1}{8}(x+1)^{\frac{4}{3}} + \frac{1}{7}(x+1)^{\frac{7}{6}} + \frac{1}{6}(x+1) \right.$$

$$\left. + \frac{1}{5}(x+1)^{\frac{5}{6}} + \frac{1}{4}(x+1)^{\frac{2}{3}} \right] + C.$$

例 5 - 4 - 11　求 $I = \displaystyle\int \frac{dx}{\sqrt[3]{(x-1)^2(x+2)}}.$

解　由于

$$\sqrt[3]{(x-1)^2(x+2)} = (x+2)\sqrt[3]{\left(\frac{x-1}{x+2}\right)^2},$$

因此若令 $t^3 = \dfrac{x-1}{x+2}$，则有

$$x = \frac{1+2t^3}{1-t^3}, \quad dx = \frac{9t^2}{(1-t^3)^2} dt.$$

代入原式,化简得

$$I = \int \frac{3}{1-t^3} dt = \int \left(\frac{1}{1-t} + \frac{t+2}{1+t+t^2} \right) dt$$

$$= -\ln|1-t| + \frac{1}{2}\int \frac{1+2t}{1+t+t^2} dt + \frac{3}{2}\int \frac{dt}{\frac{3}{4} + \left(\frac{1}{2}+t\right)^2}$$

$$= -\ln|1 - t| + \frac{1}{2}\ln(1 + t + t^2) + \sqrt{3}\arctan\frac{1 + 2t}{\sqrt{3}} + C'$$

$$= -\frac{3}{2}\ln|\sqrt[3]{x + 2} - \sqrt[3]{x - 1}| + \sqrt{3}\arctan\frac{2\sqrt[3]{x - 1} + \sqrt[3]{x + 2}}{\sqrt{3}\sqrt[3]{x + 2}} + C.$$

例 5 - 4 - 12 求 $\int \dfrac{1}{1 + \sqrt{x} + \sqrt{x + 1}}\mathrm{d}x.$

解 令 $t = \sqrt{x} + \sqrt{x + 1}$,则 $\sqrt{x + 1} - \sqrt{x} = \dfrac{1}{t}$,两式相减得

$$2\sqrt{x} = t - \frac{1}{t},\text{即 } x = \left(\frac{t^2 - 1}{2t}\right)^2, \ \mathrm{d}x = \frac{t^4 - 1}{2t^3}\mathrm{d}t.$$

代入原式得

$$\int \frac{1}{1 + \sqrt{x} + \sqrt{x + 1}}\mathrm{d}x = \frac{1}{2}\int \frac{t^4 - 1}{t^3(t + 1)}\mathrm{d}t = \frac{1}{2}\int\left(1 - \frac{1}{t} + \frac{1}{t^2} - \frac{1}{t^3}\right)\mathrm{d}t$$

$$= \frac{1}{2}\left(t - \ln|t| - \frac{1}{t} + \frac{1}{2t^2}\right) + C_1$$

$$= \sqrt{x} - \frac{1}{2}\ln(\sqrt{x} + \sqrt{x + 1}) + \frac{x}{2} - \frac{1}{2}\sqrt{x(x + 1)} + C.$$

其中 $C = C_1 + \dfrac{1}{4}.$

（1）本节的重点是介绍有理函数、三角函数有理式与简单无理函数的不定积分.其中最基本的是有理函数的不定积分,其他类型的不定积分都可以通过适当的变量代换化为有理函数的不定积分.

（2）对于有理函数的不定积分,应先把有理真分式分解为部分分式之和.在确定部分分式中的待定系数时,若待定系数的个数较多或得到的方程组较复杂时,可将 x 的某些特殊值代入以便直接求得某几个待定系数的值或获得比较简单的方程组.

（3）求三角函数有理式的不定积分与简单无理函数的不定积分,关键在于选择合适的变量代换,使计算过程尽量简单些.

习题 5 - 4

1. 下列有理函数的分解式是否恰当?

（1）$\dfrac{x^2-1}{x(x+1)^3}=\dfrac{A}{x}+\dfrac{B}{x+1}+\dfrac{Cx+D}{(x+1)^2}+\dfrac{Ex+F}{(x+1)^3}$；

（2）$\dfrac{(x-1)(x^3+2)}{x^2(x^2-x+1)}=\dfrac{A}{x}+\dfrac{B}{x^2}+\dfrac{Cx+D}{x^2-x+1}$；

（3）$\dfrac{x+1}{4x(x^2-1)^2}=\dfrac{A}{x}+\dfrac{Bx+C}{x^2-1}+\dfrac{Dx+E}{(x^2-1)^2}$.

2. 求下列有理函数的不定积分：

（1）$\displaystyle\int\dfrac{x+5}{x^2+4x+13}\mathrm{d}x$；

（2）$\displaystyle\int\dfrac{\mathrm{d}x}{x^2-x-6}$；

（3）$\displaystyle\int\dfrac{x}{x^2-x-2}\mathrm{d}x$；

（4）$\displaystyle\int\dfrac{\mathrm{d}x}{x+x^3}$；

（5）$\displaystyle\int\dfrac{\mathrm{d}x}{x^4-x^2}$；

（6）$\displaystyle\int\dfrac{x^4-x^3}{x^2+1}\mathrm{d}x$；

（7）$\displaystyle\int\dfrac{\mathrm{d}x}{(x-1)^2(x+2)}$；

（8）$\displaystyle\int\dfrac{x^5+x^4-8}{x^3-x}\mathrm{d}x$；

（9）$\displaystyle\int\dfrac{2x}{1+x^2+x^4}\mathrm{d}x$；

（10）$\displaystyle\int\dfrac{32x}{(2x-1)(4x^2-16x+15)}\mathrm{d}x$；

（11）$\displaystyle\int\dfrac{1}{8}\left(\dfrac{x-1}{x+1}\right)^4\mathrm{d}x$；

（12）$\displaystyle\int\dfrac{x^2}{(x-1)^{10}}\mathrm{d}x$.

3. 求下列三角函数有理式的不定积分：

（1）$\displaystyle\int\dfrac{\mathrm{d}x}{3\sin x+4\cos x}$；

（2）$\displaystyle\int\dfrac{\mathrm{d}x}{2-\sin x}$；

（3）$\displaystyle\int\dfrac{\cot x}{1+\cos x}\mathrm{d}x$；

（4）$\displaystyle\int\dfrac{\cot x}{\sin x+\cos x}\mathrm{d}x$；

（5）$\displaystyle\int\dfrac{1}{3+\sin^2 x}\mathrm{d}x$；

（6）$\displaystyle\int\dfrac{1}{1+\sin x+\cos x}\mathrm{d}x$.

4. 求下列简单无理函数的不定积分：

（1）$\displaystyle\int\dfrac{\mathrm{d}x}{\sqrt{x^2+2x+5}}$；

（2）$\displaystyle\int\dfrac{\mathrm{d}x}{\sqrt{x^2-2x-3}}$；

（3）$\displaystyle\int\dfrac{\mathrm{d}x}{\sqrt{x+2}(1+\sqrt[4]{x+2})}$；

（4）$\displaystyle\int\dfrac{1}{x}\sqrt{\dfrac{1+x}{x}}\mathrm{d}x$；

（5）$\displaystyle\int\dfrac{\sqrt{x+1}-\sqrt{x-1}}{\sqrt{x+1}+\sqrt{x-1}}\mathrm{d}x$；

（6）$\displaystyle\int\dfrac{\mathrm{d}x}{x+\sqrt{x-1}}$.

第6章 定 积 分

导数和微分主要讨论函数(变量)的变化率和局部线性化问题,本章将学习另一个重要内容——定积分. 与微分相反,定积分是关于变量"积累"问题的研究,它在自然科学、工程技术中有着广泛的应用.

6.1 定 积 分 概 念

6.1.1 定积分的定义

先考察两个例子.

例 6-1-1 曲边梯形的面积.

读者都会计算各类常见图形的面积,如多边形、圆等. 这些平面图形的特点是由直线段和圆弧围成,对于一般曲线围成的平面图形面积应该如何计算,是初等数学没有解决的问题. 下面来讨论有一条边是曲线的梯形(称为**曲边梯形**)面积的计算.

设函数 $f(x)$ 在闭区间 $[a, b]$ 上连续,且 $f(x) \geqslant 0$,则由曲线 $y = f(x)$、直线 $x = a$、$x = b$ 以及 x 轴所围成的平面图形 S 称为在 $[a, b]$ 上以曲线 $y = f(x)$ 为曲边的曲边梯形(图 6-1). 接下来用极限的方法按下列步骤求这个曲边梯形 S 的面积 A.

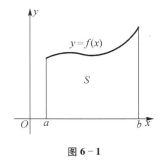

图 6-1

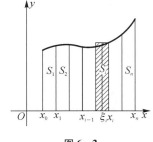

图 6-2

首先,在 (a, b) 内任意插入 $n - 1$ 个分点

$$a = x_0 < x_1 < x_2 < \cdots < x_{i-1} < x_i < \cdots < x_{n-1} < x_n = b,$$

把区间 $[a, b]$ 分成 n 个小区间

$$[x_0, x_1], [x_1, x_2], \cdots, [x_{i-1}, x_i], \cdots, [x_{n-1}, x_n],$$

并用直线 $x = x_i (i = 1, 2, \cdots, n-1)$ 把曲边梯形 S 分割成 n 个小曲边梯形 $S_1, S_2, \cdots, S_i, \cdots, S_n$ (图 6-2). 在每个小区间 $[x_{i-1}, x_i]$ 上任取一点 $\xi_i (x_{i-1} \leqslant \xi_i \leqslant x_i)$,以它的函数值 $f(\xi_i)$ 为高、以区间长 $\Delta x_i = x_i - x_{i-1}$ 为底作小矩形 S_i',于是,小矩形 S_i' 的面积可以作为小曲边梯形 S_i 的面积 ΔA_i 的近似值,即

$$\Delta A_i \approx f(\xi_i) \Delta x_i \quad (i = 1, 2, \cdots, n).$$

不难看出,当分点不断增加、且各个小区间长度越来越小时,该近似公式的精确程度就越来越高. 可以想象,当分点无限增加、且所有小区间长度中的最大值 $\| \Delta x \| = \max\limits_{i} \{\Delta x_i\}$ 趋于 0 时,和式

$$\sum_{i=1}^{n} f(\xi_i) \Delta x_i$$

的极限就应该是曲边梯形 S 的面积 A,即

$$A = \lim_{\| \Delta x \| \to 0} \sum_{i=1}^{n} f(\xi_i) \Delta x_i.$$

例 6-1-2 变力所作的功.

设某质点受力 F 的作用由点 a 沿直线移动到点 b,并设力 F 与质点移动的方向一致(图 6-3). 若力 F 是常量,则由力学知识可知,力 F 所作的功为 $W = F(b-a)$. 现在来计算当力 F 是质点位置 x 的连续函数 $F(x)$ 时所作的功 W.

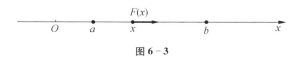

图 6-3

如同求曲边梯形面积一样,用 $n-1$ 个分点

$$a = x_0 < x_1 < x_2 < \cdots < x_{i-1} < x_i < \cdots < x_{n-1} < x_n = b,$$

把区间 $[a, b]$ 分成 n 个小区间 $[x_{i-1}, x_i] (i = 1, 2, \cdots, n)$,在每个小区间 $[x_{i-1}, x_i]$ 上任取一点 $\xi_i (x_{i-1} \leqslant \xi_i \leqslant x_i)$,当每个小区间 $[x_{i-1}, x_i]$ 的长度 Δx_i 都很小时,作用在小区间各点上的力 F 可近似地看作常量 $F(\xi_i)$,于是 $F(\xi_i) \Delta x_i$ 可以作为质点在力 $F(x)$ 作用下由点 x_{i-1} 移到点 x_i 时力 F 所作的功 ΔW_i 的近似值,即

$$\Delta W_i \approx F(\xi_i) \Delta x_i \quad (i = 1, 2, \cdots, n),$$

从而质点在力 $F(x)$ 的作用下从点 a 移到点 b,力 F 所作的功为

$$W = \sum_{i=1}^{n} \Delta W_i \approx \sum_{i=1}^{n} F(\xi_i) \Delta x_i.$$

当分点无限增加,且所有小区间长度中的最大值 $\|\Delta x\|$ 趋于 0 时,和式 $\sum\limits_{i=1}^{n} F(\xi_i)\Delta x_i$ 的极限就应该是质点在连续变力 $F(x)$ 作用下由点 a 移到点 b 时力 F 所作的功

$$W = \lim_{\|\Delta x\| \to 0} \sum_{i=1}^{n} F(\xi_i)\Delta x_i.$$

从上面两个例子看到,不论是求曲边梯形面积,还是求变力所作的功,都可以通过"分割、近似、求和、取极限"的步骤,归结为求形如

$$\lim_{\|\Delta x\| \to 0} \sum_{i=1}^{n} f(\xi_i)\Delta x_i$$

的和式极根,而这类问题在科学技术领域中是很多的,从而在数学上就产生了定积分的概念.

定义 6.1.1 设 $f(x)$ 是闭区间 $[a,b]$ 上的有界函数.在 (a,b) 内任意插入 $n-1$ 个分点

$$a = x_0 < x_1 < x_2 < \cdots < x_{i-1} < x_i < \cdots < x_{n-1} < x_n = b,$$

把区间 $[a,b]$ 分成 n 个小区间 $[x_{i-1}, x_i]$,其长度为

$$\Delta x_i = x_i - x_{i-1} \quad (i = 1, 2, \cdots, n),$$

在每个小区间 $[x_{i-1}, x_i]$ 上任取一点 $\xi_i(x_{i-1} \leq \xi_i \leq x_i)$,作**积分和式**

$$\sum_{i=1}^{n} f(\xi_i)\Delta x_i, \qquad\qquad ①$$

若不论 $[a,b]$ 如何分法及 ξ_i 如何取法,只要所有小区间长度中的最大值 $\|\Delta x\| = \max\limits_i\{\Delta x_i\}$ 趋于 0 时,积分和式①总有确定的极限值 I,则称 $f(x)$ **在** $[a,b]$ **上是可积的**,称 I 为函数 $f(x)$ **在区间** $[a,b]$ **上(或从 a 到 b)的定积分**,记作

$$\int_a^b f(x)\,\mathrm{d}x.$$

函数 $f(x)$ 称为**被积函数**,$f(x)\mathrm{d}x$ 称为**被积表达式**,变量 x 称为**积分变量**,a 与 b 分别称为定积分的**下限**与**上限**,区间 $[a,b]$ 称为**积分区间**.

由定积分的定义可知

$$\int_a^b f(x)\,\mathrm{d}x = \lim_{\|\Delta x\| \to 0} \sum_{i=1}^{n} f(\xi_i)\Delta x_i.$$

于是在 $[a,b]$ 上以连续曲线 $y = f(x)$ $(f(x) \geq 0)$ 为曲边的曲边梯形面积 A 就是函数 $f(x)$ 在 $[a,b]$ 上的定积分,即 $A = \int_a^b f(x)\,\mathrm{d}x$;质点在连续变力 $F(x)$ 作用下从点 a 沿直线移到点 b,力 $F(x)$ 所作的功是 $W = \int_a^b F(x)\,\mathrm{d}x$.

注意,定积分

$$\int_a^b f(x)\,\mathrm{d}x \text{ 和} \int_a^b f(t)\,\mathrm{d}t$$

分别表示和式

$$\sum_{i=1}^n f(\xi_i)\Delta x_i \text{ 和} \sum_{i=1}^n f(\xi_i)\Delta t_i$$

当 $\|\Delta x\| \to 0$ 和 $\|\Delta t\| \to 0$ 时的极限,显然,这两个极限是相等的,因而

$$\int_a^b f(x)\,\mathrm{d}x = \int_a^b f(t)\,\mathrm{d}t,$$

即定积分 $\int_a^b f(x)\,\mathrm{d}x$ 的值仅与被积函数和积分区间有关,与积分变量的记法无关.

由定积分定义可知,只有当和式①的极限存在时.函数 $f(x)$ 在 $[a,b]$ 的定积分才存在. 因此要问,对于给定的函数 $f(x)$,在怎样的条件下和式①的极限必定存在? 下面给出的定积分存在定理回答了这个问题,它的证明已超出本书范围,仅把定理叙述如下.

定理 6.1.1(定积分存在定理) 若函数 $f(x)$ 在闭区间 $[a,b]$ 上连续,则 $f(x)$ 在 $[a,b]$ 上的定积分存在. 简单地说,闭区间上连续函数是可积的.

例 6-1-3 根据定积分定义证明 $\int_0^1 \mathrm{e}^x\mathrm{d}x = \mathrm{e} - 1$.

证 在 $(0,1)$ 内插入 $n-1$ 个分点

$$0 = x_0 < x_1 < \cdots < x_{i-1} < x_i < \cdots < x_{n-1} < x_n = 1,$$

把区间 $[0,1]$ 分成 n 个小区间 $[x_{i-1}, x_i]$ $(i = 1, 2, \cdots, n)$,对任意 ξ_i $(x_{i-1} < \xi_i < x_i)$,有 $f(\xi_i) = \mathrm{e}^{\xi_i}$,可得和式

$$I_n = \sum_{i=1}^n f(\xi_i)\Delta x_i,$$

函数 $f(x) = \mathrm{e}^x$ 在 $[0,1]$ 上连续,根据定积分存在定理,$\int_0^1 \mathrm{e}^x\mathrm{d}x$ 存在,积分与区间的分法以及 ξ_i 的取法无关,因此可取 $x_i = \dfrac{i}{n}$,$\xi_i = \dfrac{i}{n}$,这时

$$I_n = \sum_{i=1}^n f(\xi_i)\Delta x_i = \frac{1}{n}\sum_{i=1}^n \mathrm{e}^{\frac{i}{n}} = \frac{1}{n}\frac{\mathrm{e}^{\frac{1}{n}} - \mathrm{e}^{1+\frac{1}{n}}}{1 - \mathrm{e}^{\frac{1}{n}}}$$

$$= (\mathrm{e} - 1)\frac{1}{n}\frac{\mathrm{e}^{\frac{1}{n}}}{\mathrm{e}^{\frac{1}{n}} - 1},$$

令 $\|\Delta x\| \to 0$,即 $n \to +\infty$,取极限,由于

$$\lim_{n \to +\infty} \frac{1}{n} \cdot \frac{\mathrm{e}^{\frac{1}{n}}}{\mathrm{e}^{\frac{1}{n}} - 1} = \lim_{x \to 0} \frac{x\mathrm{e}^x}{\mathrm{e}^x - 1} = \lim_{x \to 0} \mathrm{e}^x \lim_{x \to 0} \frac{x}{\mathrm{e}^x - 1} = 1,$$

于是

$$\lim_{\|\Delta x\| \to 0} I_n = \mathrm{e} - 1,$$

即

$$\int_0^1 \mathrm{e}^x \mathrm{d}x = \mathrm{e} - 1.$$

例 6 - 1 - 4 用定积分表示极限 $\lim\limits_{n \to \infty}\left(\dfrac{1}{n+1} + \dfrac{1}{n+2} + \cdots + \dfrac{1}{n+n}\right)$.

解 $\lim\limits_{n \to \infty}\left(\dfrac{1}{n+1} + \dfrac{1}{n+2} + \cdots + \dfrac{1}{n+n}\right) = \lim\limits_{n \to \infty}\left(\dfrac{1}{1 + \dfrac{1}{n}} + \dfrac{1}{1 + \dfrac{2}{n}} + \cdots + \dfrac{1}{1 + \dfrac{n}{n}}\right) \cdot \dfrac{1}{n}$

$$= \lim_{n \to \infty} \sum_{i=1}^{n} \frac{1}{1 + \dfrac{i}{n}} \cdot \frac{1}{n} = \int_0^1 \frac{1}{1+x} \mathrm{d}x.$$

6.1.2 定积分的几何意义

前已讨论,当函数 $f(x) \geqslant 0$ 时,定积分 $\int_a^b f(x)\mathrm{d}x$ 的几何意义是在 $[a, b]$ 上以曲线 $y = f(x)$ 为曲边的曲边梯形的面积. 当 $f(x) \leqslant 0$ 时,由定积分定义得

$$\int_a^b f(x)\mathrm{d}x = \lim_{\|\Delta x\| \to 0} \sum_{i=1}^{n} f(\xi_i)\Delta x_i$$

$$= -\lim_{\|\Delta x\| \to 0} \sum_{i=1}^{n} |f(\xi_i)|\Delta x_i = -\int_a^b |f(x)|\mathrm{d}x,$$

即定积分 $\int_a^b f(x)\mathrm{d}x$ 为曲边梯形面积值前加一负号. 若规定 x 轴上方图形的面积前加正值,x 轴下方图形的面积前加负值,如图 6 - 4 所示,则一般函数 $f(x)$ 在区间 $[a, b]$ 的定积分 $\int_a^b f(x)\mathrm{d}x$ 的几何意义是曲边梯形在 x 轴上下方图形面积的代数和.

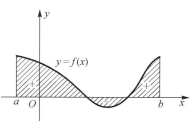

图 6 - 4

例 6-1-5 试根据定积分的几何意义求 $\int_0^a \sqrt{a^2 - x^2}\,\mathrm{d}x$ $(a > 0)$ 的值.

解 根据定积分的定义求该积分较困难.

因为根据定积分的几何意义,$\int_0^a \sqrt{a^2 - x^2}\,\mathrm{d}x$ 表示半径为 a 的圆在第一象限部分的面积,所以

$$\int_0^a \sqrt{a^2 - x^2}\,\mathrm{d}x = \frac{1}{4} \cdot \pi \cdot a^2 = \frac{\pi a^2}{4}.$$

在定积分的定义中,下限 a 必须小于上限 b. 为了以后讨论和应用的方便,定积分 $\int_a^b f(x)\,\mathrm{d}x$ 的下限 a 也可以大于或等于上限 b,并规定:

当 $a > b$ 时,

$$\int_a^b f(x)\,\mathrm{d}x = -\int_b^a f(x)\,\mathrm{d}x;$$

当 $a = b$ 时,

$$\int_a^b f(x)\,\mathrm{d}x = 0.$$

本节的重点是定积分概念的引入,作为和式极限的定积分定义及其几何意义. 以下几点应予以注意:

(1)定积分概念是从曲边梯形面积和连续变力作功等实际问题引入的. 这类问题的共同点是求一个分布在某区间 $[a, b]$ 上的总体量 Φ,而且要求 Φ 关于区间是代数可加的,即当区间 $[a, b]$ 被分割成 n 个小区间 $[x_{i-1}, x_i]$ $(i = 1, 2, \cdots, n)$ 时,总量 $\Phi = \sum_{i=1}^n \Delta\Phi_i$($\Delta\Phi_i$ 表示 Φ 在 $[x_{i-1}, x_i]$ 上的部分量). 曲边梯形面积和连续变力所作的功都是这种量,又如作变速运动的质点在一段时间内所走过的路程,密度不均匀的一段细杆的质量也都属于这类问题.

(2)函数 $f(x)$ 在 $[a, b]$ 上的定积分是通过"分割、近似、求和、取极限"的步骤而归结为一个和式的极限,这是比以往的函数极限更为复杂的极限. 因为积分和式 $\sum_{i=1}^n f(\xi_i)\Delta x_i$ 的值与区间的分法和 ξ_i 的取法有关,仅当和式在 $\|\Delta x\| \to 0$ 时有确定的极限值 I、且这个极限值与区间分法和 ξ_i 的取法无关时,定积分 $\int_a^b f(x)\,\mathrm{d}x$ 才存在.

(3)和式极限中的 $\|\Delta x\| \to 0$ 表示所有小区间长度的最大值趋于 0,即所有小区间长度都趋于 0,因而必然要求分点个数无限增加,即 $n \to \infty$. 但反过来,分点个数无限增加,即 $n \to \infty$,并不能保证 $\|\Delta x\|$ 必定趋于 0. 例如,若取分点

$$x_0 = a, \; x_1 = \frac{1}{2}(b-a) + a, \; x_2 = \frac{2}{3}(b-a) + a, \; \cdots, \; x_{n-1} = \frac{n-1}{n}(b-a) + a, \; x_n = b,$$

则不论 n 取多大，$\| \Delta x \| = \frac{1}{2}(b-a)$ 是个定数，不趋于 0.

(4) 当 $f(x)$ 在 $[a, b]$ 上可积时（例如，$f(x)$ 在 $[a, b]$ 上连续），其和式的极限与区间的分法和 ξ_i 的取法无关，因此，常选择适当的区间分法（如 n 等分）和 ξ_i（如取小区间端点或中点），用所得的积分和式极限求定积分 $\int_a^b f(x)\,\mathrm{d}x$.

习题 6－1

1. 根据定积分定义计算定积分 $\int_0^1 x^2\,\mathrm{d}x$.

2. 用定积分表示下列极限：

(1) $\lim\limits_{n\to\infty} \dfrac{\sin\dfrac{\pi}{n} + \sin\dfrac{2\pi}{n} + \cdots + \sin\dfrac{n-1}{n}\pi}{n}$;

(2) $\lim\limits_{n\to\infty} \ln \dfrac{\sqrt[n]{n!}}{n}$;

(3) $\lim\limits_{n\to\infty} n\left(\dfrac{1}{n^2+1} + \dfrac{1}{n^2+2^2} + \cdots + \dfrac{1}{n^2+n^2} \right)$;

(4) $\lim\limits_{n\to\infty} \dfrac{\sqrt[n]{n(n+1)\cdots(2n-1)}}{n}$.

3. 利用定积分的几何意义说明：

(1) $\int_{-1}^1 x^2\,\mathrm{d}x = 2\int_0^1 x^2\,\mathrm{d}x$;

(2) $\int_{-\frac{\pi}{2}}^{\frac{\pi}{2}} \sin x\,\mathrm{d}x = 0$;

(3) $\int_a^b k\,\mathrm{d}x = k(b-a)$;

(4) $\int_a^b x\,\mathrm{d}x = \dfrac{1}{2}(b^2 - a^2)$.

4. 设质点以速度 $v = v(t)$ 作变速直线运动，试用定积分表示质点从时刻 a 到时刻 b 所经过的路程.

5. 自由落体的速度 $v = gt$，试用定积分定义求前 5 s 内所落下的高度.

6.2   定积分的基本性质

为方便计，假定今后所讨论的函数在积分区间上都是连续的，因而在积分区间上都是可积的.

性质 1 $\displaystyle\int_a^b \left[f(x) \pm g(x) \right]\mathrm{d}x = \int_a^b f(x)\,\mathrm{d}x \pm \int_a^b g(x)\,\mathrm{d}x.$

* 证 因为 $f(x)$、$g(x)$ 在 $[a, b]$ 上连续,因而 $f(x) \pm g(x)$ 在 $[a, b]$ 上连续,所以 $f(x)$、$g(x)$ 和 $f(x) \pm g(x)$ 在 $[a, b]$ 上可积,且

$$\int_a^b [f(x) \pm g(x)] \mathrm{d}x = \lim_{\|\Delta x\| \to 0} \sum_{i=1}^n [f(\xi_i) \pm g(\xi_i)] \Delta x_i$$

$$= \lim_{\|\Delta x\| \to 0} \sum_{i=1}^n f(\xi_i) \Delta x_i \pm \lim_{\|\Delta x\| \to 0} \sum_{i=1}^n g(\xi_i) \Delta x_i$$

$$= \int_a^b f(x) \mathrm{d}x \pm \int_a^b g(x) \mathrm{d}x.$$

这个结论可以推广到有限个函数代数和的情况.

性质 2 $\int_a^b kf(x) \mathrm{d}x = k \int_a^b f(x) \mathrm{d}x$,其中 k 为常数.

此性质请读者自行证明.

性质 3 若把区间 $[a, b]$ 分为两个区间 $[a, c]$ 与 $[c, b]$,则

$$\int_a^b f(x) \mathrm{d}x = \int_a^c f(x) \mathrm{d}x + \int_c^b f(x) \mathrm{d}x.$$

* 证 因为 $f(x)$ 在 $[a, b]$ 上连续,因而 $f(x)$ 在 $[a, c]$、$[c, b]$ 上也连续,所以 $f(x)$ 在 $[a, b]$、$[a, c]$ 及 $[c, b]$ 上都可积,在作积分和式时,无论 $[a, b]$ 如何分法,积分和式的极限总是不变的. 因此,我们可以使点 c 总是分点,于是

$$\sum_{[a, b]} f(\xi_i) \Delta x_i = \sum_{[a, c]} f(\xi_i) \Delta x_i + \sum_{[c, b]} f(\xi_i) \Delta x_i,$$

当 $[a, b]$ 上分点无限增加且 $\|\Delta x\| \to 0$ 时,在 $[a, c]$、$[c, b]$ 上也同样有 $\|\Delta x\| \to 0$,故有

$$\lim_{\|\Delta x\| \to 0} \sum_{[a, b]} f(\xi_i) \Delta x_i = \lim_{\|\Delta x\| \to 0} \sum_{[a, c]} f(\xi_i) \Delta x_i + \lim_{\|\Delta x\| \to 0} \sum_{[c, b]} f(\xi_i) \Delta x_i,$$

即

$$\int_a^b f(x) \mathrm{d}x = \int_a^c f(x) \mathrm{d}x + \int_c^b f(x) \mathrm{d}x.$$

这个性质称为定积分对于区间的可加性.

这个性质还可以推广为:对任意三点 a、b、c,不论其位置如何,都有

$$\int_a^b f(x) \mathrm{d}x = \int_a^c f(x) \mathrm{d}x + \int_c^b f(x) \mathrm{d}x.$$

例如,不妨设 $a < b < c$,则由性质 3 得

$$\int_a^c f(x)\,\mathrm{d}x = \int_a^b f(x)\,\mathrm{d}x + \int_b^c f(x)\,\mathrm{d}x,$$

于是

$$\int_a^b f(x)\,\mathrm{d}x = \int_a^c f(x)\,\mathrm{d}x - \int_b^c f(x)\,\mathrm{d}x,$$

再因为当 $c > b$ 时有 $\int_c^b f(x)\,\mathrm{d}x = -\int_b^c f(x)\,\mathrm{d}x$，因而

$$\int_a^b f(x)\,\mathrm{d}x = \int_a^c f(x)\,\mathrm{d}x + \int_c^b f(x)\,\mathrm{d}x.$$

对于 a、b、c 的其他位置情形，读者也可以类似地证明.

性质 4　若 $f(x)$ 与 $g(x)$ 在 $[a,b]$ 上有 $f(x) \leqslant g(x)$，则

$$\int_a^b f(x)\,\mathrm{d}x \leqslant \int_a^b g(x)\,\mathrm{d}x.$$

***证**　由于 $f(x) \leqslant g(x)$，因不论 $[a,b]$ 如何分法、ξ_i 如何取法，都有

$$\sum_{i=1}^n f(\xi_i)\Delta x_i \leqslant \sum_{i=1}^n g(\xi_i)\Delta x_i,$$

由极限的不等式性质可知

$$\lim_{\|\Delta x\|\to 0}\sum_{i=1}^n f(\xi_i)\Delta x_i \leqslant \lim_{\|\Delta x\|\to 0}\sum_{i=1}^n g(\xi_i)\Delta x_i,$$

即

$$\int_a^b f(x)\,\mathrm{d}x \leqslant \int_a^b g(x)\,\mathrm{d}x.$$

还可以进一步证明：若 $f(x)$ 和 $g(x)$ 在 $[a,b]$ 上连续，$f(x) \leqslant g(x)$，但 $f(x)$ 与 $g(x)$ 不恒等，则

$$\int_a^b f(x)\,\mathrm{d}x < \int_a^b g(x)\,\mathrm{d}x.$$

性质 5　若 M 和 m 分别是函数 $f(x)$ 在 $[a,b]$ 上的最大值和最小值，则

$$m(b-a) \leqslant \int_a^b f(x)\,\mathrm{d}x \leqslant M(b-a).$$

证　由假设，在 $[a,b]$ 上有 $m \leqslant f(x) \leqslant M$，故由性质 4 可得

$$\int_a^b m\,\mathrm{d}x \leqslant \int_a^b f(x)\,\mathrm{d}x \leqslant \int_a^b M\,\mathrm{d}x,$$

又因

$$\int_a^b m\,\mathrm{d}x = m(b-a),\quad \int_a^b M\,\mathrm{d}x = M(b-a),$$

于是

$$m(b-a) \leqslant \int_a^b f(x)\,\mathrm{d}x \leqslant M(b-a).$$

性质 6　$\left|\int_a^b f(x)\,\mathrm{d}x\right| \leqslant \int_a^b |f(x)|\,\mathrm{d}x.$

由于在 $[a,b]$ 上有

$$-|f(x)| \leqslant f(x) \leqslant |f(x)|,$$

故由性质 4 即得.

性质 7(积分中值定理)　若函数 $f(x)$ 在闭区间 $[a,b]$ 上连续,则在 $[a,b]$ 上至少存在一点 ξ,使得

$$\int_a^b f(x)\,\mathrm{d}x = f(\xi)(b-a).$$

证　因为 $f(x)$ 在 $[a,b]$ 上连续,所以 $f(x)$ 在 $[a,b]$ 上有最小值 m 和最大值 M. 由性质 5 可得

$$m(b-a) \leqslant \int_a^b f(x)\,\mathrm{d}x \leqslant M(b-a),$$

因而

$$m \leqslant \frac{1}{b-a}\int_a^b f(x)\,\mathrm{d}x \leqslant M,$$

即 $\dfrac{1}{b-a}\displaystyle\int_a^b f(x)\,\mathrm{d}x$ 是介于连续函数 $f(x)$ 在闭区间 $[a,b]$ 上的最大值 M 和最小值 m 之间的一个数,由连续函数介值定理可知,在 $[a,b]$ 上至少存在一点 ξ,使得

$$f(\xi) = \frac{1}{b-a}\int_a^b f(x)\,\mathrm{d}x,$$

即

$$\int_a^b f(x)\,\mathrm{d}x = f(\xi)(b-a).$$

积分中值定理的几何意义如图 6-5 所示,在 $[a,b]$ 上以曲线 $y = f(x)$ 为曲边的曲边梯形面积(正负面积的代数和)等于同一底边而高为 $f(\xi)$ $(a \leqslant \xi \leqslant b)$ 的矩形面积.

数值 $f(\xi) = \dfrac{1}{b-a} \displaystyle\int_a^b f(x) \mathrm{d}x$ 称为函数 $f(x)$ 在 $[a,b]$ 上的**平均值**.

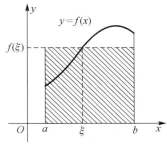

图 6-5

例 6-2-1 估计定积分 $\displaystyle\int_1^2 \dfrac{x}{x^2 + 1} \mathrm{d}x$ 的值.

解 函数 $f(x) = \dfrac{x}{x^2 + 1}$ 在区间 $[1,2]$ 上连续,故在区间 $[1,2]$ 上可积.

在区间 $[1,2]$ 上,$f'(x) = \dfrac{1 - x^2}{(x^2 + 1)^2}$,当 $x = 1$ 时,$f'(x) = 0$,当 $1 < x < 2$ 时,$f'(x) < 0$,故 $f(x)$ 在区间 $[1,2]$ 上严格单调递减,从而有 $\dfrac{2}{5} < f(x) < \dfrac{1}{2}$,根据性质 6,有

$$\frac{2}{5} < \int_1^2 \frac{x}{x^2 + 1} \mathrm{d}x < \frac{1}{2}.$$

例 6-2-2 证明:若函数 $f(x)$、$g(x)$ 在区间 $[a,b]$ 上连续,则有**柯西—施瓦茨不等式**:

$$\left(\int_a^b f(x)g(x)\mathrm{d}x \right)^2 \leqslant \int_a^b [f(x)]^2 \mathrm{d}x \cdot \int_a^b [g(x)]^2 \mathrm{d}x.$$

证 若 $g(x) = 0$,不等式显然成立,不妨设 $g(x)$ 不恒为 0.

由于函数 $f(x)$、$g(x)$ 在 $[a,b]$ 上连续,有 $\displaystyle\int_a^b [g(x)]^2 \mathrm{d}x > 0$.

令 $F(x) = f(x) + \lambda g(x)$,则 $[F(x)]^2 = [f(x) + \lambda g(x)]^2 \geqslant 0$,且 $[F(x)]^2$ 连续,从而可积,所以由性质 4 有

$$\int_a^b [f(x) + \lambda g(x)]^2 \mathrm{d}x \geqslant 0,$$

即

$$\lambda^2 \int_a^b [g(x)]^2 \mathrm{d}x + 2\lambda \int_a^b f(x)g(x)\mathrm{d}x + \int_a^b [f(x)]^2 \mathrm{d}x \geqslant 0,$$

把上面不等式左边看成为 λ 的二次函数,于是有

$$\Delta = \left[2\int_a^b f(x)g(x)\mathrm{d}x \right]^2 - 4\int_a^b [g(x)]^2 \mathrm{d}x \cdot \int_a^b [f(x)]^2 \mathrm{d}x \leqslant 0,$$

所以有

$$\left(\int_a^b f(x) g(x) \mathrm{d}x\right)^2 \le \int_a^b [f(x)]^2 \mathrm{d}x \cdot \int_a^b [g(x)]^2 \mathrm{d}x.$$

本节讨论了定积分的基本性质,这些性质在定积分计算、估值、比较大小及在理论推导等方面有着广泛的用途. 以下几点请予以注意:

(1) 这些性质成立的前提是函数 $f(x)$ 在区间 $[a, b]$ 可积. 为方便起见,可假设 $f(x)$ 在 $[a, b]$ 上连续,从而必定可积. 但对于积分中值定理要注意定理的条件是被积函数 $f(x)$ 在 $[a, b]$ 上必须连续.

(2) 在 6.1 节的定积分存在定理中已经阐明:闭区间上的连续函数是可积的. 关于定积分的存在性更一般的结论是:若函数 $f(x)$ 在闭区间 $[a, b]$ 上只有有限个第一类间断点,则 $f(x)$ 在 $[a, b]$ 上是可积的.

若函数 $f(x)$ 在 $[a, b]$ 上只有一个第一类间断点 c,则可以证明 $f(x)$ 在 $[a, b]$ 上的定积分存在,且

$$\int_a^b f(x) \mathrm{d}x = \int_a^c f(x) \mathrm{d}x + \int_c^b f(x) \mathrm{d}x,$$

上式右边两个积分的被积函数在点 c 的值分别取 $f(x)$ 在点 c 的左极限 $\lim\limits_{x \to c^-} f(x)$ 和右极限 $\lim\limits_{x \to c^+} f(x)$,使得 $f(x)$ 分别在积分区间 $[a, c]$ 和 $[c, b]$ 上连续.

例如,函数 $f(x) = \begin{cases} x + 1, & x < 0, \\ x^2, & x > 0, \end{cases}$ 它在 $[-1, 1]$ 上只有一个第一类间断点 $x = 0$,因此,$f(x)$ 在 $[-1, 1]$ 上的定积分存在,且

$$\int_{-1}^1 f(x) \mathrm{d}x = \int_{-1}^0 (x + 1) \mathrm{d}x + \int_0^1 x^2 \mathrm{d}x.$$

习题 6-2

1. 比较下列各对定积分的大小:

(1) $\displaystyle\int_0^1 \mathrm{e}^x \mathrm{d}x$ 与 $\displaystyle\int_0^1 (1 + x) \mathrm{d}x$;

(2) $\displaystyle\int_0^{\frac{\pi}{2}} x \mathrm{d}x$ 与 $\displaystyle\int_0^{\frac{\pi}{2}} \sin x \mathrm{d}x$;

(3) $\displaystyle\int_0^1 x \mathrm{d}x$ 与 $\displaystyle\int_0^1 \ln(1 + x) \mathrm{d}x$;

(4) $\displaystyle\int_0^1 \sqrt[n]{1 + x}\, \mathrm{d}x$ 与 $\displaystyle\int_0^1 \left(1 + \frac{1}{n} x\right) \mathrm{d}x$.

2. 证明下列不等式:

(1) $1 < \displaystyle\int_0^1 \mathrm{e}^{x^2} \mathrm{d}x < \mathrm{e}$;

(2) $\dfrac{1}{2} < \displaystyle\int_0^{\frac{1}{2}} \dfrac{\mathrm{d}x}{\sqrt{1 - x^2}} < \dfrac{1}{\sqrt{3}}$.

*3. 证明：若 $f(x)$ 在 $[a,b]$ 上连续，$f(x) \geqslant 0$ 且不恒为 0，则 $\int_a^b f(x)\mathrm{d}x > 0$ $(a < b)$.

(提示：利用连续函数的局部保号性及定积分的性质)

4. 证明：$\lim\limits_{n\to\infty}\int_0^{\frac{1}{2}} \dfrac{x^n}{1+x}\mathrm{d}x = 0$.

5. 设 $f(x)$ 在 $[0,1]$ 上可导，且满足关系式 $f(1) - 3\int_0^{\frac{1}{3}} xf(x)\mathrm{d}x = 0$，证明：存在一个 $\xi \in (0,1)$，使 $f'(\xi) = -\dfrac{f(\xi)}{\xi}$.

6.3　牛顿-莱布尼茨公式

我们知道，若质点作变速直线运动，其速度为 $v(t)$，则由定积分的定义可以推得质点从时刻 a 到时刻 b 的位移为

$$\int_a^b v(t)\mathrm{d}t,$$

若又已知质点的位移函数为 $s = s(t)$，则质点从时刻 a 到时刻 b 的位移为 $s(b) - s(a)$，由此可知

$$\int_a^b v(t)\mathrm{d}t = s(b) - s(a).$$

另一方面，我们已知速度函数 $v(t)$ 是位移函数 $s(t)$ 的导数，即 $s(t)$ 是 $v(t)$ 的一个原函数，因此由上式可知 $v(t)$ 在 $[a,b]$ 上的定积分等于 $v(t)$ 的一个原函数 $s(t)$ 在 $[a,b]$ 上的增量 $s(b) - s(a)$.

下面将证明，对于一般函数 $f(x)$ 也有同样的结论，即 $f(x)$ 在 $[a,b]$ 上的定积分等于它的一个原函数 $F(x)$ 在 $[a,b]$ 上的增量 $F(b) - F(a)$.

6.3.1　积分上限函数及其导数

设函数 $f(x)$ 在区间 $[a,b]$ 上连续，考察部分区间 $[a,x]$ 上的定积分

$$\int_a^x f(t)\mathrm{d}t, \quad x \in [a,b],$$

当 x 在 $[a,b]$ 上任意变动时，对于每一个取定的 x 值，$\int_a^x f(t)\mathrm{d}t$ 都有唯一的确定值与之对应，因而

$\int_a^x f(t)\,dt$ 是变动上限 x 的函数,记作

$$\Phi(x) = \int_a^x f(t)\,dt, \quad x \in [a, b],$$

称 $\int_a^x f(t)\,dt$ 为**积分上限 x 的函数**,关于函数 $\Phi(x)$ 的导数,我们有下面的定理.

定理 6.3.1(微积分学基本定理) 若函数 $f(x)$ 在 $[a, b]$ 上连续,则积分上限 x 的函数

$$\Phi(x) = \int_a^x f(t)\,dt, \quad x \in [a, b]$$

在 $[a, b]$ 上可导,且它的导数为

$$\Phi'(x) = \frac{d}{dx}\int_a^x f(t)\,dt = f(x), \quad x \in [a, b].$$

证 设 x 是 $[a, b]$ 上任一点,$\Delta x \neq 0$,

$$\Phi(x + \Delta x) - \Phi(x) = \int_a^{x+\Delta x} f(t)\,dt - \int_a^x f(t)\,dt$$

$$= \int_a^x f(t)\,dt + \int_x^{x+\Delta x} f(t)\,dt - \int_a^x f(t)\,dt = \int_x^{x+\Delta x} f(t)\,dt,$$

由积分中值定理可知,在 x 与 $x + \Delta x$ 之间存在 ξ 使

$$\frac{\Phi(x + \Delta x) - \Phi(x)}{\Delta x} = \frac{1}{\Delta x}\int_x^{x+\Delta x} f(t)\,dt = \frac{1}{\Delta x}f(\xi)[(x + \Delta x) - x] = f(\xi),$$

当 $\Delta x \to 0$ 时有 $\xi \to x$,由 $f(x)$ 在点 x 处连续可知 $\lim\limits_{\Delta x \to 0} f(\xi) = f(x)$,于是

$$\Phi'(x) = \lim_{\Delta x \to 0} \frac{\Phi(x + \Delta x) - \Phi(x)}{\Delta x} = f(x).$$

若 x 为区间端点,则上式中的极限应理解为单侧极限.

由定理 6.3.1 可知:若函数 $f(x)$ 在区间 $[a, b]$ 上连续,则积分上限函数

$$\Phi(x) = \int_a^x f(t)\,dt$$

就是函数 $f(x)$ 在 $[a, b]$ 上的一个原函数. 这说明连续函数的原函数必存在,这正是第 5 章 5.1 节定理 5.1.1 的结论. 但要指出,积分上限函数 $\Phi(x)$ 不一定是初等函数.

定理 6.3.1 深刻揭示了原函数(不定积分)与定积分的内在联系,因此被后人称为**"微积分学基本定理"**

例 6 - 3 - 1 求 $\dfrac{\mathrm{d}}{\mathrm{d}x}\displaystyle\int_0^{x^2}\mathrm{e}^{t^2}\mathrm{d}t$.

解 设 $\varPhi(u)=\displaystyle\int_0^u\mathrm{e}^{t^2}\mathrm{d}t$, $u=x^2$, 由复合函数求导公式, 有

$$\frac{\mathrm{d}}{\mathrm{d}x}\int_0^{x^2}\mathrm{e}^{t^2}\mathrm{d}t=\frac{\mathrm{d}}{\mathrm{d}u}\varPhi(u)\bigg|_{u=x^2}\cdot\frac{\mathrm{d}u}{\mathrm{d}x}=\mathrm{e}^{u^2}\bigg|_{u=x^2}\cdot 2x=2x\mathrm{e}^{x^4}.$$

事实上, 利用积分上限函数的导数公式(即定理 6.3.1)及链式法则可知: 若 $\varphi(x)$、$\psi(x)$ 可导, $f(x)$ 在 $[a, b]$ 上连续, 且 $a\leqslant\varphi(x)\leqslant b$, $a\leqslant\psi(x)\leqslant b$, 则有

$$\frac{\mathrm{d}}{\mathrm{d}x}\int_{\psi(x)}^{\varphi(x)}f(t)\mathrm{d}t=f[\varphi(x)]\varphi'(x)-f[\psi(x)]\psi'(x);$$

特别地, 当 $\psi(x)\equiv a$ 时, 有

$$\frac{\mathrm{d}}{\mathrm{d}x}\int_a^{\varphi(x)}f(t)\mathrm{d}t=f[\varphi(x)]\varphi'(x).$$

例 6 - 3 - 2 设函数 $f(x)$ 在 $(-\infty, +\infty)$ 内连续, $F(x)=\displaystyle\int_0^x(x-2t)f(t)\mathrm{d}t$, 且 $f(x)$ 是单调递减函数, 证明: $F(x)$ 是单调递增函数.

证 由 $F(x)=x\displaystyle\int_0^x f(t)\mathrm{d}t-\int_0^x 2tf(t)\mathrm{d}t$, 有

$$F'(x)=\int_0^x f(t)\mathrm{d}t+xf(x)-2xf(x)$$

$$=\int_0^x f(t)\mathrm{d}t-\int_0^x f(x)\mathrm{d}t=\int_0^x[f(t)-f(x)]\mathrm{d}t\geqslant 0.$$

所以, $F(x)$ 是单调递增函数.

例 6 - 3 - 3 求 $\lim\limits_{x\to 0^+}\dfrac{\displaystyle\int_0^{x^2}t^{\frac{3}{2}}\mathrm{d}t}{\displaystyle\int_0^x t(t-\sin t)\mathrm{d}t}$.

解 这是一个 $\dfrac{0}{0}$ 型的不定式极限, 应用洛必达法则, 有

$$\lim_{x\to 0^+}\frac{\displaystyle\int_0^{x^2}t^{\frac{3}{2}}\mathrm{d}t}{\displaystyle\int_0^x t(t-\sin t)\mathrm{d}t}=\lim_{x\to 0^+}\frac{(x^2)^{\frac{3}{2}}\cdot 2x}{x(x-\sin x)}=\lim_{x\to 0^+}\frac{2x^3}{x-\sin x}$$

$$=\lim_{x\to 0^+}\frac{6x^2}{1-\cos x}=\lim_{x\to 0^+}\frac{12x}{\sin x}=12.$$

6.3.2 牛顿-莱布尼茨公式

定理 6.3.1 还可以导出下述利用原函数计算定积分的重要公式.

定理 6.3.2 若函数 $F(x)$ 是连续函数 $f(x)$ 在区间 $[a,b]$ 上的一个原函数,则

$$\int_a^b f(x)\mathrm{d}x = F(b)-F(a). \qquad ①$$

证 由假设,$F(x)$ 是 $f(x)$ 的一个原函数,又由定理 6.3.1 可知,$\Phi(x)=\int_a^x f(t)\mathrm{d}t$ 也是 $f(x)$ 的一个原函数,因此,由第 5 章 5.1 节定理 5.1.2 可知,这两个原函数之间只相差一个常数 C,即

$$\int_a^x f(t)\mathrm{d}t = F(x)+C,$$

在上式中令 $x=a$,因为 $\int_a^a f(t)\mathrm{d}t=0$,所以 $F(a)+C=0$,得 $C=-F(a)$,因而

$$\int_a^x f(t)\mathrm{d}t = F(x)-F(a),$$

再令 $x=b$,即得

$$\int_a^b f(t)\mathrm{d}t = F(b)-F(a).$$

公式①称为**牛顿-莱布尼茨公式**. 函数 $F(x)$ 在 $[a,b]$ 上的增量 $F(b)-F(a)$ 通常可记作 $F(x)\Big|_a^b$,于是①式常写作

$$\int_a^b f(x)\mathrm{d}x = F(x)\Big|_a^b. \qquad ②$$

注意 公式①与②当 $b<a$ 时也是成立的.

牛顿-莱布尼茨公式不仅在理论上是很重要的,而且在实际计算中也有重要的意义,即计算定积分 $\int_a^b f(x)\mathrm{d}x$ 时不必求一个复杂的和式极限,而只要求出被积函数 $f(x)$ 任意一个原函数 $F(x)$ 在 $[a,b]$ 上的增量 $F(x)\Big|_a^b$.

例 6 - 3 - 4 计算 $\int_{-1}^{1} \dfrac{dx}{1 + x^2}$.

解 $\int_{-1}^{1} \dfrac{dx}{1 + x^2} = \arctan x \Big|_{-1}^{1} = \arctan 1 - \arctan(-1) = \dfrac{\pi}{4} - \left(-\dfrac{\pi}{4}\right) = \dfrac{\pi}{2}$.

例 6 - 3 - 5 计算 $\int_0^{\pi} \sin x dx$.

解 $\int_0^{\pi} \sin x dx = (-\cos x) \Big|_0^{\pi} = -(-1) - (-1) = 2$.

例 6 - 3 - 6 计算 $\int_{-1}^{1} |x| \, dx$.

解 由于

$$|x| = \begin{cases} x, & 0 \leqslant x \leqslant 1, \\ -x, & -1 \leqslant x < 0, \end{cases}$$

根据定积分的性质 3 得

$$\int_{-1}^{1} |x| \, dx = \int_{-1}^{0} (-x) \, dx + \int_0^1 x dx = \left(-\dfrac{x^2}{2}\right) \Big|_{-1}^{0} + \dfrac{x^2}{2} \Big|_0^1 = \dfrac{1}{2} + \dfrac{1}{2} = 1.$$

例 6 - 3 - 7 计算 $\int_0^{\pi} \sqrt{1 - \sin^2 x} \, dx$.

解 $\int_0^{\pi} \sqrt{1 - \sin^2 x} \, dx = \int_0^{\pi} \sqrt{\cos^2 x} \, dx = \int_0^{\pi} |\cos x| \, dx = \int_0^{\frac{\pi}{2}} \cos x dx + \int_{\frac{\pi}{2}}^{\pi} (-\cos x) \, dx$

$$= \sin x \Big|_0^{\frac{\pi}{2}} - \sin x \Big|_{\frac{\pi}{2}}^{\pi} = 2.$$

　　本节的重点是积分上限函数的性质和牛顿-莱布尼茨公式.

　　(1) 不定积分与定积分是两个既有联系而又完全不同的概念. 不定积分是由被积函数的全体原函数所组成的函数族,而定积分一般是一个数;定积分可通过先求不定积分求得,而不定积分又可通过积分上限函数表示为

$$\int f(x) \, dx = \int_a^x f(t) \, dt + C.$$

　　(2) 利用定积分概念而建立的积分上限函数 $\int_a^x f(t) \, dt$ 是函数的一种新的表示方式,这种

表示方式特别对某些非初等函数更为合适. 例如, 像 e^{-x^2}、$\dfrac{\sin x}{x}$ 等函数, 在其有定义的区间上都是连续函数, 因而它们的原函数都存在, 但这些原函数无法用初等函数表示出来. 现在, 利用积分上限函数的形式, 就可把它们分别表示为:

$$\int_0^x \mathrm{e}^{-t^2}\mathrm{d}t,\ x \in (-\infty,\ +\infty);$$

$$\int_1^x \frac{\sin t}{t}\mathrm{d}t,\ x \in (0,\ +\infty)\ 与 \int_{-1}^x \frac{\sin t}{t}\mathrm{d}t,\ x \in (-\infty,\ 0).$$

（3）由牛顿–莱布尼茨公式, 求连续函数定积分的问题可以归结为求被积函数的原函数的问题. 因此牛顿–莱布尼茨公式是定积分与不定积分、微分学与积分学之间的桥梁, 所以该公式又被称为**微积分基本公式**.

习题 6-3

1. 计算下列定积分:

（1）$\displaystyle\int_1^3 x^3 \mathrm{d}x$;

（2）$\displaystyle\int_1^2 \left(x^2 + \frac{1}{x^4}\right)\mathrm{d}x$;

（3）$\displaystyle\int_4^9 \left(x + \frac{1}{x}\right)\mathrm{d}x$;

（4）$\displaystyle\int_0^1 \frac{1 - x^2}{1 + x^2}\mathrm{d}x$;

（5）$\displaystyle\int_a^{\sqrt{3}a} \frac{\mathrm{d}x}{a^2 + x^2}$;

（6）$\displaystyle\int_{-\frac{1}{2}}^{\frac{1}{2}} \frac{\mathrm{d}x}{\sqrt{1 - x^2}}$;

（7）$\displaystyle\int_0^1 \frac{\mathrm{e}^x - \mathrm{e}^{-x}}{2}\mathrm{d}x$;

（8）$\displaystyle\int_0^{\frac{\pi}{4}} \tan^2 x\, \mathrm{d}x$;

（9）$\displaystyle\int_0^2 |1 - x|\,\mathrm{d}x$;

（10）$\displaystyle\int_0^{2\pi} |\sin x|\,\mathrm{d}x$.

2. 计算下列极限:

（1）$\displaystyle\lim_{x\to 0} \frac{\displaystyle\int_0^{x^2} t\mathrm{e}^t \sin t\,\mathrm{d}t}{x^6 \mathrm{e}^x}$;

（2）$\displaystyle\lim_{x\to +\infty} \frac{\displaystyle\int_0^x (\arctan t)^2\,\mathrm{d}t}{\sqrt{1 + x^2}}$;

（3）$\displaystyle\lim_{x\to +\infty} \frac{\left(\displaystyle\int_0^x \mathrm{e}^{t^2}\mathrm{d}t\right)^2}{\displaystyle\int_0^x \mathrm{e}^{2t^2}\mathrm{d}t}$;

（4）$\displaystyle\lim_{x\to +\infty} \frac{\mathrm{e}^{-x^2}}{x}\int_0^x t^2 \mathrm{e}^{t^2}\,\mathrm{d}t$.

3. 计算下列导数:

（1）$\dfrac{\mathrm{d}}{\mathrm{d}x}\displaystyle\int_{x^2}^0 \sqrt{1 + t^2}\,\mathrm{d}t$;

（2）$\dfrac{\mathrm{d}}{\mathrm{d}x}\displaystyle\int_{\sin x}^{\cos x} \cos(\pi t^2)\,\mathrm{d}t$.

4. 求由 $\int_0^y e^{t^2} dt + \int_0^x \cos t^2 dt = 0$ 所决定的隐函数 $y(x)$ 的导数 $\dfrac{dy}{dx}$.

5. 设 $f(x)$ 具有连续的导函数,试求 $\dfrac{d}{dx}\int_a^x (x-t)f'(t)dt$.

6. 设 $f(x)$ 在 $[a,b]$ 上连续,在 (a,b) 内可导,$F(x) = \dfrac{1}{x-a}\int_a^x f(t)dt$,已知 $f'(x) \leqslant 0$,证明在 (a,b) 内有 $F'(x) \leqslant 0$.

7. 设 $f(x)$ 在 $[a,b]$ 上连续且 $f(x) > 0$,$F(x) = \int_a^x f(t)dt + \int_b^x \dfrac{dt}{f(t)}$. 证明:

(1) $F'(x) \geqslant 2$;

(2) 方程 $F(x) = 0$ 在 (a,b) 内有且仅有一个根.

8. 证明:$\left(\int_a^b f(x)dx\right)^2 \leqslant (b-a)\int_a^b f^2(x)dx$.

6.4 定积分的换元积分法与分部积分法

由牛顿-莱布尼茨公式,求定积分的问题可以归结为求被积函数的原函数或不定积分的问题. 与不定积分的换元法与分部积分法相对应,也有定积分的换元法与分部积分法.

6.4.1 定积分的换元积分法

设函数 $f(x)$ 在 $[a,b]$ 上连续,$f(x)$ 在 $[a,b]$ 上的原函数为 $F(x)$,函数 $\varphi(t)$ 满足 $\varphi(\alpha) = a$,$\varphi(\beta) = b$. 当 t 在 $[\alpha,\beta]$(或 $[\beta,\alpha]$)上变化时,$a \leqslant \varphi(t) \leqslant b$,且 $\varphi'(t)$ 在 $[\alpha,\beta]$(或 $[\beta,\alpha]$)上连续,则 $f[\varphi(t)]\varphi'(t)$ 有原函数 $F[\varphi(t)]$,且有

$$\int_a^b f(x)dx = F(x)\Big|_a^b = F(b) - F(a) = F[\varphi(\beta)] - F[\varphi(\alpha)]$$

$$= \int_\alpha^\beta f[\varphi(t)]\varphi'(t)dt. \tag{①}$$

公式①称为定积分的**换元公式**.

> **注意** 函数 $\varphi(t)$ 通常可取为单调函数,此时 $\varphi'(t)$ 在 $[\alpha,\beta]$ 或 $[\beta,\alpha]$ 上保持定号. 在这个条件下,当 t 在 $[\alpha,\beta]$ 或 $[\beta,\alpha]$ 上取值时,$\varphi(t)$ 的变化范围必定是 $[a,b]$.

从左到右使用公式①,相当于不定积分的第二类换元法:

$$\int_a^b f(x)\,\mathrm{d}x = \int_\alpha^\beta f(\varphi(t))\varphi'(t)\,\mathrm{d}t; \tag{②}$$

从右到左使用公式①,相当于不定积分的第一类换元法:

$$\int_\alpha^\beta f(\varphi(t))\varphi'(t)\,\mathrm{d}t = \int_a^b f(x)\,\mathrm{d}x; \tag{③}$$

其中 $\varphi(\alpha)=a$, $\varphi(\beta)=b$.

需要强调,定积分换元法与不定积分换元法的区别在于:定积分换元时要将原来变量 x 的积分限换成相应于新变量 t 的积分限,在求出原函数后不需要换回到原来的变量 x,只须直接代入新变量的上下限. 请看下面的例题.

例 6 − 4 − 1 计算 $\int_0^a \sqrt{a^2 - x^2}\,\mathrm{d}x \quad (a > 0).$

解 令 $x = a\sin t$,则当 t 由 0 变到 $\dfrac{\pi}{2}$ 时,x 由 0 递增到 a,且有 $\cos t \geqslant 0$,因而

$$\int_0^a \sqrt{a^2 - x^2}\,\mathrm{d}x = \int_0^{\frac{\pi}{2}} a \mid \cos t \mid a\cos t\,\mathrm{d}t = \int_0^{\frac{\pi}{2}} a^2 \cos^2 t\,\mathrm{d}t$$

$$= \frac{a^2}{2}\int_0^{\frac{\pi}{2}}(1 + \cos 2t)\,\mathrm{d}t = \frac{a^2}{2}\left(t + \frac{\sin 2t}{2}\right)\ \Big|_0^{\frac{\pi}{2}} = \frac{\pi a^2}{4}.$$

例 6 − 4 − 2 计算 $\int_0^4 \dfrac{1}{1 + \sqrt{x}}\,\mathrm{d}x.$

解 若令 $x = t^2 (t \geqslant 0)$,则当 t 由 0 变到 2 时,x 由 0 递增到 4. 于是

$$\int_0^4 \frac{1}{1 + \sqrt{x}}\,\mathrm{d}x = \int_0^2 \frac{2t}{1 + t}\,\mathrm{d}t = 2\int_0^2\left(1 - \frac{1}{1 + t}\right)\mathrm{d}t$$

$$= 2\big[t - \ln(1 + t)\big]\ \Big|_0^2 = 2(2 - \ln 3).$$

例 6 − 4 − 3 计算 $\int_0^{\frac{\pi}{2}} \sin^3 x \cos x\,\mathrm{d}x.$

解 令 $u = \sin x$,则 $\mathrm{d}u = \cos x\,\mathrm{d}x$. 当 x 由 0 变到 $\dfrac{\pi}{2}$ 时,u 由 0 递增到 1. 于是由公式③,可得

$$\int_0^{\frac{\pi}{2}} \sin^3 x \cos x\,\mathrm{d}x = \int_0^1 u^3\,\mathrm{d}u = \frac{u^4}{4}\ \Big|_0^1 = \frac{1}{4}.$$

例 6-4-4 证明:若 $f(x)$ 在 $[-a,a]$ 上连续且为偶函数,则

$$\int_{-a}^{a} f(x)\,\mathrm{d}x = 2\int_{0}^{a} f(x)\,\mathrm{d}x.$$

证 因为

$$\int_{-a}^{a} f(x)\,\mathrm{d}x = \int_{-a}^{0} f(x)\,\mathrm{d}x + \int_{0}^{a} f(x)\,\mathrm{d}x,$$

对右边第一个积分作变量代换 $x=-t$,则有 $\mathrm{d}x=-\mathrm{d}t$,当 x 从 $-a$ 变到 0 时,t 由 a 递减到 0,由公式①得

$$\int_{-a}^{0} f(x)\,\mathrm{d}x = -\int_{a}^{0} f(-t)\,\mathrm{d}t,$$

将积分变量 t 改为 x,并注意 $f(x)$ 是偶函数,即 $f(-x)=f(x)$,得

$$\int_{-a}^{0} f(x)\,\mathrm{d}x = -\int_{a}^{0} f(-x)\,\mathrm{d}x = \int_{0}^{a} f(-x)\,\mathrm{d}x = \int_{0}^{a} f(x)\,\mathrm{d}x,$$

所以

$$\int_{-a}^{a} f(x)\,\mathrm{d}x = 2\int_{0}^{a} f(x)\,\mathrm{d}x.$$

类似地可以证明:若 $f(x)$ 在 $[-a,a]$ 上连续且为奇函数,则

$$\int_{-a}^{a} f(x)\,\mathrm{d}x = 0.$$

利用上述结论,常可简化偶函数或奇函数在对称于原点的区间上的定积分的计算.

例 6-4-5 计算 $\displaystyle\int_{-1}^{1} \frac{1+\sin x}{1+x^2}\,\mathrm{d}x$.

解 因为 $\dfrac{1+\sin x}{1+x^2} = \dfrac{1}{1+x^2} + \dfrac{\sin x}{1+x^2}$,$\dfrac{1}{1+x^2}$ 是偶函数,$\dfrac{\sin x}{1+x^2}$ 是奇函数,所以

$$\int_{-1}^{1} \frac{1+\sin x}{1+x^2}\,\mathrm{d}x = 2\int_{0}^{1} \frac{\mathrm{d}x}{1+x^2} = 2\arctan x \Big|_{0}^{1} = \frac{\pi}{2}.$$

例 6-4-6 证明:若 $f(x)$ 在 $[0,1]$ 上连续,则

$$\int_{0}^{\frac{\pi}{2}} f(\sin x)\,\mathrm{d}x = \int_{0}^{\frac{\pi}{2}} f(\cos x)\,\mathrm{d}x.$$

证 设 $x = \dfrac{\pi}{2} - t$,则 $\mathrm{d}x = -\mathrm{d}t$ 当 $x=0$ 时,$t=\dfrac{\pi}{2}$;$x=\dfrac{\pi}{2}$ 时,$t=0$. 于是

$$\int_0^{\frac{\pi}{2}} f(\sin x)\,dx = -\int_{\frac{\pi}{2}}^0 f\left[\sin\left(\frac{\pi}{2}-t\right)\right]dt = \int_0^{\frac{\pi}{2}} f(\cos t)\,dt = \int_0^{\frac{\pi}{2}} f(\cos x)\,dx.$$

由于在第一象限内 $\cos x = \sqrt{1-\sin^2 x}$，$\sqrt{1-\cos^2 x} = \sin x$，因此例 6-4-6 隐含着：若被积函数为 $\sin x$，$\cos x$ 的函数，则在 0 到 $\dfrac{\pi}{2}$ 积分时，$\sin x$ 和 $\cos x$ 可以互换，这一结论有时会给计算带来方便.

例 6-4-7 计算 $I = \displaystyle\int_0^{\frac{\pi}{2}} \dfrac{\sin^3 x - \cos^3 x}{2 - \sin x - \cos x}\,dx.$

解 由例 6-4-6 可得

$$I = \int_0^{\frac{\pi}{2}} \frac{\cos^3 x - \sin^3 x}{2 - \cos x - \sin x}\,dx = -I,$$

从而

$$I = 0.$$

6.4.2 定积分的分部积分法

由不定积分的分部积分公式，即可得定积分的**分部积分公式**

$$\int_a^b u(x)v'(x)\,dx = \big[u(x)v(x)\big]\,\Big|_a^b - \int_a^b u'(x)v(x)\,dx \qquad ④$$

或

$$\int_a^b u(x)\,dv(x) = \big[u(x)v(x)\big]\,\Big|_a^b - \int_a^b v(x)\,du(x). \qquad ⑤$$

例 6-4-8 计算 $\displaystyle\int_0^2 x e^x\,dx.$

解 若令 $u = x$，$dv = e^x dx$，则 $du = dx$，$v = e^x$，由定积分的分部积分公式⑤，得到

$$\int_0^2 x e^x\,dx = x e^x\,\Big|_0^2 - \int_0^2 e^x\,dx = x e^x\,\Big|_0^2 - e^x\,\Big|_0^2 = 2e^2 - (e^2 - 1) = e^2 + 1.$$

例 6-4-9 计算 $\displaystyle\int_{\frac{1}{e}}^e |\ln x|\,dx.$

解 因为当 $1 \leqslant x \leqslant e$ 时，$|\ln x| = \ln x$，而当 $\dfrac{1}{e} \leqslant x \leqslant 1$ 时，$\ln x < 0$，即 $|\ln x| = -\ln x$，

所以若令 $u = \ln x$, $\mathrm{d}v = \mathrm{d}x$, 则由⑤式得

$$\int_{\frac{1}{e}}^{e} |\ln x| \, \mathrm{d}x = -\int_{\frac{1}{e}}^{1} \ln x \mathrm{d}x + \int_{1}^{e} \ln x \mathrm{d}x = -\left(x\ln x \Big|_{\frac{1}{e}}^{1} - \int_{\frac{1}{e}}^{1} \mathrm{d}x \right) + x\ln x \Big|_{1}^{e} - \int_{1}^{e} \mathrm{d}x$$

$$= -\frac{1}{e} + \left(1 - \frac{1}{e} \right) + e - (e - 1) = 2 - \frac{2}{e}.$$

例 6 - 4 - 10　设 $I_n = \int_0^{\frac{\pi}{2}} \sin^n x \mathrm{d}x$, 证明:

$$I_n = \begin{cases} \dfrac{n-1}{n} \cdot \dfrac{n-3}{n-2} \cdot \dfrac{n-5}{n-4} \cdot \cdots \cdot \dfrac{1}{2} \cdot \dfrac{\pi}{2}, & n \text{ 为正偶数}, \\[3mm] \dfrac{n-1}{n} \cdot \dfrac{n-3}{n-2} \cdot \dfrac{n-5}{n-4} \cdot \cdots \cdot \dfrac{2}{3} \cdot 1, & n \text{ 为大于 1 的正奇数} \end{cases}$$

$$= \begin{cases} \dfrac{(n-1)!!}{n!!} \cdot \dfrac{\pi}{2}, & n \text{ 为正偶数}, \\[3mm] \dfrac{(n-1)!!}{n!!}, & n \text{ 为大于 1 的正奇数}. \end{cases}$$

其中

$$n!! = \begin{cases} n \cdot (n-2) \cdot (n-4) \cdot \cdots \cdot 6 \cdot 4 \cdot 2, & n \text{ 是正偶数} \\ n \cdot (n-2) \cdot (n-4) \cdot \cdots \cdot 5 \cdot 3 \cdot 1, & n \text{ 是正奇数}. \end{cases}$$

证　当 $n \geq 2$ 时, 若令 $u = \sin^{n-1} x$, $\mathrm{d}v = \sin x \mathrm{d}x$, 则由⑤式得

$$I_n = (-\sin^{n-1} x\cos x) \Big|_0^{\frac{\pi}{2}} + (n-1) \int_0^{\frac{\pi}{2}} \cos^2 x \sin^{n-2} x \mathrm{d}x$$

$$= (n-1) \int_0^{\frac{\pi}{2}} (1 - \sin^2 x) \sin^{n-2} x \mathrm{d}x$$

$$= (n-1) \int_0^{\frac{\pi}{2}} \sin^{n-2} x \mathrm{d}x - (n-1) \int_0^{\frac{\pi}{2}} \sin^n x \mathrm{d}x$$

$$= (n-1) I_{n-2} - (n-1) I_n,$$

因此

$$I_n = \frac{n-1}{n} I_{n-2}.$$

这是一个递推公式, 利用这个公式可得到

$$I_n = \frac{n-1}{n}I_{n-2} = \frac{n-1}{n} \cdot \frac{n-3}{n-2}I_{n-4} = \cdots$$

$$= \begin{cases} \dfrac{n-1}{n} \cdot \dfrac{n-3}{n-2} \cdot \dfrac{n-5}{n-4} \cdot \cdots \cdot \dfrac{1}{2}I_0, & n \text{ 为正偶数,} \\[3mm] \dfrac{n-1}{n} \cdot \dfrac{n-3}{n-2} \cdot \dfrac{n-5}{n-4} \cdot \cdots \cdot \dfrac{2}{3}I_1, & n \text{ 为大于 1 的正奇数,} \end{cases}$$

又由

$$I_0 = \int_0^{\frac{\pi}{2}} \mathrm{d}x = \frac{\pi}{2}, \; I_1 = \int_0^{\frac{\pi}{2}} \sin x \mathrm{d}x = (-\cos x) \Big|_0^{\frac{\pi}{2}} = 1,$$

于是

$$\int_0^{\frac{\pi}{2}} \sin^n x \mathrm{d}x = \begin{cases} \dfrac{(n-1)!!}{n!!} \cdot \dfrac{\pi}{2}, & n \text{ 为正偶数,} \\[3mm] \dfrac{(n-1)!!}{n!!}, & n \text{ 为大于 1 的正奇数.} \end{cases}$$

在例 $6-4-10$ 的 I_n 中若令 $x = \frac{\pi}{2} - t$, 则有

$$\int_0^{\frac{\pi}{2}} \sin^n x \mathrm{d}x = -\int_{\frac{\pi}{2}}^0 \sin^n\left(\frac{\pi}{2} - t\right) \mathrm{d}t = -\int_{\frac{\pi}{2}}^0 \cos^n t \mathrm{d}t = \int_0^{\frac{\pi}{2}} \cos^n t \mathrm{d}t,$$

因而

$$\int_0^{\frac{\pi}{2}} \sin^n x \mathrm{d}x = \int_0^{\frac{\pi}{2}} \cos^n x \mathrm{d}x.$$

由上述结果可得

$$\int_0^{\frac{\pi}{2}} \sin^8 x \mathrm{d}x = \int_0^{\frac{\pi}{2}} \cos^8 x \mathrm{d}x = \frac{7 \cdot 5 \cdot 3 \cdot 1}{8 \cdot 6 \cdot 4 \cdot 2} \cdot \frac{\pi}{2} = \frac{35\pi}{256};$$

$$\int_0^{\frac{\pi}{2}} \cos^7 x \mathrm{d}x = \int_0^{\frac{\pi}{2}} \sin^7 x \mathrm{d}x = \frac{6 \cdot 4 \cdot 2}{7 \cdot 5 \cdot 3 \cdot 1} = \frac{16}{35}.$$

本节的重点是介绍定积分计算中的换元积分法和分部积分法.

(1) 由本节的例中可以看到,利用定积分的换元法和分部积分法不仅能简化计算过程,而且还能在有些很难(或不能)求得原函数的情况下,通过换元积分或分部积分而完成定积分的计算.

(2) 定积分的换元积分法与分部积分法使用的场合和形式与不定积分的相应算法类似,

但两者(特别是换元积分法)是有区别的.这主要表现在定积分计算必须与积分区间紧密相联,即不仅在换元以后被积表达式和积分限应同时作相应变化,而且还要考虑采用的变换在积分区间上是否满足定理 1 的条件.相对而言,在不定积分中对此并没有作过多强调,那时认为所作的变换是在某个"可行"区间上自然地进行着的;况且最终还可通过求导来检验计算结果是否正确,而定积分却无法这样做.

(3)在计算定积分时,若被积函数为分段函数(或带有绝对值符号),则应分段积分再求和.若积分区间关于原点对称,且被积函数有奇偶性,则应充分利用奇偶性进行计算.

习题 6－4

1. 计算下列定积分:

(1) $\displaystyle\int_{-1}^{1} \frac{x}{5-4x}\mathrm{d}x$;

(2) $\displaystyle\int_{1}^{e^2} \frac{\mathrm{d}x}{x\sqrt{1+\ln x}}$;

(3) $\displaystyle\int_{\frac{3}{4}}^{1} \frac{\mathrm{d}x}{\sqrt{1-x}-1}$;

(4) $\displaystyle\int_{\ln 2}^{\ln 4} \frac{\mathrm{d}x}{\sqrt{e^x-1}}$;

(5) $\displaystyle\int_{-\frac{\pi}{2}}^{\frac{\pi}{2}} \cos x\cos 2x\,\mathrm{d}x$;

(6) $\displaystyle\int_{-\sqrt{2}}^{\sqrt{2}} \sqrt{8-2x^2}\,\mathrm{d}x$;

(7) $\displaystyle\int_{-1}^{2} \left(3|x|+\frac{2}{|x|+1}\right)\mathrm{d}x$;

(8) $\displaystyle\int_{0}^{\pi} \sqrt{\sin^3 x-\sin^5 x}\,\mathrm{d}x$;

(9) $\displaystyle\int_{0}^{\pi} (x\sin x)^2\,\mathrm{d}x$;

(10) $\displaystyle\int_{-1}^{1} \frac{x^5}{1+x^2}\mathrm{d}x$;

(11) $\displaystyle\int_{0}^{a} x^2\sqrt{a^2-x^2}\,\mathrm{d}x\ (a>0)$;

(12) $\displaystyle\int_{0}^{1} x\arctan x\,\mathrm{d}x$;

(13) $\displaystyle\int_{1}^{e} \sin(\ln x)\,\mathrm{d}x$;

(14) $\displaystyle\int_{0}^{2} f(x-1)\,\mathrm{d}x$,其中 $f(x)=\begin{cases} \dfrac{1}{2-x}, & x\leqslant 0, \\ \sin x, & x>0. \end{cases}$

2. 利用函数的奇偶性计算下列定积分:

(1) $\displaystyle\int_{-\frac{\pi}{2}}^{\frac{\pi}{2}} 4\cos^4 x\,\mathrm{d}x$;

(2) $\displaystyle\int_{-\pi}^{\pi} (x^2+1)\sin^3 x\,\mathrm{d}x$;

(3) $\displaystyle\int_{-\pi}^{\pi} (1+x^4\sin x)\,\mathrm{d}x$;

(4) $\displaystyle\int_{-\frac{a}{2}}^{\frac{a}{2}} \frac{a-x}{\sqrt{a^2-x^2}}\mathrm{d}x\,(a>0)$.

3. 设 $f(x)$ 是在 $(-\infty,\infty)$ 上以 T 为周期的连续函数,证明:对任何实数 a 有

$$\int_a^{a+T} f(x)\,\mathrm{d}x = \int_0^T f(x)\,\mathrm{d}x.$$

4. 若 $f(x)$ 在 $[0,1]$ 上连续,

(1) 证明:$\int_0^\pi f(\sin x)\,\mathrm{d}x = 2\int_0^{\frac{\pi}{2}} f(\sin x)\,\mathrm{d}x$;

(2) 证明:$\int_0^\pi xf(\sin x)\,\mathrm{d}x = \dfrac{\pi}{2}\int_0^\pi f(\sin x)\,\mathrm{d}x$,并由此计算 $\int_0^\pi \dfrac{x\sin x}{1+\cos^2 x}\mathrm{d}x$.

5. 设 $f(x)$ 有二阶连续导数,$f(\pi) = 2$,$\int_0^\pi [f(x) + f''(x)]\sin x\,\mathrm{d}x = 5$,求 $f(0)$.

6. 计算:$I_n = \int_0^1 (1-x^2)^n \mathrm{d}x$,其中 n 为自然数.

6.5　定积分的应用

定积分在科学技术领域中有着广泛的应用,许多实际问题都可归结为定积分问题. 在引入定积分定义的过程中,曾介绍了求曲边梯形面积 A 和连续变力所作的功 W 的方法. 虽然所求量 A 和 W 的实际意义不同,但都具有下列特点:

(1) 所求量 F 是分布在某区间 $[a,b]$ 上的整体量,它对于区间 $[a,b]$ 具有可加性,即若把区间 $[a,b]$ 分割成 n 个小区间 $[x_{i-1},x_i]$ $(i=1,2,\cdots,n)$,则在 $[a,b]$ 上的整体量 F 等于在各个小区间 $[x_{i-1},x_i]$ 上的部分量 ΔF_i 之和;

(2) 对每个 ΔF_i,可找到适当的近似表达式 $\Delta F_i \approx f(\xi_i)\Delta x_i$,其中 ξ_i 是 Δx_i 上的任意一点,且 $\lim\limits_{\|\Delta x\|\to 0}\sum\limits_{i=1}^n f(\xi_i)\Delta x_i$ 存在.

根据定积分的定义,对于这样的所求量 F 都可以通过分割、近似、求和、取极限的步骤把它归结为一个定积分. 但这个过程比较繁琐,在实用中往往采用简化的方法,即**微元法**,其方法首先设所求量 F 分布在 $[a,b]$ 上,然后分如下几个步骤:

(1) 在 $[a,b]$ 上任取一个微小区间 $[x,x+\mathrm{d}x]$(其作用相当于将 $[a,b]$ 分割成 n 个小区间后的第 i 个小区间 $[x_{i-1},x_i]$);

(2) 设 F 分布在微小区间 $[x,x+\mathrm{d}x]$ 上的部分量为 ΔF,求出 ΔF 的近似表达式 $f(x)\mathrm{d}x$,称为所求量的微元;

(3) 将求和、取极限两步骤合并简化为一步,得所求量 F 为 $f(x)$ 在 $[a,b]$ 上的定积分,即

$$F = \int_a^b f(x)\,\mathrm{d}x.$$

必须指出:微元法的关键是第二步,找出所求量 F 在微小区间 $[x,x+\mathrm{d}x]$ 上部分量 ΔF 的近

似值 $f(x)\mathrm{d}x$,它是 $\mathrm{d}x$ 的一个线性表达式. 若把所求量 F 分布在区间 $[a,x]$ 上的部分量记为 $F(x)$,则

$$F(x) = \int_a^x f(t)\,\mathrm{d}t,$$

由微积分学基本定理可知

$$\mathrm{d}F(x) = f(x)\,\mathrm{d}x,$$

这说明所求 ΔF 的近似表达式 $f(x)\mathrm{d}x$ 必须是 $F(x)$ 的微分,即它与 ΔF 之差应是比 Δx 高价的无穷小量. 在具体问题中求所求量 F 的微元 $f(x)\mathrm{d}x$ 通常凭实践经验,本书给出了一些微元表达式,但不作严格论证.

6.5.1 平面图形的面积

1. 直角坐标系下的面积公式

求由两条连续曲线 $y = f_1(x)$ 与 $y = f_2(x)$ 以及直线 $x = a$、$x = b$ 所围成的平面图形(图6-6)的面积 A.

用微元法:在 $[a,b]$ 上任取微小区间 $[x, x+\mathrm{d}x]$,在 $[x, x+\mathrm{d}x]$ 上的面积 ΔA 近似等于高为 $|f_2(x) - f_1(x)|$、底为 $\mathrm{d}x$ 的矩形面积,即面积微元为

$$\mathrm{d}A = |f_2(x) - f_1(x)|\,\mathrm{d}x,$$

于是,所求面积为

$$A = \int_a^b |f_2(x) - f_1(x)|\,\mathrm{d}x. \qquad ①$$

若 $f_1(x) \equiv 0$,则连续曲线 $y = f(x)$、直线 $x = a$、$x = b$ 和 x 轴所围成的平面图形(图6-7)的面积为

$$A = \int_a^b |f(x)|\,\mathrm{d}x. \qquad ②$$

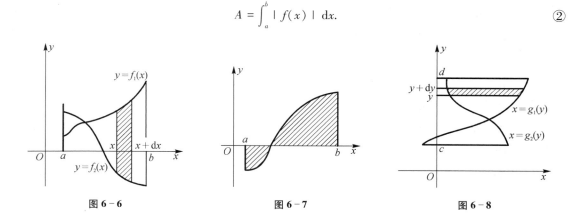

图6-6   图6-7   图6-8

类似地,若平面图形由连续曲线 $x = g_1(y)$ 和 $x = g_2(y)$ 以及直线 $y = c$、$y = d$ 所围成(图6-8),

则可在区间 $[c, d]$ 上任取微小区间 $[y, y + dy]$,得面积微元 $| g_2(y) - g_1(y) | \, dy$,所求面积为

$$A = \int_c^d | g_2(y) - g_1(y) | \, dy. \qquad ③$$

例 6 - 5 - 1 求由曲线 $y = \sin x$ 与 $y = \sin 2x$ $(0 \leqslant x \leqslant \pi)$ 所围平面图形的面积.

解 曲线 $y = \sin x$ 与 $y = \sin 2x$ $(0 \leqslant x \leqslant \pi)$ 的交点为 $(0, 0)$、$\left(\dfrac{\pi}{3}, \dfrac{\sqrt{3}}{2} \right)$、$(\pi, 0)$. 由公式①知所求面积为

$$A = \int_0^\pi | \sin 2x - \sin x | \, dx$$

$$= \int_0^{\frac{\pi}{3}} (\sin 2x - \sin x) \, dx + \int_{\frac{\pi}{3}}^\pi (\sin x - \sin 2x) \, dx$$

$$= \frac{5}{2}.$$

例 6 - 5 - 2 计算抛物线 $y^2 = 2x$ 与直线 $y = x - 4$ 所围平面图形的面积.

解 先求出抛物线与直线的交点坐标,即解方程组

$$\begin{cases} y^2 = 2x, \\ y = x - 4, \end{cases}$$

得交点 $(2, -2)$ 和 $(8, 4)$.

如图 6-9 所示,求此图形面积时,取 y 作积分变量较为方便,先把抛物线方程和直线方程写成为 $x = g(y)$ 的形式 $x = \dfrac{y^2}{2}$ 和 $x = y + 4$,利用公式③得

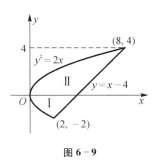

图 6 - 9

$$A = \int_{-2}^4 \left(y + 4 - \frac{y^2}{2} \right) \, dy$$

$$= \left(\frac{y^2}{2} + 4y - \frac{y^3}{6} \right) \Big|_{-2}^4 = 18.$$

若取 x 为积分变量,则 x 的变化区间为 $[0, 8]$,当 $x \in [0, 2]$ 时,y 由 $y = -\sqrt{2x}$ 变化到 $y = \sqrt{2x}$,当 $x \in [2, 8]$ 时,y 由 $y = x - 4$ 变化到 $y = \sqrt{2x}$,利用①得

$$A = \int_0^2 \left[\sqrt{2x} - (-\sqrt{2x}) \right] \, dx + \int_2^8 (\sqrt{2x} - x + 4) \, dx$$

$$= 2\sqrt{2}\left(\frac{2}{3}x^{\frac{3}{2}}\right)\Big|_0^2 + \left(\frac{2\sqrt{2}}{3}x^{\frac{3}{2}} - \frac{x^2}{2} + 4x\right)\Big|_2^8 = 18.$$

比较可见,本例中取 y 为积分变量较方便.

设平面曲线 L 由参数方程

$$\begin{cases} x = \varphi(t), \\ y = \psi(t) \end{cases}$$

给出,求由曲线 L 与直线 $x = a$、$x = b$ 和 x 轴所围成的曲边梯形面积 A.

若记 $a = \varphi(\alpha)$, $b = \varphi(\beta)$,且设 $\varphi(t)$、$\psi(t)$ 和 $\varphi'(t)$ 在 $[\alpha, \beta]$ 或 $[\beta, \alpha]$ 上连续,$\varphi'(t) > 0$(或 < 0),则所求面积为

$$A = \int_a^b |y| \, \mathrm{d}x = \int_\alpha^\beta |\psi(t)| \, \varphi'(t) \mathrm{d}t. \tag{④}$$

例 6-5-3 求椭圆 $\begin{cases} x = a\cos t, \\ y = b\sin t \end{cases}$ $(a > 0、b > 0)$ 所围平面图形的面积 A.

解 因为椭圆图形对称于 x 轴和 y 轴,所以椭圆面积 A 为其在第一象限部分图形面积的四倍,又当 t 由 $\frac{\pi}{2}$ 变到 0 时,x 由 0 递增到 a,于是

$$A = 4\int_{\frac{\pi}{2}}^0 |b\sin t| \, (a\cos t)' \mathrm{d}t = 4ab\int_0^{\frac{\pi}{2}} \sin^2 t \mathrm{d}t$$

$$= 4ab \cdot \frac{1}{2} \cdot \frac{\pi}{2} = ab\pi.$$

当 $a = b$ 时,就得到我们熟知的半径为 a 的圆面积公式

$$A = \pi a^2.$$

例 6-5-4 求旋轮线 $\begin{cases} x = a(t - \sin t), \\ y = a(1 - \cos t) \end{cases}$ $(a > 0)$ 的一

拱与 x 轴所围平面图形(图 6-10)的面积 A.

解 当 t 由 0 变到 2π 时,曲线正好是一拱,于是

$$A = \int_0^{2\pi} a(1 - \cos t)(a(t - \sin t))' \mathrm{d}t$$

$$= a^2\int_0^{2\pi} (1 - \cos t)^2 \mathrm{d}t = a^2\int_0^{2\pi} (1 - 2\cos t + \cos^2 t) \mathrm{d}t$$

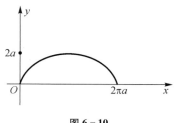

图 6-10

$$= a^2 \int_0^{2\pi} \left(\frac{3}{2} - 2\cos t + \frac{1}{2}\cos 2t \right) dt$$

$$= a^2 \left(\frac{3}{2}t - 2\sin t + \frac{1}{4}\sin 2t \right) \Big|_0^{2\pi} = 3\pi a^2.$$

2. 极坐标系下的面积公式

如图 6 - 11 所示,设连续曲线的极坐标方程为

$$r = r(\theta),$$

求由曲线 $r = r(\theta)$ 与两条射线

$$\theta = \alpha, \theta = \beta \quad (0 \leqslant a < \beta \leqslant 2\pi)$$

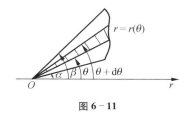

图 6 - 11

所围成平面图形(简称**曲边扇形**)的面积 A.

为了求出在极坐标系下的面积微元,在极角变化范围 $[\alpha, \beta]$ 上任取微小区间 $[\theta, \theta+d\theta]$,在 $[\theta, \theta+d\theta]$ 上的小曲边扇形面积 ΔA 可近似等于半径为 $r(\theta)$、圆心角为 $d\theta$ 的小扇形面积,得面积微元为

$$dA = \frac{1}{2}r^2(\theta)d\theta,$$

于是,所求面积为

$$A = \frac{1}{2}\int_\alpha^\beta r^2(\theta)d\theta. \qquad ⑤$$

例 6 - 5 - 5 求心形线 $r = a(1 + \cos\theta)$ $(a > 0)$ 所围平面图形的面积 A.

解 如图 6 - 12 所示,位于极轴上方图形的 θ 取值范围是 $[0, \pi]$,由图形的对称性可得

$$A = 2 \cdot \frac{1}{2}\int_0^\pi a^2(1 + \cos\theta)^2 d\theta$$

$$= a^2 \int_0^\pi (1 + 2\cos\theta + \cos^2\theta)d\theta$$

$$= a^2 \left(\frac{3}{2}\theta + 2\sin\theta + \frac{1}{4}\sin 2\theta \right) \Big|_0^\pi$$

$$= \frac{3}{2}\pi a^2.$$

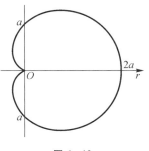

图 6 - 12

例 6 - 5 - 6 求双纽线 $r^2 = a^2 \cos 2\theta$ $(a > 0)$ 所围平面图形的面积 A.

解 双纽线的图形如图 6 - 13 所示,由双纽线的方程可知 $a^2 \cos 2\theta \geqslant 0$,因此 θ 的取值范围是

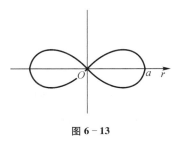

图 6 - 13

$$-\frac{\pi}{4} \leqslant \theta \leqslant \frac{\pi}{4} \text{ 或 } \frac{3\pi}{4} \leqslant \theta \leqslant \frac{5\pi}{4},$$

在第一象限 θ 的变化范围是 $\left[0, \dfrac{\pi}{4}\right]$.利用图形的对称性,得

$$A = 4 \cdot \frac{1}{2} \int_0^{\frac{\pi}{4}} a^2 \cos 2\theta \mathrm{d}\theta = 2a^2 \cdot \frac{1}{2} \sin 2\theta \Big|_0^{\frac{\pi}{4}} = a^2.$$

例 6 - 5 - 7 求三叶玫瑰线 $r = \sin 3\theta$ 的面积.

解 由三叶玫瑰线的方程 $r = \sin 3\theta$ 可知 $\sin 3\theta \geqslant 0$,因此 θ 的变化范围为 $\left[0, \dfrac{\pi}{3}\right]$,$\left[\dfrac{2\pi}{3}, \pi\right]$ 和 $\left[\dfrac{4\pi}{3}, \dfrac{5\pi}{3}\right]$,故面积

$$A = \frac{1}{2} \int_0^{\frac{\pi}{3}} \sin^2 3\theta \mathrm{d}\theta + \frac{1}{2} \int_{\frac{2\pi}{3}}^{\pi} \sin^2 3\theta \mathrm{d}\theta + \frac{1}{2} \int_{\frac{4\pi}{3}}^{\frac{5\pi}{3}} \sin^2 3\theta \mathrm{d}\theta,$$

由于 $\sin^2 3\theta$ 以 $\dfrac{\pi}{3}$ 为周期,上式右端的三个积分值相等,所以

$$A = \frac{3}{2} \int_0^{\frac{\pi}{3}} \sin^2 3\theta \mathrm{d}\theta = \frac{3}{4} \int_0^{\frac{\pi}{3}} (1 - \cos 6\theta) \mathrm{d}\theta = \frac{\pi}{4}.$$

6.5.2 已知平行截面面积的立体和旋转体的体积

设空间立体介于垂直于 x 轴的两平面 $x = a$ 与 $x = b$ $(a < b)$ 之间(图 6 - 14).

过 x 轴上任一点 x $(a \leqslant x \leqslant b)$ 作垂直于 x 轴的平面截立体 Ω 所得的截面面积是 x 的连续函数 $A(x)$.

若连续函数 $A(x)$ 已知,则可以用微元法来计算 Ω 的体积 V.

如图 6 - 14 所示,在区间 $[a, b]$ 上任取一微小区间 $[x, x + \mathrm{d}x]$,其上的小空间立体近似等于底面积为 $A(x)$、

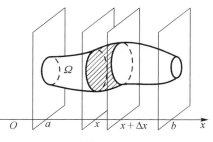

图 6 - 14

高为 dx 的薄柱体体积,从而得到体积微元为

$$dV = A(x)dx,$$

于是,空间立体 Ω 的体积为

$$V = \int_a^b A(x)dx. \qquad ⑥$$

例 6-5-8 如图 6-15 所示,一底圆半径为 a 的直圆柱被过底圆直径的平面所截. 试计算此平面截圆柱体所得立体的体积.

解 取底面圆心为原点,平面与圆柱体底面的交线为 x 轴. 立体中过点 x 且垂直于 x 轴的截面是一个直角三角形,它的两条直角边的长度分别为 $\sqrt{a^2-x^2}$ 与 $\sqrt{a^2-x^2}\tan\alpha$,故直角三角形的截面面积为

$$A(x) = \frac{1}{2}(a^2-x^2)\tan\alpha,$$

由公式⑥,所求立体体积为

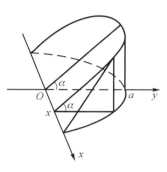

图 6-15

$$V = 2\int_0^a \frac{1}{2}(a^2-x^2)\tan\alpha\,dx = \tan\alpha\left(a^2x-\frac{1}{3}x^3\right)\Big|_0^a = \frac{2}{3}a^3\tan\alpha.$$

旋转体是一类特殊的空间立体. 如图 6-16 所示,在 $[a,b]$ 上以连续曲线 $y=f(x)$ $(f(x)\geq 0)$ 为曲边的曲边梯形绕 x 轴旋转一周就得到一个**旋转体**.

由图 6-16 容易看到,过区间 $[a,b]$ 上任一点 x 作垂直于 x 轴的平面截旋转体 Ω 所得截面是半径为 $f(x)$ 的圆,因而旋转体的截面面积函数为

$$A(x) = \pi f^2(x),$$

由此得旋转体的体积公式为

$$V = \pi\int_a^b f^2(x)dx. \qquad ⑦$$

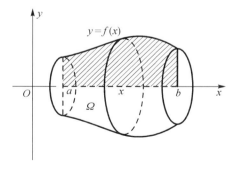

图 6-16

例 6-5-9 求底半径分别为 r 和 R、高为 h 的圆台的体积.

解 如图 6-17 建立坐标系,在 $[0,h]$ 上以直线

$$y = \frac{R-r}{h}x + r$$

为曲边的梯形绕 x 轴旋转一周所得的旋转体就是底半径为 r 和 R、高为 h 的圆台. 由公式⑦,其体积为

$$V = \pi \int_0^h \left(\frac{R-r}{h}x + r\right)^2 \mathrm{d}x = \pi \cdot \frac{h}{R-r} \cdot \frac{1}{3} \left(\frac{R-r}{h}x + r\right)^3 \Big|_0^h$$

$$= \frac{\pi h}{3(R-r)}(R^3 - r^3) = \frac{\pi h}{3}(R^2 + Rr + r^2).$$

当 $r = 0$ 时,就得到底半径为 R、高为 h 的圆锥体体积公式

$$V = \frac{1}{3}\pi R^2 h.$$

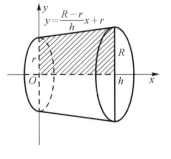

图 6-17

例 6-5-10 证明:由椭圆 $\dfrac{x^2}{a^2} + \dfrac{y^2}{b^2} = 1$ 所围平面图形绕 x 轴旋转一周所成旋转体(旋转椭球体)的体积为 $V = \dfrac{4}{3}\pi ab^2$.

证 上半椭圆方程为

$$y = \frac{b}{a}\sqrt{a^2 - x^2}, \ x \in [-a, a].$$

由公式⑦,得

$$V = \pi \int_{-a}^a \frac{b^2}{a^2}(a^2 - x^2) \mathrm{d}x = \frac{4}{3}\pi ab^2.$$

6.5.3 平面曲线的弧长

我们知道,圆周长是用圆内接正多边形的周长当边数趋于无穷时的极限来定义的. 与圆周长的概念相类似,可以建立一般曲线弧的长度的概念.

如图 6-18 所示,在曲线弧 $\overset{\frown}{AB}$ 上依次任取分点

$$A = P_0, P_1, P_2, \cdots, P_{i-1}, P_i, \cdots, P_n = B.$$

用弦将相邻两点连接起来,得到一条内接折线. 记每段弦的长度为 $|P_{i-1}P_i| \ (i = 1, 2, \cdots, n)$,且令

$$\lambda = \max_{1 \leqslant i \leqslant n} |P_{i-1}P_i|.$$

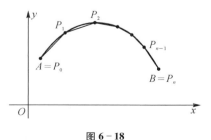

图 6-18

当分点无限增加,且 $\lambda \to 0$ 时,若折线长度的极限存在,则称此极限值为曲线弧 $\overset{\frown}{AB}$ 的**长度**或**弧长**. 这时,这段曲线弧称为**可求长**的.

设曲线段由方程 $y = f(x)$ $(a \leqslant x \leqslant b)$ 给出. 若函数 $f'(x)$ 在 $[a, b]$ 上连续, 则称此曲线段是**光滑**的. 类似地, 设曲线段由参数方程 $\begin{cases} x = \varphi(t), \\ y = \psi(t) \end{cases}$ $(\alpha \leqslant t \leqslant \beta)$ 给出. 若函数 $\varphi'(t)$、$\psi'(t)$ 在 $[\alpha, \beta]$ 上连续, 且不同时为 0, 则称此曲线段是光滑的.

下面来导出光滑曲线的弧长计算公式.

设曲线方程为 $y = f(x)$, $x \in [a, b]$, 其中函数 $f(x)$ 在 $[a, b]$ 上可导, 且有连续导函数 $f'(x)$.

如图 6-19 所示, 任取 $[x, x+\Delta x] \subset [a, b]$. 把在此小区间上的一小段曲线的弧长用对应的弦长来近似, 即得

$$\Delta s \approx \sqrt{(\Delta x)^2 + (\Delta y)^2}.$$

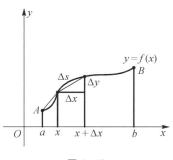

图 6-19

由于

$$\sqrt{(\Delta x)^2 + (\Delta y)^2} \approx \sqrt{(\mathrm{d}x)^2 + (\mathrm{d}y)^2} = \sqrt{1 + f'^2(x)}\ \mathrm{d}x,$$

因此取弧长 s 的微元 (又称**弧微分**) 为

$$\mathrm{d}s = \sqrt{(\mathrm{d}x)^2 + (\mathrm{d}y)^2} = \sqrt{1 + f'^2(x)}\ \mathrm{d}x. \qquad ⑧$$

由此得到弧长计算公式

$$s = \int_a^b \sqrt{1 + y'^2}\,\mathrm{d}x = \int_a^b \sqrt{1 + f'^2(x)}\ \mathrm{d}x. \qquad ⑨$$

由假设 $f'(x)$ 连续, 从而 $\sqrt{1 + f'^2(x)}$ 也连续, 此时⑨中的定积分存在.

例 6-5-11 求悬链线 $y = \dfrac{a}{2}(\mathrm{e}^{\frac{x}{a}} + \mathrm{e}^{-\frac{x}{a}})$, $a > 0$, 在区间 $[-a, a]$ 上弧段的弧长 (图 6-20).

解 由于

$$\sqrt{1 + y'^2} = \sqrt{1 + \frac{1}{4}(\mathrm{e}^{\frac{x}{a}} - \mathrm{e}^{-\frac{x}{a}})^2} = \frac{1}{2}(\mathrm{e}^{\frac{x}{a}} + \mathrm{e}^{-\frac{x}{a}}),$$

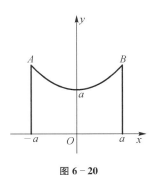

图 6-20

因此按公式⑨求得

$$s = 2\int_0^a \frac{1}{2}(\mathrm{e}^{\frac{x}{a}} + \mathrm{e}^{-\frac{x}{a}})\,\mathrm{d}x$$

$$= a(\mathrm{e}^{\frac{x}{a}} - \mathrm{e}^{-\frac{x}{a}})\ \Big|_0^a = a(\mathrm{e} - \mathrm{e}^{-1}).$$

当曲线弧由参数方程

$$\begin{cases} x = \varphi(t), \\ y = \psi(t), \end{cases} \quad \alpha \leqslant t \leqslant \beta$$

表达时,弧微分为 $ds = \sqrt{dx^2 + dy^2} = \sqrt{\varphi'^2(t) + \psi'^2(t)}\, dt.$ ⑩

因此,当 $\varphi(t)$、$\psi(t)$ 在 $[\alpha, \beta]$ 上都有连续导数,且 $\varphi'^2(t) + \psi'^2(t) \neq 0$ 时,曲线段的弧长计算公式为 $s = \int_{\alpha}^{\beta} \sqrt{\varphi'^2(t) + \psi'^2(t)}\, dt.$ ⑪

其中条件 $\varphi'(t)$、$\psi'(t)$ 连续保证⑪中的定积分存在.

例 6 - 5 - 12 计算旋轮线 $\begin{cases} x = a(t - \sin t), \\ y = a(1 - \cos t) \end{cases}$ $(a > 0)$ 第一拱的弧长.

解 由于 $x'(t) = a(1 - \cos t)$,$y'(t) = a\sin t$,因此

$$ds = \sqrt{x'^2(t) + y'^2(t)}\, dt = a\sqrt{2(1 - \cos t)}\, dt = 2a\left|\sin\frac{t}{2}\right| dt.$$

第一拱相应于参数从 0 变化到 2π,由公式⑪求得

$$s = \int_0^{2\pi} 2a\left|\sin\frac{t}{2}\right| dt = 2a\int_0^{2\pi} \sin\frac{t}{2}\, dt = 8a.$$

*6.5.4 旋转曲面面积

由 $[a, b]$ 上的连续曲线 $y = f(x)$ $(f(x) \geqslant 0)$ 绕 x 轴旋转一周所得的曲面称为**旋转曲面**.

设 $f'(x)$ 在 $[a, b]$ 上连续,求旋转曲面的面积.

如图 6 - 21 所示,在微小区间 $[x, x + \Delta x]$ 上相应的旋转曲面部分的面积 ΔA 可用圆台的侧面积[1]来近似代替,即

$$\Delta A \approx \pi[f(x) + f(x + \Delta x)]\sqrt{(\Delta x)^2 + (\Delta y)^2},$$

由于

$$f(x + \Delta x) \approx f(x),$$

$$\sqrt{(\Delta x)^2 + (\Delta y)^2} \approx \sqrt{1 + f'^2(x)}\, dx,$$

代入上式得

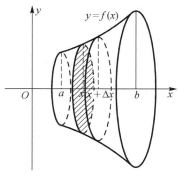

图 6 - 21

---

1) 底半径分别为 r 与 R、母线为 l 的圆台侧面积为 $A = \pi(r + R)l.$

$$\Delta A \approx 2\pi f(x)\sqrt{1 + f'^2(x)}\,dx,$$

从而

$$dA = 2\pi f(x)\sqrt{1 + f'^2(x)}\,dx,$$

由此得到旋转曲面面积公式为

$$A = 2\pi \int_a^b f(x)\sqrt{1 + f'^2(x)}\,dx. \qquad ⑫$$

例 6 - 5 - 13　求半径为 R 的球面面积.

解　球面可看作是由半径为 R,中心在原点的上半圆周

$$y = \sqrt{R^2 - x^2} \quad (-R \leqslant x \leqslant R)$$

绕 x 轴旋转一周所得到的旋转曲面,因此球面面积为

$$A = 2 \times 2\pi \int_0^R \sqrt{R^2 - x^2}\sqrt{1 + \left(\frac{-x}{\sqrt{R^2 - x^2}}\right)^2}\,dx = 2 \times 2\pi \int_0^R R\,dx = 4\pi R^2.$$

例 6 - 5 - 14　汽车前灯的反光镜可以近似地看作是由抛物线 $y^2 = 10x$ 在 $x = 0$ 到 $x = 10\ \mathrm{cm}$ 之间的一段曲线段绕 x 轴旋转而成的旋转曲面(图 6 - 22),求此反光镜的面积.

解　由于

$$y = \sqrt{10x},\ y'(x) = \frac{\sqrt{10}}{2\sqrt{x}},$$

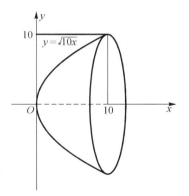

图 6 - 22

因而由公式⑫得

$$A = 2\pi \int_0^{10} \sqrt{10x}\sqrt{1 + \frac{5}{2x}}\,dx = 2\pi \int_0^{10} \sqrt{10x + 25}\,dx$$

$$= \frac{2\pi}{10} \cdot \frac{2}{3}(10x + 25)^{\frac{3}{2}}\bigg|_0^{10} = \frac{2\pi}{15}(125^{\frac{3}{2}} - 25^{\frac{3}{2}})$$

$$\approx 533\ (\mathrm{cm}^2).$$

*6.5.5　定积分在物理学等方面的应用

下面通过举例介绍定积分在物理学等方面的应用.

1. 物体的质量

例 6-5-15 半径 $R = 2\,\text{cm}$ 的圆片(图 6-23),其各点的面密度与该点到圆心距离的平方成正比,已知圆片边沿处之面密度为 $8\,\text{g/cm}^2$. 求该圆片的质量.

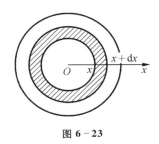

图 6-23

解 由物理知识可知,面密度为常数 μ、面积为 A 的薄片质量为 $m = \mu A$. 由题设,圆片各点的面密度与该点到圆心距离平方成正比,因此,在以圆片的中心为圆心、r 为半径的圆上各点的面密度为常数,即

$$\mu = kr^2,$$

又因为圆片边沿处之面密度为 $8\,\text{g/cm}^2$,即当 $r = 2$ 时 $\mu = 8$,代入上式即得 $k = 2$,所以圆片的面密度为

$$\mu = 2r^2.$$

在 x 轴上任取小区间 $[x, x + \text{d}x]$,内径为 x、外径为 $x + \text{d}x$ 的圆环上的面密度可近似地看作常数 $\mu \approx 2x^2$,圆环的面积近似于 $2\pi x \text{d}x$,因而圆环的质量微元为

$$\text{d}m = 2x^2 \cdot 2\pi x \text{d}x = 4\pi x^3 \text{d}x,$$

于是圆片的质量为

$$m = \int_0^2 4\pi x^3 \text{d}x = \pi x^4 \Big|_0^2 = 16\pi\,(\text{g}).$$

2. 液体的压力

例 6-5-16 设一竖直的圆形闸门,其半径为 a m,当水面齐闸门中心时,求闸门所受的压力.

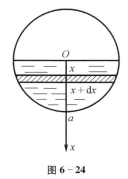

图 6-24

解 取 x 轴如图 6-24 所示. 由物理知识可知,若物体表面均匀受压,其压强为 p,物体表面积为 A,则物体表面所受的压力为

$$P = pA.$$

由物理知识又知,在液体中深度为 h 处的压强

$$p = \rho g h$$

(其中 ρ 为液体的密度,水的密度 $\rho = 1 \times 10^3\,\text{kg/m}^3$,$g = 9.8\,\text{N/kg}$). 由此可见,在闸门上各点处的压强随水的深度 h 而变化.

在 x 轴上任取微小区间 $[x, x + \text{d}x]$,由于在相同深度处压强相同,因此闸门的从水下深度 x 到深度 $x + \text{d}x$ 的小长条(图中阴影部分)上的压强可以近似地看成常数

$$p \approx \rho g x,$$

而小长条的面积近似于

$$2\sqrt{a^2 - x^2}\,\mathrm{d}x,$$

因而小长条上所受压力的近似值即压力微元为

$$\mathrm{d}P = 2\rho g x\sqrt{a^2 - x^2}\,\mathrm{d}x.$$

于是闸门所受的压力为

$$P = 2 \times 9.8 \int_0^a x\sqrt{a^2 - x^2}\,\mathrm{d}x = -\frac{19.6}{3}(a^2 - x^2)^{\frac{3}{2}}\bigg|_0^a = 6.533 a^3\,(\mathrm{kN}).$$

3. 功

例 6 - 5 - 17 一圆柱形水池,池口直径为 4 m,深 3 m,池中盛满了水,求将全部池水抽到池口外所做的功.

解 取 x 轴如图 6 - 25 所示.池中各层池水与池口距离不同,因而抽出池口外所做的功也不同.

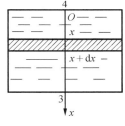

图 6 - 25

在 x 轴上取微小区间 $[x, x + \mathrm{d}x]$,相应的薄层水与池面的距离可近似地看成常量 x,而这层水的体积等于 $\pi \cdot 2^2\mathrm{d}x\,(\mathrm{m}^3)$,其重量为 $9.8\pi \cdot 2^2\mathrm{d}x\,(\mathrm{kN})$,抽出这层水所做的功微元为

$$\mathrm{d}W = 9.8 \times 4\pi x\mathrm{d}x,$$

于是将全部池水抽出池口外所做的功为

$$W = 9.8 \times 4\pi \int_0^3 x\mathrm{d}x = 176.4\pi \approx 554\,(\mathrm{kJ}).$$

4. 流量的计算

例 6 - 5 - 18 一圆锥形漏斗,高为 10 cm,顶角 $\alpha = \dfrac{\pi}{3}$,漏斗底部有面积为 0.5 cm^2 的孔. 漏斗注满水后,求水经孔全部流出所需要的时间 T.

解 由流体力学可知,水从深度为 h 的孔流出的速度为

$$v = \mu\sqrt{2gh}\ \mathrm{cm/s},$$

其中 g 是重力加速度,μ 是实验常数,$\mu = 0.6$.

当漏斗中的水从孔中陆续流出,漏斗中的流面不断下降,从而孔的深度也随之变化,水的流速也随之变化.

如图 6 - 26 所示,在 x 轴上取微小区间 $[x, x + \mathrm{d}x]$,可以把孔的深度近似地看成常量

$10 - x$,水从孔中流出的速度为

$$0.6\sqrt{2g(10-x)} \text{ cm/s.}$$

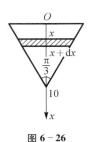

图 6 - 26

由题设,孔的面积为 0.5 cm^2,由此可知,每秒从孔中流出的水的体积为

$$0.5 \times 0.6\sqrt{2g(10-x)} = 0.3\sqrt{2g(10-x)} \ (\text{cm}^3);$$

另一方面,这层水的体积近似地等于

$$\mathrm{d}V = \pi\left[\tan\frac{\pi}{6}(10-x)\right]^2\mathrm{d}x = \frac{\pi}{3}(10-x)^2\mathrm{d}x,$$

因此,这些水从孔中流出所需要的时间微元为

$$\mathrm{d}T = \frac{\mathrm{d}V}{0.3\sqrt{2g(10-x)}} = \frac{\pi}{0.9\sqrt{2g}} \cdot (10-x)^{\frac{3}{2}}\mathrm{d}x,$$

于是,漏斗中的水全部流出所需要的时间为

$$T = \int_0^{10} \frac{\pi}{0.9\sqrt{2g}} \cdot (10-x)^{\frac{3}{2}}\mathrm{d}x = -\frac{\pi}{0.9\sqrt{2g}} \cdot \frac{2}{5}(10-x)^{\frac{5}{2}} \Big|_0^{10} \approx 100(\text{s}).$$

5. 平均值

设有 n 个数值 $y_1, y_2, \cdots, y_n$,称 $\dfrac{y_1 + y_2 + \cdots + y_n}{n}$ 为这 n 个数值的算术平均值. 在实际问题中,常常要求一个连续函数 $f(x)$ 在某一区间 $[a,b]$ 上的平均值. 例如,物理学中求平均功率、平均压强,又如求一天的平均温度,求化学反应的平均速度,等等.

若把区间 $[a,b]n$ 等分,得分点 $a = x_0 < x_1 < \cdots < x_{i-1} < x_i < \cdots < x_n = b$,每个小区间的长度 $\Delta x = \dfrac{b-a}{n}$,在区间 $[x_{i-1}, x_i]$ 上任取一点 ξ_i,则 $f(x)$ 在 $[a,b]$ 上的平均值 $\overline{y}$ 可近似地等于 n 个数值 $f(\xi_i)(i = 1, 2, \cdots, n)$ 的算术平均值 $\overline{y}_n$,即

$$\overline{y} \approx \overline{y}_n = \frac{\sum_{i=1}^{n} f(\xi_i)}{n},$$

当 $n \to \infty$ 时,$\overline{y}_n$ 的极限定义为函数 $f(x)$ 在 $[a,b]$ 上的平均值 $\overline{y}$,即

$$\overline{y} = \lim_{n \to \infty} \frac{\sum_{i=1}^{n} f(\xi_i)}{n}.$$

因为 $n = \dfrac{b-a}{\Delta x}$,即

$$\bar{y} = \lim_{n \to \infty} \frac{\sum\limits_{i=1}^{n} f(\xi_i) \Delta x}{b-a} = \frac{1}{b-a} \lim_{n \to \infty} \sum_{i=1}^{n} f(\xi_i) \Delta x,$$

所以由定积分定义可知 $f(x)$ 在 $[a, b]$ 上的平均值为

$$\bar{y} = \frac{1}{b-a} \int_a^b f(x)\,\mathrm{d}x. \tag{⑬}$$

由此可见,函数 $f(x)$ 在 $[a, b]$ 上的平均值 $\bar{y}$ 正是积分中值定理(6.2 节性质 7)中的 $f(\xi)$.

例 6-5-19 已知某化学反应的速度为时间 t 的函数 $v(t) = ake^{-kt}$,其中 a、k 是常数,求在 $[0, T]$ 这段时间内的平均反应速度.

解 $\quad \bar{v} = \dfrac{1}{T} \int_0^T ake^{-kt}\mathrm{d}t = -\dfrac{1}{T}ae^{-kt}\bigg|_0^T = \dfrac{a}{T}(1 - e^{-kT})$.

例 6-5-20 一定质量的理想气体,在等温过程中体积从 V_a 膨胀到 V_b,计算在此过程中气体压强的平均值.

解 在等温过程中,一定质量的理想气体的压强 p 和体积 V 之间的关系为

$$pV = C,$$

其中 C 为常数,因此,$p = \dfrac{C}{V}$,于是得气体压强的平均值为

$$\bar{p} = \frac{1}{V_b - V_a} \int_{V_a}^{V_b} \frac{C}{V}\mathrm{d}V = \frac{C}{V_b - V_a}\ln V\bigg|_{V_a}^{V_b} = \frac{C}{V_b - V_a}\ln\frac{V_b}{V_a}.$$

本节介绍定积分的一些应用. 读者应熟悉在本节中给出的各类几何问题和求平均值的计算公式及其适用条件.

(1) 在用定积分解应用问题时必须注意:所求量关于区间应具有可加性.

(2) 掌握微元法是用定积分解决实际问题的关键. 计算所求量的微元时要注意近似必须"恰如其分". 例如,求曲线弧长时,如果认为 $\mathrm{d}s \approx \mathrm{d}x$,这个近似就将导致错误的结论.

(3) 在计算几何图形的面积、体积、弧长以及各种物理量时,应充分利用图形的对称性,这样不仅可以简化计算,而且可以避免一些不必要的错误.

(4) 对于曲线弧长计算,应注意曲线方程所满足的条件:函数 $f(x)$ 在 $[a, b]$ 上可导,且有连续的导函数 $f'(x)$. 这是因为一般的连续曲线不一定是可求长的.

(5) 定积分在工程技术、自然科学、经济与社会科学等许多方面都有着广泛的应用,本节

介绍的只是其中很少的一部分. 读者如果充分利用有关领域的基本知识,通过分析综合,借助微元法,那么这些领域中的定积分应用问题就会迎刃而解.

习题 6-5

1. 求下列各曲线所围平面图形的面积:

(1) $y^2 = 2x$, $x^2 = 2y$;

(2) $y = x^3$, $y = 8$, y 轴;

(3) $y = e^x$, $y = e^{-x}$, $x = 1$;

(4) $y = |\lg x|$, $y = 0$, $x = 0.1$, $x = 10$;

(5) $y = x$, $y = x + \sin^2 x$ $(0 \leqslant x \leqslant \pi)$;

(6) $y = x + 1$, $y = 4$, $y = x$, $y = 1$.

*2. 求抛物线 $y = -x^2 + 4x - 3$ 及其在点 $(0, -3)$ 和 $(3, 0)$ 处切线所围平面图形的面积.

*3. 求由 $y = x^4 - 2x^2 + 3$、x 轴及过曲线的两个极小值点且与 y 轴平行的直线所围平面图形的面积.

4. 求星形线 $\begin{cases} x = a\cos^3 t, \\ y = a\sin^3 t \end{cases}$ $(a > 0)$ 所围平面图形的面积.

5. 求由下列曲线所围平面图形的面积:

(1) $r = 2(2 + \cos\theta)$;   (2) $r = 2a\cos\theta$ $(a > 0)$.

6. 求下列各曲线所围平面图形公共部分的面积:

(1) $r = 3\cos\theta$, $r = 1 + \cos\theta$;   (2) $r^2 = 2\cos 2\theta$, $r = 2\cos\theta$, $r = 1$.

7. 试求由曲线 $y^2 = 4x$ 及 $x = 4$ 所围平面图形绕 y 轴旋转一周所得立体的体积.

8. 在半径为 a 的球内,求高为 h $(h \leqslant a)$ 的球缺的体积.

9. 求由曲线 $y = 4x$ 及 $y = 4x^2$ 所围平面图形绕 x 轴旋转一周所得立体的体积.

10. 设一立体,其底面是半径为 a 的圆,垂直于底面某一直径的截面都是高为 h 的等腰三角形,求这立体的体积.

11. 求下列曲线段的弧长:

(1) $y^2 = 4x$, $0 \leqslant x \leqslant 1$;   (2) $y = x^{\frac{3}{2}}$, $0 \leqslant x \leqslant 5$;

(3) $y = 1 - \ln\cos x$, $0 \leqslant x \leqslant \dfrac{\pi}{4}$;   (4) $x = \dfrac{1}{4}y^2 - \dfrac{1}{2}\ln y$, $1 \leqslant y \leqslant e$;

(5) $\begin{cases} x = a\cos^3 t, \\ y = a\sin^3 t \end{cases}$ $(a > 0)$, $0 \leq t \leq 2\pi$.

*12. 求下列曲线段绕 x 轴旋转所得旋转曲面的面积:

(1) $y = ax$, $0 \leq x \leq H$.　　　　　　(2) $y = \sqrt{25 - x^2}$, $-2 \leq x \leq 3$;

(3) $y = \dfrac{1}{3}x^3$, $1 \leq x \leq \sqrt{7}$;　　　　(4) $y = \dfrac{x^6 + 2}{8x^2}$, $1 \leq x \leq 3$.

*13. 一轴长 $l = 8\,\text{m}$, 其每点处线密度 μ 与该点到两端的距离之积成正比, 已知轴在中点的线密度为 $\mu = 8\,\text{kg/m}$, 求轴的质量.

*14. 其形状为曲线 $y = x^2 (0 \leq x \leq 1)$ 的曲杆, 线密度 $\mu(x) = x$, 求曲线杆的质量.

*15. 油在半径为 R 的输油管中流动, 各点的流速为 $v = \dfrac{v_0}{1 + r}$, 其中 v_0 为圆心处的流速, r 为点到圆心的距离. 求通过油管横截面的油的流量(即单位时间内通过截面的流量).

*16. 半径为 r(单位:m) 的半球形水池装满水, 计算将池中水全部抽出所作的功.

*17. 一直立的等腰梯形的闸门, 上、下底分别为 $20\,\text{m}$ 和 $10\,\text{m}$, 高为 $10\,\text{m}$, 当上底与水平面相齐时, 求水对闸门的压力.

*18. 质量为 M_1 的均匀金属杆长为 l, 其延长线左侧 m 处有一质量为 M_2 的小球, 求棒对小球的万有引力.

*19. 若质点作直线运动的速度是 $v = 0.01t^3\,\text{m/s}$, 求在开始 $10\,\text{s}$ 内质点所经过的路程, 并求这 $10\,\text{s}$ 内质点的平均速度.

6.6　广　义　积　分

在定积分定义中有两个基本的前提:一是积分区间为有限区间;二是被积函数在积分区间上是连续的(或只有有限个第一类间断点). 但在有些实际问题中却突破了这两条约束, 需要考虑在无限区间上或被积函数具有无穷型间断点的"积分"问题. 下面分别讨论这两类广义积分(或称非正常积分).

6.6.1　无限区间上的广义积分

例 6-6-1　在地球表面垂直发射火箭(图 $6-27$), 要使火箭克服地球引力远离地球, 试问其速度 v 至少要有多大?

解 设地球半径为 R，质量为 M，火箭质量为 m，地球表面处的重力加速度为 g。按万有引力定律，在距地心 $x(\geqslant R)$ 处火箭所受到的引力为

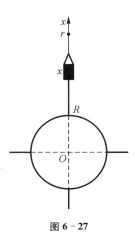

图 6-27

$$F(x) = \frac{GMm}{x^2},$$

其中 G 为引力常数。由于当火箭在地球表面 $(x = R)$ 时，地球对火箭的引力就是火箭的重力，即

$$\frac{GMm}{R^2} = mg,$$

因此，函数 $F(x)$ 成为

$$F(x) = \frac{mgR^2}{x^2}.$$

从而火箭在地球引力场中从地面上升到距离地心为 $r(>R)$ 处所作的功为

$$\int_R^r \frac{mgR^2}{x^2}\,\mathrm{d}x = mgR^2\left(\frac{1}{R} - \frac{1}{r}\right).$$

令 $r \rightarrow +\infty$，其极限值就是火箭克服地球引力远离地球需作的功，即

$$W = \lim_{r \to \infty}\int_R^r \frac{mgR^2}{x^2}\,\mathrm{d}x = mgR, \qquad ①$$

再由能量守恒定律，可求得火箭能远离地球的速度 v 至少需满足

$$\frac{1}{2}mv^2 = mgR, \text{ 即 } v = \sqrt{2gR}.$$

用 $g = 9.81 \text{ m/s}^2$、$R = 6.371 \times 10^6$ m 代入，便求得

$$v = \sqrt{2gR} \approx 11.2(\text{km/s}),$$

即第二宇宙速度。

本例是一个有意义的物理问题。很自然地，我们可以把 ① 式中的 W 看作是 $F(x)$ 在无限区间 $[R, +\infty)$ 上的"广义积分"，并记作

$$W = \int_R^{+\infty} F(x)\,\mathrm{d}x = \int_R^{+\infty} \frac{mgR^2}{x^2}\,\mathrm{d}x.$$

这说明把积分区间推广为无限是有必要的；同时又指出了这种推广的手段，是通过先在有限区间

上求定积分,然后再取极限. 当然,并非任何定积分当积分上限趋于$+\infty$时的极限都存在.

一般来说,对形如

$$\int_a^{+\infty} f(x)\,\mathrm{d}x \,、\int_{-\infty}^a f(x)\,\mathrm{d}x \,或 \int_{-\infty}^{+\infty} f(x)\,\mathrm{d}x$$

的积分,也就是积分区间是无限区间的积分,称为**积分区间为无限的广义积分**.

定义 6.6.1 设函数$f(x)$在$[a,+\infty)$上有定义,且对任意$A(A>a)$,$f(x)$在$[a,A]$上可积. 若极限

$$\lim_{A \to +\infty} \int_a^A f(x)\,\mathrm{d}x$$

有确定值I,则称广义积分$\int_a^{+\infty} f(x)\,\mathrm{d}x$**存在**或**收敛**,且称此极限值$I$为广义积分$\int_a^{+\infty} f(x)\,\mathrm{d}x$的**积分值**,记作

$$\int_a^{+\infty} f(x)\,\mathrm{d}x = I.$$

若极限不存在,则称广义积分$\int_a^{+\infty} f(x)\,\mathrm{d}x$**发散**.

类似地,设函数$f(x)$在$(-\infty,a]$上有定义,且对任意$A(A<a)$,$f(x)$在$[A,a]$上可积. 若极限

$$\lim_{A \to -\infty} \int_A^a f(x)\,\mathrm{d}x$$

有确定值I,则称广义积分$\int_{-\infty}^a f(x)\,\mathrm{d}x$**存在**或**收敛**,且称此极限值$I$为广义积分$\int_{-\infty}^a f(x)\,\mathrm{d}x$的**积分值**,记作

$$\int_{-\infty}^a f(x)\,\mathrm{d}x = I.$$

若极限不存在,则称广义积分$\int_{-\infty}^a f(x)\,\mathrm{d}x$**发散**.

若对某一确定的点a,广义积分

$$\int_{-\infty}^a f(x)\,\mathrm{d}x \,与 \int_a^{+\infty} f(x)\,\mathrm{d}x$$

都收敛,则称广义积分$\int_{-\infty}^{+\infty} f(x)\,\mathrm{d}x$**收敛**,且

$$\int_{-\infty}^{+\infty} f(x)\,\mathrm{d}x = \int_{-\infty}^a f(x)\,\mathrm{d}x + \int_a^{+\infty} f(x)\,\mathrm{d}x.$$

若广义积分 $\int_{-\infty}^{a} f(x)\mathrm{d}x$ 与 $\int_{a}^{+\infty} f(x)\mathrm{d}x$ 中至少有一个发散，则称广义积分 $\int_{-\infty}^{+\infty} f(x)\mathrm{d}x$ **发散**.

例 6 - 6 - 2 讨论广义积分 $\int_{0}^{+\infty} \dfrac{\mathrm{d}x}{1 + x^2}$、$\int_{-\infty}^{0} \dfrac{\mathrm{d}x}{1 + x^2}$ 和 $\int_{-\infty}^{+\infty} \dfrac{\mathrm{d}x}{1 + x^2}$ 的敛散性.

解 由于

$$\int_{0}^{A} \frac{\mathrm{d}x}{1 + x^2} = \arctan x \Big|_{0}^{A} = \arctan A,$$

而

$$\lim_{A \to +\infty} \int_{0}^{A} \frac{\mathrm{d}x}{1 + x^2} = \lim_{A \to +\infty} \arctan A = \frac{\pi}{2},$$

因此，广义积分 $\int_{0}^{+\infty} \dfrac{\mathrm{d}x}{1 + x^2}$ 收敛，且

$$\int_{0}^{+\infty} \frac{\mathrm{d}x}{1 + x^2} = \frac{\pi}{2}.$$

类似地，

$$\int_{-\infty}^{0} \frac{\mathrm{d}x}{1 + x^2} = \lim_{A \to -\infty} \int_{A}^{0} \frac{\mathrm{d}x}{1 + x^2} = \lim_{A \to -\infty} (-\arctan A) = \frac{\pi}{2}.$$

由于

$$\int_{0}^{+\infty} \frac{\mathrm{d}x}{1 + x^2} = \frac{\pi}{2}, \quad \int_{-\infty}^{0} \frac{\mathrm{d}x}{1 + x^2} = \frac{\pi}{2},$$

因此广义积分 $\int_{-\infty}^{+\infty} \dfrac{\mathrm{d}x}{1 + x^2}$ 也收敛，且

$$\int_{-\infty}^{+\infty} \frac{\mathrm{d}x}{1 + x^2} = \int_{-\infty}^{0} \frac{\mathrm{d}x}{1 + x^2} + \int_{0}^{+\infty} \frac{\mathrm{d}x}{1 + x^2} = \frac{\pi}{2} + \frac{\pi}{2} = \pi.$$

例 6 - 6 - 3 讨论广义积分 $\int_{a}^{+\infty} \dfrac{\mathrm{d}x}{x^p} (a > 0)$ 的收敛性.

解 当 $p \neq 1$ 时，由于

$$\int_{a}^{A} \frac{\mathrm{d}x}{x^p} = \frac{x^{1-p}}{1-p} \Big|_{a}^{A} = \frac{A^{1-p} - a^{1-p}}{1-p},$$

因此

$$\lim_{A \to +\infty} \int_a^A \frac{\mathrm{d}x}{x^p} = \begin{cases} +\infty, & p < 1, \\ \dfrac{a^{1-p}}{p-1}, & p > 1. \end{cases}$$

当 $p = 1$ 时,

$$\lim_{A \to +\infty} \int_a^A \frac{\mathrm{d}x}{x} = \lim_{A \to +\infty} (\ln A - \ln a) = +\infty.$$

综上所述,当 $p > 1$ 时,广义积分 $\displaystyle\int_a^{+\infty} \frac{\mathrm{d}x}{x^p}$ 收敛,且其值为 $\dfrac{a^{1-p}}{p-1}$;当 $p \leqslant 1$ 时,广义积分 $\displaystyle\int_a^{+\infty} \frac{\mathrm{d}x}{x^p}$ 发散.

计算无穷限积分时,一般应先在有限区间上求定积分,然后再取极限. 为方便起见,这两个步骤可以简写成

$$\int_a^{+\infty} f(x)\mathrm{d}x = F(x) \bigg|_a^{+\infty} = F(+\infty) - F(a),$$

其中 $F(+\infty)$ 应理解为极限 $\displaystyle\lim_{A \to +\infty} F(A)$.

例 6 - 6 - 4 计算广义积分 $\displaystyle\int_0^{+\infty} t\mathrm{e}^{-pt}\mathrm{d}t(p > 0)$.

解 $\displaystyle\int_0^{+\infty} t\mathrm{e}^{-pt}\mathrm{d}t = -\frac{t}{p}\mathrm{e}^{-pt} \bigg|_0^{+\infty} + \frac{1}{p}\int_0^{+\infty} \mathrm{e}^{-pt}\mathrm{d}t = -\frac{\mathrm{e}^{-pt}}{p^2} \bigg|_0^{+\infty} = \frac{1}{p^2}$.

6.6.2 无界函数的广义积分

现在我们把定积分推广到被积函数具有无穷型间断点的非正常情形. 例如,考虑函数

$$f(x) = \frac{1}{\sqrt{x}}, \quad 0 < x < 1,$$

因为 $\displaystyle\lim_{x \to 0^+} f(x) = +\infty$,所以 $f(x)$ 在 $(0, 1]$ 上是无界的,但因 $f(x)$ 在 $(0, 1]$ 上连续,因而任取 $\varepsilon (0 < \varepsilon \leqslant 1)$,可以计算 $f(x)$ 在 $[\varepsilon, 1]$ 上的定积分

$$\int_\varepsilon^1 f(x)\mathrm{d}x = \int_\varepsilon^1 \frac{1}{\sqrt{x}}\mathrm{d}x = 2\sqrt{x} \bigg|_\varepsilon^1 = 2(1 - \sqrt{\varepsilon}).$$

当 $\varepsilon \to 0^+$ 时,有

$$\lim_{\varepsilon \to 0^+} \int_\varepsilon^1 f(x)\mathrm{d}x = \lim_{\varepsilon \to 0^+} 2(1 - \sqrt{\varepsilon}) = 2.$$

通常就把这个极限值作为函数 $f(x) = \dfrac{1}{\sqrt{x}}$ 在 $[0, 1]$ 上的另一种广

义积分. 这种广义积分也有十分明显的几何意义:极限值 2 即为图 6 - 28 中向上伸展的阴影部分的面积.

一般地,我们把形如

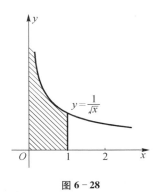

图 6 - 28

$$\int_a^b f(x)\,\mathrm{d}x \quad \left(\lim_{x \to b} f(x) = \infty \ \text{或} \lim_{x \to a^+} f(x) = \infty\right)$$

的无界函数积分称为**无界函数的广义积分**.

定义 6.6.2   设 $\lim\limits_{x \to b} f(x) = \infty$ $\left(\text{或} \lim\limits_{x \to a} f(x) = \infty\right)$,而对任意小的正数 ε, $f(x)$ 在 $[a, b - \varepsilon]$($\text{或} [a + \varepsilon, b]$)上可积. 若极限

$$\lim_{\varepsilon \to 0^+} \int_a^{b-\varepsilon} f(x)\,\mathrm{d}x \quad \left(\text{或} \lim_{\varepsilon \to 0^+} \int_{a+\varepsilon}^b f(x)\,\mathrm{d}x\right)$$

有确定值 I,则称广义积分 $\int_a^b f(x)\,\mathrm{d}x$ **存在**或**收敛**,且称此极限值 I 为广义积分 $\int_a^b f(x)\,\mathrm{d}x$ 的**积分值**,记作

$$\int_a^b f(x)\,\mathrm{d}x = I.$$

若极限不存在,则称广义积分 $\int_a^b f(x)\,\mathrm{d}x$ **发散**.

设 c 为 (a, b) 内的一点,且 $\lim\limits_{x \to c} f(x) = \infty$,若广义积分

$$\int_a^c f(x)\,\mathrm{d}x \ \text{与} \int_c^b f(x)\,\mathrm{d}x$$

都收敛,则称广义积分 $\int_a^b f(x)\,\mathrm{d}x$ **收敛**,且

$$\int_a^b f(x)\,\mathrm{d}x = \int_a^c f(x)\,\mathrm{d}x + \int_c^b f(x)\,\mathrm{d}x.$$

若广义积分 $\int_a^c f(x)\,\mathrm{d}x$ 与 $\int_c^b f(x)\,\mathrm{d}x$ 中至少有一个发散,则称广义积分 $\int_a^b f(x)\,\mathrm{d}x$ **发散**.

例 6 - 6 - 5   讨论广义积分 $\int_0^a \dfrac{\mathrm{d}x}{\sqrt{a^2 - x^2}}$ $(a > 0)$ 的敛散性.

解   因为 $\lim\limits_{x \to a^-} \dfrac{1}{\sqrt{a^2 - x^2}} = +\infty$,被积函数在 $x = a$ 的左邻域内无界. 由于

$$\lim_{\varepsilon \to 0^+} \int_0^{a-\varepsilon} \frac{\mathrm{d}x}{\sqrt{a^2 - x^2}} = \lim_{\varepsilon \to 0^+} \arcsin \frac{x}{a} \bigg|_0^{a-\varepsilon} = \frac{\pi}{2},$$

因此,广义积分 $\int_0^a \frac{\mathrm{d}x}{\sqrt{a^2 - x^2}}$ 收敛,且 $\int_0^a \frac{\mathrm{d}x}{\sqrt{a^2 - x^2}} = \frac{\pi}{2}$.

例 6-6-6 讨论广义积分 $\int_{-1}^1 \frac{\mathrm{d}x}{x^2}$ 的敛散性.

解 因为 $\lim_{x \to 0} \frac{1}{x^2} = +\infty$,被积函数 $\frac{1}{x^2}$ 在 $x = 0$ 的邻域内无界. 由于

$$\lim_{\varepsilon \to 0^+} \int_{-1}^{0-\varepsilon} \frac{1}{x^2} \mathrm{d}x = \lim_{\varepsilon \to 0^+} \left(-\frac{1}{x} \right) \bigg|_{-1}^{-\varepsilon} = \lim_{\varepsilon \to 0^+} \left(\frac{1}{\varepsilon} - 1 \right) = +\infty.$$

因此,广义积分 $\int_{-1}^1 \frac{1}{x^2} \mathrm{d}x$ 发散.

在例 6-6-6 中,若把广义积分 $\int_{-1}^1 \frac{\mathrm{d}x}{x^2}$ 误当作定积分,认为

$$\int_{-1}^1 \frac{\mathrm{d}x}{x^2} = -\frac{1}{x} \bigg|_{-1}^1 = -2,$$

则显然是错误的.

例 6-6-7 讨论广义积分 $\int_0^1 \frac{\mathrm{d}x}{x^p} (p > 0)$ 的敛散性.

解 设 $\varepsilon > 0$,当 $p \neq 1$ 时,

$$\lim_{\varepsilon \to 0^+} \int_\varepsilon^1 \frac{\mathrm{d}x}{x^p} = \lim_{\varepsilon \to 0^+} \left(\frac{x^{1-p}}{1-p} \bigg|_\varepsilon^1 \right) = \lim_{\varepsilon \to 0^+} \frac{1 - \varepsilon^{1-p}}{1-p}$$

$$= \begin{cases} \dfrac{1}{1-p}, & p < 1, \\ +\infty, & p > 1. \end{cases}$$

当 $p = 1$ 时,

$$\lim_{\varepsilon \to 0^+} \int_\varepsilon^1 \frac{\mathrm{d}x}{x} = \lim_{\varepsilon \to 0^+} (\ln x) \bigg|_\varepsilon^1 = +\infty.$$

因此,当 $p < 1$ 时,广义积分 $\int_0^1 \frac{\mathrm{d}x}{x^p}$ 收敛,其值为 $\frac{1}{1-p}$;当 $p \geq 1$ 时,广义积分 $\int_0^1 \frac{\mathrm{d}x}{x^p}$ 发散.

例 6 − 6 − 8 讨论广义积分 $\int_{1}^{+\infty} \dfrac{1}{x\sqrt{x-1}}\,dx$ 的敛散性.

解 因为 $\lim\limits_{x\to 1^{+}} \dfrac{1}{x\sqrt{x-1}}=+\infty$, 被积函数在 $x=1$ 的右邻域内无界, 又积分区间无限, 所以广义积分可写成

$$\int_{1}^{+\infty} \frac{1}{x\sqrt{x-1}}\,dx = \int_{1}^{2} \frac{1}{x\sqrt{x-1}}\,dx + \int_{2}^{+\infty} \frac{1}{x\sqrt{x-1}}\,dx.$$

令 $\sqrt{x-1}=t$, 则

$$\int_{1}^{2} \frac{1}{x\sqrt{x-1}}\,dx = \int_{0}^{1} \frac{2t}{(t^{2}+1)t}\,dt = \lim_{\varepsilon\to 0^{+}} \int_{\varepsilon}^{1} \frac{2}{t^{2}+1}\,dt$$

$$= 2\lim_{\varepsilon\to 0^{+}} \arctan t \,\Big|_{\varepsilon}^{1} = \frac{\pi}{2},$$

而

$$\int_{2}^{+\infty} \frac{1}{x\sqrt{x-1}}\,dx = \int_{1}^{+\infty} \frac{2t}{(t^{2}+1)t}\,dt = \lim_{A\to +\infty} \int_{1}^{A} \frac{2}{t^{2}+1}\,dt$$

$$= 2\lim_{A\to +\infty} \arctan t \,\Big|_{1}^{A} = \frac{\pi}{2}.$$

因此

$$\int_{1}^{+\infty} \frac{1}{x\sqrt{x-1}}\,dx = \frac{\pi}{2} + \frac{\pi}{2} = \pi.$$

*6.6.3 Γ−函数

在数理方程、概率论等学科中常常遇到形如

$$\int_{0}^{+\infty} x^{s-1}e^{-x}\,dx$$

的广义积分. 可以证明, 当 $s>0$ 时, 广义积分 $\int_{0}^{+\infty} x^{s-1}e^{-x}\,dx$ 收敛; 当 $s\leqslant 0$ 时, 广义积分 $\int_{0}^{+\infty} x^{s-1}e^{-x}\,dx$ 发散. 因此, 当 s 在 $(0,+\infty)$ 内取值时, 广义积分 $\int_{0}^{+\infty} x^{s-1}e^{-x}\,dx$ 有唯一确定的值与之对应, 因而它是 s 的函数, 称为 **Γ−函数**, 记作

$$\Gamma(s) = \int_0^{+\infty} x^{s-1} e^{-x} dx, \qquad \text{②}$$

它在自然科学和工程技术方面有着广泛的应用.

例 6-6-9 证明 Γ-函数的递推公式

$$\Gamma(s+1) = s\Gamma(s) \quad (s > 0). \qquad \text{③}$$

证
$$\Gamma(s+1) = \int_0^{+\infty} x^s e^{-x} dx = \lim_{A \to +\infty} \int_0^A x^s e^{-x} dx$$

$$= \lim_{A \to +\infty} \left(-x^s e^{-x} \Big|_0^A + s\int_0^A x^{s-1} e^{-x} dx \right)$$

$$= s \lim_{A \to +\infty} \int_0^A x^{s-1} e^{-x} dx = s\Gamma(s).$$

当 n 为正整数时, $\Gamma(n+1) = n\Gamma(n)$, 反复运用这个公式得

$$\Gamma(n+1) = n\Gamma(n) = n(n-1)\Gamma(n-1) = \cdots = n! \ \Gamma(1),$$

而

$$\Gamma(1) = \int_0^{+\infty} e^{-x} dx = \lim_{A \to +\infty} \int_0^A e^{-x} dx = \lim_{A \to +\infty} (1 - e^{-A}) = 1,$$

因此

$$\Gamma(n+1) = n! \qquad \text{④}$$

若在 $\Gamma(s) = \int_0^{+\infty} x^{s-1} e^{-x} dx$ 中, 令 $x = \alpha u (\alpha > 0)$, 则得

$$\Gamma(s) = \alpha^s \int_0^{+\infty} u^{s-1} e^{-\alpha u} du. \qquad \text{⑤}$$

若令 $x = u^2$, 则得

$$\Gamma(s) = 2\int_0^{+\infty} u^{2s-1} e^{-u^2} du. \qquad \text{⑥}$$

⑤、⑥式都是 Γ-函数的其他表达式.

在⑥式中, 若令 $s = \dfrac{1}{2}$, 则 $\Gamma\left(\dfrac{1}{2}\right) = 2\int_0^{+\infty} e^{-u^2} du.$

广义积分 $\int_0^{+\infty} e^{-u^2} du$ 在概率论中有重要作用, 可以证明它的值为 $\int_0^{+\infty} e^{-u^2} du = \dfrac{\sqrt{\pi}}{2}.$

由此可得

$$\Gamma\left(\frac{1}{2}\right) = \sqrt{\pi}.$$

例 6 - 6 - 10 计算 $\int_0^1 \left(\ln \frac{1}{x} \right)^2 dx$.

解 令 $\ln \frac{1}{x} = u$, $\frac{1}{x} = e^u$, $x = e^{-u}$, $dx = -e^{-u}du$. 当 $x = 1$ 时, $u = 0$; 当 $x \to 0^+$ 时,

$u \to +\infty$. 于是

$$\int_0^1 \left(\ln \frac{1}{x} \right)^2 dx = -\int_{+\infty}^0 u^2 e^{-u} du = \int_0^{+\infty} u^2 e^{-u} du = \Gamma(3) = 2! = 2.$$

例 6 - 6 - 11 证明 $\int_0^{+\infty} e^{-x^k} dx = \Gamma\left(\frac{1}{k} + 1 \right)$ $(k > 0)$.

证 令 $x^k = u$, $x = u^{\frac{1}{k}}$, $dx = \frac{1}{k} u^{\frac{1}{k}-1} du$, 于是

$$\int_0^{+\infty} e^{-x^k} dx = \frac{1}{k} \int_0^{+\infty} u^{\frac{1}{k}-1} e^{-u} du = \frac{1}{k} \Gamma\left(\frac{1}{k} \right),$$

再由递推公式 $\Gamma\left(\frac{1}{k} + 1 \right) = \frac{1}{k} \Gamma\left(\frac{1}{k} \right)$, 得

$$\int_0^{+\infty} e^{-x^k} dx = \Gamma\left(\frac{1}{k} + 1 \right).$$

本节的重点是介绍两种类型广义积分的定义、敛散性及其计算. 以下三点对计算广义积分是有帮助的.

(1) 由广义积分的定义和极限的线性运算性质可导出广义积分的线性性质. 例如, 若 $\int_a^{+\infty} f(x) dx$ 与 $\int_a^{+\infty} g(x) dx$ 都收敛, α、β 为常数, 则 $\int_a^{+\infty} [\alpha f(x) + \beta g(x)] dx$ 也收敛, 且

$$\int_a^{+\infty} [\alpha f(x) + \beta g(x)] dx = \alpha \int_a^{+\infty} f(x) dx + \beta \int_a^{+\infty} g(x) dx.$$

利用此式, 常可将被积函数多项相加的广义积分, 分成各项的广义积分来考虑.

(2) 对广义积分也有换元积分法和分部积分法. 读者可自行给出, 这里不再赘述.

(3) 本节指出的两类广义积分, 有时可以相互转换. 例如, 无界函数的广义积分

$$J = \int_1^2 \frac{dx}{\sqrt{x-1}},$$

通过变换 $x - 1 = \frac{1}{t}$, $dx = -\frac{1}{t^2} dt$, 变为

$$J = \int_{+\infty}^{1} - \frac{1}{t^2} \cdot \sqrt{t}\, dt = \int_{1}^{+\infty} \frac{1}{t^{\frac{3}{2}}}\, dt.$$

所以,对无穷限积分的认识可以移植到无界函数广义积分上去.

习题 6-6

1. 判断下列广义积分的敛散性;若收敛,则求其值:

(1) $\int_{1}^{+\infty} e^x\, dx$;

(2) $\int_{-\infty}^{+\infty} \frac{dx}{e^x + e^{-x}}$;

(3) $\int_{-\infty}^{-2} \frac{dx}{x^5}$;

(4) $\int_{0}^{+\infty} \frac{\sin x}{e^x}\, dx$;

(5) $\int_{-\infty}^{+\infty} \frac{dx}{x^2 + 2x + 4}$;

(6) $\int_{2}^{\infty} \frac{dx}{x(\ln x)^2}$;

(7) $\int_{1}^{2} \frac{dx}{(x-1)^{\frac{1}{3}}}$;

(8) $\int_{0}^{2} \frac{3}{x^2 + x - 2}\, dx$;

(9) $\int_{-2}^{3} \frac{dx}{\sqrt{9 - x^2}}$;

(10) $\int_{-3}^{2} \frac{dx}{x^2}$;

(11) $\int_{\frac{1}{2}}^{1} \frac{dx}{x\sqrt{1 - x^2}}$;

(12) $\int_{1}^{+\infty} \frac{1}{x\sqrt{x^2 - 1}}\, dx$.

*2. 计算下列广义积分:

(1) $\int_{0}^{+\infty} x^5 e^{-x}\, dx$;

(2) $\int_{0}^{1} \left(\ln \frac{1}{x}\right)^n dx$;

(3) $\int_{0}^{+\infty} e^{-\sqrt[3]{x}}\, dx$;

(4) $\int_{-1}^{+\infty} e^{-(x^2 + 2x + 1)}\, dx$.

3. 求曲线 $y = \frac{8}{4x^2 - 1}$ 与 x 轴之间且在直线 $x = 3$ 右面的区域的面积.

4. 在高为 2 m、直径为 1 m 的圆桶中装满水,若在桶底开一个直径为 1 cm 的小圆孔,则水以 $v = 0.61\sqrt{2gh}$ 的流速流出,其中 h 为瞬时水面的高度,求圆桶中的水全部流完所需的时间 T.

5. 证明: $\int_{0}^{+\infty} \frac{dx}{1 + x^4} = \int_{0}^{+\infty} \frac{x^2}{1 + x^4}\, dx = \frac{\pi}{2\sqrt{2}}$.

6. 证明: $\int_{0}^{+\infty} \frac{1}{(1 + x^2)(1 + x^\alpha)}\, dx$ 与 α 无关.

第7章　无　穷　级　数

微分的实质是函数在一点附近的线性化,在一点 x_0 附近,函数可以用线性函数来近似: $f(x) \approx f(x_0) + f'(x_0)(x - x_0)$,只是这种近似只能局限于 x_0 的一个很小的邻域.这就启发我们去研究这样一个问题:是否有可能用多个幂函数(多项式)甚至无穷多个幂函数的和来更精确地表示函数.另外,在数学和实际问题中碰到的很多值,如 e、$\sin 13°$、$\ln 3$ 等很难计算,如果能将这类值精确地表示成无限多个容易计算的有理数的和,那么求出这类值的近似值就不那么困难了.这些"无限项"求和的问题涉及高等数学的另一个重要的内容——无穷级数.

7.1　数　项　级　数

7.1.1　无穷级数的概念

设数列

$$u_1, u_2, \cdots, u_n, \cdots, \qquad ①$$

对数列①的各项依次用加号连接起来的表达式

$$u_1 + u_2 + \cdots + u_n + \cdots \qquad ②$$

称为**常数项无穷级数**,简称为**数项级数**或**级数**,其中 u_n 称为级数②的**通项**或**一般项**.级数②也常写作 $\sum\limits_{n=1}^{\infty} u_n$,即

$$\sum_{n=1}^{\infty} u_n = u_1 + u_2 + \cdots + u_n + \cdots.$$

级数 $\sum\limits_{n=1}^{\infty} u_n$ 表示无穷多个数相加,但这只是形式上的相加,这种"相加"的涵义是什么? 是否有"和"的概念? 若有"和",它又等于什么? 这些都是研究无穷级数的基本问题.为此,我们依次考察级数 $\sum\limits_{n=1}^{\infty} u_n$ 的前面有限项的和:

$$S_1 = u_1,$$

$$S_2 = u_1 + u_2,$$

$$\cdots\cdots\cdots$$

$$S_n = u_1 + u_2 + \cdots + u_n,$$

$$\cdots\cdots\cdots$$

③

称数列 $\{S_n\}$ 为级数 $\sum\limits_{n=1}^{\infty} u_n$ 的**部分和数列**,其通项

$$S_n = u_1 + u_2 + \cdots + u_n$$

称为级数 $\sum\limits_{n=1}^{\infty} u_n$ 的**第 n 个部分和**,也简称为**部分和**.

定义 7.1.1 若级数 $\sum\limits_{n=1}^{\infty} u_n$ 的部分和数列 $\{S_n\}$ 有极限

$$\lim_{n\to\infty} S_n = S,$$

则称级数 $\sum\limits_{n=1}^{\infty} u_n$ **收敛**,并称极限值 S 为级数 $\sum\limits_{n=1}^{\infty} u_n$ 的**和**,记作

$$\sum_{n=1}^{\infty} u_n = u_1 + u_2 + \cdots + u_n + \cdots = S.$$

若部分和数列 $\{S_n\}$ 没有极限,则称级数 $\sum\limits_{n=1}^{\infty} u_n$ **发散**.

由定义可见,级数 $\sum\limits_{n=1}^{\infty} u_n$ 是否收敛(即是否有和)的问题实质上就是考察其部分和数列 $\{S_n\}$ 是否收敛的问题. 必须注意,发散级数没有和.

例 7-1-1 证明:几何级数

$$a + aq + aq^2 + \cdots + aq^{n-1} + \cdots \quad (a \neq 0)$$

当 $|q| < 1$ 时是收敛的;当 $|q| \geqslant 1$ 时是发散的.

证 当 $q \neq 1$ 时,级数的部分和为

$$S_n = a + aq + aq^2 + \cdots + aq^{n-1} = \frac{a(1-q^n)}{1-q}.$$

当 $|q| < 1$ 时,

$$\lim_{n\to\infty} S_n = \lim_{n\to\infty} \frac{a(1-q^n)}{1-q} = \frac{a}{1-q},$$

因此级数收敛,其和为 $S = \dfrac{a}{1 - q}$;

当 $|q| > 1$ 时,

$$\lim_{n \to \infty} S_n = \lim_{n \to \infty} \frac{a(1 - q^n)}{1 - q} = \infty,$$

所以级数发散;

当 $q = 1$ 时,级数为

$$a + a + a + \cdots + a + \cdots,$$

其部分和为 $S_n = na$,因为 $\lim\limits_{n \to \infty} S_n = \infty$,所以级数发散;

当 $q = -1$ 时,级数为

$$a - a + a - a + \cdots + (-1)^{n-1}a + \cdots,$$

由于 $S_{2n-1} = a$,$S_{2n} = 0$,故 $\{S_n\}$ 没有极限,级数发散.

例 7-1-2 证明:级数

$$\sum_{n=1}^{\infty} \frac{1}{n(n+1)} = \frac{1}{1 \cdot 2} + \frac{1}{2 \cdot 3} + \frac{1}{3 \cdot 4} + \cdots + \frac{1}{n(n+1)} + \cdots$$

收敛,并求其和.

证 因为级数的部分和

$$S_n = \frac{1}{1 \cdot 2} + \frac{1}{2 \cdot 3} + \frac{1}{3 \cdot 4} + \cdots + \frac{1}{n(n+1)}$$

$$= \left(1 - \frac{1}{2}\right) + \left(\frac{1}{2} - \frac{1}{3}\right) + \left(\frac{1}{3} - \frac{1}{4}\right) + \cdots + \left(\frac{1}{n} - \frac{1}{n+1}\right)$$

$$= 1 - \frac{1}{n+1},$$

而

$$\lim_{n \to \infty} S_n = \lim_{n \to \infty} \left(1 - \frac{1}{n+1}\right) = 1,$$

所以级数收敛,其和为 $S = 1$.

例 7-1-3 证明:调和级数

$$1 + \frac{1}{2} + \frac{1}{3} + \cdots + \frac{1}{n} + \cdots$$

是发散的.

证 级数的通项可以表示为

$$u_n = \frac{1}{n} = \int_n^{n+1} \frac{1}{n} \mathrm{d}x,$$

如图 7-1 所示,因为当 $n \leqslant x \leqslant n+1$ 时,有 $\frac{1}{n} \geqslant \frac{1}{x}$,所以

$$\int_n^{n+1} \frac{1}{n} \mathrm{d}x \geqslant \int_n^{n+1} \frac{1}{x} \mathrm{d}x = \ln(n+1) - \ln n,$$

于是

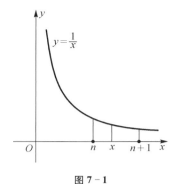

图 7-1

$$S_n = 1 + \frac{1}{2} + \frac{1}{3} + \cdots + \frac{1}{n}$$

$$\geqslant (\ln 2 - \ln 1) + (\ln 3 - \ln 2) + \cdots + [\ln(n+1) - \ln n]$$

$$= \ln(n+1).$$

由此得 $\lim\limits_{n \to \infty} S_n = +\infty$,从而调和级数发散.

例 7-1-4 证明:级数 $\sum\limits_{n=1}^{\infty} \dfrac{n}{(n+1)!}$ 收敛.

证 级数的部分和

$$S_n = \sum_{k=1}^n \frac{k}{(k+1)!} = \sum_{k=1}^n \frac{(k+1) - 1}{(k+1)!}$$

$$= \sum_{k=1}^n \frac{1}{k!} - \sum_{k=1}^n \frac{1}{(k+1)!} = 1 - \frac{1}{(n+1)!},$$

而

$$\lim_{n \to \infty} S_n = \lim_{n \to \infty} \left[1 - \frac{1}{(n+1)!} \right] = 1,$$

所以级数收敛,其和为 $S = 1$.

7.1.2 收敛级数的性质

上面用级数的定义对几个级数的收敛性进行了判断,一般来说,要用 $\lim\limits_{n \to \infty} S_n$ 是否存在来判断级数是否收敛是困难的,我们需要对级数的收敛性建立一些基于级数本身性质的判断法. 这里首先引进收敛级数的一些性质,利用这些性质可以判断一些级数的收敛或发散(敛散性).

定理 7.1.1 若级数 $\sum\limits_{n=1}^{\infty} u_n$ 收敛,则 $\lim\limits_{n \to \infty} u_n = 0$.

证 设级数 $\sum\limits_{n=1}^{\infty} u_n$ 收敛,其和为 S,由定义知其部分和数列 $\{S_n\}$ 收敛于 S. 因为 $u_n = S_n - S_{n-1}$,所以

$$\lim_{n \to \infty} u_n = \lim_{n \to \infty} S_n - \lim_{n \to \infty} S_{n-1} = 0.$$

定理 7.1.1 说明级数 $\sum\limits_{n=1}^{\infty} u_n$ 的通项当 $n \to \infty$ 时趋于 0 是该级数收敛的必要条件,因此,若通项不趋于 0,则级数一定发散. 例如,级数

$$1 - 1 + 1 - 1 + 1 - 1 + \cdots$$

当 $n \to \infty$ 时 $u_n = (-1)^{n-1}$ 不趋于 0,故级数发散.

例 7-1-5 讨论级数 $\sum\limits_{n=1}^{\infty} \dfrac{n}{2n+1}$ 的敛散性.

解 因为

$$\lim_{n \to \infty} u_n = \lim_{n \to \infty} \frac{n}{2n+1} = \frac{1}{2} \neq 0,$$

所以由定理 7.1.1 可知级数 $\sum\limits_{n=1}^{\infty} \dfrac{n}{2n+1}$ 是发散的.

注意 由 $\lim\limits_{n \to \infty} u_n = 0$ 未必能保证级数收敛,如例 7-1-3 中的调和级数的通项趋于 0,但却不收敛. 由此可见,通项趋于零是级数收敛的必要条件,而非充分条件.

定理 7.1.2 若级数 $\sum\limits_{n=1}^{\infty} u_n$ 与 $\sum\limits_{n=1}^{\infty} v_n$ 都收敛,且其和分别为 S 与 T,则级数 $\sum\limits_{n=1}^{\infty} (u_n \pm v_n)$ 也收敛,且其和为 $S \pm T$,即

$$\sum_{n=1}^{\infty} (u_n \pm v_n) = \sum_{n=1}^{\infty} u_n \pm \sum_{n=1}^{\infty} v_n.$$

即两个收敛级数可以逐项相加或相减.

证 设收敛级数 $\sum\limits_{n=1}^{\infty} u_n$ 与 $\sum\limits_{n=1}^{\infty} v_n$ 的部分和分别为 S_n 与 T_n. 于是,级数 $\sum\limits_{n=1}^{\infty} (u_n \pm v_n)$ 的部分和为

$$W_n = (u_1 \pm v_1) + (u_2 \pm v_2) + \cdots + (u_n \pm v_n) = S_n \pm T_n.$$

由于

$$\lim_{n \to \infty} S_n = S, \quad \lim_{n \to \infty} T_n = T,$$

因此

$$\lim_{n \to \infty} W_n = \lim_{n \to \infty} S_n \pm \lim_{n \to \infty} T_n = S \pm T,$$

即级数 $\sum\limits_{n=1}^{\infty} (u_n \pm v_n)$ 收敛,且

$$\sum_{n=1}^{\infty} (u_n \pm v_n) = S \pm T = \sum_{n=1}^{\infty} u_n \pm \sum_{n=1}^{\infty} v_n.$$

定理 7.1.3 若级数 $\sum\limits_{n=1}^{\infty} u_n$ 收敛,其和为 S,k 为任一常数,则级数 $\sum\limits_{n=1}^{\infty} k u_n$ 也收敛,且其和为 kS,即

$$\sum_{n=1}^{\infty} k u_n = k \sum_{n=1}^{\infty} u_n.$$

读者可仿照定理 7.1.2 完成其证明.

由定理 7.1.3 读者还可进一步得到结论:若级数 $\sum\limits_{n=1}^{\infty} u_n$ 各项同乘以一个不为零的常数 k 所得级数 $\sum\limits_{n=1}^{\infty} k u_n$ 的敛散性不变.

例 7-1-6 讨论级数 $\sum\limits_{n=1}^{\infty} \left[(-1)^n \left(\dfrac{7}{10} \right)^n + \dfrac{1}{2n} \right]$ 的敛散性.

解 这个级数的通项由两项组成,已知 $\sum\limits_{n=1}^{\infty} (-1)^n \left(\dfrac{7}{10} \right)^n$ 收敛,$\sum\limits_{n=1}^{\infty} \dfrac{1}{2n}$ 发散. 假设级数 $\sum\limits_{n=1}^{\infty} \left[(-1)^n \left(\dfrac{7}{10} \right)^n + \dfrac{1}{2n} \right]$ 收敛,则根据定理 7.1.2,有

$$\sum_{n=1}^{\infty} \left[(-1)^n \left(\frac{7}{10} \right)^n + \frac{1}{2n} \right] - \sum_{n=1}^{\infty} (-1)^n \left(\frac{7}{10} \right)^n = \sum_{n=1}^{\infty} \frac{1}{2n} = \frac{1}{2} \sum_{n=1}^{\infty} \frac{1}{n}$$

也收敛,这与调和级数 $\sum\limits_{n=1}^{\infty} \dfrac{1}{n}$ 发散矛盾.

由反证法,故级数 $\sum\limits_{n=1}^{\infty} \left[(-1)^n \left(\dfrac{7}{10} \right)^n + \dfrac{1}{2n} \right]$ 发散.

定理 7.1.4 去掉、增加或改变级数的有限项不影响级数的敛散性.

证 设原级数为 $\sum\limits_{n=1}^{\infty} u_n$,其部分和为 S_n;改变此级数的有限项后所得的级数为 $\sum\limits_{n=1}^{\infty} v_n$,其

部分和为 T_n. 若所改变的项中,下标最大的项为 u_p,则当 $n > p$ 时恒有 $u_n = v_n$. 又令 $T_p - S_p = M$,则 M 是一个与 n 无关的常数. 当 $n > p$ 时有

$$T_n - S_n = (T_p + v_{p+1} + \cdots + v_n) - (S_p + u_{p+1} + \cdots + u_n),$$
$$= T_p - S_p = M.$$

这说明当 $n > p$ 时 T_n 与 S_n 仅相差一个定数 M,从而 $\{S_n\}$ 与 $\{T_n\}$ 同时收敛或同时发散,即改变级数的有限项并不会改变级数的敛散性(仅影响收敛级数的和).

对于去掉或增加有限项的情形,可类似地证明.

由定理 7.1.4 知道,若级数 $\sum\limits_{n=1}^{\infty} u_n$ 收敛,其和为 S,则级数

$$u_{n+1} + u_{n+2} + \cdots \tag{④}$$

也收敛,其和为

$$R_n = S - S_n.$$

④式称为收敛级数 $\sum\limits_{n=1}^{\infty} u_n$ 的第 n 项后的**余项**,它表示以部分和 S_n 近似代替 S 时所产生的误差. 必须注意,发散级数没有和,因此也没有余项的概念.

定理 7.1.5 如果级数 $\sum\limits_{n=1}^{\infty} u_n$ 收敛,则对该级数的项任意加括号后得到的级数

$$(u_1 + u_2 + \cdots + u_{n_1}) + (u_{n_1+1} + u_{n_1+2} + \cdots + u_{n_2}) + \cdots + (u_{n_{k-1}+1} + \cdots + u_{n_k}) + \cdots \tag{⑤}$$

仍然收敛,且和不变.

*$\boldsymbol{\text{证}}$ 设原级数 $\sum\limits_{n=1}^{\infty} u_n$ 的部分和为 S_n,级数⑤的前 k 项部分和为 A_k,则有

$$A_1 = u_1 + u_2 + \cdots + u_{n_1} = S_{n_1},$$
$$A_2 = (u_1 + u_2 + \cdots + u_{n_1}) + (u_{n_1+1} + u_{n_1+2} + \cdots + u_{n_2}) = S_{n_2},$$
$$\cdots\cdots\cdots\cdots$$
$$A_k = (u_1 + u_2 + \cdots + u_{n_1}) + (u_{n_1+1} + u_{n_1+2} + \cdots + u_{n_2}) + \cdots + (u_{n_{k-1}+1} + \cdots + u_{n_k})$$
$$= S_{n_k}.$$

所以级数⑤的部分和数列 $\{A_k\}$ 是原级数部分和数列 $\{S_n\}$ 的一个子列,由 $\{S_n\}$ 的收敛性知道,其子列 $\{A_k\}$ 也收敛,且

$$\lim_{k \to \infty} A_k = \lim_{n \to \infty} S_n.$$

注　加括号后的级数收敛,不能得出原级数收敛,这与数列的一个子列收敛不能得出该数列收敛的理由是一样的. 如级数 $(1-1)+(1-1)+\cdots$ 收敛于 0,去掉括号后的级数 $1-1+1-1+\cdots$ 发散.

本节的重点是介绍无穷级数收敛的概念和收敛级数的性质. 以下两点应予以注意:

(1) 级数是无限个数相加的式子,它与有限个数相加有着本质的区别. 有限个数相加总有和,然而级数就不一定. 比如对于发散级数:

$$1-1+1-1+1-1+\cdots,$$

若加括号写成 $(1-1)+(1-1)+\cdots$,则它的"和"为 0;若加括号写成 $1-(1-1)-(1-1)-\cdots$,则它的"和"为 1;若形式地记它的"和"为 S,再加括号将其写成 $1-(1-1+1-1+\cdots)$,则 $S=1-S$,得 $S=\dfrac{1}{2}$. 这表明对于一般的级数并不一定有和. 但定理 7.1.2、7.1.3 告诉我们,收敛的级数具备一些与有限个数相加类同的性质.

(2) 由于级数 $\displaystyle\sum_{n=1}^{\infty}u_n$ 的敛散性是由它的部分和数列 $\{S_n\}$ 确定的,因而可把级数 $\displaystyle\sum_{n=1}^{\infty}u_n$ 作为数列 $\{S_n\}$ 的另一种表现形式. 反之,对任一数列 $\{a_n\}$,若令

$$u_1=a_1,\ u_2=a_2-a_1,\ \cdots,\ u_n=a_n-a_{n-1},\ \cdots,$$

则无穷级数

$$\sum_{n=1}^{\infty}u_n=a_1+(a_2-a_1)+\cdots+(a_n-a_{n-1})+\cdots$$

与数列 $\{a_n\}$ 具有相同的敛散性,这种级数与数列的相互转换关系,有助于我们对级数收敛性的理解.

习题　7-1

1. 写出下列级数的第 5 个部分和:

(1) $\displaystyle\sum_{n=1}^{\infty}\frac{1+n}{1+n^2}$;

(2) $\displaystyle\sum_{n=1}^{\infty}\frac{(-1)^{n-1}}{5^n}$;

(3) $\displaystyle\sum_{n=1}^{\infty}\frac{n!}{n^n}$;

(4) $\displaystyle\sum_{n=1}^{\infty}\frac{1\cdot3\cdot\cdots\cdot(2n-1)}{2\cdot4\cdot\cdots\cdot(2n)}$.

2. 写出下列级数的一般项 u_n:

(1) $2-1+\dfrac{4}{5}-\dfrac{5}{7}+\dfrac{6}{9}-\cdots$;

(2) $\dfrac{1}{2}+\dfrac{\sqrt{2}}{5}+\dfrac{\sqrt{3}}{8}+\dfrac{\sqrt{4}}{11}+\dfrac{\sqrt{5}}{14}+\cdots$;

(3) $\dfrac{1}{2} + \dfrac{1 \cdot 2}{3 \cdot 4} + \dfrac{1 \cdot 2 \cdot 3}{4 \cdot 5 \cdot 6} + \dfrac{1 \cdot 2 \cdot 3 \cdot 4}{5 \cdot 6 \cdot 7 \cdot 8} + \dfrac{1 \cdot 2 \cdot 3 \cdot 4 \cdot 5}{6 \cdot 7 \cdot 8 \cdot 9 \cdot 10} + \cdots.$

3. 写出下列级数的部分和数列 $\{S_n\}$, 并讨论其敛散性:

(1) $\displaystyle\sum_{n=1}^{\infty} \ln \dfrac{n}{n+1};$

(2) $\displaystyle\sum_{n=1}^{\infty} \dfrac{1}{(2n-1)(2n+1)};$

(3) $\displaystyle\sum_{n=1}^{\infty} (\sqrt{n+2} - 2\sqrt{n+1} + \sqrt{n});$

(4) $\displaystyle\sum_{n=1}^{\infty} \dfrac{1}{n(n+1)(n+2)}.$

4. 一个收敛级数与一个发散级数逐项相加所得到的级数一定发散. 两个发散级数逐项相加所得到的级数是否一定发散?

5. 级数 $\displaystyle\sum_{n=1}^{\infty} u_n$ 与 $\displaystyle\sum_{n=1}^{\infty} ku_n$ (k 为任意常数)是否必有相同的敛散性?

6. 讨论下列级数的敛散性:

(1) $\displaystyle\sum_{n=1}^{\infty} \dfrac{n}{1\,000n+1};$

(2) $\displaystyle\sum_{n=1}^{\infty} \dfrac{\pi^n}{10^{\frac{n}{2}}};$

(3) $\displaystyle\sum_{n=1}^{\infty} \left[\left(\dfrac{e}{3}\right)^n + \left(\dfrac{2}{e}\right)^n \right];$

(4) $\displaystyle\sum_{n=1}^{\infty} n \sin \dfrac{\pi}{n};$

(5) $\displaystyle\sum_{n=1}^{\infty} (-1)^{n-1} \dfrac{n}{n+1};$

(6) $\displaystyle\sum_{n=1}^{\infty} \left(\dfrac{1}{2^n} + \dfrac{1}{2n}\right);$

(7) $\displaystyle\sum_{n=1}^{\infty} \dfrac{n(n+1) + 2^n}{n(n+1) \cdot 2^n};$

(8) $\displaystyle\sum_{n=1}^{\infty} \dfrac{1}{\left(1 + \dfrac{1}{n}\right)^n}.$

7.2 正 项 级 数

7.2.1 正项级数的收敛准则

若级数 $\displaystyle\sum_{n=1}^{\infty} u_n$ 的每一项都是非负数 ($u_n \geq 0$), 则称此级数为**正项级数**. 各项都是非正数的级数乘以 -1 后就得到正项级数, 据 7.1 节定理 7.1.3 的说明, 这类级数的敛散性可化为正项级数去讨论.

正项级数是一类比较简单的重要级数. 下列定理给出了判别正项级数敛散性的准则.

定理 7.2.1 正项级数 $\displaystyle\sum_{n=1}^{\infty} u_n$ 收敛的充要条件是它的部分和数列 $\{S_n\}$ 有界.

证 **必要性** 设级数 $\sum\limits_{n=1}^{\infty} u_n$ 收敛,即它的部分和数列 $\{S_n\}$ 收敛.根据收敛数列的有界性,可知部分和数列 $\{S_n\}$ 有界.

充分性 由于 $u_n \geqslant 0\ (n = 1,\ 2,\ \cdots)$,因此

$$S_n = S_{n-1} + u_n \geqslant S_{n-1},$$

即 $\{S_n\}$ 为递增数列.据假设 $\{S_n\}$ 是有界的,由数列的单调有界准则(定理 2.1.5)推知 $\{S_n\}$ 收敛,即级数 $\sum\limits_{n=1}^{\infty} u_n$ 收敛.

定理 7.2.1 说明:正项级数收敛与否取决于它的部分和数列 $\{S_n\}$ 是否有界,且容易看出,若正项级数的部分和数列无界,则因其单调递增,它必无上界,所以它发散于正无穷大,由此得出结论:正项级数或者收敛,或者发散于正无穷大.

例 7 - 2 - 1 证明:p - 级数

$$\sum_{n=1}^{\infty} \frac{1}{n^p} = 1 + \frac{1}{2^p} + \frac{1}{3^p} + \cdots + \frac{1}{n^p} + \cdots$$

当 $p \leqslant 1$ 时发散;当 $p > 1$ 时收敛.

证 当 $p \leqslant 1$ 时,

$$S_n = 1 + \frac{1}{2^p} + \frac{1}{3^p} + \cdots + \frac{1}{n^p} \geqslant 1 + \frac{1}{2} + \frac{1}{3} + \cdots + \frac{1}{n}.$$

上面右端是调和级数的部分和,它发散于正无穷大,因此这时的 p - 级数也发散于正无穷大.

当 $p > 1$ 时,若 $n - 1 \leqslant x \leqslant n$,则有 $x^p \leqslant n^p$,即 $\dfrac{1}{x^p} \geqslant \dfrac{1}{n^p}$,于是

$$\frac{1}{n^p} = \int_{n-1}^{n} \frac{\mathrm{d}x}{n^p} \leqslant \int_{n-1}^{n} \frac{\mathrm{d}x}{x^p},\ n = 2,\ 3,\ \cdots.$$

由此得到

$$S_n = 1 + \frac{1}{2^p} + \frac{1}{3^p} + \cdots + \frac{1}{n^p} \leqslant 1 + \int_{1}^{2} \frac{\mathrm{d}x}{x^p} + \int_{2}^{3} \frac{\mathrm{d}x}{x^p} + \cdots + \int_{n-1}^{n} \frac{\mathrm{d}x}{x^p}$$

$$= 1 + \int_{1}^{n} \frac{\mathrm{d}x}{x^p} = 1 + \frac{1}{1-p}\left(\frac{1}{n^{p-1}} - 1\right) < 1 + \frac{1}{p-1}.$$

由于 $\{S_n\}$ 有上界,因此当 $p > 1$ 时 p - 级数收敛.

由例 7 - 2 - 1 知,级数

$$\sum_{n=1}^{\infty} \frac{1}{\sqrt{n}} = 1 + \frac{1}{\sqrt{2}} + \frac{1}{\sqrt{3}} + \cdots + \frac{1}{\sqrt{n}} + \cdots$$

是发散的,而级数

$$\sum_{n=1}^{\infty} \frac{1}{n^2} = 1 + \frac{1}{2^2} + \frac{1}{3^2} + \cdots + \frac{1}{n^2} + \cdots$$

是收敛的.

一般地,类似于上一节例 7 - 1 - 3 及本节例 7 - 2 - 1 的证明,我们有:

定理 7.2.2(积分判别法)   设 $f(x)$ 是非负连续的递减函数,则级数 $\sum\limits_{n=1}^{\infty} f(n)$ 和广义积分 $\int_{1}^{\infty} f(x)\,\mathrm{d}x$ 同时收敛或发散.

例 7 - 2 - 2   判断级数 $\sum\limits_{n=2}^{\infty} \dfrac{1}{n\ln^p n}$ $(p > 0)$ 的敛散性.

解   当 $p > 0$ 时,对 $x \geqslant 2$,

$$f(x) = \frac{1}{x\ln^p x}$$

是非负连续的递减函数,因此有

$$\int_{2}^{+\infty} \frac{1}{x\ln^p x}\mathrm{d}x = \begin{cases} \dfrac{1}{1-p}(\ln x)^{1-p} \Big|_{2}^{+\infty}, & p \neq 1, \\[2mm] \ln(\ln x) \big|_{2}^{+\infty}, & p = 1 \end{cases}$$

$$= \begin{cases} +\infty, & 0 < p \leqslant 1, \\[2mm] -\dfrac{(\ln 2)^{1-p}}{1-p}, & p > 1, \end{cases}$$

由积分判别法知:当 $p > 1$ 时,级数收敛;当 $0 < p \leqslant 1$ 时,级数发散.

7.2.2   比较判别法

当了解了正项级数的收敛准则以及有了若干收敛性已知的级数,就可以建立以下比较判别法.

定理 7.2.3   设 $\sum\limits_{n=1}^{\infty} u_n$ 和 $\sum\limits_{n=1}^{\infty} v_n$ 是两个正项级数,且 $u_n \leqslant v_n (n = 1, 2, \cdots)$.

(1) 若级数 $\sum\limits_{n=1}^{\infty} v_n$ 收敛,则级数 $\sum\limits_{n=1}^{\infty} u_n$ 也收敛;

（2）若级数 $\sum\limits_{n=1}^{\infty} u_n$ 发散,则级数 $\sum\limits_{n=1}^{\infty} v_n$ 也发散.

证 （1）分别以 S_n 与 T_n 记级数 $\sum\limits_{n=1}^{\infty} u_n$ 与 $\sum\limits_{n=1}^{\infty} v_n$ 的部分和. 因为 $\sum\limits_{n=1}^{\infty} v_n$ 收敛,所以由定理 7.2.1 可知 $\{T_n\}$ 必有上界 M. 又因 $u_n \leqslant v_n$,所以

$$S_n \leqslant T_n \leqslant M,$$

即 M 也是 $\{S_n\}$ 的上界,因而由定理 7.2.1 可知 $\sum\limits_{n=1}^{\infty} u_n$ 也收敛.

（2）用反证法. 假若 $\sum\limits_{n=1}^{\infty} v_n$ 收敛,则由（1）知 $\sum\limits_{n=1}^{\infty} u_n$ 收敛,这与条件 $\sum\limits_{n=1}^{\infty} u_n$ 发散矛盾. 故 $\sum\limits_{n=1}^{\infty} v_n$ 发散.

因为改变级数的有限项或级数的每一项同乘以一个非零常数并不影响级数的敛散性,所以若把定理 7.2.3 中的条件“$u_n \leqslant v_n (n = 1, 2, \cdots)$”改为“存在正整数 N 与大于零的常数 k,使得当 $n > N$ 时都有 $u_n \leqslant k v_n$”,定理 7.2.3 的结论仍然成立.

例 7 - 2 - 3 判别下列级数的敛散性:

（1）$\sum\limits_{n=1}^{\infty} \dfrac{1}{\sqrt{n(n+1)}}$;

（2）$\sum\limits_{n=1}^{\infty} \dfrac{1}{\sqrt{n(n^2+1)}}$;

（3）$\sum\limits_{n=1}^{\infty} \dfrac{1}{3^{\sqrt{n}}}$;

（4）$\sum\limits_{n=1}^{\infty} \int_0^{\frac{1}{n}} \dfrac{\sqrt{x}}{1+x^2}\mathrm{d}x$;

（5）$\sum\limits_{n=2}^{\infty} \dfrac{1}{\ln(n!)}$.

解 （1）因为

$$\frac{1}{\sqrt{n(n+1)}} > \frac{1}{n+1},$$

而级数 $\sum\limits_{n=1}^{\infty} \dfrac{1}{n+1}$ 发散,所以 $\sum\limits_{n=1}^{\infty} \dfrac{1}{\sqrt{n(n+1)}}$ 发散.

（2）因为

$$\frac{1}{\sqrt{n(n^2+1)}} < \frac{1}{n^{\frac{3}{2}}},$$

而级数 $\sum\limits_{n=1}^{\infty} \dfrac{1}{n^{\frac{3}{2}}}$ 收敛,所以 $\sum\limits_{n=1}^{\infty} \dfrac{1}{\sqrt{n(n^2+1)}}$ 收敛.

（3）注意到 $\ln x < \sqrt{x}$，因此 $u_n = \dfrac{1}{3^{\sqrt{n}}} < \dfrac{1}{3^{\ln n}} = \dfrac{1}{e^{\ln 3 \cdot \ln n}} = \dfrac{1}{n^{\ln 3}}$，由于 $\ln 3 > 1$，p - 级数

$\displaystyle\sum_{n=1}^{\infty} \dfrac{1}{n^{\ln 3}}$ 收敛，所以 $\displaystyle\sum_{n=1}^{\infty} \dfrac{1}{3^{\sqrt{n}}}$ 收敛.

（4）对积分通项进行估计有：

$$0 < u_n = \int_0^{\frac{1}{n}} \frac{\sqrt{x}}{1+x^2}\mathrm{d}x \leqslant \int_0^{\frac{1}{n}} \sqrt{x}\,\mathrm{d}x \leqslant \int_0^{\frac{1}{n}} \sqrt{\frac{1}{n}}\,\mathrm{d}x = \frac{1}{n^{\frac{3}{2}}},$$

而 p - 级数 $\displaystyle\sum_{n=1}^{\infty} \dfrac{1}{n^{\frac{3}{2}}}$ 收敛，所以 $\displaystyle\sum_{n=1}^{\infty} \int_0^{\frac{1}{n}} \dfrac{\sqrt{x}}{1+x^2}\mathrm{d}x$ 收敛.

（5）因为 $\ln(n!) = \ln 1 + \ln 2 + \ln 3 + \cdots + \ln n < n\ln n$，即

$$\frac{1}{\ln(n!)} > \frac{1}{n\ln n},$$

而 $\displaystyle\sum_{n=2}^{\infty} \dfrac{1}{n\ln n}$ 发散（例 $7-2-2$），所以 $\displaystyle\sum_{n=2}^{\infty} \dfrac{1}{\ln(n!)}$ 发散.

推论（比较判别法的极限形式） 设 $\displaystyle\sum_{n=1}^{\infty} u_n$ 和 $\displaystyle\sum_{n=1}^{\infty} v_n$ 是两个正项级数，且 $v_n \neq 0$. 若

$\displaystyle\lim_{n\to\infty} \dfrac{u_n}{v_n} = l$，则

（1）当 $0 < l < +\infty$ 时，$\displaystyle\sum_{n=1}^{\infty} u_n$ 和 $\displaystyle\sum_{n=1}^{\infty} v_n$ 同时收敛或同时发散；

（2）当 $l = 0$ 且 $\displaystyle\sum_{n=1}^{\infty} v_n$ 收敛时，$\displaystyle\sum_{n=1}^{\infty} u_n$ 收敛；

（3）当 $l = +\infty$ 且 $\displaystyle\sum_{n=1}^{\infty} v_n$ 发散时，$\displaystyle\sum_{n=1}^{\infty} u_n$ 发散.

*证 （1）由于 $\displaystyle\lim_{n\to\infty} \dfrac{u_n}{v_n} = l$ 是有限正数，对 $\varepsilon = \dfrac{l}{2} > 0$，存在正整数 N，当 $n > N$ 时，都有

$$\left| \frac{u_n}{v_n} - l \right| < \frac{l}{2}，即 \frac{l}{2}v_n < u_n < \frac{3l}{2}v_n.$$

由定理 $7.2.2$ 推知：$\displaystyle\sum_{n=1}^{\infty} u_n$ 与 $\displaystyle\sum_{n=1}^{\infty} v_n$ 同时收敛或同时发散.

（2）由于 $\displaystyle\lim_{n\to\infty} \dfrac{u_n}{v_n} = 0$，对 $\varepsilon = 1$，存在正整数 N，当 $n > N$ 时，都有

$$\left| \frac{u_n}{v_n} \right| = \frac{u_n}{v_n} < 1 \ \text{即} \ u_n < v_n.$$

由定理 7.2.2 推知:当 $\sum_{n=1}^{\infty} v_n$ 收敛时,$\sum_{n=1}^{\infty} u_n$ 也收敛.

(3) 由于 $\lim_{n \to \infty} \dfrac{u_n}{v_n} = + \infty$,因此对 $M = 1$,存在正整数 N,当 $n > N$ 时,都有

$$\frac{u_n}{v_n} > 1 \ \text{即} \ u_n > v_n.$$

由定理 7.2.2 推知:当 $\sum_{n=1}^{\infty} v_n$ 发散时,$\sum_{n=1}^{\infty} u_n$ 也发散.

例 7-2-4 判断下列级数的敛散性:

(1) $\displaystyle\sum_{n=1}^{\infty} \left(1 - \cos \frac{1}{n} \right)$;
(2) $\displaystyle\sum_{n=1}^{\infty} \frac{1}{3^n - 2^n}$;

(3) $\displaystyle\sum_{n=1}^{\infty} \frac{\ln \left(1 + \dfrac{1}{n^{\alpha}} \right)}{n}$ (α 为实数).

解 (1) 因为

$$\lim_{n \to \infty} \frac{1 - \cos \dfrac{1}{n}}{\dfrac{1}{n^2}} = \lim_{n \to \infty} \frac{1}{2} \left(\frac{\sin \dfrac{1}{2n}}{\dfrac{1}{2n}} \right)^2 = \frac{1}{2},$$

而级数 $\displaystyle\sum_{n=1}^{\infty} \frac{1}{n^2}$ 收敛,故由推论知道 $\displaystyle\sum_{n=1}^{\infty} \left(1 - \cos \frac{1}{n} \right)$ 收敛.

(2) 因为

$$\lim_{n \to \infty} \frac{\dfrac{1}{3^n - 2^n}}{\dfrac{1}{3^n}} = \lim_{n \to \infty} \frac{3^n}{3^n - 2^n} = \lim_{n \to \infty} \frac{3^n}{1 - \left(\dfrac{2}{3} \right)^n} = 1,$$

而级数 $\displaystyle\sum_{n=1}^{\infty} \frac{1}{3^n}$ 收敛,所以 $\displaystyle\sum_{n=1}^{\infty} \frac{1}{3^n - 2^n}$ 也收敛.

(3) 当 $\alpha \leqslant 0$ 时,$u_n = \dfrac{\ln \left(1 + \dfrac{1}{n^{\alpha}} \right)}{n} \geqslant \dfrac{\ln 2}{n}$,而调和级数 $\displaystyle\sum_{n=1}^{\infty} \frac{1}{n}$ 发散,由定理 7.2.2 知原

级数发散;

当 $\alpha > 0$ 时，由于

$$\lim_{n \to \infty} \frac{u_n}{\dfrac{1}{n^{\alpha+1}}} = \lim_{n \to \infty} n^{\alpha} \ln\left(1 + \frac{1}{n^{\alpha}}\right) = \lim_{n \to \infty} \ln\left(1 + \frac{1}{n^{\alpha}}\right)^{n^{\alpha}} = 1$$

而 $\displaystyle\sum_{n=1}^{\infty} \frac{1}{n^{\alpha+1}}$ 收敛，由推论知道原级数收敛.

7.2.3 比式判别法与根式判别法

运用比较判别法来判定一个级数的敛散性，需要另选一个收敛或发散的级数用以比较，而下述比式判别法和根式判别法则从一个级数的通项直接判别其敛散性.

定理 7.2.4(比式判别法) 设 $\displaystyle\sum_{n=1}^{\infty} u_n$ 为正项级数. 若

$$\lim_{n \to \infty} \frac{u_{n+1}}{u_n} = \rho,$$

则当 $\rho < 1$ 时，级数收敛；当 $\rho > 1$ $\left(\text{或} \displaystyle\lim_{n \to \infty} \frac{u_{n+1}}{u_n} = +\infty\right)$ 时，级数发散.

证 当 $\rho < 1$ 时，取 $\varepsilon = \dfrac{1-\rho}{2} > 0$，使

$$0 < \rho + \varepsilon = \frac{1+\rho}{2} = q < 1.$$

因为 $\displaystyle\lim_{n \to \infty} \frac{u_{n+1}}{u_n} = \rho$，所以存在正整数 N，当 $n > N$ 时都有

$$\frac{u_{n+1}}{u_n} < q,$$

并由此得到

$$u_{N+2} < qu_{N+1},$$
$$u_{N+3} < qu_{N+2} < q^2 u_{N+1},$$
$$u_{N+4} < qu_{N+3} < q^2 u_{N+2} < q^3 u_{N+1},$$
$$\cdots\cdots\cdots\cdots$$

即对任何 $k > 0$ 都有 $u_{N+k} < q^{k-1} u_{N+1}$. 因为级数

$$u_{N+1} + qu_{N+1} + q^2u_{N+1} + \cdots + q^{k-1}u_{N+1} + \cdots$$

是公比 $q < 1$ 的正项几何级数, 它是收敛的, 所以由定理 7.2.3 可知 $\sum\limits_{n=1}^{\infty} u_n$ 也收敛.

当 $\lim\limits_{n\to\infty} \dfrac{u_{n+1}}{u_n} = \rho > 1$ 或 $\lim\limits_{n\to\infty} \dfrac{u_{n+1}}{u_n} = +\infty$ 时, 当 n 充分大以后, 必有

$$\frac{u_{n+1}}{u_n} > 1,\ \text{即}\ u_{n+1} > u_n > 0.$$

因此, 当 $n\to\infty$ 时 u_n 不可能趋于 0, 于是级数 $\sum\limits_{n=1}^{\infty} u_n$ 发散.

比式判别法也称为**达朗贝尔判别法**.

应当注意, 当 $\lim\limits_{n\to\infty} \dfrac{u_{n+1}}{u_n} = 1$ 时, 由比式判别法无法确定级数 $\sum\limits_{n=1}^{\infty} u_n$ 的敛散性. 例如 p -级数 $\sum\limits_{n=1}^{\infty} \dfrac{1}{n^p}$, 对任何 p 都有

$$\lim\limits_{n\to\infty} \frac{u_{n+1}}{u_n} = \lim\limits_{n\to\infty} \left(\frac{n}{n+1}\right)^p = 1,$$

但由例 7-2-1 知道当 $p > 1$ 时级数收敛, 当 $p \leqslant 1$ 时级数发散.

例 7-2-5 判别下列正项级数的敛散性:

(1) $\sum\limits_{n=1}^{\infty} \dfrac{2^n}{n^2}$;   (2) $\sum\limits_{n=1}^{\infty} \dfrac{(n!)^2}{(2n)!}$;

(3) $\sum\limits_{n=1}^{\infty} \dfrac{1}{(2n-1)(2n+1)}$.

解 (1) 由于

$$\lim\limits_{n\to\infty} \frac{u_{n+1}}{u_n} = \lim\limits_{n\to\infty} \frac{\dfrac{2^{n+1}}{(n+1)^2}}{\dfrac{2^n}{n^2}} = \lim\limits_{n\to\infty} 2\left(\frac{n}{n+1}\right)^2 = 2 > 1,$$

因此级数 $\sum\limits_{n=1}^{\infty} \dfrac{2^n}{n^2}$ 发散.

(2) 由于

$$\lim\limits_{n\to\infty} \frac{u_{n+1}}{u_n} = \lim\limits_{n\to\infty} \frac{\dfrac{((n+1)!)^2}{(2n+2)!}}{\dfrac{(n!)^2}{(2n)!}} = \lim\limits_{n\to\infty} \frac{(n+1)^2}{(2n+1)(2n+2)} = \frac{1}{4} < 1,$$

因此级数 $\sum\limits_{n=1}^{\infty}\dfrac{(n!)^2}{(2n)!}$ 收敛.

（3）由于

$$\lim_{n\to\infty}\frac{u_{n+1}}{u_n}=\lim_{n\to\infty}\frac{\dfrac{1}{(2n+1)(2n+3)}}{\dfrac{1}{(2n-1)(2n+1)}}=\lim_{n\to\infty}\frac{(2n-1)(2n+1)}{(2n+1)(2n+3)}=1,$$

比式判别法失效,无法判别.

但根据比较判别法,由 $\dfrac{1}{(2n-1)(2n+1)}<\dfrac{1}{n^2}$ 及 $\sum\limits_{n=1}^{\infty}\dfrac{1}{n^2}$ 收敛,知级数 $\sum\limits_{n=1}^{\infty}\dfrac{1}{(2n-1)(2n+1)}$

收敛.

定理 7.2.5(根式判别法)   设 $\sum\limits_{n=1}^{\infty}u_n$ 为正项级数. 若

$$\lim_{n\to\infty}\sqrt[n]{u_n}=\rho,$$

则当 $\rho<1$ 时,级数收敛;当 $\rho>1$(或 $\lim\limits_{n\to\infty}\sqrt[n]{u_n}=+\infty$)时,级数发散.

证   当 $\rho<1$ 时,类似于定理 7.2.4 的证明,总可选取适当的正数 $\varepsilon=\dfrac{1-\rho}{2}$,使 $0<\rho+\varepsilon=q<1$. 因为 $\lim\limits_{n\to\infty}\sqrt[n]{u_n}=\rho$,所以存在正整数 N,当 $n>N$ 时,都有

$$\sqrt[n]{u_n}<q \text{ 或 } u_n<q^n.$$

由于 $\sum\limits_{n=N+1}^{\infty}q^n$ 收敛,因此由定理 7.2.3 知 $\sum\limits_{n=1}^{\infty}u_n$ 也收敛.

当 $\lim\limits_{n\to\infty}\sqrt[n]{u_n}=\rho>1$（或 $\lim\limits_{n\to\infty}\sqrt[n]{u_n}=+\infty$ ）时,当 n 充分大以后,必有

$$\sqrt[n]{u_n}>1,\text{即 } u_n>1.$$

因此,当 $n\to\infty$ 时 u_n 不可能趋于 0. 于是级数 $\sum\limits_{n=1}^{\infty}u_n$ 发散.

根式判别法也称为**柯西判别法**.

与比式判别法一样,当 $\rho=1$ 时,由根式判别法无法确定级数 $\sum\limits_{n=1}^{\infty}u_n$ 的敛散性.

例 7-2-6   判别下列正项级数的敛散性:

（1） $\sum\limits_{n=2}^{\infty}\dfrac{1}{(\ln n)^n}$;   （2） $\sum\limits_{n=1}^{\infty}\left(\dfrac{n}{2n+1}\right)^n$;

（3）$\displaystyle\sum_{n=1}^{\infty}\frac{\alpha^n}{n^2}(\alpha>0)$.

解 （1）由于

$$\lim_{n\to\infty}\sqrt[n]{u_n}=\lim_{n\to\infty}\sqrt[n]{\frac{1}{(\ln n)^n}}=\lim_{n\to\infty}\frac{1}{\ln n}=0<1,$$

因此 $\displaystyle\sum_{n=2}^{\infty}\frac{1}{(\ln n)^n}$ 收敛.

（2）由于

$$\lim_{n\to\infty}\sqrt[n]{u_n}=\lim_{n\to\infty}\sqrt[n]{\left(\frac{n}{2n+1}\right)^n}=\lim_{n\to\infty}\frac{n}{2n+1}=\frac{1}{2}<1,$$

因此 $\displaystyle\sum_{n=1}^{\infty}\left(\frac{n}{2n+1}\right)^n$ 收敛.

（3）由于

$$\lim_{n\to\infty}\sqrt[n]{u_n}=\lim_{n\to\infty}\sqrt[n]{\frac{\alpha^n}{n^2}}=\lim_{n\to\infty}\frac{\alpha}{\sqrt[n]{n^2}}=\alpha,$$

所以当 $0<\alpha<1$ 时,原级数收敛;当 $\alpha>1$ 时,原级数发散.而当 $\alpha=1$,原级数变成 $\displaystyle\sum_{n=1}^{\infty}\frac{1}{n^2}$,收敛.

本节的重点是介绍正项级数敛散性的几个判别准则.在学习时既要注意它们之间的联系,又要注意它们的不同之处.

（1）由于正项级数的部分和数列是递增数列,所以正项级数收敛的充要条件是它的部分和数列有界,这是判别正项级数是否收敛的基本准则.各种正项级数收敛判别法都是以这条准则为基础建立起来的.一般判别正项级数敛散性的步骤是:首先考虑通项是否趋于零,若不趋于零则级数发散;若通项趋于零,进一步可以试用比较判别法、比式判别法或根式判别法去审敛.在一般情况下,当观察到通项 $u_n\to0$ 的阶为 $o\left(\dfrac{1}{n^k}\right)$ 时$(n\to\infty)$,用比较判别法的极限形式较为方便(如例 $7-2-4$);当 u_n 以乘积形式出现时,使用比式判别法较易成功;当 u_n 以 n 次乘幂形式出现时,使用根式判别法较为方便.如对例 $7-2-5$ 中诸级数的判别.

（2）由定理 7.2.4 与定理 7.2.5 的证明可知:对于正项级数 $\displaystyle\sum_{n=1}^{\infty}u_n$,当 n 充分大以后若

有 $\dfrac{u_{n+1}}{u_n} \geqslant 1$（或 $\sqrt[n]{u_n} \geqslant 1$）时，级数的一般项 u_n 当 $n \to \infty$ 时不可能趋于 0，此时也可判定 $\displaystyle\sum_{n=1}^{\infty} u_n$ 发散.

（3）比式判别法与根式判别法都是将正项级数与几何级数相比较而建立的判别法. 因而，只有当级数的收敛速度与几何级数的收敛速度相近时才能适用. 例如，p-级数的敛散速度较几何级数慢得多，因而它不能用比式或根式判别法来判定.

（4）在一般情形下，级数发散时其通项也可以趋于 0. 但是在用比式法与根式法判别得级数为发散时，其通项必定不趋于零. 这在讨论一般项级数的敛散性时将起重要作用.

习题 7-2

1. 利用积分判别法判断下列级数的敛散性：

（1）$\displaystyle\sum_{n=3}^{\infty} \dfrac{1}{n\ln n\ln\ln n}$；

（2）$\displaystyle\sum_{n=1}^{\infty} \dfrac{1}{n(1+\ln^2 n)}$；

（3）$\displaystyle\sum_{n=1}^{\infty} \dfrac{e^n}{1+e^{2n}}$；

（4）$\displaystyle\sum_{n=3}^{\infty} \dfrac{1}{(n\ln n)\sqrt{\ln^2 n - 1}}$.

2. 利用比较判别法判别下列级数的敛散性：

（1）$\displaystyle\sum_{n=1}^{\infty} \dfrac{1}{n^2+a^2}$；

（2）$\displaystyle\sum_{n=1}^{\infty} \dfrac{1}{\sqrt[3]{n^2+a^2}}$；

（3）$\displaystyle\sum_{n=1}^{\infty} 2^n \sin\dfrac{\pi}{3^n}$；

（4）$\displaystyle\sum_{n=2}^{\infty} \dfrac{1}{\ln n}$；

（5）$\displaystyle\sum_{n=1}^{\infty} \dfrac{n}{\sqrt{n^2+2n}}$；

（6）$\displaystyle\sum_{n=2}^{\infty} \dfrac{1}{\sqrt{n(n^2-1)}}$；

（7）$\displaystyle\sum_{n=1}^{\infty} \dfrac{1}{1+an^2}\ (a>0)$；

（8）$\displaystyle\sum_{n=1}^{\infty} \dfrac{1}{1+a^n}\ (a>0)$；

（9）$\displaystyle\sum_{n=1}^{\infty} \left(\dfrac{2n}{3n+1}\right)^n$；

（10）$\displaystyle\sum_{n=1}^{\infty} \left(\dfrac{1}{n(n+1)}\right)^{\alpha}(\alpha>0)$；

（11）$\displaystyle\sum_{n=1}^{\infty} \dfrac{1}{n}\tan\dfrac{\pi}{n}$；

（12）$\displaystyle\sum_{n=1}^{\infty} \left[\dfrac{1}{n}\ln\left(1+\dfrac{1}{n}\right)\right]$.

3. 利用比式判别法或根式判别法判别下列级数的敛散性：

（1）$\displaystyle\sum_{n=1}^{\infty} \dfrac{2^n}{n!}$；

（2）$\displaystyle\sum_{n=1}^{\infty} \left(\dfrac{n+1}{2n+1}\right)^{2n}$；

（3）$\displaystyle\sum_{n=1}^{\infty} \dfrac{3^n n!}{n^n}$；

（4）$\displaystyle\sum_{n=1}^{\infty} \dfrac{(10+n)!}{(2n+1)!}$；

(5) $\displaystyle\sum_{n=1}^{\infty} \frac{n^{10}}{\left(2 + \dfrac{1}{n}\right)^n}$;

(6) $\displaystyle\sum_{n=1}^{\infty} n^2 \sin^n \frac{2}{n}$;

(7) $\displaystyle\sum_{n=1}^{\infty} \frac{n^n}{(n!)^2}$;

(8) $\displaystyle\sum_{n=1}^{\infty} \frac{1 \cdot 3 \cdot 5 \cdots (2n-1)}{2 \cdot 5 \cdot 8 \cdots (3n-1)}$;

(9) $\displaystyle\sum_{n=1}^{\infty} \frac{n^2}{\left(1 + \dfrac{1}{n}\right)^{n^2}}$;

(10) $\displaystyle\sum_{n=1}^{\infty} \frac{a^n n!}{n^n}$ $(a > 0)$;

(11) $\displaystyle\sum_{n=1}^{\infty} \frac{1\,000^n}{n!}$;

(12) $\displaystyle\sum_{n=1}^{\infty} n^n (\sqrt[n]{5} - 1)^n$.

4. 利用级数收敛的必要条件证明下列极限:

(1) $\displaystyle\lim_{n \to \infty} \frac{n^n}{(n!)^2} = 0$;

(2) $\displaystyle\lim_{n \to \infty} \frac{(2n)!}{a^{n!}} = 0$, $a > 1$.

5. 考虑级数 $\displaystyle\sum_{n=1}^{\infty} \frac{1}{n^{1 + \frac{1}{n}}}$. 由于 $1 + \dfrac{1}{n} > 1$, 据 p-级数的敛散性断言该级数收敛, 是否正确?

(提示: 取 $\displaystyle\sum_{n=1}^{\infty} v_n$ 为调和级数, 用比较判别法的极限形式判别)

6. 设正项级数 $\displaystyle\sum_{n=1}^{\infty} u_n$, 若 $\dfrac{u_{n+1}}{u_n} < 1$, 则级数收敛. 这是否正确? 以 $\displaystyle\sum_{n=1}^{\infty} \frac{1}{n}$ 为例加以说明.

7. 设正项级数 $\displaystyle\sum_{n=1}^{\infty} u_n$. 下列两个断言是否正确?

(1) 若 $\displaystyle\sum_{n=1}^{\infty} u_n$ 收敛, 则 $\displaystyle\sum_{n=1}^{\infty} u_n^2$ 收敛;

(2) 若 $\displaystyle\sum_{n=1}^{\infty} u_n$ 发散, 则 $\displaystyle\sum_{n=1}^{\infty} u_n^2$ 发散.

8. 设正项级数 $\displaystyle\sum_{n=1}^{\infty} u_n$. 下列两个断言是否正确?

(1) 若当 n 充分大以后有 $\dfrac{u_{n+1}}{u_n} \geq 1$, 则 $\displaystyle\sum_{n=1}^{\infty} u_n$ 发散;

(2) 若当 n 充分大以后有 $\sqrt[n]{u_n} \geq 1$, 则 $\displaystyle\sum_{n=1}^{\infty} u_n$ 发散.

9. 设 $a_n \geq 0$, 且数列 $\{na_n\}$ 有界, 证明级数 $\displaystyle\sum_{n=1}^{\infty} a_n^2$ 收敛.

7.3 一般项级数

7.3.1 交错级数

含有无穷多个正数项和无穷多个负数项的级数称为**一般项级数**. 在一般项级数中我们首先讨论各项符号正负相间的级数

$$\sum_{n=1}^{\infty}(-1)^{n-1}u_n = u_1 - u_2 + u_3 - \cdots + (-1)^{n-1}u_n + \cdots (u_n > 0, n = 1, 2, \cdots), \qquad ①$$

此级数称为**交错级数**. 当然, 与级数①各项符号相反的级数也是交错级数, 它们的敛散性相同.

定理 7.3.1(莱布尼茨判别法)　若交错级数①满足如下条件:

(1) $u_n \geqslant u_{n+1}(n = 1, 2, \cdots)$,

(2) $\lim\limits_{n\to\infty}u_n = 0$,

则此交错级数收敛, 且其和 S 满足 $0 \leqslant S \leqslant u_1$, 其余项 R_n 满足 $|R_n| \leqslant u_{n+1}$.

证　级数①的前 $2n$ 项部分和为

$$S_{2n} = u_1 - u_2 + u_3 - u_4 + \cdots + u_{2n-1} - u_{2n}$$
$$= (u_1 - u_2) + (u_3 - u_4) + \cdots + (u_{2n-1} - u_{2n}),$$

由条件(1)知其所有括号内的差都是非负的, 因而 $S_{2n} \geqslant 0$, 而且 $\{S_{2n}\}$ 是递增数列. 另一方面, S_{2n} 也可写成

$$S_{2n} = u_1 - (u_2 - u_3) - (u_4 - u_5) - \cdots - (u_{2n-2} - u_{2n-1}) - u_{2n},$$

同样由条件(1)知 $S_{2n} \leqslant u_1$, 即 $\{S_{2n}\}$ 有界. 根据单调有界原理知 $\{S_{2n}\}$ 有极限 S, 即

$$\lim_{n\to\infty}S_{2n} = S, \quad 且 0 \leqslant S \leqslant u_1.$$

再考察级数①的前 $2n+1$ 项部分和

$$S_{2n+1} = S_{2n} + u_{2n+1},$$

由条件(2)得

$$\lim_{n\to\infty}S_{2n+1} = \lim_{n\to\infty}S_{2n} + \lim_{n\to\infty}u_{2n+1} = S + 0 = S.$$

这就证明了无论 n 是偶数或是奇数, 都有

$$\lim_{n\to\infty}S_n = S,$$

即级数①收敛,其和为 S,且 $S \leqslant u_1$.

最后,关于余项 R_n 有

$$| R_n | = u_{n+1} - u_{n+2} + \cdots$$

它也是交错级数,且满足莱布尼茨判别法的条件. 因此

$$| R_n | \leqslant u_{n+1}.$$

例 7 - 3 - 1 证明:级数 $\sum\limits_{n=1}^{\infty} \dfrac{(-1)^{n-1}}{n^p} (p > 0)$ 收敛.

证 这是交错级数,它满足莱布尼茨判别法中的两个条件:

$$\frac{1}{n^p} > \frac{1}{(n+1)^p} \quad \text{及} \quad \lim_{n \to \infty} \frac{1}{n^p} = 0,$$

所以此级数收敛.

7.3.2 级数的绝对收敛与条件收敛

设一般项级数

$$\sum_{n=1}^{\infty} u_n = u_1 + u_2 + \cdots + u_n + \cdots,$$

在判定它的敛散性时,通常先研究由各项的绝对值所构成的正项级数

$$\sum_{n=1}^{\infty} | u_n | = | u_1 | + | u_2 | + \cdots + | u_n | + \cdots, \qquad\qquad ②$$

称级数②为对应于级数 $\sum\limits_{n=1}^{\infty} u_n$ 的**绝对值级数**. 级数 $\sum\limits_{n=1}^{\infty} u_n$ 与其绝对值级数的敛散性之间,有如下关系:

定理 7.3.2 如果级数 $\sum\limits_{n=1}^{\infty} | u_n |$ 收敛,则级数 $\sum\limits_{n=1}^{\infty} u_n$ 收敛.

证 因为

$$u_n = | u_n | - (| u_n | - u_n), 0 \leqslant | u_n | - u_n \leqslant 2 | u_n |,$$

而级数 $\sum\limits_{n=1}^{\infty} | u_n |$ 收敛,则由比较判别法知级数 $\sum\limits_{n=1}^{\infty} (| u_n | - u_n)$ 收敛,从而级数 $\sum\limits_{n=1}^{\infty} u_n$ 收敛.

但是级数 $\sum\limits_{n=1}^{\infty} u_n$ 收敛不能得出级数 $\sum\limits_{n=1}^{\infty} | u_n |$ 收敛,如交错级数 $\sum\limits_{n=1}^{\infty} (-1)^{n-1} \dfrac{1}{n}$ 收敛,而

$$\sum_{n=1}^{\infty} \left| (-1)^{n-1} \frac{1}{n} \right| = \sum_{n=1}^{\infty} \frac{1}{n} \ \text{发散}.$$

定义 7.3.1 若级数 $\sum\limits_{n=1}^{\infty} u_n$ 收敛,且 $\sum\limits_{n=1}^{\infty} |u_n|$ 收敛,则称级数 $\sum\limits_{n=1}^{\infty} u_n$ 为**绝对收敛**;若级数 $\sum\limits_{n=1}^{\infty} u_n$ 收敛,而级数 $\sum\limits_{n=1}^{\infty} |u_n|$ 不收敛,则称级数 $\sum\limits_{n=1}^{\infty} u_n$ 为**条件收敛**.

由此定义,定理 7.3.2 可改述为:绝对收敛的级数必是收敛级数.

因为级数 $\sum\limits_{n=1}^{\infty} u_n$ 的绝对值级数是正项级数,所以有关正项级数的所有判别法都可用来判定级数 $\sum\limits_{n=1}^{\infty} u_n$ 是否绝对收敛.

例 7-3-2 讨论下列级数的敛散性,收敛时指出是绝对收敛还是条件收敛:

(1) $\sum\limits_{n=1}^{\infty} \frac{\sin nx}{n^2}$; (2) $\sum\limits_{n=1}^{\infty} (-1)^{n-1} \frac{1}{\sqrt{n}}$;

(3) $\sum\limits_{n=1}^{\infty} (-1)^n \frac{1}{2^n} \left(1 + \frac{1}{n}\right)^{n^2}$; (4) $\sum\limits_{n=1}^{\infty} n! \left(\frac{x}{n}\right)^n$.

解 (1) 由于 $\left| \dfrac{\sin nx}{n^2} \right| \leqslant \dfrac{1}{n^2}$,而级数 $\sum\limits_{n=1}^{\infty} \dfrac{1}{n^2}$ 收敛,所以级数 $\sum\limits_{n=1}^{\infty} \dfrac{\sin nx}{n^2}$ 绝对收敛.

(2) 由于 $\left| (-1)^{n-1} \dfrac{1}{\sqrt{n}} \right| = \dfrac{1}{\sqrt{n}}$,而级数 $\sum\limits_{n=1}^{\infty} \dfrac{1}{\sqrt{n}}$ 发散,但由例 7-3-1 知 $\sum\limits_{n=1}^{\infty} \dfrac{(-1)^{n-1}}{\sqrt{n}}$ 收敛 $\left(p = \dfrac{1}{2}\right)$,所以级数 $\sum\limits_{n=1}^{\infty} (-1)^{n-1} \dfrac{1}{\sqrt{n}}$ 条件收敛.

(3) 由于 $|u_n| = \dfrac{1}{2^n} \left(1 + \dfrac{1}{n}\right)^{n^2}$,而 $\lim\limits_{n\to\infty} \sqrt[n]{|u_n|} = \lim\limits_{n\to\infty} \dfrac{1}{2} \left(1 + \dfrac{1}{n}\right)^n = \dfrac{e}{2} > 1$,所以 $|u_n|$ 不趋于零 $(n\to\infty)$,从而级数 $\sum\limits_{n=1}^{\infty} (-1)^n \dfrac{1}{2^n} \left(1 + \dfrac{1}{n}\right)^{n^2}$ 发散.

(4) 由于 $|u_n| = n! \left(\dfrac{|x|}{n}\right)^n$,$\dfrac{|u_{n+1}|}{|u_n|} = \dfrac{(n+1)! \left(\dfrac{|x|}{n+1}\right)^{n+1}}{n! \left(\dfrac{|x|}{n}\right)^n} = \dfrac{|x|}{\left(1 + \dfrac{1}{n}\right)^n}$,

所以

$$\lim_{n\to\infty} \frac{|u_{n+1}|}{|u_n|} = \frac{|x|}{e} \begin{cases} < 1, & |x| < e, \\ > 1, & |x| > e. \end{cases}$$

当 $|x| < e$ 时,级数 $\sum\limits_{n=1}^{\infty} n! \left(\dfrac{x}{n}\right)^n$ 绝对收敛.

当 $|x| > e$ 时, 级数的一般项 $|u_n|$ 不趋于零 $(n \to \infty)$, 所以级数 $\sum\limits_{n=1}^{\infty} n! \left(\dfrac{x}{n}\right)^n$ 发散.

而当 $|x| = e$ 时, 注意到 $\dfrac{|u_{n+1}|}{|u_n|} = \dfrac{e}{\left(1 + \dfrac{1}{n}\right)^n} > 1$ (因为 $\left(1 + \dfrac{1}{n}\right)^n$ 是单调增加趋于 e), 所以

$|u_n|$ 不趋于 $0 (n \to \infty)$, 故原级数 $\sum\limits_{n=1}^{\infty} n! \left(\dfrac{x}{n}\right)^n$ 发散.

综合起来, 当 $|x| < e$ 时, $\sum\limits_{n=1}^{\infty} n! \left(\dfrac{x}{n}\right)^n$ 绝对收敛; 当 $|x| \geqslant e$ 时, $\sum\limits_{n=1}^{\infty} n! \left(\dfrac{x}{n}\right)^n$ 发散.

例 7-3-3 讨论级数 $\sum\limits_{n=1}^{\infty} \dfrac{(-1)^{n-1}}{\sqrt{n} + (-1)^{n-1}}$ 的敛散性.

解 由于 $\dfrac{(-1)^{n-1}}{\sqrt{n} + (-1)^{n-1}} = \dfrac{(-1)^{n-1}\left[\sqrt{n} - (-1)^{n-1}\right]}{n-1} = \dfrac{(-1)^{n-1}\sqrt{n}}{n-1} - \dfrac{1}{n-1} (n \geqslant 2)$,

而级数 $\sum\limits_{n=2}^{\infty} \dfrac{(-1)^{n-1}\sqrt{n}}{n-1}$ 收敛, 级数 $\sum\limits_{n=2}^{\infty} \dfrac{1}{n-1}$ 发散, 因此原级数 $\sum\limits_{n=1}^{\infty} \dfrac{(-1)^{n-1}}{\sqrt{n} + (-1)^{n-1}}$ 发散.

*7.3.3 绝对收敛级数的乘积

设级数 $\sum\limits_{n=1}^{\infty} u_n$ 和 $\sum\limits_{n=1}^{\infty} v_n$ 都收敛, 仿照有限项和数乘积的规则, 作出这两个级数的项所有可能的乘积 $u_i v_j (i 、 j = 1, 2, \cdots)$, 把这些乘积项列成下表:

$$
\begin{array}{cccccc}
u_1 v_1 & u_1 v_2 & u_1 v_3 & \cdots & u_1 v_n & \cdots \\
u_2 v_1 & u_2 v_2 & u_2 v_3 & \cdots & u_2 v_n & \cdots \\
u_3 v_1 & u_3 v_2 & u_3 v_3 & \cdots & u_3 v_n & \cdots \\
\vdots & \vdots & \vdots & & \vdots & \\
u_n v_1 & u_n v_2 & u_n v_3 & \cdots & u_n v_n & \cdots \\
\vdots & \vdots & \vdots & & \vdots &
\end{array}
$$

把表中无限多个乘积项 $u_i v_j$ 按对角线顺序相加

$$
\begin{array}{cccccc}
u_1 & u_1 & u_1 v_3 & \cdots & u_1 v_n & \cdots \\
u_2 & u_2 v_2 & u_2 v_3 & \cdots & u_2 v_n & \cdots \\
u_3 v_1 & u_3 v_2 & u_3 v_3 & \cdots & u_3 v_n & \cdots \\
\vdots & \vdots & \vdots & & \vdots & \\
u_n v_1 & u_n v_2 & u_n v_3 & \cdots & u_n v_n & \cdots \\
\vdots & \vdots & \vdots & & \vdots &
\end{array}
$$

而得到

$$
u_1 v_1 + (u_1 v_2 + u_2 v_1) + (u_1 v_3 + u_2 v_2 + u_3 v_1) + \cdots. \tag{③}
$$

我们称按"对角线法"所构成的级数③为两级数 $\sum\limits_{n=1}^{\infty} u_n$ 和 $\sum\limits_{n=1}^{\infty} v_n$ 的**柯西乘积**.

定理7.3.3 若 $\sum\limits_{n=1}^{\infty} u_n$ 和 $\sum\limits_{n=1}^{\infty} v_n$ 都绝对收敛,其和分别为 S 和 T,则其柯西乘积③也绝对收敛,且其和等于 ST.

证明从略.

> **注意** 对于条件收敛的级数,定理 7.3.3 的结论不一定成立. 例如条件收敛的交错级数 $\sum\limits_{n=1}^{\infty} \dfrac{(-1)^{n-1}}{\sqrt{n}}$,作它与它自身的柯西乘积 $\sum\limits_{n=1}^{\infty} w_n$,其通项为
>
> $$
> w_n = (-1)^{n-1} \left(\frac{1}{\sqrt{n}} \cdot 1 + \frac{1}{\sqrt{n-1}} \cdot \frac{1}{\sqrt{2}} + \frac{1}{\sqrt{n-2}} \cdot \frac{1}{\sqrt{3}} + \cdots + 1 \cdot \frac{1}{\sqrt{n}} \right)
> $$
>
> $$
> = (-1)^{n-1} \left(\frac{1}{\sqrt{n}} + \frac{1}{\sqrt{2(n-1)}} + \frac{1}{\sqrt{3(n-2)}} + \cdots + \frac{1}{\sqrt{n}} \right).
> $$

由于

$$
|w_n| > \overbrace{\frac{1}{\sqrt{n} \cdot \sqrt{n}} + \cdots + \frac{1}{\sqrt{n} \cdot \sqrt{n}}}^{n \text{项}} = 1,
$$

所以柯西乘积 $\sum\limits_{n=1}^{\infty} w_n$ 变为发散级数.

本节的重点是判别一般项级数的敛散性.

（1）对一般项级数,由于绝对收敛级数必收敛,这样就可利用正项级数的一系列判别法先来判别级数是否绝对收敛. 但绝对值级数收敛只是原级数收敛的充分条件,也即当绝对值

级数发散时,原级数仍可能收敛.

（2）由上节小结可知,若绝对值级数发散的结论是利用比式判别法或根式判别法得到的,其通项$|u_n|$必不趋于0,从而u_n也必不趋于0,则原级数$\sum_{n=1}^{\infty} u_n$也一定发散(如例7-3-2);若结论是由比较判别法得到的,则不能由此断定原级数的敛散性.

（3）莱布尼茨判别法只适用于判别交错级数的收敛性,并给出了余项的估计式.但必须注意莱布尼茨判别法是判定交错级数收敛的充分条件.对于不满足莱布尼茨判别法条件的交错级数的敛散性也可按(1)指出的利用正项级数的判别法去判别级数是否绝对收敛,如果级数既不满足莱布尼茨判别法条件,又不是绝对收敛级数,这时往往只能采用部分和数列是否有极限的收敛定义来判别其敛散性.

习题 7-3

1. 设级数$\sum_{n=1}^{\infty} u_n$的绝对值级数$\sum_{n=1}^{\infty} |u_n|$发散,且其发散的结论是由比式判别法或根式判别法得到的,即我们有$\lim_{n \to \infty} \left| \dfrac{u_{n+1}}{u_n} \right| = l > 1$（或$\lim_{n \to \infty} \sqrt[n]{|u_n|} = l > 1$）.证明级数$\sum_{n=1}^{\infty} u_n$一定发散.

2. 对于一般项级数,由$\sum_{n=1}^{\infty} u_n$收敛,能证明$\sum_{n=1}^{\infty} u_n^2$收敛吗？为什么？

3. 对于一般项级数,由$\sum_{n=1}^{\infty} v_n$收敛及$0 \leqslant u_n \leqslant |v_n|$,能得出$\sum_{n=1}^{\infty} u_n$收敛吗？为什么？

4. 判别下列级数为绝对收敛、条件收敛或发散：

（1）$\displaystyle\sum_{n=1}^{\infty} \frac{(-1)^n}{\ln(n+1)}$；

（2）$\displaystyle\sum_{n=1}^{\infty} \frac{\cos n\pi}{\sqrt{n}}$；

（3）$\displaystyle\sum_{n=1}^{\infty} (-1)^{n-1} \frac{n}{n+1}$；

（4）$\displaystyle\sum_{n=1}^{\infty} \frac{\sin 3^n}{2^n}$；

（5）$\displaystyle\sum_{n=1}^{\infty} \frac{1 + (-1)^n}{n}$；

（6）$\displaystyle\sum_{n=1}^{\infty} \frac{(-1)^n \ln(n+1)}{n+1}$；

（7）$\displaystyle\sum_{n=1}^{\infty} \frac{(-1000)^n}{n!}$；

（8）$\displaystyle\sum_{n=1}^{\infty} \frac{n^3}{(-3)^n}$；

（9）$\displaystyle\sum_{n=1}^{\infty} \left(\frac{n}{2n+1}\right)^n$；

（10）$\displaystyle\sum_{n=1}^{\infty} \frac{(-1)^{n-1}}{n^p}$；

（11）$\displaystyle\sum_{n=1}^{\infty} (-1)^n \left(\cos \frac{1}{n}\right)^{n^3}$；

（12）$\displaystyle\sum_{n=1}^{\infty} \left[\frac{\sin(n\alpha)^2 - n\sin\alpha}{n^2}\right]$ （α 为常数）.

5. 证明:若 $\sum\limits_{n=1}^{\infty} u_n$、$\sum\limits_{n=1}^{\infty} v_n$ 都绝对收敛,则级数 $\sum\limits_{n=1}^{\infty} (u_n + v_n)$ 也绝对收敛.

*6. 对于级数 $\sum\limits_{n=1}^{\infty} a_n$,设 $a_n^+ = \dfrac{|a_n| + a_n}{2}$,$a_n^- = \dfrac{|a_n| - a_n}{2}$,则分别称 $\sum\limits_{n=1}^{\infty} a_n^+$ 与 $\sum\limits_{n=1}^{\infty} a_n^-$ 为级数的正部和负部,证明:

(1) $\sum\limits_{n=1}^{\infty} a_n$ 绝对收敛的充要条件是其正部和负部同时收敛;

(2) $\sum\limits_{n=1}^{\infty} a_n$ 条件收敛的必要条件是其正部和负部同时发散.

*7. 设 $a_{2n-1} = \dfrac{1}{n}$,$a_{2n} = \displaystyle\int_n^{n+1} \dfrac{\mathrm{d}x}{x}$($n = 1, 2, \cdots$). 证明:

(1) 交错级数 $\sum\limits_{n=1}^{\infty} (-1)^{n-1} a_n$ 收敛;

(2) 极限 $\lim\limits_{n \to \infty} \left(1 + \dfrac{1}{2} + \cdots + \dfrac{1}{n} - \ln n\right)$ 存在.

7.4 幂 级 数

7.4.1 函数项级数的概念

设 $u_n(x)$($n = 1, 2, \cdots$)是定义在某区间(或数集)I 上的一列函数,它们依次用加号连接起来的表达式

$$\sum_{n=1}^{\infty} u_n(x) = u_1(x) + u_2(x) + \cdots + u_n(x) + \cdots, \quad x \in I \qquad ①$$

称为定义在 I 上的**函数项级数**,并称

$$S_n(x) = u_1(x) + u_2(x) + \cdots + u_n(x), \quad x \in I$$

为函数项级数①的**第 n 个部分和函数**.

对于 I 中的每个值 x_0,函数项级数①就成为数项级数

$$\sum_{n=1}^{\infty} u_n(x_0) = u_1(x_0) + u_2(x_0) + \cdots + u_n(x_0) + \cdots. \qquad ②$$

若级数②收敛,则称函数项级数①**在点 x_0 处收敛**,点 x_0 称为函数项级数①的**收敛点**.

若级数②发散,则称函数项级数①**在点 x_0 处发散**.

函数项级数①的收敛点的全体称为函数项级数①的**收敛域**.

对于函数项级数①的收敛域 $D(\subset I)$ 中的每一点 x,都有一个确定的和与之对应,这样构成了

一个定义在收敛域 D 上的函数 $S(x)$，称为函数项级数①的**和函数**，并记作

$$u_1(x) + u_2(x) + \cdots + u_n(x) + \cdots = S(x), \quad x \in D.$$

很明显，$S(x) = \lim\limits_{n \to \infty} S_n(x), \quad x \in D.$

例如，定义在 $(-\infty, +\infty)$ 上的函数项级数（几何级数）

$$1 + x + x^2 + \cdots + x^{n-1} + \cdots = \sum_{n=0}^{\infty} x^n.$$

当 $|x| < 1$ 时，级数收敛，它的和是 $\dfrac{1}{1-x}$；

当 $|x| \geqslant 1$ 时，级数发散.

所以该级数的收敛域是区间 $(-1, 1)$，和函数是

$$S(x) = \frac{1}{1-x} = 1 + x + x^2 + \cdots + x^{n-1} \cdots, \quad |x| < 1.$$

由此可见，对于定义在 I 上的函数项级数来说，首要的问题是研究其收敛域 D.

函数项级数的和函数 $S(x)$ 与它的第 n 个部分和函数 $S_n(x)$ 之差称为级数的**余项**，记作

$$R_n(x) = S(x) - S_n(x) = \sum_{k=n+1}^{\infty} u_k(x), \quad x \in D.$$

对于收敛域内的任何 x，有 $\lim\limits_{n \to \infty} R_n(x) = 0.$

7.4.2 幂级数及其收敛半径

在函数项级数中，最简单、最重要的一类就是幂级数，它的一般形式为

$$\sum_{n=0}^{\infty} a_n(x - x_0)^n = a_0 + a_1(x - x_0) + a_2(x - x_0)^2 + \cdots + a_n(x - x_0)^n + \cdots, \quad ③$$

其中 x_0 与 $a_0, a_1, a_2, \cdots, a_n, \cdots$ 都是常数. 经过变换 $y = x - x_0$，级数③化为

$$\sum_{n=0}^{\infty} a_n y^n = a_0 + a_1 y + a_2 y^2 + \cdots + a_n y^n + \cdots.$$

因此，不失一般性，我们只需研究下列形式的幂级数

$$\sum_{n=0}^{\infty} a_n x^n = a_0 + a_1 x + a_2 x^2 + \cdots + a_n x^n + \cdots. \quad ④$$

首先讨论幂级数④的收敛域的形式. 显然，幂级数④在 $x = 0$ 处收敛. 下面定理给出幂级数收敛域的一个重要性质.

定理 7.4.1 （1）如果幂级数 $\sum\limits_{n=0}^{\infty} a_n x^n$ 在 $\bar{x} \neq 0$ 处收敛，则对于任何满足 $|x| < |\bar{x}|$ 的 x，

幂级数 $\sum\limits_{n=0}^{\infty} a_n x^n$ 都收敛,而且绝对收敛;

(2) 如果幂级数 $\sum\limits_{n=0}^{\infty} a_n x^n$ 在 $\bar{x} \neq 0$ 处发散,则对任何满足 $|x| > |\bar{x}|$ 的 x,$\sum\limits_{n=0}^{\infty} a_n x^n$ 都发散.

证 (1) 由于级数 $\sum\limits_{n=0}^{\infty} a_n \bar{x}^n$ 收敛,根据收敛的必要条件,有 $\lim\limits_{n\to\infty} a_n \bar{x}^n = 0$,于是存在常数 $M > 0$,使得

$$|a_n \bar{x}^n| \leqslant M \quad (n = 0, 1, 2, \cdots).$$

对于满足 $|x| < |\bar{x}|$ 的 x,记 $r = \left|\dfrac{x}{\bar{x}}\right| < 1$,这样

$$|a_n x^n| = \left|a_n \bar{x}^n \cdot \frac{x^n}{\bar{x}^n}\right| = |a_n \bar{x}^n| \cdot \left|\frac{x^n}{\bar{x}^n}\right| \leqslant M r^n$$

由级数 $\sum\limits_{n=0}^{\infty} M r^n$ 收敛可知,幂级数 $\sum\limits_{n=0}^{\infty} a_n x^n$ 当 $|x| < |\bar{x}|$ 时绝对收敛.

(2) 请读者自己证明.

由定理 7.4.1 可知,若幂级数 $\sum\limits_{n=0}^{\infty} a_n x^n$ 除了 $x = 0$ 外还有收敛点,则它的收敛域一定是一个以原点为中心的区间(有限区间或无限区间,开区间、闭区间或半开区间). 因此,幂级数的收敛域有下列三种情况:

(1) 幂级数的收敛域是以原点为中心、长度为 $2R(R > 0)$ 的有限区间,即幂级数在 $(-R, R)$ 内收敛,在 $[-R, R]$ 之外发散,在区间端点 $x = R$ 和 $x = -R$ 处,幂级数可能收敛也可能发散,此时称 R 为幂级数的**收敛半径**;

(2) 幂级数的收敛域是无穷区间 $(-\infty, +\infty)$,此时称 $R = +\infty$ 为幂级数的收敛半径;

(3) 幂级数仅在点 $x = 0$ 处收敛,此时称收敛半径 $R = 0$.

在上述第一种情况中,区间 $(-R, R)$ 称为幂级数 $\sum\limits_{n=0}^{\infty} a_n x^n$ 的**收敛区间**. 下面给出如何求幂级数收敛半径的定理.

定理 7.4.2 对于幂级数 $\sum\limits_{n=0}^{\infty} a_n x^n$,若 $\lim\limits_{n\to\infty}\left|\dfrac{a_{n+1}}{a_n}\right| = \rho$,则

(1) 当 $0 < \rho < +\infty$ 时,$R = \dfrac{1}{\rho}$;

(2) 当 $\rho = 0$ 时,$R = +\infty$;

(3) 当 $\rho = +\infty$ 时,$R = 0$.

证　考察 $\sum\limits_{n=0}^{\infty} a_n x^n$ 的绝对值级数 $\sum\limits_{n=0}^{\infty} |a_n x^n|$. 我们有

$$\lim_{n \to \infty} \frac{|a_{n+1} x^{n+1}|}{|a_n x^n|} = \lim_{n \to \infty} \left| \frac{a_{n+1}}{a_n} \right| \cdot |x| = \rho |x|.$$

（1）当 $0 < \rho < +\infty$ 时，根据比式判别法可知：

若 $\rho |x| < 1$ 即 $|x| < \dfrac{1}{\rho}$，则级数 $\sum\limits_{n=0}^{\infty} |a_n x^n|$ 收敛，从而 $\sum\limits_{n=0}^{\infty} a_n x^n$ 绝对收敛；

若 $\rho |x| > 1$ 即 $|x| > \dfrac{1}{\rho}$，则 $\sum\limits_{n=0}^{\infty} |a_n x^n|$ 发散，且从某一个 n 开始有

$$|a_{n+1} x^{n+1}| > |a_n x^n|,$$

因此 $|a_n x^n|$ 不趋于零，从而级数 $\sum\limits_{n=0}^{\infty} a_n x^n$ 也发散.

由此可知，幂级数 $\sum\limits_{n=0}^{\infty} a_n x^n$ 的收敛半径 $R = \dfrac{1}{\rho}$.

（2）当 $\rho = 0$ 时，对任意 x 皆有 $\rho |x| < 1$，由比式判别法可知在任意点 x 处级数 $\sum\limits_{n=0}^{\infty} |a_n x^n|$ 收敛，即级数 $\sum\limits_{n=0}^{\infty} a_n x^n$ 绝对收敛，因此幂级数 $\sum\limits_{n=0}^{\infty} a_n x^n$ 的收敛半径 $R = +\infty$.

（3）当 $\rho = +\infty$ 时，对任意 $x \neq 0$ 皆有 $\rho |x| > 1$，仿照（1）可证明级数 $\sum\limits_{n=0}^{\infty} a_n x^n$ 是发散的，所以幂级数 $\sum\limits_{n=0}^{\infty} a_n x^n$ 的收敛半径 $R = 0$.

例 7 - 4 - 1　求下列幂级数的收敛域：

（1）$\sum\limits_{n=0}^{\infty} \dfrac{x^n}{2^n \cdot n}$；　　　　　　　　（2）$\sum\limits_{n=0}^{\infty} n! \, x^n$.

解　（1）因为

$$\rho = \lim_{n \to \infty} \left| \frac{a_{n+1}}{a_n} \right| = \lim_{n \to \infty} \frac{\dfrac{1}{2^{n+1}(n+1)}}{\dfrac{1}{2^n \cdot n}} = \lim_{n \to \infty} \frac{n}{2(n+1)} = \frac{1}{2}.$$

所以，幂级数的收敛半径为 $R = \dfrac{1}{\rho} = 2$，收敛区间为 $(-2, 2)$.

当 $x = -2$ 时，级数 $\sum\limits_{n=1}^{\infty} \dfrac{(-1)^n}{n}$ 收敛；当 $x = 2$ 时级数 $\sum\limits_{n=1}^{\infty} \dfrac{1}{n}$ 发散.

综上所述,原幂级数的收敛域为 $[-2, 2)$.

(2) 这里 $0! = 1$.

因为

$$\rho = \lim_{n \to \infty} \left| \frac{a_{n+1}}{a_n} \right| = \lim_{n \to \infty} \frac{(n+1)!}{n!} = +\infty,$$

所以收敛半径 $R = 0$,级数仅在 $x = 0$ 处收敛,也就是级数的收敛域是 $\{0\}$.

例 7-4-2 求幂级数 $\displaystyle\sum_{n=1}^{\infty} \frac{(x-2)^n}{3^n n^2}$ 的收敛域.

解 令 $y = x - 2$,代入原级数得幂级数

$$\sum_{n=1}^{\infty} \frac{y^n}{3^n n^2}, \tag{⑤}$$

先求幂级数⑤的收敛半径和收敛区间. 因为

$$\rho = \lim_{n \to \infty} \left| \frac{a_{n+1}}{a_n} \right| = \frac{1}{3},$$

所以,幂级数⑤的收敛半径为 $R = 3$,收敛区间为 $|y| < 3$. 由

$$|y| = |x - 2| < 3$$

解得 $-1 < x < 5$,因此原幂级数的收敛区间为 $(-1, 5)$.

当 $x = -1$ 与 $x = 5$ 时,原级数分别成为 $\displaystyle\sum_{n=1}^{\infty} \frac{(-1)^n}{n^2}$ 与 $\displaystyle\sum_{n=1}^{\infty} \frac{1}{n^2}$,这两个级数都是收敛的.

综上所述,原级数的收敛域为 $[-1, 5]$.

由例 7-4-2 可知,若幂级数 $\displaystyle\sum_{n=0}^{\infty} a_n(x - x_0)^n$ 的收敛半径为 R,则该幂级数的收敛区间为 $(x_0 - R, x_0 + R)$.

例 7-4-3 求幂级数 $\displaystyle\sum_{n=0}^{\infty} \frac{x^{2n}}{4^n}$ 的收敛域.

解 令 $y = x^2$,得幂级数 $\displaystyle\sum_{n=0}^{\infty} \frac{y^n}{4^n}$. 因为

$$\rho = \lim_{n \to \infty} \left| \frac{a_{n+1}}{a_n} \right| = \frac{1}{4},$$

解不等式 $|y| = |x^2| < \dfrac{1}{\rho} = 4$,得 $|x| < 2$,所以原级数的收敛区间为 $(-2, 2)$.

在收敛区间端点 $x = -2$ 与 $x = 2$ 处,原级数都是 $\displaystyle\sum_{n=0}^{\infty} 1$,它是发散级数.

综上所述,原级数的收敛域为 $(-2, 2)$.

例 7-4-3 是一类缺项幂级数. 对于例 7-4-2 的一般项幂级数和例 7-4-3 的缺项幂级数,通常可以用上述变量代换的方法求出它的收敛域,也可以直接用比式判别法来求. 如对于例 7-4-3 的幂级数,因为

$$\lim_{n\to\infty} \left| \frac{u_{n+1}}{u_n} \right| = \lim_{n\to\infty} \left| \frac{\dfrac{x^{2(n+1)}}{4^{n+1}}}{\dfrac{x^{2n}}{4^n}} \right| = \frac{x^2}{4},$$

所以,由比式判别法可知,当 $\dfrac{x^2}{4} < 1$ 即 $|x| < 2$ 时幂级数收敛,由此可知原幂级数的收敛区间为 $(-2, 2)$.

7.4.3 幂级数的运算性质

根据收敛级数相加、相减的性质以及绝对收敛级数相乘的性质,可以得到下列幂级数的加法、减法和乘法的运算性质.

定理 7.4.3 设有两个幂级数 $\displaystyle\sum_{n=0}^{\infty} a_n x^n$、$\displaystyle\sum_{n=0}^{\infty} b_n x^n$,它们的收敛半径分别为 R_a 和 R_b,令 $R = \min\{R_a, R_b\}$,则有以下四则运算:

$$\sum_{n=0}^{\infty} a_n x^n \pm \sum_{n=0}^{\infty} b_n x^n = \sum_{n=0}^{\infty} (a_n \pm b_n) x^n, \quad |x| < R$$

$$\left(\sum_{n=0}^{\infty} a_n x^n \right) \left(\sum_{n=0}^{\infty} b_n x^n \right) = \sum_{n=0}^{\infty} c_n x^n, \qquad |x| < R$$

其中 $c_n = \displaystyle\sum_{k=0}^{n} a_k b_{n-k}$.

$$\frac{\displaystyle\sum_{n=0}^{\infty} a_n x^n}{\displaystyle\sum_{n=0}^{\infty} b_n x^n} = d_0 + d_1 x + d_2 x^2 + \cdots + d_n x^n + \cdots,$$

这里 $b_0 \neq 0$,$d_0, d_1, d_2, \cdots$ 由下列方程决定

$$a_0 = b_0 d_0,$$
$$a_1 = b_1 d_0 + b_0 d_1,$$
$$a_2 = b_2 d_0 + b_1 d_1 + b_0 d_2,$$
$$\cdots\cdots \cdots\cdots$$

根据上述方程组,可以依顺序求出 $d_0, d_1, d_2, \cdots, d_n, \cdots$.

相除后得到的幂函数的收敛半径可能比 $R = \min\{R_a, R_b\}$ 小得多. 如级数 $\sum\limits_{n=0}^{\infty} a_n x^n = 1$ 与 $\sum\limits_{n=0}^{\infty} b_n x^n = 1 - x$ 的收敛半径为 $+\infty$,而 $\dfrac{\sum\limits_{n=0}^{\infty} a_n x^n}{\sum\limits_{n=0}^{\infty} b_n x^n} = \dfrac{1}{1-x} = \sum\limits_{n=0}^{\infty} x^n$ 的收敛半径仅为 1.

除上述运算性质外,幂级数还有以下重要的分析性质(我们略去证明,仅列出结果).

定理 7.4.4 幂级数 $\sum\limits_{n=0}^{\infty} a_n x^n$ 的和函数 $S(x)$ 在其收敛区间 $(-R, R)$ 上连续,即

$$\lim_{x \to x_0} S(x) = \lim_{x \to x_0} \sum_{n=0}^{\infty} a_n x^n = \sum_{n=0}^{\infty} \lim_{x \to x_0} a_n x^n = \sum_{n=0}^{\infty} a_n x_0^n. \qquad \text{⑥}$$

也就是说,幂级数在其收敛区间内,极限运算"$\lim\limits_{x \to x_0}$"与求和运算"$\sum\limits_{n=0}^{\infty}$"可以交换,或称"可以逐项求极限".

定理 7.4.5 如果幂级数 $\sum\limits_{n=0}^{\infty} a_n x^n$ 的和函数为 $S(x)$,收敛半径为 R,则对于任意 x, $|x| < R$ 都有

$$\int_0^x S(t)\,\mathrm{d}t = \int_0^x \left(\sum_{n=0}^{\infty} a_n t^n \right) \mathrm{d}t = \sum_{n=0}^{\infty} \int_0^x a_n t^n \mathrm{d}t = \sum_{n=0}^{\infty} \frac{a_n}{n+1} x^{n+1}, \qquad \text{⑦}$$

即幂函数在其收敛区间 $(-R, R)$ 内可以逐项求积分,且积分后的级数收敛半径仍为 R.

定理 7.4.6 如果幂级数 $\sum\limits_{n=0}^{\infty} a_n x^n$ 的和函数为 $S(x)$,收敛半径为 R,则对于任意 x, $|x| < R$,都有

$$S'(x) = \left(\sum_{n=0}^{\infty} a_n x^n \right)' = \sum_{n=0}^{\infty} (a_n x^n)' = \sum_{n=1}^{\infty} a_n n x^{n-1}, \qquad \text{⑧}$$

即 $S(x)$ 在收敛的区间 $(-R, R)$ 内可导,且导数可以通过逐项求导得到,求导后的幂级数收敛半径仍为 R.

推论 幂级数 $\sum\limits_{n=0}^{\infty} a_n x^n$ 的和函数 $S(x)$ 在收敛区间 $(-R, R)$ 上具有任意阶导数,且

$$S^{(n)}(x) = \sum_{k=0}^{\infty} (a_k x^k)^{(n)} = n! \, a_n + (n+1)n\cdots 2 a_{n+1} x + \cdots.$$

另外,还可以证明,如果逐项求极限、逐项求导、逐项积分后所得的幂级数在 $x = R$ 或 $x = -R$ 处收敛,则在 $x = R$ 或 $x = -R$ 处等式⑥、⑦、⑧仍然成立.

例 7-4-4 证明:

(1) $\dfrac{1}{(1-x)^2} = 1 + 2x + 3x^2 + \cdots + nx^{n-1} + \cdots, \ |x| < 1$;

(2) $\ln 2 = \sum\limits_{n=1}^{\infty} \dfrac{1}{2^n n}$.

证 以几何级数

$$\frac{1}{1-x} = 1 + x + x^2 + \cdots + x^n + \cdots, \ |x| < 1$$

作为出发点.

(1) 进行逐项求导,得到

$$\frac{1}{(1-x)^2} = \left(\frac{1}{1-x}\right)' = 1 + 2x + 3x^2 + \cdots + nx^{n-1} + \cdots, \ |x| < 1.$$

(2) 进行逐项求积,得到

$$-\ln(1-x) = \int_0^x \frac{dt}{1-t} = \sum_{n=0}^{\infty} \int_0^x t^n dt = \sum_{n=0}^{\infty} \frac{x^{n+1}}{n+1} = \sum_{n=1}^{\infty} \frac{x^n}{n}, \ |x| < 1,$$

其中令 $x = \dfrac{1}{2}$,便得

$$\ln 2 = \sum_{n=1}^{\infty} \frac{1}{2^n n}.$$

例 7-4-5 求级数 $\sum\limits_{n=0}^{\infty} \dfrac{x^n}{n!}$ 的和函数.

解 由于

$$\rho = \lim_{n\to\infty} \frac{\dfrac{1}{(n+1)!}}{\dfrac{1}{n!}} = \lim_{n\to\infty} \frac{1}{n+1} = 0,$$

该级数在$(-\infty, +\infty)$内收敛. 设其和函数为$S(x)$, 即

$$S(x) = 1 + x + \frac{x^2}{2!} + \frac{x^3}{3!} + \cdots + \frac{x^n}{n!} + \cdots,$$

由逐项求导得到

$$S'(x) = 1 + x + \frac{x^2}{2!} + \cdots + \frac{x^{n-1}}{(n-1)!} + \cdots,$$

即$S'(x) = S(x)$, 或$\dfrac{S'(x)}{S(x)} = 1$. 对此式两边求不定积分, 得$\ln |S(x)| = x + C_1$, 从而有

$$S(x) = C\mathrm{e}^x, \quad C = \pm \mathrm{e}^{C_1}.$$

由$S(0) = 1$, 求得$C = 1$. 故所求和函数为$S(x) = \mathrm{e}^x$.

例 7-4-6 求数项级数$\displaystyle\sum_{n=1}^{\infty} \frac{n(n+1)}{3^n}$的和.

解 考察幂级数$\displaystyle\sum_{n=1}^{\infty} n(n+1)x^n$, 其收敛区间为$(-1, 1)$. 则

$$S(x) = \sum_{n=1}^{\infty} n(n+1)x^n = x \left(\sum_{n=1}^{\infty} x^{n+1} \right)''$$

$$= x \left(\frac{x^2}{1-x} \right)'' = \frac{2x}{(1-x)^3},$$

所以

$$\sum_{n=1}^{\infty} \frac{n(n+1)}{3^n} = S\left(\frac{1}{3} \right) = \frac{9}{4}.$$

从以上例子看到, 通过对某一幂级数逐项求导或逐项求积, 可间接地求得另一幂级数的和函数.

本节的重点是讨论幂级数的收敛特点及其运算性质.

(1) 定理 7.4.1 表明幂级数的收敛域呈区间形式, 即收敛域或是闭区间, 或是开区间, 或是半开半闭区间. 但要注意的是幂级数的收敛区间指的是开区间, 它与收敛域的概念有所不同. 求收敛域的一般步骤是先求出收敛区间, 再讨论幂级数在收敛区间两个端点的收敛性, 以确定端点是否属于收敛域. **幂级数的收敛域等于其收敛区间加上收敛的端点.**

(2) 求幂级数收敛半径的定理 7.4.2, 本质上是正项级数的比式判别法. 因此, 也可以用

根式判别法建立求幂级数收敛半径的定理(见习题 7-4 的第 2 题). 当幂级数为 $\sum\limits_{n=0}^{\infty} a_n x^{2n}$ 时, 不能直接用定理 7.4.2 的结论, 而必须改用正项级数的比式(或根式)判别法求幂级数的收敛半径; 或者令 $y = x^2$, 先求出 $\sum\limits_{n=0}^{\infty} a_n y^n$ 的收敛半径 R_y, 然后转而求得原级数的收敛半径 $R_x = \sqrt{R_y}$.

(3) 对于形如 $\sum\limits_{n=0}^{\infty} a_n (x - x_0)^n$ 的幂级数, 若该幂级数的收敛半径为 R, 则其收敛区间应是 $(x_0 - R, \ x_0 + R)$.

(4) 幂级数的和表示一个定义在收敛域上的函数. 这种用幂级数表示的函数在其收敛区间上的连续性、导数和积分, 都可通过对幂级数进行逐项求极限(即⑥式)、逐项求导数(即⑧式)和逐项求积分(即⑦式)而得.

习题 7-4

1. 求下列函数项级数的收敛域:

(1) $\sum\limits_{n=1}^{\infty} \dfrac{\sin nx}{n^2}$;
   (2) $\sum\limits_{n=1}^{\infty} \dfrac{n}{x^n}$.

2. 设幂级数 $\sum\limits_{n=0}^{\infty} a_n x^n$ 的收敛半径为 R. 若 $\lim\limits_{n \to \infty} \sqrt[n]{|a_n|} = \rho$, 试证明:

(1) 当 $0 < \rho < +\infty$ 时, $R = \dfrac{1}{\rho}$;

(2) 当 $\rho = 0$ 时, $R = +\infty$;

(3) 当 $\rho = +\infty$ 时, $R = 0$.

3. 求下列幂级数的收敛半径、收敛区间和收敛域:

(1) $\sum\limits_{n=1}^{\infty} nx^n$;
   (2) $\sum\limits_{n=1}^{\infty} \dfrac{x^n}{(2n-1)!}$;

(3) $\sum\limits_{n=1}^{\infty} \dfrac{(x+4)^n}{n}$;
   (4) $\sum\limits_{n=1}^{\infty} \dfrac{(x+2)^n}{n \cdot 2^n}$;

(5) $\sum\limits_{n=1}^{\infty} 10^n (x-1)^n$;
   (6) $\sum\limits_{n=1}^{\infty} (-1)^n \dfrac{x^n}{n^p} \quad (p > 0)$;

(7) $\sum\limits_{n=1}^{\infty} \dfrac{x^{3n}}{2^n}$;
   (8) $\sum\limits_{n=1}^{\infty} \dfrac{x^{4n+1}}{\left(4 + \dfrac{1}{4n}\right)^n}$;

(9) $\sum\limits_{n=1}^{\infty} \dfrac{n}{2^n + (-3)^n} x^{2n-1}$;
   (10) $\sum\limits_{n=1}^{\infty} \left(\dfrac{a^n}{n} + \dfrac{b^n}{n^2}\right) x^n \quad (a > b > 0)$.

4. 应用逐项求导或逐项求积的方法,求下列幂级数的和函数:

(1) $\sum_{n=1}^{\infty} \dfrac{x^{2n+1}}{2n+1}$;

(2) $\sum_{n=1}^{\infty} nx^n$;

(3) $\sum_{n=1}^{\infty} \dfrac{n+1}{n!} x^n$;

(4) $\sum_{n=1}^{\infty} \dfrac{n}{n+1} x^n$.

*5. 利用 $\sum_{n=0}^{\infty} x^n = \dfrac{1}{1-x}$, $|x| < 1$ 及幂级数的运算,证明:$\sum_{n=1}^{\infty} n^2 x^n = \dfrac{x + x^2}{(1-x)^3}$, $|x| < 1$.

6. 求下列级数的和:

(1) $\sum_{n=1}^{\infty} (-1)^{n-1} \dfrac{1}{n}$;

(2) $\sum_{n=1}^{\infty} \dfrac{1}{(2n-1)2^{n-1}}$.

7.5 函数的幂级数展开式

我们知道,幂级数 $\sum_{n=0}^{\infty} a_n x^n$ 在其收敛域内可以表示成 x 的某一个函数. 由于幂级数的形式简单且有很好的性质,因此在理论研究和近似计算中常常要解决相反的问题:给定了函数 $f(x)$,能否用一个收敛的幂级数来表示它呢?

若函数 $f(x)$ 在点 x_0 的某个邻域 $U(x_0)$ 内可以用一个收敛的幂级数 $\sum_{n=0}^{\infty} a_n (x-x_0)^n$ 来表示,即

$$f(x) = \sum_{n=0}^{\infty} a_n (x-x_0)^n, \quad x \in U(x_0), \qquad ①$$

则称幂级数 $\sum_{n=0}^{\infty} a_n (x-x_0)^n$ 为函数 $f(x)$ 在点 x_0 处的**幂级数展开式**,也称函数 $f(x)$ 在点 x_0 处**可展开为幂级数** $\sum_{n=0}^{\infty} a_n (x-x_0)^n$.

7.5.1 泰勒级数

首先研究,若函数 $f(x)$ 在点 x_0 处可展开为幂级数,如何求这个幂级数呢? 我们有下面的定理.

定理 7.5.1 若函数 $f(x)$ 在点 x_0 处可展开为幂级数

$$f(x) = \sum_{n=0}^{\infty} a_n (x-x_0)^n, \quad x \in U(x_0),$$

则

$$a_n = \frac{f^{(n)}(x_0)}{n!} \quad (n = 0, 1, 2, \cdots)^{1)}.$$ ②

证 由于对 $x \in U(x_0)$ 有

$$f(x) = a_0 + a_1(x - x_0) + a_2(x - x_0)^2 + a_3(x - x_0)^3 + \cdots + a_n(x - x_0)^n + \cdots,$$

根据收敛幂级数逐项求导法则得

$$f'(x) = a_1 + 2a_2(x - x_0) + 3a_3(x - x_0)^2 + \cdots + na_n(x - x_0)^{n-1} + \cdots,$$

$$f''(x) = 2a_2 + 3 \cdot 2a_3(x - x_0) + \cdots + n(n - 1)a_n(x - x_0)^{n-2} + \cdots,$$

$$\cdots\cdots\cdots\cdots$$

$$f^{(n)}(x) = n! \, a_n + (n + 1)n\cdots 2a_{n+1}(x - x_0) + \cdots,$$

$$\cdots\cdots\cdots\cdots$$

以 $x = x_0$ 代入以上各式,分别得到

$$a_0 = f(x_0), \ a_1 = f'(x_0), \ a_2 = \frac{f''(x_0)}{2!}, \ \cdots, \ a_n = \frac{f^{(n)}(x_0)}{n!}, \ \cdots.$$

定理 7.5.1 说明,若函数 $f(x)$ 在点 x_0 处可展开为幂级数,则其幂级数展开式是唯一确定的.

定义 7.5.1 若函数 $f(x)$ 在点 x_0 处存在任意阶导数,则称级数

$$\sum_{n=0}^{\infty} \frac{f^{(n)}(x_0)}{n!}(x - x_0)^n = f(x_0) + \frac{f'(x_0)}{1!}(x - x_0) + \frac{f''(x_0)}{2!}(x - x_0)^2$$
$$+ \cdots + \frac{f^{(n)}(x_0)}{n!}(x - x_0)^n + \cdots$$ ③

为函数 $f(x)$ 在点 x_0 处的**泰勒级数**. 当 $x_0 = 0$ 时,该级数又称为**马克劳林级数**.

由定义可知,只要函数 $f(x)$ 在点 x_0 处的任意阶导数存在,就可以按③式写出 $f(x)$ 在 x_0 处的泰勒级数. 但必须注意,这样写出的泰勒级数不一定在点 x_0 的某个邻域内收敛,即使收敛,其和函数也不一定就是 $f(x)$.

下面来讨论函数 $f(x)$ 在什么条件下可展开为它的泰勒级数,即 $f(x)$ 的泰勒级数在什么条件下收敛于 $f(x)$. 为此,用 $p_n(x)$ 表示 $f(x)$ 的泰勒级数③的前 $n + 1$ 项部分和,即

---

1) 记号 $f^{(0)}(x) = f(x)$, $0! = 1$.

$$p_n(x) = f(x_0) + \frac{f'(x_0)}{1!}(x - x_0) + \frac{f''(x_0)}{2!}(x - x_0)^2 + \cdots + \frac{f^{(n)}(x_0)}{n!}(x - x_0)^n. \qquad ④$$

称 $p_n(x)$ 为 $f(x)$ 在点 x_0 处的 **n 阶泰勒多项式**,并称

$$R_n(x) = f(x) - p_n(x) \qquad ⑤$$

为 $f(x)$ 在点 x_0 处的 **n 阶泰勒余项**.

于是,由泰勒级数的定义立即可得到 $f(x)$ 的泰勒级数③收敛于 $f(x)$ 的如下充要条件.

定理 7.5.2　设函数 $f(x)$ 在点 x_0 处有任意阶导数,则 $f(x)$ 的泰勒级数

$$\sum_{n=0}^{\infty} \frac{f^{(n)}(x_0)}{n!}(x - x_0)^n$$

在点 x_0 的某一邻域 $U(x_0)$ 内收敛于 $f(x)$ 的充要条件是:对一切 $x \in U(x_0)$,有

$$\lim_{n \to \infty} R_n(x) = \lim_{n \to \infty} [f(x) - p_n(x)] = 0,$$

其中 $R_n(x)$、$p_n(x)$ 分别是 $f(x)$ 在点 x_0 处的 n 阶泰勒余项、n 阶泰勒多项式.

7.5.2　泰勒中值定理

下面的定理 7.5.3 给出了函数 $f(x)$ 的 n 阶泰勒余项 $R_n(x)$ 的具体表达式.

定理 7.5.3(泰勒中值定理)　若函数 $f(x)$ 在点 x_0 的某个邻域 $U(x_0)$ 内有直到 $n + 1$ 阶的导数,x 为 $U(x_0)$ 内的任意点,则在 x_0 与 x 之间至少存在一点 ξ,使得

$$f(x) = f(x_0) + \frac{f'(x_0)}{1!}(x - x_0) + \frac{f''(x_0)}{2!}(x - x_0)^2 + \cdots + \frac{f^{(n)}(x_0)}{n!}(x - x_0)^n + \frac{f^{(n+1)}(\xi)}{(n + 1)!}(x - x_0)^{n+1}.$$

$$⑥$$

*证　当 $x = x_0$ 时,⑥式显然成立. 设 $x \neq x_0$,若记 $Q_n(x) = (x - x_0)^{n+1}$,则定理结论中的⑥式可以改写为

$$\frac{f(x) - p_n(x)}{(x - x_0)^{n+1}} = \frac{f^{(n+1)}(\xi)}{(n + 1)!},$$

即

$$\frac{R_n(x)}{Q_n(x)} = \frac{f^{(n+1)}(\xi)}{(n + 1)!}, \ \xi \ 在 \ x_0 \ 与 \ x \ 之间.$$

由于,$R_n(x) = f(x) - p_n(x)$ 在 $U(x_0)$ 内有直到 $n+1$ 阶的导数,且有

$$R_n(x_0) = R'_n(x_0) = \cdots = R_n^{(n)}(x_0) = 0,$$

$$Q_n(x_0) = Q'_n(x_0) = \cdots = Q_n^{(n)}(x_0) = 0.$$

不妨设 $x > x_0$(对 $x < x_0$ 的情形可类似地讨论),在区间 $[x_0, x]$ 上用柯西中值定理 $n+1$ 次,就有

$$\frac{R_n(x)}{Q_n(x)} = \frac{R_n(x) - R_n(x_0)}{Q_n(x) - Q_n(x_0)} = \frac{R'_n(\xi_1)}{Q'_n(\xi_1)} = \frac{R'_n(\xi_1) - R'_n(x_0)}{Q'_n(\xi_1) - Q'_n(x_0)}$$

$$= \frac{R''_n(\xi_2)}{Q''_n(\xi_2)} = \cdots = \frac{R_n^{(n)}(\xi_n)}{Q_n^{(n)}(\xi_n)}$$

$$= \frac{R_n^{(n)}(\xi_n) - R_n^{(n)}(x_0)}{Q_n^{(n)}(\xi_n) - Q_n^{(n)}(x_0)} = \frac{R_n^{(n+1)}(\xi)}{Q_n^{(n+1)}(\xi)}, \ x_0 < \xi < \xi_n < \cdots < \xi_2 < \xi_1 < x.$$

因为

$$R_n^{(n+1)}(\xi) = f^{(n+1)}(\xi), \ Q_n^{(n+1)}(\xi) = (n+1)!,$$

所以

$$\frac{R_n(x)}{Q_n(x)} = \frac{f^{(n+1)}(\xi)}{(n+1)!}, \ \xi \ 在 \ x_0 \ 与 \ x \ 之间.$$

即

$$R_n(x) = f(x) - p_n(x) = \frac{f^{(n+1)}(\xi)}{(n+1)!}(x - x_0)^{n+1}, \ \xi \ 在 \ x_0 \ 与 \ x \ 之间 \quad\quad ⑦$$

这就是定理的结论.

⑦式所表示的余项称为 $f(x)$ 的**拉格朗日型余项**,⑥式称为 $f(x)$ 的 n **阶泰勒公式**.

当 $n = 0$ 时,定理 7.5.3 就是拉格朗日中值定理.

当 $x_0 = 0$ 时泰勒公式⑥成为

$$f(x) = f(0) + f'(0)x + \cdots + \frac{f^{(n)}(0)}{n!}x^n + \frac{f^{(n+1)}(\xi)}{(n+1)!}x^{n+1}, \ \xi \ 在 \ 0 \ 与 \ x \ 之间. \quad\quad ⑧$$

⑧式又称为 $f(x)$ 的**马克劳林公式**.

由定理 7.5.2 和定理 7.5.3 可知,若函数 $f(x)$ 的拉格朗日型余项有

$$\lim_{n \to \infty} \frac{f^{(n+1)}(\xi)}{(n+1)!}(x - x_0)^{n+1} = 0, \quad x \in U(x_0),$$

则 $f(x)$ 在点 x_0 处可展开为泰勒级数, 即

$$f(x) = f(x_0) + \frac{f'(x_0)}{1!}(x - x_0) + \frac{f''(x_0)}{2!}(x - x_0)^2 + \cdots + \frac{f^{(n)}(x_0)}{n!}(x - x_0)^n + \cdots, \quad x \in U(x_0).$$

当 $x_0 = 0$ 时, 若

$$\lim_{n \to \infty} \frac{f^{(n+1)}(\xi)}{(n+1)!} x^{n+1} = 0, \quad x \in U(0),$$

则 $f(x)$ 在 $x = 0$ 处可展开为马克劳林级数

$$f(x) = f(0) + \frac{f'(0)}{1!}x + \frac{f''(0)}{2!}x^2 + \cdots + \frac{f^{(n)}(0)}{n!}x^n + \cdots, \quad x \in U(0).$$

7.5.3 初等函数的幂级数展开式

设 $f(x)$ 在 x_0 处任意阶可导, 将函数 $f(x)$ 在点 x_0 处展开成幂级数的步骤为:

(1) 求出 $f(x)$ 在点 x_0 处的各阶导数

$$f(x_0), f'(x_0), f''(x_0), \cdots, f^{(n)}(x_0), \cdots;$$

(2) 写出 $f(x)$ 在 x_0 处的泰勒级数

$$\sum_{n=0}^{\infty} \frac{f^{(n)}(x_0)}{n!}(x - x_0)^n = f(x_0) + f'(x_0)(x - x_0) + \cdots + \frac{f^{(n)}(x_0)}{n!}(x - x_0)^n + \cdots$$

并求出它的收敛半径 R;

(3) 写出 $f(x)$ 的拉格朗日余项

$$R_n(x) = \frac{f^{(n+1)}(\xi)}{(n+1)!}(x - x_0)^{n+1}, \xi \text{ 介于 } x \text{ 与 } x_0 \text{ 之间},$$

考察极限

$$\lim_{n \to \infty} R_n(x) = \lim_{n \to \infty} \frac{f^{(n+1)}(\xi)}{(n+1)!}(x - x_0)^{n+1}, \quad |x - x_0| < R$$

是否为零. 如果为零, 则函数 $f(x)$ 在 $(x_0 - R, x_0 + R)$ 内可以展开成 $(x - x_0)$ 的幂级数, 即

$$f(x) = \sum_{n=0}^{\infty} \frac{f^{(n)}(x_0)}{n!}(x - x_0)^n, \quad x \in (x_0 - R, x_0 + R). \tag{9}$$

上述求函数 $f(x)$ 幂级数展开式的方法称为**直接法**.

例 7 – 5 – 1 求函数 $f(x) = e^x$ 在 $x = 0$ 处的幂级数展开式.

解 由

$$f^{(n)}(x) = e^x, f^{(n)}(0) = 1, (n = 0, 1, 2, \cdots)$$

因而 e^x 的马克劳林级数为

$$\sum_{n=0}^{\infty} \frac{x^n}{n!} = 1 + x + \frac{x^2}{2!} + \cdots + \frac{x^n}{n!} + \cdots,$$

其收敛半径为 $R = +\infty$. 对于任意确定的 $x \in (-\infty, +\infty)$，e^x 的拉格朗日型余项的绝对值为

$$|R_n(x)| = \left| \frac{e^\xi}{(n+1)!} x^{n+1} \right| \leqslant \frac{e^{|x|}}{(n+1)!} |x|^{n+1}, \xi \text{在 0 与 } x \text{之间.}$$

由于 $e^{|x|}$ 是与 n 无关的一个有限数，而 $\frac{|x|^{n+1}}{(n+1)!}$ 是收敛级数 $\sum_{n=0}^{\infty} \frac{|x|^n}{n!}$ 的一般项，故对一切 $x \in (-\infty, +\infty)$，有

$$\lim_{n \to \infty} \frac{|x|^{n+1}}{(n+1)!} = 0,$$

因此

$$\lim_{n \to \infty} R_n(x) = 0, \quad x \in (-\infty, +\infty).$$

于是，e^x 在 $x = 0$ 处的幂级数展开式为

$$e^x = 1 + x + \frac{x^2}{2!} + \cdots + \frac{x^n}{n!} + \cdots = \sum_{n=0}^{\infty} \frac{x^n}{n!}, \quad x \in (-\infty, +\infty).$$

例 7 – 5 – 2 求函数 $f(x) = \sin x$ 在 $x = 0$ 处的幂级数展开式.

解 由于

$$f^{(n)}(x) = \sin\left(x + \frac{n\pi}{2}\right), (n = 0, 1, 2, \cdots)$$

因此

$$f^{(2k)}(0) = 0, f^{(2k+1)}(0) = (-1)^k, (k = 0, 1, 2, \cdots)$$

函数 $\sin x$ 的马克劳林级数为

$$x - \frac{x^3}{3!} + \frac{x^5}{5!} + \cdots + (-1)^k \frac{x^{2k+1}}{(2k+1)!} + \cdots,$$

其收敛半径为 $R = +\infty$. 对于任意确定的 $x \in (-\infty, +\infty)$，$\sin x$ 的拉格朗日型余项的绝对

值为

$$| R_n(x) | = \left| \frac{\sin\left(\xi + (n + 1)\frac{\pi}{2}\right)}{(n + 1)!}x^{n+1} \right| \leqslant \frac{| x |^{n+1}}{(n + 1)!}, \ \xi \text{ 在 } 0 \text{ 与 } x \text{ 之间.}$$

由于 $\lim\limits_{n \to \infty} \dfrac{| x |^{n+1}}{(n + 1)!} = 0$, 因此

$$\lim_{n \to \infty} R_n(x) = 0, \quad x \in (-\infty, +\infty).$$

于是 $\sin x$ 在 $x = 0$ 处的幂级数展开式为

$$\sin x = x - \frac{x^3}{3!} + \frac{x^5}{5!} + \cdots + (-1)^k \frac{x^{2k+1}}{(2k + 1)!} + \cdots$$

$$= \sum_{k=0}^{\infty} (-1)^k \frac{x^{2k+1}}{(2k + 1)!}, \quad x \in (-\infty, +\infty).$$

同样可得 $\cos x$ 在 $x = 0$ 处的幂级数展开式为

$$\cos x = 1 - \frac{x^2}{2!} + \frac{x^4}{4!} + \cdots + (-1)^k \frac{x^{2k}}{(2k)!} + \cdots$$

$$= \sum_{k=0}^{\infty} (-1)^k \frac{x^{2k}}{(2k)!}, \quad x \in (-\infty, +\infty).$$

例 7 - 5 - 3 求函数 $f(x) = (1 + x)^\alpha$(α 为实数) 在 $x = 0$ 处的幂级数展开式.

解 $f(x)$ 的各阶导数为

$$f'(x) = \alpha(1 + x)^{\alpha-1}, \cdots,$$

$$f^{(n)}(x) = \alpha(\alpha - 1)\cdots(\alpha - n + 1)(1 + x)^{\alpha-n} \quad (n > 1).$$

因此 $f(0) = 1, f'(0) = \alpha, \cdots, f^{(n)}(0) = \alpha(\alpha - 1)\cdots(\alpha - n + 1), \cdots.$

函数 $(1 + x)^\alpha$ 的马克劳林级数为

$$1 + \frac{\alpha}{1!}x + \frac{\alpha(\alpha - 1)}{2!}x^2 + \cdots + \frac{\alpha(\alpha - 1)\cdots(\alpha - n + 1)}{n!}x^n + \cdots.$$

又由

$$\lim_{n \to \infty} \left| \frac{a_{n+1}}{a_n} \right| = \lim_{n \to \infty} \left| \frac{\alpha - n}{n + 1} \right| = 1,$$

可得级数的收敛区间为 $(-1, 1)$, 并可以证明(证明略)在 $(-1, 1)$ 内其余项 $R_n(x)$ 当 $n \to \infty$ 时极限为 0. 于是 $(1 + x)^\alpha$ 在 $x = 0$ 处的幂级数展开式为

$$(1 + x)^{\alpha} = 1 + \frac{\alpha}{1!}x + \frac{\alpha(\alpha - 1)}{2!}x^2 + \cdots + \frac{\alpha(\alpha - 1)\cdots(\alpha - n + 1)}{n!}x^n + \cdots$$

$$= 1 + \sum_{n=1}^{\infty} \frac{\alpha(\alpha - 1)\cdots(\alpha - n + 1)}{n!}x^n, \ x \in (-1, 1).$$

等式右边的级数称为**二项式级数**. 当 α 是正整数时, 级数成为 x 的 α 次多项式, 它就是二项式公式.

对应于 $\alpha = \dfrac{1}{2}$ 或 $-\dfrac{1}{2}$ 的二项式级数分别为

$$\sqrt{1 + x} = 1 + \frac{1}{2}x - \frac{1}{4 \cdot 2}x^2 + \frac{3 \cdot 1}{6 \cdot 4 \cdot 2}x^3 + \cdots + (-1)^{n+1}\frac{(2n - 3)!!}{(2n)!!}x^n + \cdots,$$

$$(-1 \leqslant x \leqslant 1)$$

$$\frac{1}{\sqrt{1 + x}} = 1 - \frac{1}{2}x + \frac{3 \cdot 1}{4 \cdot 2}x^2 - \frac{5 \cdot 3 \cdot 1}{6 \cdot 4 \cdot 2}x^3 + \cdots + (-1)^n\frac{(2n - 1)!!}{(2n)!!}x^n + \cdots.$$

$$(-1 < x \leqslant 1)$$

上述各例都是用直接法将函数展开成幂级数. 这种直接展开法计算量较大, 而且要确定余项 $R_n(x)$ 当 $n \to \infty$ 时是否趋于 0 也较为困难. 但是, 由于幂级数展开式的唯一性, 我们可以从一些已知的幂级数展开式出发, 利用幂级数的运算性质, 得到其他一些函数的幂级数展开式. 这种方法称为**间接法**.

例 7-5-4 求下列函数在 $x = 0$ 处的幂级数展开式:

(1) $f(x) = \ln(1 + x)$;   (2) $f(x) = \ln\dfrac{1 + x}{1 - x}$.

解 (1) 对几何级数

$$\frac{1}{1 + x} = 1 - x + x^2 + \cdots + (-1)^{n-1}x^{n-1} + \cdots, \ -1 < x < 1$$

从 0 到 x 逐项求积分, 便得到

$$\ln(1 + x) = x - \frac{x^2}{2} + \frac{x^3}{3} - \frac{x^4}{4} + \cdots + (-1)^{n-1}\frac{x^n}{n} + \cdots, \ -1 < x < 1.$$

因为上式右边的幂级数在 $x = 1$ 处收敛, 所以这个展开式在 $x = 1$ 处也成立, 此时有

$$\ln 2 = 1 - \frac{1}{2} + \frac{1}{3} - \frac{1}{4} + \cdots.$$

(2) 因为

$$\ln \frac{1+x}{1-x} = \ln(1+x) - \ln(1-x).$$

$$\ln(1+x) = x - \frac{x^2}{2} + \frac{x^3}{3} - \frac{x^4}{4} + \cdots + (-1)^{n-1}\frac{x^n}{n} + \cdots, \quad -1 < x \leqslant 1.$$

把其中 x 换为 $-x$,得

$$\ln(1-x) = -x - \frac{x^2}{2} - \frac{x^3}{3} - \frac{x^4}{4} - \cdots - \frac{x^n}{n} - \cdots, \quad -1 \leqslant x < 1.$$

在它们收敛域的公共部分内,把两个级数逐项相减,就得到函数 $\ln \dfrac{1+x}{1-x}$ 的幂级数展开式

$$\ln \frac{1+x}{1-x} = 2\left(x + \frac{x^3}{3} + \frac{x^5}{5} + \cdots + \frac{x^{2k-1}}{2k-1} + \cdots\right), \quad -1 < x < 1.$$

例 7-5-5 求函数 $f(x) = \arctan x$ 在 $x=0$ 处的幂级数展开式.

解 因为 $(\arctan x)' = \dfrac{1}{1+x^2}$,而

$$\frac{1}{1+x^2} = 1 - x^2 + x^4 - x^6 + \cdots + (-1)^n x^{2n} + \cdots, \quad -1 < x < 1.$$

从 0 到 x 逐项求积分得到

$$\arctan x = x - \frac{x^3}{3} + \frac{x^5}{5} + \cdots + (-1)^n \frac{x^{2n+1}}{2n+1} + \cdots, \quad -1 < x < 1.$$

上式右边的幂级数在 $x = \pm 1$ 处收敛,所以这个展开式在区间端点 $x = \pm 1$ 处也成立. 由此可求得

$$\frac{\pi}{4} = 1 - \frac{1}{3} + \frac{1}{5} - \frac{1}{7} + \cdots.$$

例 7-5-6 求函数 $f(x) = \dfrac{1}{x^2 - x - 6}$ 在 $x=0$ 处的幂级数展开式.

解 因为

$$f(x) = \frac{1}{x^2 - x - 6} = \frac{1}{5}\left(\frac{1}{x-3} - \frac{1}{x+2}\right),$$

$$\frac{1}{x-3} = -\frac{1}{3}\frac{1}{1-\dfrac{x}{3}} = -\frac{1}{3}\sum_{n=0}^{\infty}\frac{1}{3^n}x^n, \quad x \in (-3, 3),$$

$$\frac{1}{x+2} = \frac{1}{2}\frac{1}{1+\frac{x}{2}} = \frac{1}{2}\sum_{n=0}^{\infty}\frac{(-1)^n}{2^n}x^n, \quad x \in (-2, 2),$$

因此

$$f(x) = \frac{1}{5}\left(\frac{1}{x-3} - \frac{1}{x+2}\right) = -\frac{1}{5}\left[\frac{1}{3}\sum_{n=0}^{\infty}\frac{1}{3^n}x^n + \frac{1}{2}\sum_{n=0}^{\infty}\frac{(-1)^n}{2^n}x^n\right]$$

$$= -\frac{1}{5}\sum_{n=0}^{\infty}\left(\frac{1}{3^{n+1}} + \frac{(-1)^n}{2^{n+1}}\right)x^n, \quad x \in (-2, 2).$$

例 7-5-7　求函数 $f(x) = \sin x$ 在 $x = \frac{\pi}{4}$ 处的幂级数展开式.

解　若令 $x - \frac{\pi}{4} = t$，则

$$\sin x = \sin\left(\frac{\pi}{4} + t\right) = \frac{1}{\sqrt{2}}(\cos t + \sin t),$$

因为

$$\cos t = 1 - \frac{t^2}{2!} + \frac{t^4}{4!} - \cdots + (-1)^n\frac{t^{2n}}{(2n)!} + \cdots, \quad t \in (-\infty, +\infty)$$

$$\sin t = t - \frac{t^3}{3!} + \frac{t^5}{5!} - \cdots + (-1)^n\frac{t^{2n+1}}{(2n+1)!} + \cdots, \quad t \in (-\infty, +\infty)$$

所以

$$\sin x = \frac{1}{\sqrt{2}}\left(1 + t - \frac{t^2}{2!} - \frac{t^3}{3!} + \frac{t^4}{4!} + \frac{t^5}{5!} - \cdots\right)$$

$$= \frac{1}{\sqrt{2}}\left[1 + \left(x - \frac{\pi}{4}\right) - \frac{1}{2!}\left(x - \frac{\pi}{4}\right)^2 - \frac{1}{3!}\left(x - \frac{\pi}{4}\right)^3 + \right.$$

$$\left. \frac{1}{4!}\left(x - \frac{\pi}{4}\right)^4 + \frac{1}{5!}\left(x - \frac{\pi}{4}\right)^5 - \cdots\right], \quad x \in (-\infty, +\infty).$$

*例 7-5-8　将函数 $f(x) = \arctan\dfrac{1-x}{1+x}$ 展开成 x 的幂级数, 并求级数 $\displaystyle\sum_{n=0}^{\infty}\frac{(-1)^n}{2n+1}$ 的和.

解　因为

$$f'(x) = -\frac{1}{1+x^2} = \sum_{n=0}^{\infty}(-1)^{n+1}x^{2n}, \quad x \in (-1, 1),$$

又 $f(0) = \dfrac{\pi}{4}$,所以

$$f(x) = f(0) + \int_0^x f'(t)\,\mathrm{d}t = \frac{\pi}{4} + \int_0^x \Big[\sum_{n=0}^{\infty} (-1)^{n+1} t^{2n} \Big]\,\mathrm{d}t$$

$$= \frac{\pi}{4} + \sum_{n=0}^{\infty} \frac{(-1)^{n+1}}{2n+1} x^{2n+1}, \quad x \in (-1, 1),$$

注意到 $\displaystyle\sum_{n=0}^{\infty} \frac{(-1)^{n+1}}{2n+1}$ 收敛,函数 $f(x)$ 在 $x = 1$ 处连续,所以

$$f(x) = \frac{\pi}{4} + \sum_{n=0}^{\infty} \frac{(-1)^{n+1}}{2n+1} x^{2n+1}, \quad x \in (-1, 1].$$

令 $x = 1$,得

$$f(1) = \frac{\pi}{4} + \sum_{n=0}^{\infty} \frac{(-1)^{n+1}}{2n+1},$$

由 $f(1) = 0$,得

$$\sum_{n=0}^{\infty} \frac{(-1)^n}{2n+1} = \frac{\pi}{4} - f(1) = \frac{\pi}{4}.$$

本段所介绍的 e^x 、 $\sin x$ 、 $\cos x$ 、 $\ln(1+x)$ 、 $(1+x)^\alpha$ 等函数在 $x = 0$ 处的幂级数展开式都是很重要的基本公式,必须记住.

*7.5.4 近似计算

在中学学习时我们就熟悉了对数函数表和三角函数表,这些表中的函数值是怎么计算出来的? 有了函数的幂级数展开就能解开这个迷了.

例 7-5-9 求 e 的近似值(精确到小数点后第四位).

解 在 e^x 的幂级数展开式中令 $x = 1$,得

$$\mathrm{e} = 1 + 1 + \frac{1}{2!} + \frac{1}{3!} + \cdots + \frac{1}{n!} + \cdots.$$

若取级数前 $n + 1$ 项部分和作为 e 的近似值,则其误差为

$$|R_n(1)| = \frac{\mathrm{e}^\xi}{(n+1)!} \cdot 1^{n+1} = \frac{\mathrm{e}^\xi}{(n+1)!} < \frac{3}{(n+1)!}, \quad 0 < \xi < 1.$$

不难验证,只要取 $n = 7$,就有

$$|R_7(1)| < \frac{3}{8!} = 0.000\,074 < 0.000\,1,$$

因此可以取级数的前 8 项之和作为 e 的近似值,即

$$e \approx 1 + 1 + 0.5 + 0.166\,67 + 0.041\,67 + 0.008\,33 + 0.001\,39 + 0.000\,20$$

$$\approx 2.718\,3.$$

例 7 - 5 - 10　求 $\sin 9°$ 的近似值(精确到小数点后第五位).

解　首先把角度化为弧度

$$9° = \frac{\pi}{180} \cdot 9\ \text{rad} = \frac{\pi}{20}\text{rad}.$$

在 $\sin x$ 的幂级数展开式中,令 $x = \frac{\pi}{20}$,得

$$\sin \frac{\pi}{20} = \frac{\pi}{20} - \frac{1}{3!}\left(\frac{\pi}{20}\right)^3 + \frac{1}{5!}\left(\frac{\pi}{20}\right)^5 - \frac{1}{7!}\left(\frac{\pi}{20}\right)^7 + \cdots.$$

等式右边是满足莱布尼茨收敛条件的交错级数,若取级数的前两项之和作为 $\sin\frac{\pi}{20}$ 的近似值,其误差为

$$|R_2| < \frac{1}{5!}\left(\frac{\pi}{20}\right)^5 < \frac{1}{5!}\left(\frac{1}{5}\right)^5 < 10^{-5}.$$

于是取

$$\sin 9° = \sin \frac{\pi}{20} \approx \frac{\pi}{20} - \frac{1}{3!}\left(\frac{\pi}{20}\right)^3 \approx 0.157\,080 - 0.000\,646 \approx 0.156\,43.$$

例 7 - 5 - 11　求 $\ln 2$ 的近似值(精确到小数点后第四位).

解　由例 7 - 5 - 4 知

$$\ln 2 = 1 - \frac{1}{2} + \frac{1}{3} - \frac{1}{4} + \cdots + (-1)^{n-1}\frac{1}{n} + \cdots.$$

等式右边是满足莱布尼茨收敛条件的交错级数,若用前 n 项之和作为 $\ln 2$ 的近似值,则其误差不超过第 $n + 1$ 项的绝对值 $\frac{1}{n+1}$. 要求近似值精确到小数点后第四位,需要取级数的前一万项进行计算,这说明此级数收敛速度太慢,不太实用. 为此需要寻找收敛得较快的级数.

由例 7 - 5 - 4 知

$$\ln \frac{1+x}{1-x} = 2\left(x + \frac{x^3}{3} + \frac{x^5}{5} + \cdots + \frac{x^{2n+1}}{2n+1} + \cdots\right), \quad -1 < x < 1.$$

令 $\dfrac{1+x}{1-x} = 2$,解得 $x = \dfrac{1}{3}$. 以 $x = \dfrac{1}{3}$ 代入上式,得到

$$\ln 2 = 2\left(\frac{1}{3} + \frac{1}{3} \cdot \frac{1}{3^3} + \cdots + \frac{1}{2n+1} \cdot \frac{1}{3^{2n+1}} + \cdots\right).$$

若用级数的前 n 项之和作为 $\ln 2$ 的近似值,其误差为

$$0 < R_n = 2\left(\frac{1}{2n+1} \cdot \frac{1}{3^{2n+1}} + \frac{1}{2n+3} \cdot \frac{1}{3^{2n+3}} + \cdots\right) < \frac{2}{(2n+1) \cdot 3^{2n+1}}\left(1 + \frac{1}{3^2} + \frac{1}{3^4} + \cdots\right)$$

$$= \frac{2}{(2n+1) \cdot 3^{2n+1}} \cdot \frac{1}{1 - \dfrac{1}{3^2}} = \frac{1}{4(2n+1) \cdot 3^{2n-1}}.$$

若取 $n = 4$,则得

$$0 < R_4 < \frac{1}{4 \times 9 \times 3^7} = \frac{1}{78\,732} < 10^{-4}.$$

因此只需取

$$\ln 2 \approx 2\left(\frac{1}{3} + \frac{1}{3} \cdot \frac{1}{3^3} + \frac{1}{5} \cdot \frac{1}{3^5} + \frac{1}{7} \cdot \frac{1}{3^7}\right)$$

$$\approx 2(0.333\,33 + 0.012\,35 + 0.000\,82 + 0.000\,07)$$

$$\approx 0.693\,1.$$

例 7-5-12 计算积分 $\dfrac{2}{\sqrt{\pi}} \displaystyle\int_0^{\frac{1}{2}} \mathrm{e}^{-x^2} \mathrm{d}x$ 的近似值(精确到小数点后第四位).

解 用幂级数展开式来求积分的近似值. 由

$$\mathrm{e}^{-x^2} = 1 - x^2 + \frac{x^4}{2!} - \frac{x^6}{3!} + \cdots, \quad -\infty < x < +\infty$$

逐项积分后得到

$$\frac{2}{\sqrt{\pi}} \int_0^{\frac{1}{2}} \mathrm{e}^{-x^2} \mathrm{d}x = \frac{2}{\sqrt{\pi}} \int_0^{\frac{1}{2}}\left(1 - x^2 + \frac{x^4}{2!} - \frac{x^6}{3!} + \cdots\right) \mathrm{d}x$$

$$= \frac{1}{\sqrt{\pi}}\left(1 - \frac{1}{2^2 \cdot 3} + \frac{1}{2^4 \cdot 5 \cdot 2!} - \frac{1}{2^6 \cdot 7 \cdot 3!} + \cdots\right).$$

括号内是满足莱布尼茨收敛条件的交错级数，其第五项

$$\frac{1}{\sqrt{\pi}} \cdot \frac{1}{2^8 \cdot 9 \cdot 4!} < 10^{-4}.$$

因此，只要取前四项作为积分的近似值，即

$$\frac{2}{\sqrt{\pi}} \int_0^{\frac{1}{2}} e^{-x^2} dx \approx \frac{1}{\sqrt{\pi}} \left(1 - \frac{1}{2^2 \cdot 3} + \frac{1}{2^4 \cdot 5 \cdot 2!} - \frac{1}{2^6 \cdot 7 \cdot 3!} \right)$$

$$\approx 0.564\,19(1 - 0.083\,33 + 0.006\,25 - 0.000\,37)$$

$$\approx 0.520\,5.$$

积分 $\Phi(a) = \frac{2}{\sqrt{\pi}} \int_0^a e^{-x^2} dx$ 称为概率积分，对 a 的不同值，$\Phi(a)$ 有表可查. 例 $7-5-12$ 给出了概率积分表的制作方法.

本节的重点是求函数的幂级数展开式，特别是在 $x = 0$ 处的幂级数展开式.

（1）幂级数展开法有按定理 7.5.2、定理 7.5.3 的直接法和利用幂级数运算性质、逐项求导或逐项求积的间接法，利用间接法可减少许多繁复的计算.

（2）求函数在 $x = x_0$ 处的幂级数展开式也可先作变换 $t = x - x_0$，再使用在 $t = 0$ 处的幂级数展开方法；对某些形如 $f(x^n)$（n 为正整数）的函数，可以先作代换 $t = x^n$，再求 $f(t)$ 在 $t = 0$ 处的展开式. 对上述两种情形，得到关于 t 的展开式后，再把 t 换成 $x - x_0$ 或 x^n 即可.

（3）对展开后的幂级数必须讨论其收敛域，特别是采用逐项求导或逐项求积方法得到的幂级数展开式，更须注意讨论其在收敛区间端点处的收敛性.

（4）幂级数展开式中的系数公式为 $a_n = \frac{f^{(n)}(x_0)}{n!}$. 它一方面说明 $f(x)$ 的幂级数展开式的系数由 $f(x)$ 及其各阶导函数在点 x_0 处的值唯一确定；另一方面说明，如果函数 $f(x)$ 的幂级数展开式为已知，那么 $f(x)$ 在收敛区间中心点处的各阶导数值也就可以从幂级数的系数立即获得. 然而要注意，即使函数 $f(x)$ 在点 x_0 处有任意阶导数，按 $a_n = \frac{f^{(n)}(x_0)}{n!}$ 得到的级数 $\sum_{n=0}^{\infty} a_n(x - x_0)^n$ 也不一定能收敛于 $f(x)$. 例如，函数

$$f(x) = \begin{cases} e^{-\frac{1}{x^2}}, & x \neq 0 \\ 0, & x = 0. \end{cases}$$

由于对任何 n，都有 $f^{(n)}(0) = 0$，因此 $f(x)$ 在 $x = 0$ 处的泰勒级数为

$$0 + 0 \cdot x + 0 \cdot x^2 + \cdots + 0 \cdot x^n + \cdots,$$

且其收敛域为 $(-\infty, +\infty)$，但显然此泰勒级数当 $x \neq 0$ 时并不收敛于函数 $f(x)$.

(5) 利用幂级数进行近似计算，其误差是通过估计级数的余项得到的. 一般情况下，对于满足莱布尼茨收敛条件的交错级数，它的余项的绝对值不超过余项中第一个项绝对值，由此得到误差的估计(例 7-5-10、例 7-5-12). 对于正项级数，它的余项往往可以通过与几何级数相比较来进行估计(例 7-5-11).

(6) 用幂级数进行近似计算时，截去余项所产生的误差称为截断误差，在进行实际计算时，每一次算术运算还会产生舍入误差. 为保证计算结果的精确度，必须多取几位有效数字进行计算.

习题 7-5

1. 用间接展开法求下列函数在 $x = 0$ 处的幂级数展开式：

(1) $f(x) = e^{2x}$；

(2) $f(x) = \sin \dfrac{x}{3}$；

(3) $f(x) = \ln(3 + x)$；

(4) $f(x) = \dfrac{x}{1 - 2x}$；

(5) $f(x) = x^2 \cos x$；

(6) $f(x) = \sin^2 x$；

(7) $f(x) = \dfrac{1}{(1 + x)^2}$ $(x \neq -1)$；

(8) $f(x) = \arctan 2x$；

(9) $f(x) = \displaystyle\int_0^x \dfrac{\sin t}{t} dt$；

(10) $f(x) = \displaystyle\int_0^x \dfrac{\arctan t}{t} dt$；

(11) $\dfrac{1}{\sqrt{1 - x^2}}$；

(12) $\dfrac{3}{(1 - x)(1 + 2x)}$.

2. 用间接展开法求下列函数在指定点处的幂级数展开式：

(1) $f(x) = 3 + 2x - 4x^2 + 7x^3$，$x = 1$；

(2) $f(x) = \dfrac{1}{x}$，$x = 3$；

(3) $f(x) = \ln x$，$x = 2$；

(4) $f(x) = \cos x$，$x = -\dfrac{\pi}{3}$；

(5) $f(x) = \sqrt{x}$，$x = 4$；

(6) $f(x) = \dfrac{1}{x^2 + 3x + 2}$，$x = -4$.

3. 利用函数的幂级数展开式，求下列各数的近似值(精确到小数点后第四位)：

(1) $\cos 5°$；

(2) $\sqrt{e}$；

（3）$\sqrt[3]{500}$；

（4）$\sqrt[5]{30}$；

（5）$\ln 3$；

（6）$\int_0^{\frac{1}{2}} \dfrac{1}{1+x^4} \mathrm{d}x$；

（7）$\int_0^1 \dfrac{\sin x}{x} \mathrm{d}x$；

（8）$\int_0^{\frac{1}{2}} \dfrac{\arctan x}{x} \mathrm{d}x$.

*7.6   傅里叶级数

在前面讨论函数的幂级数展开时知道，一个函数能够展开成幂级数要求是很高的，如任意阶可导，余项随 n 增大趋于零等. 如果函数没有这么好的性质，我们还是希望能够用一些熟知的函数的组成的级数来表示该函数，这就是本节要讨论的傅里叶级数，即将一个周期函数展开成三角函数级数. 傅里叶级数在物理学中有非常重要的应用.

7.6.1   三角级数、三角函数系的正交性

在物理学中常常要研究一些非正弦函数的周期函数，如电子技术中常用锯形波，反映的是一种复杂的周期运动. 下面讨论复杂的周期函数在什么情况下能展开成三角函数组成的级数（简称**三角级数**）.

三角级数的一般形式是

$$\frac{a_0}{2} + \sum_{n=1}^{\infty} (a_n \cos nx + b_n \sin nx). \qquad ①$$

显然，如果三角级数①收敛的话，其和函数也是周期函数. 反过来，一个周期函数 $f(x)$ 是否能展开成三角级数？ 如果能够展开成三角级数，如何由 $f(x)$ 确定系数 a_n、b_n，这些系数确定后，三角级数是否一定都收敛于 $f(x)$ 呢？ 下面我们来一一解决这些问题.

首先介绍三角函数系的正交性.

三角函数系

$$1, \cos x, \sin x, \cos 2x, \sin 2x, \cdots, \cos nx, \sin nx, \cdots \qquad ②$$

有两个重要的性质：

（1）每一个函数自身平方在长度为 2π 的区间上积分为正；

（2）任何两个不同函数的乘积在长度为 2π 的区间上积分为零.

具有这两个性质的函数系通常称为在所述区间上具有**正交性**.

不失一般性，在区间 $[-\pi, \pi]$ 上对三角函数系验证上述两个性质.

$$\int_{-\pi}^{\pi} 1^2 \mathrm{d}x = 2\pi \neq 0,$$

$$\int_{-\pi}^{\pi} \sin^2 kx \mathrm{d}x = \int_{-\pi}^{\pi} \cos^2 kx \mathrm{d}x = \pi \neq 0 \quad (k = 1, 2, \cdots),$$

$$\int_{-\pi}^{\pi} \cos kx \cdot \cos lx \mathrm{d}x = \frac{1}{2} \int_{-\pi}^{\pi} [\cos(k+l)x + \cos(k-l)x] \mathrm{d}x$$

$$= \frac{1}{2} \left[\frac{\sin(k+l)x}{k+l} + \frac{\sin(k-l)x}{k-l} \right] \Big|_{-\pi}^{\pi}$$

$$= 0 \quad (k, l = 1, 2, 3, \cdots, k \neq l).$$

同理可得

$$\int_{-\pi}^{\pi} \sin kx \cdot \cos lx \mathrm{d}x = 0 \quad (k, l = 1, 2, 3, \cdots),$$

$$\int_{-\pi}^{\pi} \sin kx \cdot \sin lx \mathrm{d}x = 0 \quad (k, l = 1, 2, 3, \cdots, k \neq l),$$

所以三角函数系②是正交的.

7.6.2 周期为 2π 的函数的傅里叶级数

设 $f(x)$ 是周期为 2π 的周期函数,且能展开成三角级数:

$$f(x) = \frac{a_0}{2} + \sum_{n=1}^{\infty} (a_n \cos nx + b_n \sin nx). \tag{③}$$

如果三角级数③可以逐项积分,于是有

$$\int_{-\pi}^{\pi} f(x) \mathrm{d}x = \int_{-\pi}^{\pi} \frac{a_0}{2} \mathrm{d}x + \sum_{n=1}^{\infty} \int_{-\pi}^{\pi} (a_n \cos nx + b_n \sin nx) \mathrm{d}x = \pi a_0,$$

所以

$$a_0 = \frac{1}{\pi} \int_{-\pi}^{\pi} f(x) \mathrm{d}x. \tag{④}$$

用 $\cos nx$ 乘③式两端,再从 $-\pi$ 到 π 逐项积分可得

$$\int_{-\pi}^{\pi} f(x) \cos nx \mathrm{d}x = \int_{-\pi}^{\pi} \frac{a_0}{2} \cos nx \mathrm{d}x + \sum_{k=1}^{\infty} \int_{-\pi}^{\pi} (a_k \cos kx + b_k \sin kx) \cos nx \mathrm{d}x = \pi a_n,$$

所以

$$a_n = \frac{1}{\pi} \int_{-\pi}^{\pi} f(x) \cos nx \mathrm{d}x. \tag{⑤}$$

类似可得

$$b_n = \frac{1}{\pi}\int_{-\pi}^{\pi} f(x)\sin nx\,\mathrm{d}x. \tag{6}$$

公式④可以看作公式⑤当 $n=0$ 时的特殊情形.

由公式④、⑤、⑥所确定的实数 a_n、b_n 称为函数 $f(x)$ 的**傅里叶系数**. 将这些系数代入③式右端所得的三角级数称为函数 $f(x)$ 的**傅里叶级数**, 记作

$$f(x) \sim \frac{a_0}{2} + \sum_{n=1}^{\infty}(a_n\cos nx + b_n\sin nx).$$

以上的计算过程中有很多假定, 首先假定所给函数可以展开成三角级数, 其次假定级数可以逐项积分, 但这些假定是否合理现在尚且不知, 是我们要解决的重要的问题. 下面定理给出了这个问题的一个重要结论.

定理 7.6.1(收敛定理) 设以 2π 为周期的函数 $f(x)$ 在区间 $[-\pi, \pi]$ 上满足下列条件

(1) 连续或只有有限个第一类间断点;

(2) 最多只有有限个极值点.

则 $f(x)$ 的傅里叶级数收敛, 而且

当 x 是 $f(x)$ 的连续点时, 级数收敛于 $f(x)$;

当 x 是 $f(x)$ 的间断点时, 级数收敛于

$$\frac{1}{2}[f(x-0)+f(x+0)].$$

证明略.

德国数学家狄利克雷(Dirichlet)首先提出这个定理并给出了严格的证明, 因此定理中所述的条件常称为**狄利克雷条件**.

例 7-6-1 设 $f(x)$ 是周期为 2π 的周期函数(见图 7-2), 其在 $[-\pi, \pi]$ 上的表达式为

$$f(x) = \begin{cases} -\dfrac{\pi}{4}, & -\pi \leqslant x \leqslant 0, \\[2mm] \dfrac{\pi}{4}, & 0 < x < \pi, \end{cases}$$

试将 $f(x)$ 展开成傅里叶级数.

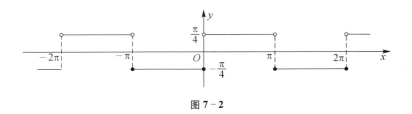

图 7 - 2

解　$a_0 = \dfrac{1}{\pi} \displaystyle\int_{-\pi}^{\pi} f(x) \, \mathrm{d}x = \dfrac{1}{\pi} \left[\int_{-\pi}^{0} \left(-\dfrac{\pi}{4} \right) \mathrm{d}x + \int_{0}^{\pi} \dfrac{\pi}{4} \mathrm{d}x \right] = 0,$

$a_n = \dfrac{1}{\pi} \displaystyle\int_{-\pi}^{\pi} f(x) \cos nx \, \mathrm{d}x = \dfrac{1}{\pi} \left[\int_{-\pi}^{0} \left(-\dfrac{\pi}{4} \right) \cos nx \, \mathrm{d}x + \int_{0}^{\pi} \dfrac{\pi}{4} \cos nx \, \mathrm{d}x \right] = 0,$

$b_n = \dfrac{1}{\pi} \displaystyle\int_{-\pi}^{\pi} f(x) \sin nx \, \mathrm{d}x = \dfrac{1}{\pi} \left[\int_{-\pi}^{0} \left(-\dfrac{\pi}{4} \right) \sin nx \, \mathrm{d}x + \int_{0}^{\pi} \dfrac{\pi}{4} \sin nx \, \mathrm{d}x \right]$

$= \dfrac{1}{4} \left(\dfrac{1}{n} \cos nx \,\Big|_{-\pi}^{0} - \dfrac{1}{n} \cos nx \,\Big|_{0}^{\pi} \right) = \dfrac{1}{2n} (1 - \cos n\pi)$

$= \begin{cases} \dfrac{1}{n}, & n = 1, 3, 5, \cdots, \\ 0, & n = 2, 4, 6, \cdots. \end{cases}$

根据收敛定理, 知 $f(x)$ 的傅里叶级数在 $x \neq k\pi$ $(k = 0, \pm 1, \cdots)$ 处收敛于 $f(x)$, 在 $x = k\pi$ $(k = 0, \pm 1, \cdots)$ 处收敛于 0.

故 $f(x) = \sin x + \dfrac{1}{3} \sin 3x + \dfrac{1}{5} \sin 5x + \cdots + \dfrac{1}{2n-1} \sin(2n-1)x + \cdots,$ $x \neq k\pi (k = 0, \pm 1, \cdots).$

例 7 - 6 - 2　将示波器、电视和雷达中扫描用的周期为 2π 的锯齿波的波形函数(见图 7 - 3)展开成傅里叶级数.

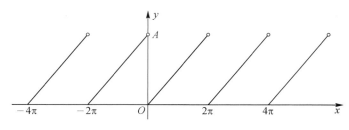

图 7 - 3

解 锯齿波函数在 $[0, 2\pi)$ 内的表达式为 $f(x) = \dfrac{Ax}{2\pi}$, 所以

$$a_0 = \frac{1}{\pi} \int_0^{2\pi} \frac{Ax}{2\pi} \mathrm{d}x = A,$$

$$a_n = \frac{1}{\pi} \int_0^{2\pi} \frac{Ax}{2\pi} \cos nx \mathrm{d}x = 0 \quad (n = 1, 2, \cdots),$$

$$b_n = \frac{1}{\pi} \int_0^{2\pi} \frac{Ax}{2\pi} \sin nx \mathrm{d}x = -\frac{A}{n\pi} \quad (n = 1, 2, \cdots),$$

根据收敛定理, 当 $x \neq 2k\pi$ (k 为整数) 时, $f(x)$ 的傅里叶级数收敛于 $f(x)$; 当 $x = 2k\pi$ (k 为整数) 时, 收敛于 $\dfrac{A}{2}$.

故 $f(x) = \dfrac{A}{2} - \dfrac{A}{\pi} \displaystyle\sum_{n=1}^{\infty} \dfrac{\sin nx}{n}$, $x \neq 2k\pi$ (k 为整数).

如果周期为 2π 的函数 $f(x)$ 是奇函数, 那么 $f(x)\cos nx$ 是奇函数, $f(x)\sin nx$ 是偶函数. 根据奇、偶函数在对称区间上的积分性质可知, 此时傅里叶系数为

$$a_n = 0 \quad (n = 0, 1, 2, \cdots),$$

$$b_n = \frac{2}{\pi} \int_0^{\pi} f(x) \sin nx \mathrm{d}x \quad (n = 1, 2, \cdots),$$

$$f(x) \sim \sum_{n=1}^{\infty} b_n \sin nx,$$

我们将只含正弦项的傅里叶级数称为**正弦级数**.

同样, 当周期为 2π 的函数 $f(x)$ 是偶函数时,

$$b_n = 0 \quad (n = 1, 2, \cdots),$$

$$a_n = \frac{2}{\pi} \int_0^{\pi} f(x) \cos nx \mathrm{d}x \quad (n = 0, 1, 2, \cdots),$$

$$f(x) \sim \frac{a_0}{2} + \sum_{n=1}^{\infty} a_n \cos nx,$$

称只含常数项和余弦项的傅里叶级数为**余弦级数**.

如果函数 $f(x)$ 只在区间 $[-\pi, \pi]$ 上有定义并满足收敛定理的条件, 我们可将 $f(x)$ 周期延拓到整个实数轴上, 即在 $(-\infty, +\infty)$ 上作周期为 2π 的函数 $F(x)$, 使得 $F(x)$ 在 $[-\pi, \pi]$ (或 $(-\pi, \pi]$) 上等于 $f(x)$, 即

$$f(x) = \begin{cases} f(x), & x \in [-\pi, \pi), \\ f(x - 2k\pi), & x \in [(2k-1)\pi, (2k+1)\pi), \end{cases} \quad (k = 0, \pm 1, \pm 2, \cdots).$$

将 $F(x)$ 展开成傅里叶级数，则在 $(-\pi, \pi)$ 上，由于 $F(x) \equiv f(x)$，所以 $F(x)$ 的傅里叶级数收敛到 $f(x)$，并且在区间端点处收敛到 $\dfrac{1}{2}[f(\pi - 0) + f(-\pi + 0)]$。

如果函数 $f(x)$ 定义在区间 $(0, \pi]$ 上并且满足收敛定理的条件，那么根据需要可把它展开为正弦级数或者余弦级数。首先在区间 $[-\pi, 0]$ 上补充函数 $f(x)$ 的定义，得到定义在 $[-\pi, \pi]$ 上为奇（偶）函数 $F(x)$，这个过程称为**奇（偶）延拓**；然后将奇（偶）延拓后的函数 $F(x)$ 按前面所讲方法展开成傅里叶级数，该级数必定是正弦（余弦）级数，限制在 $(0, \pi]$ 上便是 $f(x)$ 的正弦（余弦）级数。

例 7-6-3 将函数 $f(x) = e^{2x}$ 在区间 $[0, \pi]$ 上展开为余弦级数。

解 先对 $f(x)$ 进行偶延拓，得到 $[-\pi, \pi]$ 上的偶函数 $F(x)$，于是

$$a_0 = \frac{2}{\pi} \int_0^\pi e^{2x} dx = \frac{2}{\pi} \left(\frac{1}{2} e^{2x} \right) \Big|_0^\pi = \frac{1}{\pi} (e^{2\pi} - 1),$$

$$a_n = \frac{2}{\pi} \int_0^\pi e^{2x} \cos nx \, dx = \frac{2}{\pi} \left[\frac{e^{2x}(2\cos nx + n\sin nx)}{2^2 + n^2} \right] \Big|_0^\pi$$

$$= \frac{2}{\pi(4 + n^2)} (e^{2\pi} \cdot 2\cos n\pi - 2),$$

故

$$e^{2x} = \frac{1}{2\pi}(e^{2\pi} - 1) + \frac{4}{\pi} \sum_{n=1}^\infty \frac{(-1)^n e^{2\pi} - 1}{4 + n^2} \cos nx, \quad x \in [0, \pi].$$

注 如果将 $f(x) = e^{2x}$ 作奇延拓，就可以将其展开成正弦函数。

由于展开傅里叶级数只要考虑函数在区间 $[0, 2\pi]$（或 $(0, 2\pi]$）上的函数值，因此非周期函数一样能展开成傅里叶级数。

7.6.3 周期为 2*l* 的函数的傅里叶级数

对于周期为 $2l$ 的函数可以通过变量代换将其转变为 2π 周期的函数，同样可以展开成傅里叶级数。

设周期为 $2l$ 的函数 $f(x)$ 满足收敛定理条件。作变量替代 $t = \dfrac{\pi x}{l}$，则 $g(t) = f(x) = f\left(\dfrac{lt}{\pi} \right)$ 是周期为 2π 的函数，且满足收敛定理条件，于是

$$g(t) \sim \frac{a_0}{2} + \sum_{n=1}^{\infty} (a_n \cos nt + b_n \sin nt).$$

其中

$$a_n = \frac{1}{\pi} \int_{-\pi}^{\pi} g(t) \cos nt \, \mathrm{d}t \quad (n = 0, 1, 2, \cdots),$$

$$b_n = \frac{1}{\pi} \int_{-\pi}^{\pi} g(t) \sin nt \, \mathrm{d}t \quad (n = 1, 2, \cdots).$$

用 $t = \dfrac{\pi x}{l}$ 将变量代回到 x,得到

$$f(x) \sim \frac{a_0}{2} + \sum_{n=1}^{\infty} \left(a_n \cos \frac{n\pi x}{l} + b_n \sin \frac{n\pi x}{l} \right), \qquad ⑦$$

其中

$$a_n = \frac{1}{\pi} \int_{-\pi}^{\pi} f\left(\frac{lt}{\pi}\right) \cos nt \, \mathrm{d}t = \frac{1}{l} \int_{-l}^{l} f(x) \cos \frac{n\pi x}{l} \mathrm{d}x \quad (n = 0, 1, 2, \cdots),$$

$$b_n = \frac{1}{\pi} \int_{-\pi}^{\pi} f\left(\frac{lt}{\pi}\right) \sin nt \, \mathrm{d}t = \frac{1}{l} \int_{-l}^{l} f(x) \sin \frac{n\pi x}{l} \mathrm{d}x \quad (n = 1, 2, \cdots).$$

⑦式就是周期为 $2l$ 的函数的傅里叶级数.

类似于前面的讨论可得,当 $f(x)$ 为奇函数时

$$a_n = 0 \quad (n = 0, 1, 2, \cdots),$$

$$b_n = \frac{2}{l} \int_{0}^{l} f(x) \sin \frac{n\pi x}{l} \mathrm{d}x \quad (n = 1, 2, \cdots).$$

当 $f(x)$ 为偶函数时, $b_n = 0 \quad (n = 1, 2, \cdots)$,

$$a_n = \frac{2}{l} \int_{0}^{l} f(x) \cos \frac{n\pi x}{l} \mathrm{d}x \quad (n = 0, 1, 2, \cdots).$$

例 7 - 6 - 4 设 $f(x)$ 是周期为 4 的周期函数,它在 $(-2, 2]$ 上的表达式为

$$f(x) = \begin{cases} x + 1, & -2 < x \leqslant 0, \\ -x + 1, & 0 \leqslant x \leqslant 2, \end{cases}$$

将 $f(x)$ 展开成傅里叶级数.

解 这时 $l = 2$,因为 $f(x)$ 是偶函数,所以

$$b_n = 0 \quad (n = 1, 2, \cdots),$$

$$a_0 = \frac{2}{2}\int_0^2 (1-x)\,\mathrm{d}x = 0,$$

$$a_n = \frac{2}{2}\int_0^2 (1-x)\cos\frac{n\pi x}{2}\,\mathrm{d}x$$

$$= \begin{cases} \dfrac{8}{(2k-1)^2\pi^2}, & n = 2k-1, \\[2mm] 0, & n = 2k, \end{cases} \quad (k = 1, 2, \cdots)$$

由于 $f(x)$ 是连续函数,因此 $f(x)$ 的傅里叶级数在 $(-2, 2]$ 内处处收敛于 $f(x)$. 于是

$$f(x) = \frac{8}{\pi^2}\sum_{k=1}^{\infty} \frac{1}{(2k-1)^2}\cos\frac{(2k-1)\pi x}{2}, \ x \in (-2, 2].$$

如果令 $x = 0$, 得到

$$\frac{\pi^2}{8} = \sum_{k=1}^{\infty} \frac{1}{(2k-1)^2}.$$

这给出了求圆周率 π 的一个方法.

注 对于定义在区间 $[a, b]$ 上的函数,如果满足收敛定理的条件,用上述方法同样可以展开成三角级数.

习题 7-6

1. 将下列以 2π 为周期的函数 $f(x)$ 展开为傅里叶级数,如果 $f(x)$ 在 $[-\pi, \pi]$ 上的表达式为

(1) $f(x) = |x| \ (-\pi \leqslant x < \pi)$;   (2) $f(x) = \sin^2 x \ (-\pi \leqslant x < \pi)$;

(3) $f(x) = 3x^2 + 1 \ (-\pi \leqslant x < \pi)$;   (4) $f(x) = \sin ax \ (a \ 不是整数)$;

(5) $f(x) = e^{2x} \ (-\pi \leqslant x < \pi)$;   (6) $f(x) = \begin{cases} bx, & -\pi \leqslant x < 0, \\ ax, & 0 \leqslant x < \pi, \end{cases} \quad (a > b > 0)$.

2. 证明周期为 2π 的函数 $f(x)$ 的傅里叶级数的系数为

$$a_n = \frac{1}{\pi}\int_0^{2\pi} f(x)\cos nx\,\mathrm{d}x, \ b_n = \frac{1}{\pi}\int_0^{2\pi} f(x)\sin nx\,\mathrm{d}x.$$

3. 求函数 $f(x) = |\sin x|$ 的傅里叶展开式,并求级数 $\sum\limits_{n=1}^{\infty} \dfrac{1}{4n^2 - 1}$ 的和.

4. 将函数 $f(x) = x^2 (0 \leqslant x \leqslant \pi)$ 分别展开成正弦级数和余弦级数.

5. 将下列各周期函数 $f(x)$ 展开成傅里叶级数,如果 $f(x)$ 在一个周期的表达式为

(1) $f(x) = \begin{cases} 1, & 1 < x \leqslant 2, \\ 3 - x, & 2 < x \leqslant 3; \end{cases}$ (2) $f(x) = \begin{cases} x, & 0 \leqslant x \leqslant 1, \\ 0, & 1 < x < 2; \end{cases}$

(3) $f(x) = |x|$ $(-1 < x \leqslant 1)$.

6. 将 $f(x) = \begin{cases} x, & 0 \leqslant x \leqslant 1, \\ 1, & 1 < x < 2 \end{cases}$ 展开为正弦级数和余弦级数.

7. 设 $f(x) = \begin{cases} -1, & -\pi < x \leqslant 0, \\ 1 + x^2, & 0 < x \leqslant \pi, \end{cases}$ $f(x)$ 为以 2π 为周期的傅里叶级数在 $x = \pi$ 处收敛于 A,求 A 的值.

8. 设 $f(x) = x^2$,$S(x) = \sum\limits_{n=1}^{\infty} b_n \sin n\pi x$,$(-\infty < x < +\infty)$,且 $b_n = 2\int_0^1 f(x) \sin n\pi x \mathrm{d}x$,$n = 1, 2, 3, \cdots$,求 $S\left(-\dfrac{1}{2}\right)$.

附 录　简 明 积 分 表

目　　录

简 明 积 分 表

说明:公式中 α、a、b、c、$\cdots$ 为实数,m、n 为正整数.

（一）含有 $a + bx$ 的不定积分

1. $\displaystyle\int (a + bx)^{\alpha} \mathrm{d}x = \begin{cases} \dfrac{(a + bx)^{\alpha + 1}}{b(\alpha + 1)} + C, & \alpha \neq -1, \\ \dfrac{1}{b}\ln | a + bx | + C, & \alpha = -1; \end{cases}$

2. $\displaystyle\int \dfrac{x \mathrm{d}x}{a + bx} = \dfrac{x}{b} - \dfrac{a}{b^2}\ln | a + bx | + C;$

3. $\displaystyle\int \dfrac{x^2 \mathrm{d}x}{a + bx} = \dfrac{x^2}{2b} - \dfrac{ax}{b^2} + \dfrac{a^2}{b^3}\ln | a + bx | + C;$

4. $\displaystyle\int \dfrac{x \mathrm{d}x}{(a + bx)^2} = \dfrac{a}{b^2(a + bx)} + \dfrac{1}{b^2}\ln | a + bx | + C;$

5. $\displaystyle\int \dfrac{x^2 \mathrm{d}x}{(a + bx)^2} = \dfrac{x}{b^2} - \dfrac{a^2}{b^3(a + bx)} - \dfrac{2a}{b^3}\ln | a + bx | + C;$

6. $\displaystyle\int \dfrac{\mathrm{d}x}{x(a + bx)} = \dfrac{1}{a}\ln \left| \dfrac{x}{a + bx} \right| + C;$

7. $\displaystyle\int \dfrac{\mathrm{d}x}{x^2(a + bx)} = -\dfrac{1}{ax} + \dfrac{b}{a^2}\ln \left| \dfrac{a + bx}{x} \right| + C;$

8. $\displaystyle\int \dfrac{\mathrm{d}x}{x(a + bx)^2} = \dfrac{1}{a(a + bx)} - \dfrac{1}{a^2}\ln \left| \dfrac{a + bx}{x} \right| + C.$

（二）含有 $\sqrt{a + bx}$ 的不定积分

9. $\displaystyle\int \sqrt{a + bx}\, \mathrm{d}x = \dfrac{2}{3b}\sqrt{(a + bx)^3} + C;$

10. $\displaystyle\int x \sqrt{a + bx}\, \mathrm{d}x = \dfrac{2(3bx - 2a)}{15b^2}\sqrt{(a + bx)^3} + C;$

11. $\int x^2 \sqrt{a + bx}\, \mathrm{d}x = \dfrac{2(15b^2x^2 - 12abx + 8a^2)}{105b^3}\sqrt{(a+bx)^3} + C$;

12. $\int \dfrac{\mathrm{d}x}{\sqrt{a+bx}} = \dfrac{2}{b}\sqrt{a+bx} + C$;

13. $\int \dfrac{x\mathrm{d}x}{\sqrt{a+bx}} = \dfrac{2(bx-2a)}{3b^2}\sqrt{a+bx} + C$;

14. $\int \dfrac{x^2\mathrm{d}x}{\sqrt{a+bx}} = \dfrac{2(3b^2x^2 - 4abx + 8a^2)}{15b^3}\sqrt{a+bx} + C$;

15. $\int \dfrac{\mathrm{d}x}{x\sqrt{a+bx}} = \begin{cases} \dfrac{1}{\sqrt{a}}\ln\dfrac{|\sqrt{a+bx} - \sqrt{a}|}{\sqrt{a+bx} + \sqrt{a}} + C, & a > 0, \\[3mm] \dfrac{2}{\sqrt{-a}}\arctan\sqrt{\dfrac{a+bx}{-a}} + C, & a < 0; \end{cases}$

16. $\int \dfrac{\mathrm{d}x}{x^2\sqrt{a+bx}} = -\dfrac{\sqrt{a+bx}}{ax} - \dfrac{b}{2a}\int \dfrac{\mathrm{d}x}{x\sqrt{a+bx}}$;

17. $\int \dfrac{\sqrt{a+bx}}{x}\mathrm{d}x = 2\sqrt{a+bx} + a\int \dfrac{\mathrm{d}x}{x\sqrt{a+bx}}$;

18. $\int \dfrac{\sqrt{a+bx}}{x^2}\mathrm{d}x = -\dfrac{\sqrt{a+bx}}{x} + \dfrac{b}{2}\int \dfrac{\mathrm{d}x}{x\sqrt{a+bx}}$.

（三）含有 $a^2 \pm x^2$ 的不定积分（$a > 0$）

19. $\int \dfrac{\mathrm{d}x}{(a^2 + x^2)^n} = \begin{cases} \dfrac{1}{a}\arctan\dfrac{x}{a} + C, & n = 1, \\[3mm] \dfrac{x}{2(n-1)a^2(a^2+x^2)^{n-1}} + \dfrac{2n-3}{2(n-1)a^2}\int \dfrac{\mathrm{d}x}{(a^2+x^2)^{n-1}}, & n > 1; \end{cases}$

20. $\int \dfrac{x\mathrm{d}x}{(a^2 + x^2)^n} = \begin{cases} \dfrac{1}{2}\ln(a^2 + x^2) + C, & n = 1, \\[3mm] -\dfrac{1}{2(n-1)(a^2+x^2)^{n-1}} + C, & n > 1; \end{cases}$

21. $\int \dfrac{\mathrm{d}x}{a^2 - x^2} = \dfrac{1}{2a}\ln\left|\dfrac{a+x}{a-x}\right| + C$.

（四）含有 $a \pm bx^2$ 的不定积分（$a > 0$、$b > 0$）

22. $\int \dfrac{\mathrm{d}x}{a + bx^2} = \dfrac{1}{\sqrt{ab}}\arctan\sqrt{\dfrac{b}{a}}x + C$;

23. $\int \dfrac{\mathrm{d}x}{a - bx^2} = \dfrac{1}{2\sqrt{ab}} \ln \left| \dfrac{\sqrt{a} + \sqrt{b}\,x}{\sqrt{a} - \sqrt{b}\,x} \right| + C;$

24. $\int \dfrac{x\mathrm{d}x}{a \pm bx^2} = \pm \dfrac{1}{2b} \ln |\, a \pm bx^2 | + C;$

25. $\int \dfrac{x^2 \mathrm{d}x}{a + bx^2} = \dfrac{x}{b} - \dfrac{a}{b} \int \dfrac{\mathrm{d}x}{a + bx^2};$

26. $\int \dfrac{\mathrm{d}x}{x(a + bx^2)} = \dfrac{1}{2a} \ln \dfrac{x^2}{a + bx^2} + C;$

27. $\int \dfrac{\mathrm{d}x}{x^2(a + bx^2)} = -\dfrac{1}{ax} - \dfrac{b}{a} \int \dfrac{\mathrm{d}x}{a + bx^2};$

28. $\int \dfrac{\mathrm{d}x}{(a + bx^2)^2} = \dfrac{x}{2a(a + bx^2)} + \dfrac{1}{2a} \int \dfrac{\mathrm{d}x}{a + bx^2}.$

（五）含有 $\sqrt{a^2 - x^2}$ 的不定积分 $(a > 0)$

29. $\int \sqrt{a^2 - x^2}\,\mathrm{d}x = \dfrac{x}{2} \sqrt{a^2 - x^2} + \dfrac{a^2}{2} \arcsin \dfrac{x}{a} + C;$

30. $\int x \sqrt{a^2 - x^2}\,\mathrm{d}x = -\dfrac{1}{3} \sqrt{(a^2 - x^2)^3} + C;$

31. $\int x^2 \sqrt{a^2 - x^2}\,\mathrm{d}x = \dfrac{x}{8}(2x^2 - a^2) \sqrt{a^2 - x^2} + \dfrac{a^4}{8} \arcsin \dfrac{x}{a} + C;$

32. $\int \dfrac{\mathrm{d}x}{\sqrt{a^2 - x^2}} = \arcsin \dfrac{x}{a} + C;$

33. $\int \dfrac{x\mathrm{d}x}{\sqrt{a^2 - x^2}} = -\sqrt{a^2 - x^2} + C;$

34. $\int \dfrac{x^2 \mathrm{d}x}{\sqrt{a^2 - x^2}} = -\dfrac{x}{2} \sqrt{a^2 - x^2} + \dfrac{a^2}{2} \arcsin \dfrac{x}{a} + C;$

35. $\int \sqrt{(a^2 - x^2)^3}\,\mathrm{d}x = \dfrac{x}{8}(5a^2 - 2x^2) \sqrt{a^2 - x^2} + \dfrac{3a^4}{8} \arcsin \dfrac{x}{a} + C;$

36. $\int \dfrac{\mathrm{d}x}{\sqrt{(a^2 - x^2)^3}} = \dfrac{x}{a^2 \sqrt{a^2 - x^2}} + C;$

37. $\int \dfrac{x\mathrm{d}x}{\sqrt{(a^2 - x^2)^3}} = \dfrac{1}{\sqrt{a^2 - x^2}} + C;$

38. $\int \dfrac{x^2 \mathrm{d}x}{\sqrt{(a^2 - x^2)^3}} = \dfrac{x}{\sqrt{a^2 - x^2}} - \arcsin \dfrac{x}{a} + C;$

39. $\int \dfrac{dx}{x\sqrt{a^2-x^2}} = \dfrac{1}{a}\ln\left|\dfrac{a-\sqrt{a^2-x^2}}{x}\right| + C;$

40. $\int \dfrac{dx}{x^2\sqrt{a^2-x^2}} = -\dfrac{\sqrt{a^2-x^2}}{a^2 x} + C;$

41. $\int \dfrac{dx}{x^3\sqrt{a^2-x^2}} = -\dfrac{\sqrt{a^2-x^2}}{2a^2 x^2} - \dfrac{1}{2a^3}\ln\left|\dfrac{a+\sqrt{a^2-x^2}}{x}\right| + C;$

42. $\int \dfrac{\sqrt{a^2-x^2}}{x}dx = \sqrt{a^2-x^2} - a\ln\left|\dfrac{a+\sqrt{a^2-x^2}}{x}\right| + C;$

43. $\int \dfrac{\sqrt{a^2-x^2}}{x^2}dx = -\dfrac{\sqrt{a^2-x^2}}{x} - \arcsin\dfrac{x}{a} + C.$

（六）含有 $\sqrt{x^2 \pm a^2}$ 的不定积分（$a > 0$）

44. $\int \sqrt{x^2 \pm a^2}\,dx = \dfrac{x}{2}\sqrt{x^2 \pm a^2} \pm \dfrac{a^2}{2}\ln\left|x + \sqrt{x^2 \pm a^2}\right| + C;$

45. $\int x\sqrt{x^2 \pm a^2}\,dx = \dfrac{1}{3}\sqrt{(x^2 \pm a^2)^3} + C;$

46. $\int x^2\sqrt{x^2 \pm a^2}\,dx = \dfrac{x}{4}\sqrt{(x^2 \pm a^2)^3} \mp \dfrac{a^2}{8}x\sqrt{x^2 \pm a^2} - \dfrac{a^4}{8}\ln\left|x + \sqrt{x^2 \pm a^2}\right| + C;$

47. $\int \dfrac{dx}{\sqrt{x^2 \pm a^2}} = \ln\left|x + \sqrt{x^2 \pm a^2}\right| + C;$

48. $\int \dfrac{x\,dx}{\sqrt{x^2 \pm a^2}} = \sqrt{x^2 \pm a^2} + C;$

49. $\int \dfrac{x^2\,dx}{\sqrt{x^2 \pm a^2}} = \dfrac{x}{2}\sqrt{x^2 \pm a^2} \mp \dfrac{a^2}{2}\ln\left|x + \sqrt{x^2 \pm a^2}\right| + C;$

50. $\int \sqrt{(x^2 \pm a^2)^3}\,dx = \dfrac{x}{8}(2x^2 \pm 5a^2)\sqrt{x^2 \pm a^2} + \dfrac{3}{8}a^4\ln\left|x + \sqrt{x^2 \pm a^2}\right| + C;$

51. $\int \dfrac{dx}{\sqrt{(x^2 \pm a^2)^3}} = \pm\dfrac{x}{a^2\sqrt{x^2 \pm a^2}} + C;$

52. $\int \dfrac{x\,dx}{\sqrt{(x^2 \pm a^2)^3}} = -\dfrac{1}{\sqrt{x^2 \pm a^2}} + C;$

53. $\int \dfrac{x^2\,dx}{\sqrt{(x^2 \pm a^2)^3}} = -\dfrac{x}{\sqrt{x^2 \pm a^2}} + \ln\left|x + \sqrt{x^2 \pm a^2}\right| + C;$

54. $\int \dfrac{dx}{x^2\sqrt{x^2 \pm a^2}} = \mp\dfrac{\sqrt{x^2 \pm a^2}}{a^2 x} + C;$

55. $\int \dfrac{\mathrm{d}x}{x^3 \sqrt{x^2 + a^2}} = -\dfrac{\sqrt{x^2 + a^2}}{2a^2 x^2} + \dfrac{1}{2a^3}\ln \dfrac{a + \sqrt{x^2 + a^2}}{|x|} + C;$

56. $\int \dfrac{\mathrm{d}x}{x^3 \sqrt{x^2 - a^2}} = \dfrac{\sqrt{x^2 - a^2}}{2a^2 x^2} + \dfrac{1}{2a^3}\arccos\dfrac{a}{x} + C;$

57. $\int \dfrac{\sqrt{x^2 + a^2}}{x}\mathrm{d}x = \sqrt{x^2 + a^2} - a\ln \dfrac{a + \sqrt{x^2 + a^2}}{|x|} + C;$

58. $\int \dfrac{\sqrt{x^2 - a^2}}{x}\mathrm{d}x = \sqrt{x^2 - a^2} - a\arccos\dfrac{a}{x} + C;$

59. $\int \dfrac{\sqrt{x^2 \pm a^2}}{x^2}\mathrm{d}x = -\dfrac{\sqrt{x^2 \pm a^2}}{x} + \ln|x + \sqrt{x^2 \pm a^2}| + C;$

60. $\int \dfrac{\mathrm{d}x}{x\sqrt{x^2 + a^2}} = \dfrac{1}{a}\ln\dfrac{|x|}{a + \sqrt{x^2 + a^2}} + C;$

61. $\int \dfrac{\mathrm{d}x}{x\sqrt{x^2 - a^2}} = \dfrac{1}{a}\arccos\dfrac{a}{x} + C.$

（七）含有 $a + bx + cx^2$ 的不定积分（ $c > 0$ ）

62. $\int \dfrac{\mathrm{d}x}{a + bx + cx^2} = \begin{cases} \dfrac{2}{\sqrt{4ac - b^2}}\arctan\dfrac{2cx + b}{\sqrt{4ac - b^2}} + C,\ b^2 - 4ac < 0, \\ \dfrac{1}{\sqrt{b^2 - 4ac}}\ln\left|\dfrac{2cx + b - \sqrt{b^2 - 4ac}}{2cx + b + \sqrt{b^2 - 4ac}}\right| + C,\ b^2 - 4ac > 0. \end{cases}$

（八）含有 $\sqrt{a + bx \pm cx^2}$ 的不定积分（ $c > 0$ ）

63. $\int \dfrac{\mathrm{d}x}{\sqrt{a + bx + cx^2}} = \dfrac{1}{\sqrt{c}}\ln\left|2cx + b + 2\sqrt{c(a + bx + cx^2)}\right| + C;$

64. $\int \sqrt{a + bx + cx^2}\,\mathrm{d}x = \dfrac{2cx + b}{4c}\sqrt{a + bx + cx^2} -$
$\dfrac{b^2 - 4ac}{8\sqrt{c^3}}\ln\left|2cx + b + 2\sqrt{c(a + bx + cx^2)}\right| + C;$

65. $\int \dfrac{x\mathrm{d}x}{\sqrt{a + bx + cx^2}} = \dfrac{1}{c}\sqrt{a + bx + cx^2} - \dfrac{b}{2\sqrt{c^3}}\ln\left|2cx + b + 2\sqrt{c(a + bx + cx^2)}\right| + C;$

66. $\int \dfrac{\mathrm{d}x}{\sqrt{a + bx - cx^2}} = \dfrac{1}{\sqrt{c}}\arcsin\dfrac{2cx - b}{\sqrt{b^2 + 4ac}} + C,\ b^2 + 4ac > 0;$

67. $\int \sqrt{a + bx - cx^2} \, dx = \dfrac{2cx - b}{4c} \sqrt{a + bx + cx^2} + \dfrac{b^2 + 4ac}{8\sqrt{c^3}} \arcsin \dfrac{2cx - b}{\sqrt{b^2 + 4ac}} + C, \quad b^2 + 4ac > 0;$

68. $\int \dfrac{x \, dx}{\sqrt{a + bx - cx^2}} = -\dfrac{1}{c} \sqrt{a + bx - cx^2} + \dfrac{b}{2\sqrt{c^3}} \arcsin \dfrac{2cx - b}{\sqrt{b^2 + 4ac}} + C, \quad b^2 + 4ac > 0.$

（九）含有 $\sqrt{\dfrac{a \pm x}{b \pm x}}$ 或 $\sqrt{(x - a)(b - x)}$ 的不定积分

69. $\int \sqrt{\dfrac{a + x}{b + x}} \, dx = \sqrt{(a + x)(b + x)} + (a - b)\ln(\sqrt{a + x} + \sqrt{b + x}) + C;$

70. $\int \sqrt{\dfrac{a - x}{b + x}} \, dx = \sqrt{(a - x)(b + x)} + (a + b)\arcsin\sqrt{\dfrac{x + b}{a + b}} + C;$

71. $\int \sqrt{\dfrac{a + x}{b - x}} \, dx = -\sqrt{(a + x)(b - x)} - (a + b)\arcsin\sqrt{\dfrac{b - x}{a + b}} + C;$

72. $\int \dfrac{dx}{\sqrt{(x - a)(b - x)}} = 2\arcsin\sqrt{\dfrac{x - a}{b - a}} + C.$

（十）含有三角函数的不定积分

73. $\int \sin ax \, dx = -\dfrac{1}{a} \cos ax + C;$

74. $\int \cos ax \, dx = \dfrac{1}{a} \sin ax + C;$

75. $\int \tan ax \, dx = -\dfrac{1}{a} \ln |\cos ax| + C;$

76. $\int \cot ax \, dx = \dfrac{1}{a} \ln |\sin ax| + C;$

77. $\int \sin^2 ax \, dx = \dfrac{x}{2} - \dfrac{1}{4a} \sin 2ax + C;$

78. $\int \cos^2 ax \, dx = \dfrac{x}{2} + \dfrac{1}{4a} \sin 2ax + C;$

79. $\int \sec ax \, dx = \dfrac{1}{a} \ln |\sec ax + \tan ax| + C;$

80. $\int \csc ax \, dx = \dfrac{1}{a} \ln |\csc ax - \cot ax| + C;$

81. $\int \sec x \tan x \, dx = \sec x + C;$

82. $\int \csc x \cot x \mathrm{d}x = -\csc x + C;$

83. $\int \sin ax \sin bx \mathrm{d}x = -\dfrac{\sin(a+b)x}{2(a+b)} + \dfrac{\sin(a-b)x}{2(a-b)} + C, \mid a \mid \neq \mid b \mid;$

84. $\int \sin ax \cos bx \mathrm{d}x = -\dfrac{\cos(a+b)x}{2(a+b)} - \dfrac{\cos(a-b)x}{2(a-b)} + C, \mid a \mid \neq \mid b \mid;$

85. $\int \cos ax \cos bx \mathrm{d}x = \dfrac{\sin(a+b)x}{2(a+b)} + \dfrac{\sin(a-b)x}{2(a-b)} + C, \mid a \mid \neq \mid b \mid;$

86. $\int \sin^n x \mathrm{d}x = -\dfrac{1}{n}\sin^{n-1} x \cos x + \dfrac{n-1}{n}\int \sin^{n-2} x \mathrm{d}x;$

87. $\int \cos^n x \mathrm{d}x = \dfrac{1}{n}\cos^{n-1} x \sin x + \dfrac{n-1}{n}\int \cos^{n-2} x \mathrm{d}x;$

88. $\int \tan^n x \mathrm{d}x = \dfrac{1}{n-1}\tan^{n-1} x - \int \tan^{n-2} x \mathrm{d}x, n > 1;$

89. $\int \cot^n x \mathrm{d}x = -\dfrac{1}{n-1}\cot^{n-1} x - \int \cot^{n-2} x \mathrm{d}x, n > 1;$

90. $\int \sec^n x \mathrm{d}x = \dfrac{1}{n-1}\tan x \sec^{n-2} x + \dfrac{n-2}{n-1}\int \sec^{n-2} x \mathrm{d}x, n > 1;$

91. $\int \csc^n x \mathrm{d}x = -\dfrac{1}{n-1}\cot x \csc^{n-2} x + \dfrac{n-2}{n-1}\int \csc^{n-2} x \mathrm{d}x, n > 1;$

92. $\int \sin^m x \cos^n x \mathrm{d}x = \dfrac{\sin^{m+1} x \cos^{n-1} x}{m+n} + \dfrac{n-1}{m+n}\int \sin^m x \cos^{n-2} x \mathrm{d}x$

$\qquad = \dfrac{-\sin^{m-1} x \cos^{n+1} x}{m+n} + \dfrac{m-1}{m+n}\int \sin^{m-2} x \cos^n x \mathrm{d}x;$

93. $\displaystyle\int \dfrac{\mathrm{d}x}{a+b\sin x} = \begin{cases} \dfrac{2}{\sqrt{a^2-b^2}}\arctan \dfrac{a\tan\frac{x}{2}+b}{\sqrt{a^2-b^2}} + C, a^2-b^2 > 0, \\[4mm] \dfrac{1}{\sqrt{b^2-a^2}}\ln \left| \dfrac{a\tan\frac{x}{2}+b-\sqrt{b^2-a^2}}{a\tan\frac{x}{2}+b+\sqrt{b^2-a^2}} \right| + C, b^2-a^2 > 0; \end{cases}$

94. $\displaystyle\int \dfrac{\mathrm{d}x}{a+b\cos x} = \begin{cases} \dfrac{2}{\sqrt{a^2-b^2}}\arctan\left(\sqrt{\dfrac{a-b}{a+b}}\tan\dfrac{x}{2}\right) + C, a^2-b^2 > 0, \\[4mm] \dfrac{1}{\sqrt{b^2-a^2}}\ln \left| \dfrac{(b-a)\tan\frac{x}{2}+\sqrt{b^2-a^2}}{(b-a)\tan\frac{x}{2}-\sqrt{b^2-a^2}} \right| + C, b^2-a^2 > 0; \end{cases}$

95. $\int x^n \sin x \mathrm{d}x = -x^n \cos x + n\int x^{n-1} \cos x \mathrm{d}x;$

96. $\int x^n \cos x \mathrm{d}x = x^n \sin x - n \int x^{n-1} \sin x \mathrm{d}x.$

（十一）含有反三角函数的不定积分

97. $\int \arcsin \dfrac{x}{a} \mathrm{d}x = x \arcsin \dfrac{x}{a} + \sqrt{a^2 - x^2} + C;$

98. $\int \arccos \dfrac{x}{a} \mathrm{d}x = x \arccos \dfrac{x}{a} - \sqrt{a^2 - x^2} + C;$

99. $\int \arctan \dfrac{x}{a} \mathrm{d}x = x \arctan \dfrac{x}{a} - \dfrac{a}{2} \ln(a^2 + x^2) + C;$

100. $\int x^n \arcsin x \mathrm{d}x = \dfrac{1}{n+1} \left(x^{n+1} \arcsin x - \int \dfrac{x^{n+1} \mathrm{d}x}{\sqrt{1-x^2}} \right);$

101. $\int x^n \arccos x \mathrm{d}x = \dfrac{1}{n+1} \left(x^{n+1} \arccos x + \int \dfrac{x^{n+1} \mathrm{d}x}{\sqrt{1-x^2}} \right);$

102. $\int x^n \arctan x \mathrm{d}x = \dfrac{1}{n+1} \left(x^{n+1} \arctan x - \int \dfrac{x^{n+1} \mathrm{d}x}{1+x^2} \right).$

（十二）含有指数函数的不定积分

103. $\int a^x \mathrm{d}x = \dfrac{a^x}{\ln x} + C;$

104. $\int \mathrm{e}^{ax} \mathrm{d}x = \dfrac{1}{a} \mathrm{e}^{ax} + C;$

105. $\int \mathrm{e}^{ax} \sin bx \mathrm{d}x = \dfrac{\mathrm{e}^{ax}(a \sin bx - b \cos bx)}{a^2 + b^2} + C;$

106. $\int \mathrm{e}^{ax} \cos bx \mathrm{d}x = \dfrac{\mathrm{e}^{ax}(b \sin bx + a \cos bx)}{a^2 + b^2} + C;$

107. $\int x \mathrm{e}^{ax} \mathrm{d}x = \dfrac{\mathrm{e}^{ax}}{a^2}(ax - 1) + C;$

108. $\int x^n \mathrm{e}^{ax} \mathrm{d}x = \dfrac{x^n \mathrm{e}^{ax}}{a} - \dfrac{n}{a} \int x^{n-1} \mathrm{e}^{ax} \mathrm{d}x;$

109. $\int x a^{mx} \mathrm{d}x = \dfrac{x a^{mx}}{m \ln a} - \dfrac{a^{mx}}{(m \ln a)^2} + C;$

110. $\int x^n a^{mx} \mathrm{d}x = \dfrac{x^n a^{mx}}{m \ln a} - \dfrac{n}{m \ln a} \int x^{n-1} a^{mx} \mathrm{d}x;$

111. $\int e^{ax}\sin^n bx \, dx = \dfrac{e^{ax}\sin^{n-1}bx}{a^2 + b^2 n^2}(a\sin bx - nb\cos bx) + \dfrac{n(n-1)b^2}{a^2 + b^2 n^2}\int e^{ax}\sin^{n-2}bx \, dx\,;$

112. $\int e^{ax}\cos^n bx \, dx = \dfrac{e^{ax}\cos^{n-1}bx}{a^2 + b^2 n^2}(a\cos bx + nb\sin bx) + \dfrac{n(n-1)b^2}{a^2 + b^2 n^2}\int e^{ax}\cos^{n-2}bx \, dx\,.$

（十三）含有对数函数的不定积分

113. $\int \ln x \, dx = x\ln x - x + C\,;$

114. $\int \dfrac{dx}{x\ln x} = \ln|\ln x| + C\,;$

115. $\int x^n \ln x \, dx = x^{n+1}\left[\dfrac{\ln x}{n+1} - \dfrac{1}{(n+1)^2}\right] + C\,;$

116. $\int \ln^n x \, dx = x\ln^n x - n\int \ln^{n-1} x \, dx\,;$

117. $\int x^m \ln^n x \, dx = \dfrac{x^{m+1}}{m+1}\ln^n x - \dfrac{n}{m+1}\int x^m \ln^{n-1} x \, dx\,.$

（十四）含有双曲函数的不定积分

118. $\int \operatorname{sh}x \, dx = \operatorname{ch}x + C\,;$

119. $\int \operatorname{ch}x \, dx = \operatorname{sh}x + C\,;$

120. $\int \operatorname{th}x \, dx = \ln(\operatorname{ch}x) + C\,;$

121. $\int \operatorname{sh}^2 x \, dx = -\dfrac{x}{2} + \dfrac{1}{4}\operatorname{sh}2x + C\,;$

122. $\int \operatorname{ch}^2 x \, dx = \dfrac{x}{2} + \dfrac{1}{4}\operatorname{sh}2x + C\,.$

（十五）几个常用的定积分

123. $\int_{-\pi}^{\pi}\cos nx \, dx = \int_{-\pi}^{\pi}\sin nx \, dx = 0\,;$

124. $\int_{-\pi}^{\pi}\cos mx \sin nx \, dx = 0\,;$

125. $\int_{-\pi}^{\pi}\cos mx \cos nx \, dx = \begin{cases} 0, & m \neq n, \\ \pi, & m = n\,; \end{cases}$

126. $\int_{-\pi}^{\pi} \sin mx \sin nx \mathrm{d}x = \begin{cases} 0, & m \neq n, \\ \pi, & m = n; \end{cases}$

127. $\int_{0}^{\pi} \sin mx \sin nx \mathrm{d}x = \int_{0}^{\pi} \cos mx \cos nx \mathrm{d}x = \begin{cases} 0, & m \neq n, \\ \dfrac{\pi}{2}, & m = n; \end{cases}$

128. $\int_{0}^{\frac{\pi}{2}} \sin^{n} x \mathrm{d}x = \int_{0}^{\frac{\pi}{2}} \cos^{n} x \mathrm{d}x = \begin{cases} \dfrac{n-1}{n} \cdot \dfrac{n-3}{n-2} \cdot \cdots \cdot \dfrac{4}{5} \cdot \dfrac{2}{3}, & n \text{ 为奇数}, \\ \dfrac{n-1}{n} \cdot \dfrac{n-3}{n-2} \cdot \cdots \cdot \dfrac{3}{4} \cdot \dfrac{1}{2} \cdot \dfrac{\pi}{2}, & n \text{ 为偶数}. \end{cases}$

习题答案与提示

第1章

习题 1－1

1. （1）$\{-2, 3\}$；　（2）$\{(x, y) \mid x^2 + y^2 < 2\}$.

2. （1）$(-\infty, -\sqrt{3}) \cup (\sqrt{3}, +\infty)$；　（2）$[1, 3) \cup (3, 5]$.

3. （1）$U(2.5; 1.5)$；　（2）$U\left(\dfrac{a+b}{2}; \dfrac{b-a}{2}\right)$；　（3）$U\left(\dfrac{3}{2}; \dfrac{1}{2}\right)$；　（4）$\mathring{U}(9; 2)$.

习题 1－2

1. （1）$[-2, -1) \cup (-1, 1) \cup (1, +\infty)$；　（2）$(-\infty, 0) \cup (0, 3]$；　（3）$(-\infty, 0) \cup (0, 1)$；

（4）$[-4, -\pi] \cup [0, \pi]$.

2. （1）$[-\sqrt{2}, \sqrt{2}]$；　（2）$[0, 4]$；　（3）$\begin{cases} [a, 2-a], & 0 \leqslant a \leqslant 1, \\ [-a, 2+a], & -1 \leqslant a < 0, \\ \varnothing, & \text{其他}. \end{cases}$

3. $f(2+h) = h^2 + h + 5$、$\dfrac{f(2+h) - f(2)}{h} = h + 1$.

4. 略.

5. （1）不同；　（2）不同；　（3）不同；　（4）不同；　（5）相同；　（6）相同.

6. $y = \begin{cases} 1, & x \neq 0, \\ 2, & x = 0; \end{cases}$ $y = \begin{cases} x+1, & x > 0, \\ 0, & x = 0, \\ x-1, & x < 0. \end{cases}$

7. 略.

8. 略.

9. （1）$(-\infty, +\infty)$上奇函数；　（2）$(-\infty, +\infty)$上偶函数；　（3）$(-\infty, +\infty)$上奇函数；

（4）$(-\infty, +\infty)$上奇函数；　（5）$(-\infty, +\infty)$上奇函数；　（6）$(-\infty, +\infty)$上奇函数；

（7）$[-1, 1]$上偶函数.

10. （1）8；　（2）$\dfrac{\pi}{3}$；　（3）2π；　（4）π.

11. 略.

12. 略.

13. $s = H - \omega R t$, $t \in \left[0, \dfrac{H}{\omega R}\right]$.

14. $V = \dfrac{(2\pi - \alpha)^2 \sqrt{4\pi\alpha - \alpha^2}}{24\pi^2} R^3$, $\alpha \in (0, 2\pi)$.

15. $A = \dfrac{P}{2}x - \dfrac{1}{8}(\pi + 4)x^2, \ x \in \left(0, \dfrac{2P}{2 + \pi}\right).$

习题 1−3

1. (1) $y = -\sqrt{1 - x^2}, \ x \in [-1, 0]$; (2) $y = \dfrac{1}{2}\arcsin\dfrac{x}{3}, \ x \in [-3, 3]$; (3) $y = 10^{x-1} - 3, \ x \in$

$(-\infty, +\infty)$; (4) $y = \dfrac{1}{4}(\log_3 x - 5), \ x \in (0, +\infty)$; (5) $y = \log_3(x + \sqrt{x^2 + 1}), \ x \in$

$(-\infty, +\infty)$.

2. 略.

3. (1) $f[g(x)] = \sqrt{x^4 + 1}, \ x \in (-\infty, +\infty)$; (2) $f[g(x)] = |\sec x|, \ x \neq n\pi + \dfrac{\pi}{2}, \ n = 0, \pm 1, \cdots$;

(3) $f[g(x)] = \lg(1 - \sqrt{x - 1}), \ 1 \le x < 2$; (4) $f[g(x)] = \dfrac{|x^2|}{x^2} = 1, \ x \neq 0.$

***4.** (1) $f[g(x)] = \begin{cases} 2, & x \le 0, \\ x^6, & x > 0, \end{cases}$ $g[f(x)] = \begin{cases} 8, & x \le 0, \\ x^6, & x > 0; \end{cases}$ (2) $f[g(x)] = |x|, \ x \in (-\infty, +\infty),$

$g[f(x)] = -|x|, \ x \in (-\infty, +\infty)$; (3) $f[g(x)] = |x|, \ x \in (-\infty, +\infty), \ g[f(x)] =$

$\begin{cases} x, & x > 0, \\ \sqrt{-x^3}, & x \le 0; \end{cases}$ (4) $f[g(x)] = \begin{cases} 1, & x < 0, \\ 0, & x = 0, \\ -1, & x > 0; \end{cases}$ $g[f(x)] = \begin{cases} e, & |x| < 1, \\ 1, & |x| = 1, \\ e^{-1}, & |x| > 1. \end{cases}$

习题 1−4

1. (1) $y = \sqrt[3]{u}, \ u = \arcsin v, \ v = e^x$; (2) $y = e^u, \ u = \cos v, \ v = x^2 + 1$; (3) $y = \arcsin u, \ u = \sqrt{v}, \ v =$

$\ln w, \ w = x^2 - 1$; (4) $y = \ln u, \ u = v^2, \ v = \ln w, \ w = t^3, \ t = \ln x$; (5) $y = \log_a u, \ u = \sin v, \ v =$

$e^w, \ w = x + 1.$

2. $f(x) = x^2 - 2, \ x \neq 1.$

第 2 章

习题 2−1

1. (1) $\dfrac{1}{2}, \dfrac{1}{4}, \dfrac{1}{8}, \dfrac{1}{16}, \dfrac{1}{32}$,有界,严格递减; (2) $-\dfrac{1}{3}, \dfrac{1}{9}, -\dfrac{1}{27}, \dfrac{1}{81}, -\dfrac{1}{243}$,有界,不是单调数列;

(3) $2, \dfrac{3}{2}, \dfrac{4}{3}, \dfrac{5}{4}, \dfrac{6}{5}$,有界,严格递减; (4) $0.9, 0.99, 0.999, 0.999\,9, 0.999\,99$,有界,严格递增;

(5) $0, -2, 0, 4, 0$,无界,不是单调数列; (6) $\dfrac{1}{2}, \dfrac{1}{2}, \dfrac{3}{4}, \dfrac{3}{2}, \dfrac{15}{4}$,无界,递增. (7) $0, -1, -2,$

$-3, -4$,无界,严格递减; (8) $1, 2, \dfrac{1}{3}, 4, \dfrac{1}{5}$,无界,不是单调数列.

2. 略.

3. 略.

4. （1）不正确；　（2）正确；　（3）收敛数列必有界是正确的,但发散数列必无界不正确；　（4）不正确；

　　（5）正确；　（6）不正确.

5. （1）2；　（2）1；　（3）0；　（4）$\dfrac{5}{3}$；　（5）2；　（6）1；　（7）$\dfrac{1}{2}$；　（8）$\dfrac{4}{3}$；　（9）1；　（10）$\dfrac{1}{2}$；

　　（11）$\max\{a,b\}$；　（12）$\dfrac{1}{2}$.

*6. 略.

7. （1）e^2；　（2）e.

8. 提示:可证明$\{x_n\}$为单调递减且下有界数列,则$\{x_n\}$收敛. 设$\lim\limits_{n\to\infty}x_n = A\ (A>0)$,则由$A = \dfrac{1}{2}\left(A+\dfrac{1}{A}\right)$可计算出$A = 1$.

习题 2 - 2

1. 略.

2. 略.

3. （1）$\lim\limits_{x\to 0^-}f(x) = 1,\ \lim\limits_{x\to 0^+}f(x) = 0,\ \lim\limits_{x\to 0}f(x)$ 不存在；$\lim\limits_{x\to 1^-}f(x) = 1,\ \lim\limits_{x\to 1^+}f(x) = 1,\ \lim\limits_{x\to 1}f(x) = 1$；

　　（2）$\lim\limits_{x\to \frac{3}{2}^-}f(x) = \dfrac{9}{4},\ \lim\limits_{x\to \frac{3}{2}^+}f(x) = \dfrac{9}{4},\ \lim\limits_{x\to \frac{3}{2}}f(x) = \dfrac{9}{4}$；$\lim\limits_{x\to 2^-}f(x) = 4,\ \lim\limits_{x\to 2^+}f(x) = 4,\ \lim\limits_{x\to 2}f(x) = 4$；$\lim\limits_{x\to 1^-}f(x) = \dfrac{3}{2},\ \lim\limits_{x\to 1^+}f(x) = 1,\ \lim\limits_{x\to 1}f(x)$ 不存在.

4. （1）不存在；　（2）不存在；　（3）不存在；　（4）$\lim\limits_{x\to 0}x^2\,\mathrm{sgn}\,x = 0$.

5. 略.

6. 略.

7. 略.

8. 略.

9. （1）不正确；　（2）正确；　（3）不正确；　（4）不正确；　（5）正确.

10. 略.

11. （1）无穷大量；　（2）无穷小量；　（3）无穷小量；　（4）无穷大量；　（5）无穷大量；　（6）无穷小量；

　　（7）无穷小量；　（8）无穷大量.

12. 略.

习题 2 - 3

1. 不能.

2. 不能.

3. （1）$\dfrac{1}{2}$；　（2）$-\dfrac{1}{2}$；　（3）$\dfrac{n}{m}$；　（4）-1；　（5）1；　（6）0；　（7）$2^{62}\cdot 5^{19}$；　（8）1；　（9）-1；

　　（10）$\dfrac{q}{p}$；　（11）0；　（12）$\dfrac{1}{2a}$；　（13）$\dfrac{1}{2}$；　*（14）$\dfrac{3}{2}$；　*（15）$\dfrac{1}{n}$.

4. (1) 4; (2) $\dfrac{3}{2}$; (3) 3; (4) 1; (5) 1; (6) $\dfrac{a}{b}$; (7) 0; (8) -1; (9) 2; (10) 1;

(11) 8; (12) 1; (13) 1; *(14) $\dfrac{2}{\pi}$; *(15) $2\sin a\cos a$; *(16) 当 $p < 2$ 时为 0,当 $p = 2$ 时为

$\dfrac{1}{2}$,当 $p > 2$ 时为 ∞.

5. (1) e^4; (2) e^n; (3) e^2; (4) e^2; (5) e^{-5}; (6) e; (7) e; (8) α.

6. 1.

7. $-\dfrac{2}{x^3}$.

8. $\dfrac{1}{2\sqrt{x}}$.

9. (1) $\beta(x)$高阶; (2) $\beta(x)$高阶; (3) 等价; (4) $\beta(x)$高阶; (5) $\alpha(x)$高阶.

10. (1) 3 阶; (2) $\dfrac{7}{3}$阶; (3) 1 阶; (4) 3 阶.

11. (1) $\dfrac{5}{7}$; (2) $\dfrac{1}{6}$; (3) 0; (4) $\dfrac{1}{8}$.

12. 略.

习题 2－4

1. (1) 不正确; (2) 不正确; (3) 正确; (4) 不正确; (5) 不正确; (6) 不正确.

2. 不能.

3. (1) 无间断点; (2) $x = 0$ 是可去间断点,补充 $f(0) = 2$; (3) $x = 0$ 是可去间断点,补充 $f(0) = 0$;

(4) $x = 0$ 是可去间断点,补充 $f(0) = \dfrac{1}{2}$; (5) $x = 0$ 是第二类间断点; (6) $x = 0$ 是第二类间断点;

(7) $x = 1$ 是可去间断点,补充 $f(1) = -2$,$x = 2$ 是第二类间断点; (8) $x = 1$ 是可去间断点,补充

$f(1) = -\dfrac{\pi}{2}$,$x = 0$ 是第二类间断点; (9) $x = 1$ 是第一类(跳跃)间断点; (10) $x = 0$ 是可去间断点,

补充 $f(0) = 3$; *(11) $x = 0$ 是第一类跳跃间断点; *(12) $x = -1$ 是第一类(跳跃)间断点.

4. (1) 9; (2) e; (3) 1; (4) 4.

5. 略.

6. (1) $\ln a$; (2) $\dfrac{1}{e}$; (3) $\dfrac{2\pi}{3}$; (4) $e^{-\frac{1}{2}}$.

7. 略.

8. 略.

9. 略.

10. 略.

11. 略.

第 3 章

习题 3－1

1. （1）不正确； （2）不正确； （3）正确.

2. （1）有关； （2）与 x 有关而与 Δx 无关,在极限过程中 Δx 为变量,而 x 为常量.

3. 不一定.

4. （1）27 cm/s； （2）24.3 cm/s； （3）24 cm/s.

5. （1）12.61； （2）12.

6. $\dfrac{\mathrm{d}\theta}{\mathrm{d}t}$.

*****7.** $N'(t_0)$.

8. 略.

9. $f'(0)$.

10. （1）3； （2）$\dfrac{1}{12}$.

11. （1）$y' = -\sin x$； （2）$y' = \dfrac{1}{3\sqrt[3]{x^2}}$； （3）$y' = -\dfrac{1}{x^2}$； （4）$y' = 2ax + b$.

12. 0.

13. $f'_+(0) = 1, f'_-(0) = 0$.

14. $\varphi(a)$.

15. $a = 2, b = -1$.

16. （1）切线方程 $4x - y - 4 = 0$,法线方程 $x + 4y - 18 = 0$； （2）切线方程 $y - 1 = 0$,法线方程 $x = 0$；

  （3）切线方程 $y - \dfrac{\sqrt{3}}{2} = \dfrac{1}{2}\left(x - \dfrac{\pi}{3}\right)$, 法线方程 $y - \dfrac{\sqrt{3}}{2} = -2\left(x - \dfrac{\pi}{3}\right)$.

17. （1）点$(0, 0)$； （2）点$\left(\dfrac{1}{2}, \dfrac{1}{4}\right)$； （3）点$(2, 4)$.

习题 3－2

1. （1）$f'(x) = a_n n x^{n-1} + a_{n-1}(n-1)x^{n-2} + \cdots + 2a_2 x + a_1, f'(0) = a_1, f'(1) = na_n + (n-1)a_{n-1} + \cdots + 2a_2 + a_1$； （2）$f'(x) = \cos x - x\sin x, f'(0) = 1, f'(\pi) = -1$.

2. （1）$nx^{n-1} + n$； （2）$\dfrac{1}{m} - \dfrac{m}{x^2} + \dfrac{1}{\sqrt{x}} - \dfrac{1}{x\sqrt{x}}$； （3）$\mathrm{e}^x(\cos x - \sin x)$； （4）$1 + \ln x + \dfrac{1}{x^2} - \dfrac{\ln x}{x^2}$；

  （5）$\dfrac{\sin x - 1}{(x + \cos x)^2}$； （6）$\dfrac{1}{2\sqrt{x}} - \dfrac{1}{2x\sqrt{x}}$； （7）$-\dfrac{2}{x(1 + \ln x)^2}$； （8）$-\dfrac{1}{2x\sqrt{x}} - \dfrac{5x\sqrt{x}}{2}$； （9）$2x - 3x^2 - 5x^4$；

  （10）$\dfrac{1}{2\sqrt{x}}\arccos x - \dfrac{\sqrt{x} + 1}{\sqrt{1 - x^2}}$； （11）$-\dfrac{1}{x^2} - \dfrac{1}{\mathrm{e}^x}$； （12）$2x\arctan x\,\mathrm{arccot}\, x + \mathrm{arccot}\, x - \arctan x$.

3. 不一定.

4. 不一定.

5. (1) $-100(2-5x)^{19}$;   (2) $a\omega\cos(\omega x+b)$;   (3) $-\sin 2x$;   (4) $3^{\tan x}\ln 3\sec^2 x$;   (5) $\dfrac{1}{x\ln x}$;

(6) $-2x\sin x^2$;   (7) $-\dfrac{1}{x\sqrt{x^2-1}}$;   (8) $\dfrac{2x+1}{(x^2+x+1)\ln a}$;   (9) $-12\cos^2 4x\sin 4x$;   (10) $6x\sin^2 x^2\cos x^2$;

(11) $-\dfrac{\mathrm{e}^{-x}\cos\sqrt{1+\mathrm{e}^{-x}}}{2\sqrt{1+\mathrm{e}^{-x}}}$;   (12) $\dfrac{\sin 2x}{\sqrt{1-\sin^4 x}}$;   (13) $\mathrm{e}^{-x}\sec 4x(4\tan 4x-1)$;   (14) $-\dfrac{1}{2\sqrt{1-x}\sqrt{x}}$;

(15) $-\dfrac{1}{1+x^2}$;   (16) $\dfrac{1}{x\sqrt{1-x^2}}$.

6. (1) $(\ln(-x))' = \dfrac{1}{x}$;   (2) $(\ln\ln\ln x)' = \dfrac{1}{x\ln x\ln\ln x}$.

7. (1) $f'(\sin^2 x)\sin 2x$;   (2) $f'(\mathrm{e}^x)\mathrm{e}^{f(x)+x}+f(\mathrm{e}^x)\mathrm{e}^{f(x)}f'(x)$.

8. (1) $\dfrac{1}{2}\sqrt{\dfrac{3x-2}{(5-2x)(x-1)}}\left(\dfrac{3}{3x-2}+\dfrac{2}{5-2x}-\dfrac{1}{x-1}\right)$;   (2) $\dfrac{x^3}{1-x}\sqrt[3]{\dfrac{3-x}{(3+x)^2}}\left(\dfrac{3}{x}+\dfrac{1}{1-x}-\dfrac{1}{3(3-x)}-\right.$

$\left.\dfrac{2}{3(3+x)}\right)$;   (3) $x^x(\ln x+1)$;   (4) $(\ln x)^x\left(\ln\ln x+\dfrac{1}{\ln x}\right)$.

9. $(2x\sin x+x^2\cos x)u(x^2\sin x)$.

10. 略.

** **11.** 0. 14 rad/min.

** **12.** 0. 64 cm/min.

** **13.** 0. 875 m/s.

** **14.** 10 cm³/h.

习题 3－3

1. (1) $\dfrac{\cos(x+y)}{\mathrm{e}^y-\cos(x+y)}$;   (2) $-\dfrac{\mathrm{e}^y+y\mathrm{e}^x}{x\mathrm{e}^y+\mathrm{e}^x}$;   (3) $\dfrac{\cot y+y\sin(xy)}{x(\csc^2 y-\sin(xy))}$;   (4) $y'=\dfrac{x+y}{x-y}$.

2. (1) $\dfrac{ax-y^2}{x^2-ay}$;   (2) $\dfrac{x(2\sqrt{1-y^2}\mathrm{e}^{2y}-\ln x)}{\sqrt{1-y^2}(\arcsin y+x\sec^2 x)}$.

3. 切线方程 $x+y-\dfrac{\sqrt{2}}{2}a=0$, 法线方程 $x-y=0$.

4. (1) $\dfrac{\sin t}{1-\cos t}$;   (2) $\dfrac{\cos\theta-\theta\sin\theta}{1-\sin\theta-\theta\cos\theta}$.

5. $\sqrt{3}-2$.

6. 切线方程 $4x+3y-12a=0$, 法线方程 $3x-4y+6a=0$.

7. B 点.

8. (1) $f''(1)=26,f'''(1)=18,f^{(4)}(1)=0$;   (2) $f''(0)=0,f''(1)=-\dfrac{1}{2},f''(-1)=\dfrac{1}{2}$.

9. (1) $f''(x)=\dfrac{1}{x}$;   (2) $f''(x)=-\dfrac{x}{(1+x^2)^{\frac{3}{2}}}$.

10. （1）$y^{(n)} = (-1)^{n-1} \dfrac{(n-1)!}{x^n}$；　（2）$y^{(n)} = (-1)^n \dfrac{(n-2)!}{x^{n-1}}(n > 1)$；

（3）$y^{(n)} = (-1)^n x e^{-x} + (-1)^{n-1} n e^{-x}$；　（4）$y^{(n)} = (-1)^n \dfrac{2n!}{(1+x)^{n+1}}$；

（5）$y^{(n)} = 2^{n-1} \sin\left(2x + \dfrac{n-1}{2}\pi\right)$；　（6）$y^{(n)} = \dfrac{(-1)^n n!}{2a}\left[\dfrac{1}{(x-a)^{n+1}} - \dfrac{1}{(x+a)^{n+1}}\right]$.

11. 略.

12. （1）$\dfrac{\sin(x+y)}{[\cos(x+y) - 1]^3}$；　（2）$\dfrac{2(e^{x+y} - x)(y - e^{x+y}) - e^{x+y}(x-y)^2}{(e^{x+y} - x)^3}$.

13. （1）$-\dfrac{b}{a^2}\csc^3 t$；　（2）$-\dfrac{1}{(1-\cos t)^2}$.

14. $\dfrac{dy}{dx} = 1 - \dfrac{1}{2(t-1)}, \dfrac{d^2 y}{dx^2} = \dfrac{1}{4(t-1)^3}$.

15. $\dfrac{1}{f''(t)}$.

习题 3 - 4

1. $f'(x)$ 与 x 有关而与 Δx 无关，dy 与 x、Δx 都有关.

2. 略.

3. （1）0.03；　（2）0.005.

4. （1）$(1 + 4x - x^2 + 4x^3)dx$；　（2）$\ln x dx$；　（3）$e^x(\sin^2 x + \sin 2x)dx$；

（4）$\left[-\dfrac{\sin x}{1-x^2} + \dfrac{2x\cos x}{(1-x^2)^2}\right]dx$；　（5）$-\dfrac{xdx}{|x|\sqrt{1-x^2}}$；　（6）$\dfrac{dx}{x(1+\ln^2 x)}$.

5. （1）$2x + C$；　（2）$\dfrac{x^2}{2} + C$；　（3）$-\cos x + C$；　（4）$\arctan x + C$；　（5）$\ln(1+x) + C$；　（6）$-\dfrac{e^{-2x}}{2} +$

C；　（7）$2\sqrt{x} + C$；　（8）$\dfrac{\ln^2 x}{2} + C$.

6. （1）1.006 7；　（2）0.1；　（3）1.017 5；　（4）5.1.

7. $g_0\left(1 - \dfrac{2h}{R}\right)$.

*8. $4.3\pi(\text{cm}^2)$，0.93%.

第 4 章

习题 4 - 1

1. $\xi = e - 1, \theta = \dfrac{e-2}{e-1}$.

2. 略.

3. 略.

4. 略.

5. 略.

6. 略.

7. $f'(x) = 0$ 恰有三个实根分别在$(1,2)$、$(2,3)$、$(3,4)$内.

8. 略.

习题 4 - 2

1. （1）$\dfrac{m}{n}a^{m-n}$；　（2）$\ln\dfrac{a}{b}$；　（3）2；　（4）$\dfrac{1}{6}$；　（5）$-\dfrac{1}{2}$；　（6）$\dfrac{\sqrt{3}}{3}$；　（7）2；　（8）1；　（9）1；

（10）3；　（11）1；　（12）2；　（13）0；　（14）$\dfrac{1}{2}$；　（15）1；　（16）1；　（17）1；　（18）1；

（19）$e^{-\frac{2}{\pi}}$；　（20）$e^{-\frac{1}{6}}$.

2. 略.

习题 4 - 3

1. （1）$f(x)$在$(-\infty,-1]$严格递增,在$[-1,3]$严格递减,在$[3,+\infty)$严格递增；　（2）$f(x)$在$(-\infty,0]$严格递增,在$[0,+\infty)$严格递减；　（3）$f(x)$在$\left(0,\dfrac{1}{2}\right]$严格递减,在$\left[\dfrac{1}{2},+\infty\right)$严格递增；　（4）$f(x)$在$[0,1]$严格递增,在$[1,2]$严格递减.

2. （1）极大值:$f\left(\dfrac{3}{2}\right) = \dfrac{27}{16}$；　（2）极小值:$f(-1) = -1$,极大值:$f(1) = 1$；　（3）极小值:$f(1) = 0$,极大值:$f(e^2) = \dfrac{4}{e^2}$；　（4）极大值:$f\left(\dfrac{3}{4}\right) = \dfrac{5}{4}$；　（5）极大值:$f(1) = \dfrac{\pi}{4} - \dfrac{\ln 2}{2}$；　（6）极小值:$f(0) = f(2) = 0$,极大值:$f(1) = 1$.

3. 略.

4. （1）$y_{max} = 2,\ y_{min} = -10$；　（2）$y_{max} = \dfrac{\pi}{2},\ y_{min} = -\dfrac{\pi}{2}$；　（3）$y_{min} = y|_{x=0} = -1,\ y_{max} = y|_{x=4} = \dfrac{3}{5}$；

（4）$y_{max} = 1$,无最小值；　（5）$y_{min} = -\dfrac{2}{e}$,无最大值.

5. 截去的小正方形的边长为 2 cm 时盒子的容积最大.

6. 当 $\varphi = \dfrac{2\sqrt{6}\pi}{3}$时漏斗的容积最大.

7. $x = \dfrac{a_1 + a_2 + a_3 + \cdots + a_n}{n}$.

8. 观察者距墙 2.4 m 处看图最清晰.

9. 灯高为$\dfrac{R}{\sqrt{2}}$时,广场周围的路上最亮.

10. 当 $r = \dfrac{p}{\pi + 4}$ 时,窗的总面积最大,也就是通过的光线最充分.

习题 4 – 4

1. (1) 曲线在 $\left(-\infty, \dfrac{1}{2}\right)$ 向上凸,在 $\left(\dfrac{1}{2}, +\infty\right)$ 向下凸,$\left(\dfrac{1}{2}, \dfrac{13}{2}\right)$ 是曲线的拐点; (2) 曲线在 $(-\infty,$

$-1)$、$(1, +\infty)$ 向上凸,在 $(-1, 1)$ 向下凸,$(-1, \ln 2)$ 与 $(1, \ln 2)$ 是曲线的拐点; (3) 曲线在 $(-\infty, 1)$

向下凸,在 $(1, +\infty)$ 向上凸,$\left(1, \mathrm{e}^{\frac{\pi}{2}}\right)$ 是曲线的拐点; (4) 曲线在 $(-\infty, +\infty)$ 向下凸,无拐点; (5) 曲

线在 $(-\infty, b)$ 向上凸,在 $(b, +\infty)$ 向下凸,(b, a) 是曲线的拐点.

2. $a = -\dfrac{3}{2}, b = \dfrac{9}{2}$.

3. 略.

4. (1) $y = -5, x = 2$; (2) $x = -1$; (3) $x = -\dfrac{1}{\mathrm{e}}, y = x + \dfrac{1}{\mathrm{e}}$; (4) $y = x, x = 0$.

5. 略.

6. 略.

7. 一个极小值,两个拐点.

习题 4 – 5

1. $\dfrac{\sqrt{2}}{2}$.

2. $K = |\cos x|, R = |\sec x|$.

第 5 章

习题 5 – 1

1. (1) $\ln |x| - 2x + \dfrac{1}{2}x^2 + C$; (2) $\dfrac{1}{3}x^3 - \dfrac{2}{3}x^{\frac{3}{2}} + \dfrac{2}{5}x^{\frac{5}{2}} - x + C$;

(3) $-\dfrac{1}{x} - \arctan x + C$;

(4) $\pm\left(\ln |x| - \dfrac{1}{2x^2}\right) + C$ (当 $x>0$ 时取"+",当 $x<0$ 时取"-");

(5) $\dfrac{3}{2}\arcsin x + \dfrac{4}{3}x^{\frac{3}{2}} + C$; (6) $\dfrac{x^3}{3} - x + \arctan x + C$;

(7) $\mathrm{e}^x - \ln |x| + C$; (8) $\dfrac{2^x \mathrm{e}^x}{1 + \ln 2} - \arctan x + C$;

(9) $-\cot x - \tan x + C$; (10) $\tan x + \sin x + C$;

(11) $\tan x - 4\cot x - 9x + C$; (12) $\sin x - \cos x + C$;

(13) $-\dfrac{1}{2}\cot x + 2\arcsin x + C$; (14) $2\arcsin x + C$.

2. $f(x) = \ln(-x) + 1$.

3. $s(t) = t^2 + 3t + 1$.

4. $f(x) = -x^2 - \ln|1-x| + C.$

5. 略.

习题 5 − 2

1. (1) $\dfrac{1}{4}e^{2x^2+1} + C$;

(2) $-\dfrac{2}{9}(2-3x)^{\frac{3}{2}} + C$;

(3) $\dfrac{1}{3}\arctan x^3 + C$;

(4) $2\ln|\ln x| + C$;

(5) $\dfrac{1}{3}(x^2-4)^{\frac{3}{2}} + C$;

(6) $(1+x^2)^{\frac{1}{2}} + C$;

(7) $\dfrac{1}{6}\sin^6 x + C$;

(8) $-\dfrac{1}{3}\cos^3 x + \dfrac{1}{5}\cos^5 x + C$;

(9) $\dfrac{1}{2}\sin x + \dfrac{1}{10}\sin 5x + C$;

(10) $\dfrac{1}{2}\sin^2 x - 2\ln|\sin x| - \dfrac{1}{2\sin^2 x} + C$;

(11) $2\arctan\sqrt{x} + C$;

(12) $-\sqrt{9-x^2} + C$;

(13) $2e^{\sqrt{x}} + C$;

(14) $\ln(1+e^x) + C$;

(15) $\dfrac{1}{e}\arctan e^{x-1} + C$;

(16) $\dfrac{1}{3}\sec^3 x - \sec x + C$;

(17) $\cos\left(\dfrac{1}{x} + 2\right) + C$;

(18) $\dfrac{1}{2}\ln|\sin(x^2+1)| + C$;

(19) $\dfrac{1}{\sqrt{2}}\arctan\left(\dfrac{1}{\sqrt{2}}\tan x\right) + C$;

(20) $\dfrac{1}{2\,007}\ln\left|\dfrac{x^{2\,007}}{x^{2\,007}+1}\right| + C$;

(21) $\dfrac{1}{2}\ln|x^2+x+1| + \dfrac{1}{\sqrt{3}}\arctan\dfrac{2x+1}{\sqrt{3}} + C$;

(22) $\dfrac{3}{2}\ln|x^2+2x+17| - \dfrac{1}{2}\arctan\dfrac{x+1}{4} + C.$

2. (1) $\dfrac{3}{2}x^{\frac{2}{3}} - 3\sqrt[3]{x} + 3\ln|1+\sqrt[3]{x}| + C$;

(2) $2(\sqrt{x} - \arctan\sqrt{x}) + C$;

(3) $\ln\left|\dfrac{\sqrt{1+x}-1}{\sqrt{1+x}+1}\right| + C$;

(4) $\dfrac{1}{24}\sqrt{(2+4x)^3} - \dfrac{1}{4}\sqrt{2+4x} + C$;

(5) $\dfrac{x}{\sqrt{1-x^2}} + C$;

(6) $-\dfrac{x}{9\sqrt{x^2-9}} + C$;

(7) $\ln\left|\dfrac{1-\sqrt{1-x^2}}{x}\right| + C$;

(8) $-\dfrac{\sqrt{4x^2+1}}{x} + C$;

(9) $2\sqrt{e^x-1} - 2\arctan\sqrt{e^x-1} + C$;

(10) $\ln\left|\dfrac{\sqrt{1+e^x}-1}{\sqrt{1+e^x}+1}\right| + C$;

(11) $\dfrac{2}{27}\sqrt{3e^x-2}\,(3e^x+4) + C$;

(12) $2\sqrt{1+\ln x} + \ln\left|\dfrac{\sqrt{1+\ln x}-1}{\sqrt{1+\ln x}+1}\right| + C.$

3. (1) $-\cot\dfrac{x}{2} + C$;

(2) $-\dfrac{1}{10}\cos 5x + \dfrac{1}{2}\cos x + C$;

(3) $\arcsin x - \dfrac{x}{1+\sqrt{1-x^2}} + C$;

(4) $-\dfrac{4}{3}\left(1 - x^{\frac{3}{2}}\right)^{\frac{1}{2}} + C$;

（5）$\sqrt{2}\arctan\dfrac{\sqrt{x+1}}{\sqrt{2}}+C$;   （6）$\arcsin\dfrac{x}{\sqrt{3}}+\dfrac{1}{\sqrt{3}}\arcsin(\sqrt{3}x)+C$;

（7）$-\dfrac{1}{\tan x+1}+C$;

（8）$\dfrac{3}{8}a^4\arcsin\dfrac{x}{a}+\dfrac{a^2}{2}x\sqrt{a^2-x^2}+\dfrac{1}{8}x\sqrt{a^2-x^2}(a^2-2x^2)+C$;

（9）$\dfrac{1}{16}\left[\ln(2x^2+3)+\dfrac{6}{2x^2+3}-\dfrac{9}{2(2x^2+3)^2}\right]+C$;   （10）$\dfrac{1}{2}\ln(1+e^{2x})+C$;

（11）$-\ln\left|\dfrac{\sqrt{x^2+2x+2}+1}{x+1}\right|+C$;   （12）$\dfrac{1}{4}\ln|x|-\dfrac{1}{24}\ln(x^6+4)+C$;

（13）$-\dfrac{1}{4x^4}+\dfrac{1}{2x^2}-\dfrac{1}{2}\ln\dfrac{x^2+1}{x^2}+C$;

（14）$x>0$ 时, $-\arcsin\dfrac{x+1}{2x}+C$; $x<0$ 时, $\arcsin\dfrac{x+1}{2x}+C$.

习题 5-3

1. （1）$\dfrac{a^x}{\ln a}\left(x-\dfrac{1}{\ln a}\right)+C$;   （2）$\left(\dfrac{x^2}{3}-\dfrac{2}{27}\right)\sin 3x+\dfrac{2}{9}x\cos 3x+C$;

（3）$\dfrac{1}{4}x^2+\dfrac{1}{4}x\sin 2x+\dfrac{1}{8}\cos 2x+C$;   （4）$\dfrac{1}{6}x^3+\dfrac{1}{4}x^2\sin 2x+\dfrac{1}{4}x\cos 2x-\dfrac{1}{8}\sin 2x+C$;

（5）$\dfrac{1}{3}x^3\arctan x-\dfrac{1}{6}x^2+\dfrac{1}{6}\ln(1+x^2)+C$;   （6）$\dfrac{x^{n+1}}{n+1}\left(\ln x-\dfrac{1}{n+1}\right)+C$ $(n\neq -1)$;

（7）$\dfrac{3}{13}e^{3x}\sin 2x-\dfrac{2}{13}e^{3x}\cos 2x+C$;   （8）$x(\ln^2 x-2\ln x+2)+C$;

（9）$x(\arcsin x)^2+2\sqrt{1-x^2}\arcsin x-2x+C$;   （10）$-(x^2+2x+2)e^{-x}+C$;

（11）$\dfrac{1}{2}[x\sin(\ln x)+x\cos(\ln x)]+C$;   （12）$x\tan x-\dfrac{x^2}{2}+\ln|\cos x|+C$;

（13）$\dfrac{1}{2}x\sqrt{x^2-a^2}-\dfrac{1}{2}a^2\ln|x+\sqrt{x^2-a^2}|+C$;   （14）$x\ln(x+\sqrt{x^2+1})-\sqrt{x^2+1}+C$;

（15）$-\dfrac{\arctan x}{x}-\dfrac{1}{2}(\arctan x)^2+\dfrac{1}{2}\ln\dfrac{x^2}{1+x^2}+C$;   （16）$\dfrac{1}{2}(\tan x\sec x-\ln|\sec x+\tan x|)+C$.

2. （1）$\dfrac{1}{4}\sin 2x-\dfrac{1}{16}\sin 8x+C$;   （2）$-\dfrac{1}{4}\left(\cos 2x+\dfrac{1}{3}\cos 6x\right)+C$;

（3）$\dfrac{1}{4}\sin 2x+\dfrac{1}{8}\sin 4x+C$;   （4）$\ln|\tan x|+C$;

（5）$\dfrac{2}{9}(\sin^3 x+4)^{\frac{3}{2}}+C$;   （6）$\dfrac{1}{3}(e^x-e^{-x})^3+C$;

（7）$\arctan e^x+C$;   （8）$-\arcsin e^{-x}+C$;

（9）$e^{\sqrt{2x+1}}+C$;   （10）$\dfrac{1}{3}\tan^3 x+\tan x+C$;

(11) $\dfrac{x}{8} - \dfrac{1}{32}\sin 4x + C$;

(12) $\dfrac{1}{2}\arctan\left(\dfrac{\sin x}{2}\right) + C$;

(13) $\sin x - \arctan(\sin x) + C$;

(14) $\dfrac{1}{2}\arctan(2\tan x) + C$;

(15) $2\ln|\ln x| + C$;

(16) $-\dfrac{1}{1+x}[1 + \ln(1+x)] + C$;

(17) $\dfrac{1}{2}(\ln\tan x)^2 + C$;

(18) $x\arctan\sqrt{x} - \sqrt{x} + \arctan\sqrt{x} + C$;

(19) $\dfrac{x^3}{3}\arccos x + \dfrac{1}{9}(1 - x^2)^{\frac{3}{2}} - \dfrac{1}{3}(1 - x^2)^{\frac{1}{2}} + C$;

(20) $-e^{-x}\arctan e^x + x - \dfrac{1}{2}\ln(e^{2x} + 1) + C$;

(21) $\ln\left|\dfrac{1 - \sqrt{1+x}}{1 + \sqrt{1+x}}\right| + C$;

(22) $\dfrac{1}{5b^2}(a - bx^2)^{\frac{5}{2}} - \dfrac{a}{3b^2}(a - bx^2)^{\frac{3}{2}} + C$;

(23) $\sqrt{x^2 + 2x + 2} + C$;

(24) $\ln|x - 2 + \sqrt{x^2 - 4x + 3}| + C$;

(25) $\arcsin\dfrac{2x - 1}{\sqrt{5}} + C$;

(26) $\ln|x + 2 + \sqrt{x^2 + 4x + 5}| + C$;

(27) $-\dfrac{1}{97}(x + a)^{-97} + \dfrac{a}{49}(x + a)^{-98} - \dfrac{a^2}{99}(x + a)^{-99} + C$;

(28) $\sqrt{x^2 - 4} - 2\arctan\dfrac{\sqrt{x^2 - 4}}{2} + C$;

(29) $e^{\sin x\cos x} + C$;

(30) $-\dfrac{1}{16}(\cos^2 x - \sin^2 x)^4 + C$.

3. 略.

习题 5−4

1. (1) 不恰当； (2) 不恰当； (3) 不恰当.

2. (1) $\dfrac{1}{2}\ln(x^2 + 4x + 13) + \arctan\dfrac{x + 2}{3} + C$;

(2) $\dfrac{1}{5}\ln\left|\dfrac{x - 3}{x + 2}\right| + C$;

(3) $\dfrac{1}{3}\ln|(x + 1)(x - 2)^2| + C$;

(4) $\ln|x| - \dfrac{1}{2}\ln(1 + x^2) + C$;

(5) $\dfrac{1}{x} + \dfrac{1}{2}\ln\left|\dfrac{x - 1}{x + 1}\right| + C$;

(6) $\dfrac{x^3}{3} - \dfrac{x^2}{2} - x + \dfrac{1}{2}\ln(x^2 + 1) + \arctan x + C$;

(7) $-\dfrac{1}{3(x - 1)} + \dfrac{1}{9}\ln\left|\dfrac{x + 2}{x - 1}\right| + C$;

(8) $\dfrac{x^3}{3} + \dfrac{x^2}{2} + x + 8\ln|x| - 4\ln|x + 1| - 3\ln|x - 1| + C$;

(9) $\dfrac{2}{\sqrt{3}}\arctan\dfrac{2x^2 + 1}{\sqrt{3}} + C$;

(10) $\ln|2x - 1| + 5\ln|2x - 5| - 6\ln|2x - 3| + C$;

(11) $\dfrac{x}{8} - \ln|x + 1| - \dfrac{9x^2 + 12x + 5}{3(x + 1)^3} + C$;

(12) $-\dfrac{1}{9}(x - 1)^{-9} - \dfrac{1}{4}(x - 1)^{-8} - \dfrac{1}{7}(x - 1)^{-7} + C$.

3. （1）$\dfrac{1}{5}\ln\left|\dfrac{2\tan\dfrac{x}{2}+1}{\tan\dfrac{x}{2}-2}\right|+C$;

（2）$\dfrac{2}{\sqrt{3}}\arctan\dfrac{2\tan\dfrac{x}{2}-1}{\sqrt{3}}+C$;

（3）$\dfrac{1}{2}\ln\left|\tan\dfrac{x}{2}\right|-\dfrac{1}{4}\tan^2\dfrac{x}{2}+C$;

（4）$\ln\left|\tan\dfrac{x}{2}\right|+\dfrac{1}{\sqrt{2}}\ln\left|\dfrac{\tan\dfrac{x}{2}-1-\sqrt{2}}{\tan\dfrac{x}{2}-1+\sqrt{2}}\right|+C$;

（5）$\dfrac{\sqrt{3}}{6}\arctan\left(\dfrac{2\sqrt{3}}{3}\tan x\right)+C$;

（6）$\ln\left|1+\tan\dfrac{x}{2}\right|+C.$

4. （1）$\ln|x+1+\sqrt{x^2+2x+5}|+C$;

（2）$\ln|x-1+\sqrt{x^2-2x-3}|+C$;

（3）$4\left[\sqrt[4]{x+2}-\ln(1+\sqrt[4]{x+2})\right]+C$;

（4）$-2\sqrt{\dfrac{1+x}{x}}-\ln\left|\dfrac{\sqrt{1+x}-\sqrt{x}}{\sqrt{1+x}+\sqrt{x}}\right|+C$;

（5）$\dfrac{x^2}{2}-\dfrac{x}{2}\sqrt{x^2-1}+\dfrac{1}{2}\ln|x+\sqrt{x^2-1}|+C$;

（6）$\ln|x+\sqrt{x-1}|-\dfrac{2}{\sqrt{3}}\arctan\dfrac{2\sqrt{x-1}+1}{\sqrt{3}}+C.$

第 6 章

习题 6−1

1. $\dfrac{1}{3}$.

2. （1）$\displaystyle\int_0^1\sin\pi x\,dx$ 或 $\dfrac{1}{\pi}\int_0^\pi\sin x\,dx$;　（2）$\displaystyle\int_0^1\ln x\,dx$;　（3）$\displaystyle\int_0^1\dfrac{1}{1+x^2}dx$;　（4）$\mathrm{e}^{\left[\int_0^1\ln(1+x)\,dx\right]}$.

3. 略.

4. $\displaystyle\int_a^b v(t)\,dt.$

5. $12.5g.$

习题 6−2

1. （1）$\displaystyle\int_0^1\mathrm{e}^x dx>\int_0^1(1+x)\,dx$;

（2）$\displaystyle\int_0^{\frac{\pi}{2}}x\,dx>\int_0^{\frac{\pi}{2}}\sin x\,dx$;

（3）$\displaystyle\int_0^1 x\,dx>\int_0^1\ln(1+x)\,dx$;

（4）$\displaystyle\int_0^1\sqrt[n]{1+x}\,dx<\int_0^1\left(1+\dfrac{1}{n}x\right)dx.$

2. 略.

3. 略.

4. 略.

5. 略.

习题 6 - 3

1. (1) 20; (2) $\dfrac{21}{8}$; (3) $\dfrac{65}{2} + 2\ln\dfrac{3}{2}$; (4) $\dfrac{\pi}{2} - 1$; (5) $\dfrac{\pi}{12a}$; (6) $\dfrac{\pi}{3}$; (7) $\dfrac{1}{2e}(e-1)^2$;

(8) $1 - \dfrac{\pi}{4}$; (9) 1; (10) 4.

2. (1) $\dfrac{1}{3}$; (2) $\dfrac{\pi^2}{4}$; (3) 0; (4) $\dfrac{1}{2}$.

3. (1) $-2x\sqrt{1+x^4}$; (2) $(\sin x - \cos x)\cos(\pi\sin^2 x)$.

4. $-\dfrac{\cos x^2}{e^{y^2}}$.

5. $f(x) - f(a)$.

6. 略.

7. 略.

8. 略.

习题 6 - 4

1. (1) $\dfrac{5}{8}\ln 3 - \dfrac{1}{2}$; (2) $2(\sqrt{3} - 1)$; (3) $1 - 2\ln 2$; (4) $\dfrac{\pi}{6}$; (5) $\dfrac{2}{3}$; (6) $\sqrt{2}(2 + \pi)$;

(7) $\dfrac{15}{2} + 2\ln 6$; (8) $\dfrac{4}{5}$; (9) $\dfrac{\pi^3}{6} - \dfrac{\pi}{4}$; (10) 0; (11) $\dfrac{\pi}{16}a^4$; (12) $\dfrac{\pi}{4} - \dfrac{1}{2}$;

(13) $\dfrac{e}{2}(\sin 1 - \cos 1) + \dfrac{1}{2}$; (14) $1 + \ln\dfrac{3}{2} - \cos 1$.

2. (1) $\dfrac{3}{2}\pi$; (2) 0; (3) 2π; (4) $\dfrac{\pi a}{3}$.

3. 略.

4. (2) $\dfrac{\pi^2}{4}$.

5. $f(0) = 3$.

6. $I_n = \dfrac{2^n n!}{(2n+1)!!}$.

习题 6 - 5

1. (1) $\dfrac{4}{3}$; (2) 12; (3) $e + e^{-1} - 2$; (4) $9.9 - 8.1\lg e$; (5) $\dfrac{\pi}{2}$; (6) 3.

*2. $\dfrac{9}{4}$.

*3. $\dfrac{76}{15}$.

4. $\dfrac{3}{8}\pi a^2$.

5. (1) 18π; (2) πa^2.

6. （1）$\dfrac{5}{4}\pi$；　（2）$\dfrac{\pi}{2} - \dfrac{\sqrt{3}}{2}$.

7. 102.4π.

8. $\pi h^2 \left(a - \dfrac{h}{3} \right)$.

9. $\dfrac{32}{15}\pi$.

10. $\dfrac{\pi}{2} a^2 h$.

11. （1）$2\sqrt{2} + 2\ln(1 + \sqrt{2})$；　（2）$\dfrac{335}{27}$；　（3）$\ln(\sqrt{2} + 1)$；　（4）$\dfrac{e^2 + 1}{4}$；　（5）$6a$.

*12. （1）$\pi a \sqrt{1 + a^2 H^2}$；　（2）50π；　（3）$\dfrac{248\sqrt{2}}{9}\pi$；　（4）$\dfrac{8\,429}{81}\pi$.

*13. $\dfrac{128}{3}$ kg.

*14. $\dfrac{1}{12}(5\sqrt{5} - 1)$.

*15. $2\pi v_0 [R - \ln(1 + R)]$.

*16. $\dfrac{\pi}{4} r^4 g$ kJ.

*17. $\dfrac{2\,000}{3} g$ kN.

*18. $\dfrac{k M_1 M_2}{m(l + m)}$.

*19. 25 m, 2.5 m/s.

习题 6 - 6

1. （1）发散；　（2）$\dfrac{\pi}{2}$；　（3）$-\dfrac{1}{64}$；　（4）$\dfrac{1}{2}$；　（5）$\dfrac{\pi}{\sqrt{3}}$；　（6）$\dfrac{1}{\ln 2}$；　（7）$\dfrac{3}{2}$；　（8）发散；

（9）$\dfrac{\pi}{2} + \arcsin \dfrac{2}{3}$；　（10）发散；　（11）$\ln(2 + \sqrt{3})$；　（12）$\dfrac{\pi}{2}$.

*2. （1）$5!$；　（2）$n!$；　（3）$3!$；　（4）$\dfrac{\sqrt{\pi}}{2}$.

3. $2\ln \dfrac{7}{5}$.

4. $\dfrac{2 \times 10^4}{0.61\sqrt{g}}$ (s) ≈ 3 (h).

5. 略.

6. 略.

第 7 章　无穷级数

习题 7－1

1. 略.

2. （1） $(-1)^{n-1}\dfrac{n+1}{2n-1}$;　（2） $\dfrac{\sqrt{n}}{3n-1}$;　（3） $\dfrac{n!}{(n+1)(n+2)\cdots(2n)}$.

3. （1） $S_n=-\ln(n+1)$ ，发散;　（2） $S_n=\dfrac{1}{2}\left(1-\dfrac{1}{2n+1}\right)$ ，收敛;　（3） $S_n=1-\sqrt{2}+\sqrt{n+2}-\sqrt{n+1}$ ，收敛;　（4） $S_n=\dfrac{1}{4}-\dfrac{1}{2(n+1)(n+2)}$ ，收敛.

4. 略.

5. 略.

6. （1）发散;　（2）收敛;　（3）收敛;　（4）发散;　（5）发散;　（6）发散;　（7）收敛;　（8）发散.

习题 7－2

1. （1）发散;　（2）收敛;　（3）收敛;　（4）收敛.

2. （1）收敛;　（2）发散;　（3）收敛;　（4）发散;　（5）发散;　（6）收敛;　（7）收敛;　（8）当 $0<a\leqslant1$ 时发散;当 $a>1$ 时收敛;　（9）收敛;　（10） $\alpha>\dfrac{1}{2}$ 时,收敛; $0<\alpha\leqslant\dfrac{1}{2}$ 时,发散;　（11）收敛;　（12）收敛.

3. （1）收敛;　（2）收敛;　（3）发散;　（4）收敛;　（5）收敛;　（6）收敛;　（7）收敛;　（8）收敛;　（9）收敛;　（10） $0<a<e$ 时,收敛; $a\geqslant e$ 时,发散;　（11）收敛;　（12）发散.

4. 略.

5. 不正确.

6. 不正确.

7. （1）正确;　（2）不正确.

8. （1）正确;　（2）正确.

9. 略.

习题 7－3

1. 略.

2. 不能.

3. 不能.

4. （1）条件收敛;　（2）条件收敛;　（3）发散;　（4）绝对收敛;　（5）发散;　（6）条件收敛;　（7）绝对收敛;　（8）绝对收敛;　（9）绝对收敛;　（10）当 $p>1$ 时绝对收敛,当 $0<p\leqslant1$ 时条件收敛,当 $p\leqslant0$ 时发散;　（11）绝对收敛;　（12）当 $\alpha=k\pi$ 时,绝对收敛;当 $\alpha\neq k\pi$ 时,发散.

5. 略.

6. 略.

7. 略.

习题 7−4

1. (1) $(-\infty, +\infty)$;　(2) $(-\infty, -1) \cup (1, +\infty)$;

2. 略.

3. (1) $R = 1, (-1, 1), (-1, 1)$;　　　　　　　(2) $R = \infty, (-\infty, +\infty), (-\infty, +\infty)$;

(3) $R = 1, (-5, -3), [-5, -3)$;　　　　(4) $R = 2, (-4, 0), [-4, 0)$;

(5) $R = \dfrac{1}{10}, \left(\dfrac{9}{10}, \dfrac{11}{10}\right), \left(\dfrac{9}{10}, \dfrac{11}{10}\right)$;

(6) 当 $p > 1$ 时, $R = 1, (-1, 1), [-1, 1]$; 当 $0 < p \le 1$ 时, $R = 1, (-1, 1), (-1, 1]$;

(7) $R = \sqrt[3]{2}, (-\sqrt[3]{2}, \sqrt[3]{2}), (-\sqrt[3]{2}, \sqrt[3]{2})$;　　(8) $R = \sqrt{2}, (-\sqrt{2}, \sqrt{2}), (-\sqrt{2}, \sqrt{2})$;

(9) $R = \sqrt{3}, (-\sqrt{3}, \sqrt{3}), (-\sqrt{3}, \sqrt{3})$;　　(10) $R = \dfrac{1}{a}, \left(-\dfrac{1}{a}, \dfrac{1}{a}\right), \left[-\dfrac{1}{a}, \dfrac{1}{a}\right)$.

4. (1) $\dfrac{1}{2}\ln\left|\dfrac{1+x}{1-x}\right|, |x| < 1$;　(2) $\dfrac{x}{(1-x)^2}, |x| < 1$;　(3) $(x+1)e^x - 1$;

(4) $S = \begin{cases} \dfrac{x}{1-x} + \dfrac{\ln(1-x)}{x} + 1, & x \in (-1, 0) \cup (0, 1). \\ 0, & x = 0. \end{cases}$

* **5.** 略.

6. (1) $\ln 2$;　(2) $\sqrt{2}\ln(\sqrt{2} + 1)$.

习题 7−5

1. (1) $\displaystyle\sum_{n=0}^{\infty} \dfrac{2^n}{n!}x^n, (-\infty, +\infty)$;　　　　(2) $\displaystyle\sum_{n=0}^{\infty} \dfrac{(-1)^n}{3^{2n+1}(2n+1)!}x^{2n+1}, (-\infty, +\infty)$;

(3) $\ln 3 + \displaystyle\sum_{n=1}^{\infty} \dfrac{(-1)^{n-1}}{n3^n}x^n, (-3, 3]$;　　(4) $\displaystyle\sum_{n=0}^{\infty} 2^n x^{n+1}, \left(-\dfrac{1}{2}, \dfrac{1}{2}\right)$;

(5) $\displaystyle\sum_{n=0}^{\infty} \dfrac{(-1)^n}{(2n)!}x^{2n+2}, (-\infty, +\infty)$;　　(6) $\displaystyle\sum_{n=1}^{\infty} \dfrac{(-1)^{n+1}2^{2n-1}}{(2n)!}x^{2n}, (-\infty, +\infty)$;

(7) $\displaystyle\sum_{n=0}^{\infty} (-1)^n(n+1)x^n, (-1, 1)$;　　(8) $\displaystyle\sum_{n=0}^{\infty} (-1)^n \dfrac{(2x)^{2n+1}}{2n+1}, \left[-\dfrac{1}{2}, \dfrac{1}{2}\right]$;

(9) $\displaystyle\sum_{n=0}^{\infty} \dfrac{(-1)^n}{(2n+1)!\,(2n+1)}x^{2n+1}, (-\infty, +\infty)$;　(10) $\displaystyle\sum_{n=0}^{\infty} \dfrac{(-1)^n}{(2n+1)^2}x^{2n+1}, [-1, 1]$;

(11) $1 + \dfrac{1}{2}x^2 + \dfrac{3 \cdot 1}{4 \cdot 2}x^4 + \dfrac{5 \cdot 3 \cdot 1}{6 \cdot 4 \cdot 2}x^6 + \cdots, (-1, 1)$;　(12) $\displaystyle\sum_{n=0}^{\infty} \dfrac{1}{3}[1 + (-1)^n 2^{n+1}]x^n, \left(-\dfrac{1}{2}, \dfrac{1}{2}\right)$.

2. (1) $8 + 15(x-1) + 17(x-1)^2 + 7(x-1)^3$;　　(2) $\displaystyle\sum_{n=0}^{\infty} \dfrac{(-1)^n}{3^{n+1}}(x-3)^n, (0, 6)$;

(3) $\ln 2 + \displaystyle\sum_{n=1}^{\infty} \dfrac{(-1)^{n-1}}{n \cdot 2^n}(x-2)^n, (0, 4]$;

(4) $\dfrac{1}{2}\displaystyle\sum_{n=0}^{\infty} (-1)^n\left[\dfrac{\left(x + \dfrac{\pi}{3}\right)^{2n}}{(2n)!} + \dfrac{\sqrt{3}\left(x + \dfrac{\pi}{3}\right)^{2n+1}}{(2n+1)!}\right], (-\infty, +\infty)$;

(5) $2 + \dfrac{x-4}{4} + 2 \sum\limits_{n=2}^{\infty} (-1)^{n+1} \dfrac{(2n-3)!!}{(2n)!!} \left(\dfrac{x-4}{4} \right)^n$, $[0, 8]$;

(6) $\sum\limits_{n=0}^{\infty} \left(\dfrac{1}{2^{n+1}} - \dfrac{1}{3^{n+1}} \right) (x+4)^n$, $(-6, -2)$.

3. (1) 0.996 2; (2) 1.648 7; (3) 7.937 0; (4) 1.974 4; (5) 1.098 6; (6) 0.494 0;

(7) 0.946 1; (8) 0.487 2.

习题 7-6

1. (1) $f(x) = \dfrac{\pi}{2} - \dfrac{4}{\pi} \sum\limits_{n=1}^{\infty} \dfrac{\cos(2n-1)x}{(2n-1)^2}$, $(-\infty, +\infty)$;

(2) $f(x) = \dfrac{1}{2} - \dfrac{1}{2} \cos 2x$, $(-\infty, +\infty)$;

(3) $f(x) = \pi^2 + 1 + 12 \sum\limits_{n=1}^{\infty} \dfrac{(-1)^n}{n^2} \cos nx$, $(-\infty, +\infty)$;

(4) $f(x) = \dfrac{2\sin a\pi}{\pi} \sum\limits_{n=1}^{\infty} \dfrac{(-1)^n n}{a^2 - n^2} \sin nx$, $(-\infty, +\infty)$;

(5) $f(x) = \dfrac{e^{2\pi} - e^{-2\pi}}{\pi} \left[\dfrac{1}{4} + \sum\limits_{n=1}^{\infty} \dfrac{(-1)^n}{4 + n^2} (2\cos nx - n\sin nx) \right]$, $x \neq (2n+1)\pi$, $n = 0, \pm 1, \pm 2, \cdots$;

(6) $f(x) = \dfrac{a-b}{4}\pi + \sum\limits_{n=1}^{\infty} \left\{ \dfrac{[1-(-1)^n](b-a)}{n^2\pi} \cos nx + \dfrac{(-1)^{n-1}(a+b)}{n} \sin nx \right\}$, $x \neq (2n+1)\pi$, $n = 0, \pm 1, \pm 2, \cdots$.

2. 略.

3. $f(x) = \dfrac{2}{\pi} + \sum\limits_{n=2}^{\infty} \dfrac{2}{\pi(n^2-1)} [(-1)^{n-1} - 1] \cos nx = \dfrac{2}{\pi} - \dfrac{4}{\pi} \sum\limits_{n=1}^{\infty} \dfrac{1}{4n^2-1} \cos 2nx$, $(-\infty, +\infty)$;

$\sum\limits_{n=1}^{\infty} \dfrac{1}{4n^2-1} = \dfrac{1}{2}$.

4. $x^2 = \dfrac{2}{\pi} \sum\limits_{n=1}^{\infty} \left\{ \dfrac{\pi^2(-1)^{n+1}}{n} - \dfrac{2[1-(-1)^n]}{n^3} \right\} \sin nx$, $[0, \pi)$; $x^2 = \dfrac{\pi^2}{3} + 4 \sum\limits_{n=1}^{\infty} \dfrac{(-1)^n}{n^2} \cos nx$, $[0, \pi]$.

5. (1) $f(x) = \dfrac{3}{4} + \sum\limits_{n=1}^{\infty} \left[\dfrac{1-(-1)^n}{n^2\pi^2} \cos n\pi x + \dfrac{(-1)^n}{n\pi} \sin n\pi x \right]$, $x \neq \pm 1, \pm 3, \cdots, \pm(2n+1), \cdots$;

(2) $f(x) = \dfrac{1}{4} - \dfrac{2}{\pi^2} \sum\limits_{n=1}^{\infty} \left[\dfrac{\cos(2n-1)\pi x}{(2n-1)^2} - \dfrac{(-1)^{n-1}\pi}{2n} \sin n\pi x \right]$, $x \neq \pm 1, \pm 3, \cdots, \pm(2n+1), \cdots$;

(3) $f(x) = \dfrac{1}{2} - \sum\limits_{n=0}^{\infty} \dfrac{4\cos(2n+1)\pi x}{\pi^2(2n+1)^2}$, $(-\infty, +\infty)$.

6. $f(x) = \dfrac{2}{\pi} \sum\limits_{n=1}^{\infty} \left[\dfrac{2}{n^2\pi} \sin \dfrac{n\pi}{2} + \dfrac{(-1)^{n+1}}{n} \right] \sin \dfrac{n\pi x}{2}$, $[0, 2)$;

$f(x) = \dfrac{3}{4} + \dfrac{4}{\pi^2} \sum\limits_{n=1}^{\infty} \dfrac{\left(\cos \dfrac{n\pi}{2} - 1 \right)}{n^2} \cdot \cos \dfrac{n\pi x}{2}$, $[0, 2]$.

7. $\dfrac{\pi^2}{2}$.

8. $-\dfrac{1}{4}$.